Budischewski • Günther

Aufgabensammlung Statistik

Kai Budischewski, Katharina Günther

Aufgabensammlung Statistik

Übungsaufgaben für Psychologie, Sozial- und Humanwissenschaften

2., überarbeitete und erweiterte Auflage

Prof. Dr. Kai Budischewski
Hochschule Fresenius gem. GmbH
Marienburgstr. 6
60528 Frankfurt am Main
E-Mail: kai.budischewski@hs-fresenius.de

Katharina Günther, M.A.
München
E-Mail: katharina.guenther.kriens@gmail.com

Dieses Buch ist erhältlich als:
ISBN 978-3-621-28740-1 Print
ISBN 978-3-621-28741-8 E-Book (PDF)

2., überarbeitete und erweiterte Auflage 2020

Verlagsgruppe Beltz
Werderstraße 10, 69469 Weinheim
service@beltz.de

Lektorat: Salome Fabianek
Umschlagbild: 9george/iStock/Getty Images Plus
Herstellung: Uta Euler
Satz: Reproduktionsfähige Vorlagen der Autoren
Gesamtherstellung: Beltz Grafische Betriebe, Bad Langensalza
Beltz Grafische Betriebe ist ein Unternehmen mit finanziellem Klimabeitrag
(ID 15985-2104-1001).
Printed in Germany

Weitere Informationen zu unseren Autor:innen und Titeln finden Sie unter: www.beltz.de

Inhalt

Vorwort zur 2. Auflage

Liebe Leserin, lieber Leser,

es ist uns eine große Freude, mit Ihnen gemeinsam in die zweite Auflage zu gehen. Es gibt einige Änderungen, die wir gerne mit Ihnen teilen möchten.
Wir haben 20 neue Aufgaben konzipiert, einige davon sind aus dem Bereich der Testkonstruktion. Auf Basis Ihrer Rückmeldungen haben wir bei manchen bestehenden Aufgaben die Zahlen verändert, sodass sie sich leichter rechnen lassen. Vielen Dank an dieser Stelle für Ihren Input, der uns digital oder persönlich erreichte. Das hilft uns sehr das Buch stetig zu verbessern. Darüber hinaus haben wir die Reihenfolge der Aufgaben verändert. Die Aufgaben sind wie bereits in der ersten Auflage bzgl. der anzuwendenden Rechenverfahren bunt gemischt, sodass Sie – wie in Prüfungssituationen – selbst entscheiden müssen, ob Sie nun z. B. eine Pearson-Korrelation oder doch eine Spearman-Rang-Korrelation rechnen sollten.
Nach wie vor ist dieses Buch ein Arbeitsbuch und kein Lehrbuch. Unser Ziel ist es, Sie fit für die Prüfung zu machen. Neben den humorvoll formulierten Aufgaben ist der ausführliche und kleinschrittig erklärte Lösungsteil das Herzstück dieses Buches. Das nötige Hintergrundwissen zu den statischen Verfahren erhalten Sie im Lehrbuch »Statistik und Forschungsmethoden« von Eid, Gollwitzer und Schmitt (2017).
Falls Sie Interesse daran haben, ganz bestimmte Rechenverfahren zu üben, so erhalten Sie im Anhang D hierzu eine Übersicht über die in den Aufgaben enthaltenen Rechenverfahren. Unsere Formelsammlung im Anhang B wird Ihnen dabei helfen, sich im Formel-Dschungel zurechtzufinden. Eine ausführliche Formelsammlung liefert das Nachschlagewerk »Formelsammlung Statistik und Forschungsmethoden« von Eid, Gollwitzer und Schmitt (2016).
Und nun: Hinein ins Vergnügen! Wir wünschen Ihnen viel Freude beim Knobeln und Lösen der folgenden 86 Aufgaben.

Frankfurt am Main & München, August 2020

Kai Budischewski & Katharina Günther

1 Aufgaben

1.1 Schwimmabzeichen und Wohnsituation

Schwierigkeit: leicht *Dauer: 25 min*

Im Zuge einer sozioökonomischen Untersuchung des Instituts für »Besser schwimmen, schöner leben« wurden bei $n = 10$ Personen mittleren Alters die bisher abgelegten Schwimmabzeichen (Seepferdchen, Bronze, Silber, Gold, Totenkopf) erfasst und mit der aktuellen Wohnsituation (Mietwohnung, Eigentumswohnung, Reihenhaus, freistehendes Haus) in Verbindung gebracht.
Gehen Sie davon aus, dass …
ein freistehendes Haus besser ist als ein Reihenhaus, ein Reihenhaus besser als eine Eigentumswohnung und eine Eigentumswohnung besser als eine Mietwohnung.
Gehen Sie weiterhin davon aus, dass …
ein Totenkopf besser ist als Gold, Gold besser als Silber, Silber besser als Bronze und Bronze besser als Seepferdchen.
Verteilen Sie Rangplätze für »Schwimmabzeichen« und für »Wohnsituation«!

Tabelle 1 Schwimmabzeichen und Wohnsituation von 10 Versuchspersonen

Schwimmabzeichen	Wohnsituation
Seepferdchen	Freistehendes Haus
Totenkopf	Mietwohnung
Silber	Freistehendes Haus
Silber	Eigentumswohnung
Gold	Mietwohnung
Bronze	Reihenhaus
Gold	Mietwohnung
Seepferdchen	Reihenhaus
Bronze	Eigentumswohnung
Bronze	Reihenhaus

a) Überprüfen Sie, ob es einen Zusammenhang zwischen »Schwimmabzeichen« und »Wohnsituation« gibt. Berechnen Sie auch die gemeinsame Varianz der beiden Variablen.
b) Überprüfen Sie, ob der gefundene Zusammenhang statistisch bedeutsam ist!

1.2 Bälle in einer Trommel

Schwierigkeit: leicht *Dauer: 15 min*

Wir haben eine Trommel mit insgesamt 200 Bällen. Die Bälle können unterschiedliche Farben haben sowie zusätzlich noch einen aufgedruckten Stern. Von jeder Kategorie gibt es so und so viele Bälle (Tab. 2).

Tabelle 2 Aufteilung der Bälle in einer Trommel

	Rot	Blau	Grün	gesamt
Mit Stern	60	40	30	130
Ohne Stern	20	40	10	70
gesamt	80	80	40	200

Wie groß ist die Wahrscheinlichkeit,
a) einen blauen Ball zu ziehen?
b) einen roten oder einen grünen Ball zu ziehen?
c) einen grünen Ball mit Stern zu ziehen?
d) einen grünen und einen blauen Ball zu ziehen?
e) zuerst einen grünen und dann einen blauen Ball zu ziehen?
f) einen grünen Ball ohne Stern oder einen blauen Ball mit Stern zu ziehen?
g) entweder einen roten Ball oder einen Ball mit Stern zu ziehen?
h) dass ein blauer Ball einen Stern hat?
i) dass ein Ball ohne Stern rot ist?

1.3 Frostfrei, mild und regnerisch?

Schwierigkeit: leicht *Dauer: 15 min*

Das Dozentenpaar E. & K. aus F. fährt gerne in den Urlaub. Aber aus irgendwelchen Gründen haben sie immer wieder Pech: Die Winterurlaube in Österreich, im Harz und an der Nordsee waren frostfrei, mild und regnerisch, die Sommerurlaube in Italien, Frankreich und Wales frostfrei, mild und regnerisch.
Die Wahrscheinlichkeit dafür, dass sie eine Frühlingsgöttin (frostfrei, mild) ist, sei $p(\text{Frühlingsgöttin}) = 0{,}80$.

Die Wahrscheinlichkeit dafür, dass er ein Regengott (regnerisch) ist, sei p(Regengott) = 0,50.
Wie hoch ist die Wahrscheinlichkeit dafür, dass – wenn sie zusammen in den Urlaub fahren – sie bei zehn Urlauben genau sechs Mal das oben beschriebene Wetter haben?

1.4 Anpassung der Toleranzschwelle gegenüber unhygienischen Zuständen in Küche und Bad

Schwierigkeit: leicht *Dauer: 25 min*

Im Rahmen einer Langzeitstudie wurde bei $n = 8$ Bewohnern eines Studentenwohnheims (Baujahr 1951) die Anpassung der Toleranzschwelle gegenüber unhygienischen Zuständen (TUZ) in gemeinsam benutzten Räumen wie Küche und Bad kurz nach dem Einzug und nach drei Jahren Wohndauer mittels standardisiertem Interviewleitfaden erhoben. Nach Desinfektion der Interviewbögen konnten folgende, nicht normalverteilte Daten erhoben werden:

Tabelle 3 Toleranzschwelle (TUZ; je höher der Wert, desto höher die Toleranzschwelle) gegenüber unhygienischen Zuständen von $n = 8$ Personen

TUZ vorher	6	4	7	3	3	5	4	8
TUZ nachher	5	4	9	3	5	6	7	9

a) Bitte berechnen Sie die deskriptiven Kennwerte Mittelwert, Standardabweichung, Schiefe, Exzess und Varianz.
b) Bitte prüfen Sie, ob es zu statistisch bedeutsamen Veränderungen kommt.

1.5 Matrixalgebra

Schwierigkeit: mittel *Dauer: 30 min*

Gegeben ist eine Matrix X vom Typ (5·2).

$$X = \begin{vmatrix} 6 & 2 \\ 8 & 4 \\ 5 & 1 \\ 7 & 2 \\ 6 & 3 \end{vmatrix}$$

a) Bilden Sie die transponierte Matrix X'.
b) Berechnen Sie bitte eine Matrix Y als Produkt von X' und X: Y = X'X
c) Berechnen Sie bitte eine Matrix Z als Produkt von X und X': Z = XX'

d) Gegeben ist eine Matrix X vom Typ (2·2).

$$X = \begin{vmatrix} 4 & 1 \\ 3 & 2 \end{vmatrix}$$

Bitte berechnen Sie die Determinante Det(X)!
Bitte berechnen Sie die Inverse X^{-1}!

1.6 Die multifunktionale Gemüsereibe (1)

Schwierigkeit: leicht *Dauer: 25 min*

Samstagnacht, 2:30 Uhr. Sie wären gerne auf der großen Sportlerparty, aber – wie es leider manchmal so ist – Sie müssen sich etwas dazuverdienen und hüten die drei schlafenden Kinder Ihrer Nachbarn. Durch Zufall landen Sie auf dem Homeshopping-Kanal. Beim Betrachten einer kaum synchronisierten Sendung entwickeln Sie folgendes Versuchsdesign für Ihre Bachelorthesis.
Fragestellung: Wirkt sich der zweistündige Konsum einer Dauerwerbesendung (»Die multifunktionale Gemüsereibe«) eines nationalen Homeshopping-Fernsehsenders auf das subjektive Aggressionspotenzial (SAP) aus?
Für eine Praktikabilitätsprüfung erheben Sie von $n = 10$ Personen mittels Fragebogen vor und nach der zweistündigen Sendung das SAP. Die erhobenen Daten besitzen Ordinalskalenniveau.

Tabelle 4 Subjektives Aggressionspotenzial (SAP) von $n = 10$ Personen vor und nach dem Betrachten einer Dauerwerbesendung

SAP vorher	2	5	2	7	5	6	1	3	7	2
SAP nachher	10	10	8	6	4	9	4	7	7	5

a) Bitte berechnen Sie folgende deskriptive Kennwerte: Mittelwert, Standardabweichung, Schiefe, Exzess und Varianz für SAP vorher und SAP nachher.
b) Bitte prüfen Sie, ob es zu statistisch bedeutsamen Veränderungen kommt.

1.7 Wie soll das nur enden?

Schwierigkeit: mittel *Dauer: 20 min*

In einer Studie (Loman, Müller, Oude Groote Beverborg, van Baaren & Buijzen, 2018) wurde überprüft, was eher zu einem förderlichen Gesundheitsverhalten führt: Aufklärungsplakate über die Auswirkungen von übermäßigem Alkoholkonsum, die mit **einer Aussage enden** »Übermäßiger Alkoholkonsum führt zu …« oder Aufklärungsplakate über die Auswirkungen von übermäßigem Alkoholkonsum, die mit **einer Frage enden**: »Warum könnte es positiv sein, weniger Alkohol zu trinken?«.

Die Sozialarbeiterin Lara P. – immer interessiert an möglichen Präventionsmaßnahmen – führte auf Basis der Studie von Loman et al. (2018) eine kleine Untersuchung mit Kommilitoninnen durch. Gemessen wurden Angaben über zukünftiges Trinkverhalten auf einer Skala von 1 (werde gar keinen Alkohol mehr trinken) bis 10 (werde weiterhin regelmäßig viel Alkohol trinken).
Für die Gruppe »Plakat endet mit Frage« ergab sich bei $n = 12$ Personen ein Mittelwert von $M = 4$ (Standardabweichung $s = 1{,}5$); für die Gruppe »Plakat endet mit einer Aussage« ergab sich bei $n = 15$ Personen ein Mittelwert von $M = 6$ (Standardabweichung $s = 1{,}2$).
Bitte gehen Sie inferenzstatistisch folgender Frage nach: Macht es bezogen auf zukünftiges Trinkverhalten einen Unterschied, ob ein Plakat mit einer Frage oder mit einer Aussage endet?

1.8 Steinzeit …

Schwierigkeit: knifflig *Dauer: 60 min*

Mammute und Säbelzahntiger bevölkern die weiten Steppen Eurasiens.
Die ersten menschenähnlichen Wesen tapsen durch die Gegend, immer auf der Suche nach Nahrung. Dort, dort hinten! Mitten in einer furchtbaren Einöde kann man einen kleinen Stamm Neandertaler sehen. Es ist der Stamm der Ugluk, wieder ohne Häuptling. Der letzte Häuptling wurde zu Geschnetzeltem verarbeitet, weil er den Stamm in diese furchtbare Einöde geführt hatte. Nun berät der Ältestenrat darüber, wie man endlich einmal einen Häuptling finden könnte, der etwas besser ist. Mit zu diesem Ältestenrat gehört der Zahlenmagier Gorkai, der Vorfahre einer ganzen Generation fähiger Statistiker (erinnert sei hier nur an: Kaibus, Kaios, Kabudis, McKay sowie Kai »Das ist alles ganz einfach« B.). Und Gorkai sprach: »Woran erkennt man einen guten Häuptling bzw. was könnte wichtig sein? Zum einen, wie schnell er Tierherden und damit Nahrung findet (Variable Schnelligkeit, in Tagen), zum anderen, wie weise er spricht (Variable Weisheit, in Weisheitspunkten). Ich weiß eine Magie, mit der ich – wenn ihr mir ein wenig helft – vorhersagen kann, wie gut jemand als Häuptling sein wird. Sagt mir, wie war das bei unseren letzten Häuptlingen mit diesen Fähigkeiten?«
Und sie stellten eine Tabelle auf (Oh Tabellenmagie!).

Tabelle 5 Rohwerte von sechs Häuptlingen

Häuptling Nr.	1	2	3	4	5	6
Häuptlingsqualität (y)	1	2	4	2	8	3
Schnelligkeit (x_1)	14	14	10	8	4	12
Weisheit (x_2)	6	4	6	8	8	5

Tja, nun. Wunderbar, Gorkai, jetzt haben wir eine Tabelle erstellt. Jetzt zaubere! Wir wollen wissen:

a) Kann man über »Schnelligkeit« und »Weisheit« (signifikant) auf die »Häuptlingsqualität« schätzen? Wie gut ist so ein Schätzmodell?
b) Ein Kandidat auf die Häuptlingswürde schätzt für sich selbst Werte von Schnelligkeit = 4 und Weisheit = 9. Wie sieht es für ihn mit der »Häuptlingsqualität« aus?
c) Wie gut kann alleine mit »Schnelligkeit« eine Vorhersage auf die »Häuptlingsqualität« getroffen werden?
d) Wie gut kann alleine mit »Weisheit« eine Vorhersage auf die »Häuptlingsqualität« getroffen werden?
e) Erbringt die Hinzunahme von »Weisheit« zusätzlich zu »Schnelligkeit« eine (signifikante) Verbesserung des Vorhersagemodells?
f) Erbringt die Hinzunahme von »Schnelligkeit« zusätzlich zu »Weisheit« eine (signifikante) Verbesserung des Vorhersagemodells?
g) Berechnen Sie die Fehlerquadratsumme QS_{e}. und den Standardschätzfehler $\hat{\sigma}_e$.
h) Berechnen Sie für »Häuptlingsqualität« (HQ), »Schnelligkeit« (SC) und »Weisheit« (WE) die geschätzten Populations-Standardabweichungen $\hat{\sigma}$.
i) Berechnen Sie die standardisierten Einflussgewichte β für »Schnelligkeit« (SC) und »Weisheit« (WE).
j) Erstellen Sie für den unter b) geschätzten Wert für »Häuptlingsqualität« (HQ) ein 95 %-Konfidenzintervall!

1.9 »Uni könnte so schön sein, wenn nur die ganzen Studis nicht wären«

Schwierigkeit: leicht *Dauer: 25 min*

Immer wieder können Sie beobachten, dass junge Lehrkräfte doch ziemlich nervös zu sein scheinen. Um das zu überprüfen, stufen Sie $n = 27$ Lehrkräfte bezüglich Nervosität auf einer Skala von 1 »ganz ruhig« bis 8 »panisch« ein.
In Tabelle 6 sind die Daten dargestellt.

Tabelle 6 Rohwerte zu Nervosität von $n = 27$ Lehrkräften

Wert	1	2	3	4	5	6	7	8
Häufigkeit	2	3	3	5	6	4	3	1

a) Bitte prüfen Sie mittels des Kolmogorov-Smirnov-Tests auf Normalverteilung!
b) Bitte prüfen Sie mittels des Chi^2-Tests auf Normalverteilung!

1.10 Jägermeister

Schwierigkeit: leicht *Dauer: 5 min*

Sie sind einer von insgesamt zehn (kleinen) Jägermeistern. Laut den Angaben einer Düsseldorfer Tanzkapelle werden diese zehn Jägermeister nacheinander dahingerafft. Wie hoch ist die Wahrscheinlichkeit dafür, als dritter Jägermeister das irdische Dasein zu verlassen?

1.11 Hochschule Holtzhausen am Errl (HHE)

Schwierigkeit: leicht *Dauer: 15 min*

Wir befinden uns an der Hochschule in Holtzhausen am Errl. Über diese Hochschule wissen wir einiges:

- Es gibt hier insgesamt gleich viele Studentinnen wie Studenten.
- Im Fachbereich Sozial- und Verhaltenswissenschaften gibt es insgesamt 330 Studentinnen und 170 Studenten.
- Von den Studentinnen dieses Fachbereichs haben 40 % gute statistische Kenntnisse.
- Von den Studenten dieses Fachbereichs haben 35 % gute statistische Kenntnisse.
- An der Hochschule sind insgesamt 2000 Studierende immatrikuliert.

a) Wie groß ist die Wahrscheinlichkeit dafür, dass, wenn man sich zufällig eine Person auf dem Campus greift, diese Person weiblich ist?
b) Wie groß ist die Wahrscheinlichkeit dafür, dass diese Person weiblich ist und am Fachbereich Sozial- und Verhaltenswissenschaften studiert?
c) Wie groß ist die Wahrscheinlichkeit dafür, dass diese Person weiblich ist, am Fachbereich Sozial- und Verhaltenswissenschaften studiert, aber nur über geringe statistische Kenntnisse verfügt?

1.12 Multiple-Choice (1)

Schwierigkeit: leicht *Dauer: 15 min*

In einem Test hat man vier Multiple-Choice-Fragen mit je fünf Antwortmöglichkeiten, von denen immer nur eine richtig ist.

Beispiel: Die Durchfallquote in einer Statistik-Klausur liegt bei

1) 2 % 2) 10 % 3) 20 % 4) 35 % 5) 52 %

a) Wie groß ist die Wahrscheinlichkeit dafür, bei einer Frage per Zufall die richtige Antwort anzukreuzen?
b) Wie groß ist die Wahrscheinlichkeit dafür, bei einer Frage per Zufall eine falsche Antwort anzukreuzen?
c) Wie gesagt, der Test besteht aus insgesamt vier solcher Fragen wie das Beispiel oben. Wie groß ist die Wahrscheinlichkeit dafür, die erste Frage richtig und die zweite richtig und die dritte falsch und die vierte falsch zu beantworten?
d) Wie groß ist die Wahrscheinlichkeit dafür, die erste Frage richtig und die zweite falsch und die dritte richtig und die vierte falsch zu beantworten?
e) Wie groß ist die Wahrscheinlichkeit dafür, genau zwei Fragen richtig zu beantworten (egal ob die dritte und vierte oder die zweite und dritte oder ...)?

1.13 Ein neuer Meister?

Schwierigkeit: mittel *Dauer: 20 min*

Der Satanistenverein »Beelzebub e.V.« in Holtzhausen am Errl suchte einen neuen Meister. Sektionschef B. saß gerade bei einer Margarita, als er folgende Idee hatte:
Aus der Theorie und der Erfahrung heraus müsste ein Meister über folgende Kenntnisse/Fertigkeiten verfügen:
- Wissen über teuflische Rituale und Symbole
- Aufgeschlossenheit gegenüber Tofu-Opfern (viele Mitglieder sind Veganer)
- Zuverlässigkeit im Umgang mit dem Vereinsvermögen (der letzte Meister hatte die Kasse mit 68.698.673,76 Sammelpunkten des lokalen Getränkehandels »Antons Spirituosen-Center 2« mitgehen lassen)

Wir könnten zu jedem Konstrukt (Wissen, Aufgeschlossenheit, Zuverlässigkeit) drei Items bilden und mal schauen, ob unser Fragebogen etwas taugt. Wenn er etwas taugt, könnten wir versuchen, damit potenzielle Bewerber zu untersuchen.
Gesagt, getan!
Eine konfirmatorische Faktorenanalyse erbrachte folgendes Messmodell:

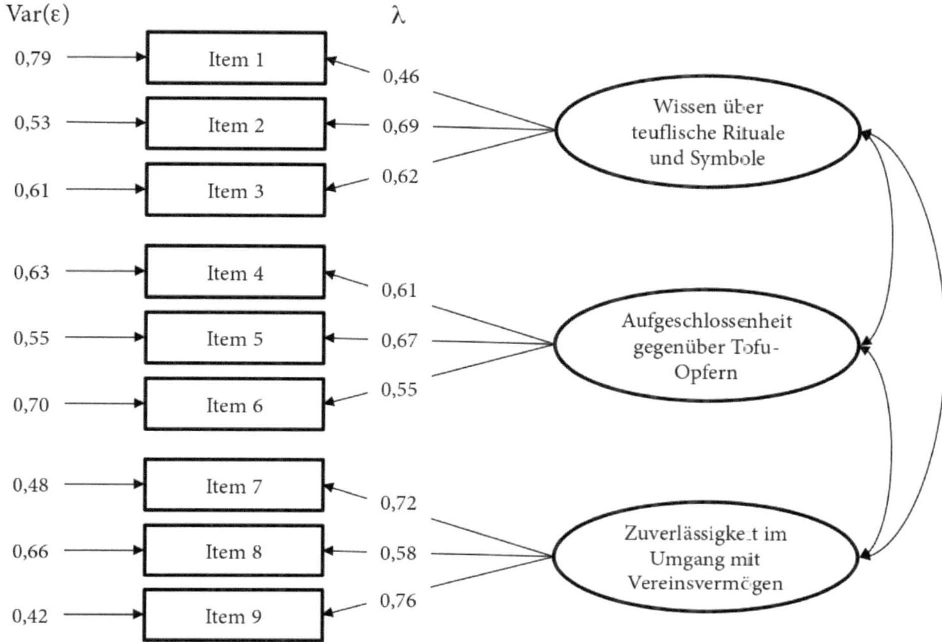

Abbildung 1 Messmodell Fragebogen Beelzebub e.V.

Berechnen Sie für jede latente Variable McDonalds Omega!

1.14 Museum alter Theorien

Schwierigkeit: mittel *Dauer: 45 min*

Sehr geehrte Damen und Herren,
wir übertragen heute live die Abschlussfeierlichkeiten und Prämierungen aus dem Museum alter Theorien. 18 Schiedsrichter durften je einmal eine Benotung abgeben. Die alten Theorien stammten aus den Fachrichtungen (Faktor A) Psychologie und Psychoanalyse und sie wurden eingeteilt nach dem Komplexitätsgrad (Faktor B): leicht, mittel oder hoch.
Zur Auswahl standen Theorien von Seligman (»gelernte Hilflosigkeit«), Freud (»Ich–Es–Über-Ich«), James-Lange (»Ich bin traurig, weil ich weine«), Maslow (»Bedürfnishierarchie«), Budis (»Einstellung gegenüber Psychologen und die allgemeine Lebenszufriedenheit«) und vielen anderen.
Die folgende Tabelle listet die (intervallskalierten) Einzelurteile auf.

Tabelle 7 Komplexitätsgrade psychologischer Theorien

	Komplexitätsgrad		
	leicht	mittel	hoch
Psychologie	40	10	10
	24	8	26
	26	12	24
Psychoanalyse	16	20	7
	14	22	6
	15	18	8

a) Gibt es einen globalen Effekt?
b) Gibt es einen Haupteffekt für Faktor A (Fachrichtung)?
c) Gibt es einen Haupteffekt für Faktor B (Komplexitätsgrad)?
d) Gibt es eine Wechselwirkung zwischen den Faktoren A und B?

1.15 Planet Stastik I (1)

Schwierigkeit: mittel *Dauer: 60 min*

Irgendwo, in den unendlichen Weiten des Universums, liegt der Planet Stastik Eins. Wir schreiben das Jahr 2*Wurzel(Pi) a.u.c.
Auf Stastik Eins leben die Efftests und die Fiekors, gar wunderliche Wesen, im Schnitt circa 1,50 m groß; die Efftests mit einem eher orangefarbenen, die Fiekors mit einem eher grünlichen Fell, welches jedoch sorgsam bedeckt gehalten wird.
Der Sternenforscher und Ethno-, Physio-, Psycho- und Logologe Commander McKay, der vor zwanzig Jahren diesen Planeten besuchte, berichtet unter anderem von folgenden Daten:

Tabelle 8 Verteilung von Gumbatse bei Efftests und Fiekors

	Efftests	Fiekors	gesamt
Gumbatse*	35	55	90
keine Gumbatse	40	20	60
gesamt	75	75	150

*Gumbatse sind kleine, weißlich-gelbe Wesen von rundlicher Gestalt und zäher Konsistenz, die beim Nationalsport Dänniz zum Einsatz kommen.

a) Würden Sie sagen, dass es bei der Verteilung der Gumbatse zwischen Efftests und Fiekors einen Unterschied gibt?

b) Wie hängen die Merkmale Efftests/Fiekors und Gumbatse / keine Gumbatse zusammen?

Commander McKay berichtet auch von einem zufälligen Besuch in einem öffentlichen Gebäude auf Stastik Eins. Er betrat 25-mal – ohne anzuklopfen – zufällig ein Zimmer: 13-mal traf er auf einen fiekorischen Beamten und 12-mal auf einen efftestischen. Mit seiner Super-senso-dynamo-Stoppuhr (made in Suitzaländ) maß er jedes Mal die Zeit, die der betreffende Beamte benötigte, um sein Essen wegzupacken und sich gerade hinzusetzen. Folgende Werte wurden von ihm übermittelt. Die Fiekors benötigten im Schnitt 32 Sekunden (mit einer Standardabweichung $s = 4$ sec); die Efftests 31 Sekunden (mit einer Standardabweichung $s = 8$ sec).

c) Tja, kann man behaupten, dass die Efftests die aufmerksameren Beamten waren?

Bei einem Besuch einer Revue-Gala zu seinen Ehren stellte McKay fest, dass die Menge unterschiedlich lange klatschte, je nachdem, wie viel Fell der Tänzerinnen zu sehen war. McKay übermittelte folgende Werte:

Tabelle 9 Dauer des Klatschens und Menge des sichtbaren Fells bei $n = 9$ Tänzerinnen

Dauer des Klatschens (in Min)	4	6	1	2	4	3	1	5	4
Menge an sichtbarem Fell (in cm²)	20	25	12	13	23	18	4	20	19

Dauer des Klatschens wurde in normalverteilten Zeiteinheiten gemessen, Menge an sichtbarem Fell in ebenfalls normalverteilten Flächeneinheiten.

d) Was für ein Zusammenhang besteht denn nun zwischen den beiden Variablen?

e) Kann dieser Zusammenhang auch auf Populationsebene übertragen werden?

Eine Anekdote, die später über McKay erzählt wurde, als er schon lange seine Tätigkeit an der Universität auf Alpha Fehltauri aufgenommen hatte, besagt, dass die Wahrscheinlichkeit dafür, dass er an einem Tag mit zwei verschiedenen Socken an die Uni kam, $p = 0{,}5$ gewesen sein soll. Die Wahrscheinlichkeit dafür, dass er den Hörsaal verwechselte, soll $p = 0{,}8$ gewesen sein und – zu guter Letzt – die Wahrscheinlichkeit dafür, dass er mitten im Satz den Faden verlor, $p = 0{,}5$.

f) Wie groß ist die Wahrscheinlichkeit dafür, dass er seine Socken verwechselte, den Hörsaal verpasste, aber nicht den Faden verlor?

g) Und wie groß ist die Wahrscheinlichkeit dafür, dass bei ihm mal alles klappte?

h) Und wie groß ist die Wahrscheinlichkeit dafür, dass an fünf hintereinander folgenden Tagen mindestens dreimal alles bei ihm schief ging?

1.16 Neulich auf der Pferderennbahn (1)

Schwierigkeit: mittel *Dauer: 45 min*

Zwei Ihrer Kollegen haben Ihnen jetzt schon mehrfach davon berichtet, wie schön es doch beim Pferderennen sei. Nun gut, es regnet nicht, Sie haben nichts Bestimmtes vor, also gehen Sie einmal hin. Heute treten hauptsächlich die Pferde zweier Gestüte gegeneinander an: Gestüt »Waringham« und Gestüt »Schickemühle«.
In einem ersten Rennen belegen die sechs Pferde des Gestüts »Waringham« die Plätze 1., 2., 4., 7., 8. und 9. Die fünf Pferde des Gestüts »Schickemühle« belegen die Plätze 3., 5., 6., 10. und 11.

a) Kann behauptet werden, dass sich die Gestüte hinsichtlich der Platzierung ihrer jeweiligen Pferde voneinander unterscheiden?

Obwohl Sie sich als Laie nicht besonders gut mit Pferden auskennen, bewerten Sie auf einer (normalverteilten) Skala von 1 »schlechter Wuchs« bis 6 »edler Wuchs« den Körperbau der Pferde.

Tabelle 10 Rohwerte zum Körperbau der Pferde aus den Gestüten »Waringham« und »Schickemühle«

Pferd Nr.	1	2	3	4	5	6
Waringham	6	5	6	4	2	4
Schickemühle	4	5	5	3	3	

b) Kann behauptet werden, dass sich die Werte zum Körperbau der Pferde zwischen den beiden Gestüten voneinander unterscheiden?

1.17 Fußball-WM, Frauen und Männer

Schwierigkeit: leicht *Dauer: 25 min*

Es ist Fußball-WM und Sie haben mit Ihren Mitbewohnern gewettet, wer die meisten Spiele richtig tippt. Pro richtig getipptes Ergebnis gibt es 2 Punkte und für eine richtige Tendenz gibt es 1 Punkt. Für einen falschen Tipp gibt es keine Punkte. Am Ende kamen folgende Ergebnisse heraus:

Tabelle 11 WG-Ranking 1. Durchgang

Mitbewohner	**Steffen**	**Anne**	**Christin**	**Max**	**Nadine**	**Matthias**
Punktzahl	94	86	64	38	41	52
Rangplatz	1.	2.	3.	6.	5.	4.

a) Sofort bricht der Kampf der Geschlechter aus: Die Jungs sehen sich als das klar bessere Team. Die Mädels sind da ganz anderer Meinung! Wie sehen Sie das? Übrigens: Das Verlierer-Team muss für die Gewinner vier Monate den Putzdienst übernehmen …

b) Nachdem die Frage, wer im Geschlechtervergleich gewonnen hat, nicht eindeutig geklärt werden konnte, geht es in die zweite Runde: Die Jungs behaupten, dass sie häufiger das richtige Ergebnis geschätzt haben. Somit seien sie die Gewinner.

Tabelle 12 WG-Ranking 2. Durchgang

Mitbewohner	Steffen	Anne	Christin	Max	Nadine	Matthias
Anzahl richtig getippter Spielergebnisse	38	43	25	8	15	14
Rangplatz	2.	1.	3.	6.	4.	5.

Wie sehen Sie das? Gibt es einen geschlechtsspezifischen Unterschied bezüglich der Rangplatzverteilungen?

1.18 Broken Home

Schwierigkeit: leicht *Dauer: 20 min*

Im Rahmen der vieldiskutierten Broken-Home-Thematik stellen Sie und Ihre Forschungsgruppe sich die Frage, ob es einen Zusammenhang zwischen dem Auftreten einer »Aufmerksamkeits-Defizit-(Hyperaktivitäts)-Störung« [AD(H)S] und dem Eheverhältnis der Eltern gibt.
Sie erfassen eine Stichprobe von $n = 50$ Kindern im Alter von 6 bis 12 Jahren.

Tabelle 13 Rohwerte von Kindern mit/ohne AD(H)S, deren Eltern verheiratet/geschieden sind

		Ehestatus		
		verheiratet	geschieden	gesamt
AD(H)S	ja	4	8	12
	nein	24	14	38
	gesamt	28	22	50

a) Gibt es einen Zusammenhang zwischen dem Eheverhältnis der Eltern und dem Auftreten einer AD(H)S-Störung?

b) Ist der Zusammenhang statistisch signifikant?

1.19 Der Apfel fällt nicht weit vom Stamm

Schwierigkeit: leicht *Dauer: 25 min*

Man sagt »Der Apfel fällt nicht weit vom Stamm«. Inwiefern hat dieses Sprichwort denn jetzt eine Berechtigung? Zur Untersuchung hat man von neun Müttern und ihren Töchtern jeweils den Intelligenzquotienten (IQ) erhoben. Die folgende Tabelle listet die Werte auf.

Tabelle 14 IQ-Werte von Müttern und Töchtern

Mutter	110	105	103	98	101	100	107	102	100
Tochter	112	104	102	100	103	98	108	105	102

a) Besteht ein Zusammenhang zwischen den IQ-Werten der Mütter und den IQ-Werten der Töchter? Wie viel Prozent erklärte Varianz gibt es? Falls ein Zusammenhang besteht: Ist der Zusammenhang statistisch signifikant?

b) Existiert ein statistisch signifikanter Unterschied zwischen den IQ-Werten von Müttern und Töchtern?

1.20 Multiple-Choice (2)

Schwierigkeit: leicht *Dauer: 10 min*

Ein Dozent entwickelt einen (zugegebenermaßen recht seltsamen) Multiple-Choice-Test. Dieser Test besteht aus 5 Fragen. Zu jeder Frage gibt es 20 Antwortmöglichkeiten, von denen jeweils nur eine einzige richtig ist.
Bitte rechnen Sie bei dieser Aufgabe mit 4 Stellen hinter dem Komma genau!

a) Wie groß ist bei diesem Multiple-Choice-Test die Wahrscheinlichkeit dafür, genau zwei Fragen (egal welche) per Zufall richtig anzukreuzen?

b) Wie groß ist bei diesem Multiple-Choice-Test die Wahrscheinlichkeit dafür, höchstens zwei Fragen (egal welche) per Zufall richtig anzukreuzen?

1.21 Zeig mir deine Plattensammlung – und ich sage dir, wer du bist!

Schwierigkeit: mittel *Dauer: 35 min*

Im Laufe eines Gesprächs kommt häufig die Frage nach dem Musikgeschmack. Aber warum? Erhofft man sich daraus Rückschlüsse auf die Persönlichkeit des Gegenübers?! Nach Costa und Mc Crae und ihrem Big-5-Ansatz impliziert das Merkmal »Verträglichkeit« in einer hohen Ausprägung beispielsweise folgende Attribute: freundlich, kooperativ, vertrauensvoll und warmherzig! Das sind Merkmale, die man sich selbst, aber auch seinem Partner bzw. seiner Partnerin gerne zuschreiben möchte. Hat der Musikgeschmack eventuell Auswirkungen auf die Verträglichkeitswerte? Das würde die Gesprächsführung ja enorm vereinfachen …
In Anlehnung an Zweigenhaft (2008) befragen Sie jeweils vier Personen nach ihrem Musikgeschmack (Heavy Metal, Elektro, Jazz und Pop) und erfassen ihre Werte bezüglich der Dimension »Verträglichkeit«. Gehen Sie davon aus, dass die Verträglichkeitswerte intervallskaliert sind!

Tabelle 15 Verträglichkeitswerte von n = 16 Personen in Abhängigkeit des präferierten Musikstils

	Musikstil			
	Heavy Metal	**Elektro**	**Jazz**	**Pop**
Verträglichkeit	6	0	2	3
	3	3	3	2
	7	3	2	3
	4	2	1	4

Ist das Persönlichkeitsmerkmal »Verträglichkeit« bei Anhängern unterschiedlicher Musikstile unterschiedlich ausgeprägt?

1.22 Medium und Behaltensleistung

Schwierigkeit: mittel *Dauer: 20 min*

Forscher A aus B möchte gerne wissen, ob die Form des Mediums Auswirkungen auf die Behaltensleistung einer Information hat. Dazu präsentierte er eine Information einmal als Video, einmal als Bildergeschichte und einmal als Text. Anschließend erhebt er bei jeweils drei Personen, wie viel der Information behalten wurde. Für die Werte kann von einer Normalverteilung ausgegangen werden. Im Anschluss erstellt er folgende Tabelle:

Tabelle 16 Behaltensleistungen von $n = 9$ Personen in Abhängigkeit des Mediums

	Medium		
	Video	**Bildergeschichte**	**Text**
Behaltensleistung	3	5	4
	6	1	0
	3	3	2

a) Erstellen Sie die globale Nullhypothese!
b) Berechnen Sie die totale Quadratsumme QS_{tot}!
c) Berechnen Sie die determinierte Quadratsumme QS_{det}!
d) Ergänzen Sie die fehlenden Werte in der folgenden Tafel der Varianzanalyse!

Tabelle 17 Tafel der Varianzanalyse »Behaltensleistung und Medium«

Quelle der Variation	Quadratsumme	Freiheitsgrade	F_{emp}	sig.
determinierte/Modell	?	?	?	?
Fehler	?	?		
Total	?	?		

e) Erstellen Sie eine Antwort auf die Untersuchungsfrage!

1.23 Brown-Nosing

Schwierigkeit: knifflig *Dauer: 60 min*

Der etwas verschrobene und oftmals zynische Sachbearbeiter Karl-Heinz W. aus H. a. E. machte sich Gedanken darüber, warum er bei Belobigungen und Ähnlichem wohl immer übergangen wird – im Gegensatz zu seinen fünf Kollegen. Beim Suchen im Internet entdeckte er eine US-amerikanische Studie, bei welcher »Brown-Nosing«, »Ground-Worshipping« und »Belobigungen« (ausgedrückt als Bonuspunkte) in Beziehung gesetzt worden waren. Daraufhin beurteilte er seine Kollegen hinsichtlich dieser Variablen. Hier sind die Daten seiner fünf Kollegen:

Tabelle 18 Rohwerte von fünf Kollegen

Kollege Nr.	1	2	3	4	5
BP (y)	4	5	2	3	3
BNI (x_1)	3	4	1	1	2
GWS (x_2)	1	3	1	2	1

Legende: BP: Bonuspunkte (Wertebereich 0 bis 10)
BNI: Brown-Nosing-Index (Wertebereich -4 bis +4)
GWS: Ground-Worshipping-Scale (Wertebereich -3 bis +3)

Angeblich kann für jede der hier untersuchten Variablen von einer Normalverteilung ausgegangen werden.

Karl-Heinz W. stellte sich nun folgende Fragen:

a) Kann man über BNI und GWS (signifikant) auf BP schätzen? Wie gut ist so ein Schätzmodell?

b) Karl-Heinz W. schätzt für sich selbst Werte von BNI = -3 und GWS = -2. Wie sieht es für ihn mit Bonuspunkten aus?

c) Wie gut kann alleine mit BNI eine Vorhersage auf BP getroffen werden?

d) Wie gut kann alleine mit GWS eine Vorhersage auf BP getroffen werden?

e) Erbringt die Hinzunahme von GWS zusätzlich zu BNI eine (signifikante) Verbesserung des Vorhersagemodells?

f) Erbringt die Hinzunahme von BNI zusätzlich zu GWS eine (signifikante) Verbesserung des Vorhersagemodells?

g) Berechnen Sie die Fehlerquadratsumme QS_e und den Standardschätzfehler $\hat{\sigma}_e$.

h) Berechnen Sie für BP, BNI und GWS die geschätzten Populations-Standardabweichungen $\hat{\sigma}$.

i) Berechnen Sie die standardisierten Einflussgewichte β für BNI und GWS.

j) Erstellen Sie für den unter b) geschätzten Wert für BP ein 95 %-Konfidenzintervall!

1.24 Zur falschen Zeit am falschen Ort?

Schwierigkeit: leicht *Dauer: 10 min*

Die Wahrscheinlichkeit, sich zu irgendeiner Zeit am »richtigen Ort« zu befinden, beträgt $p = 0{,}3$. Die Wahrscheinlichkeit, sich zur »richtigen Zeit« irgendwo zu befinden, beträgt $p = 0{,}5$.

a) Wie groß ist die Wahrscheinlichkeit dafür, zur richtigen Zeit am falschen Ort zu sein?

b) Wie groß ist die Wahrscheinlichkeit dafür, zur falschen Zeit am richtigen Ort zu sein?

c) Wie groß ist die Wahrscheinlichkeit dafür, dass sich von $n = 5$ Personen mindestens 3 zur richtigen Zeit am richtigen Ort befinden?

1.25 André und die Lernstörungen

Schwierigkeit: leicht *Dauer: 10 min*

Der Psychologe André H. hat einen Fragebogen zu Lernstörungen entwickelt. In einer repräsentativen Befragung ($n = 3000$) ergaben sich ein Mittelwert $M = 12$ und eine Standardabweichung $s = 4$ für seinen Fragebogen. Als Cronbachs Alpha ermittelte er einen Wert von $r_{tt} = 0{,}7$.
Bitte berechnen Sie den Standardmessfehler SMF!

1.26 Studieren oder surfen in Australien?

Schwierigkeit: leicht *Dauer: 15 min*

Nach dem Abitur steht einem die Welt offen! Schaut man sich die heutigen Abiturjahrgänge an, fällt doch auf, dass viele genau diese Chance wahrnehmen und das Studieren nach hinten verschieben, um in Neuseeland Kiwis zu pflücken, in Australien zu surfen, in Südafrika Weinreben zu pflegen oder Backpacking in Brasilien zu machen. Direkt nach dem Abi sind viele noch unentschlossen und wollen nicht sofort studieren. Doch nach einem Jahr voller neuer Leute und Erfahrungen sieht das häufig ganz anders aus: Sie untersuchen eine Stichprobe von 45 Abiturienten vor und nach ihrem Jahr »Work & Travel« und befragen sie mittels eines vollstandardisierten Interviews nach ihrer Studienbereitschaft. Dabei ermitteln Sie folgende Ergebnisse:

Tabelle 19 Häufigkeiten von $n = 45$ potenziell Studierenden

		Studierbereitschaft nachher		
		hoch	**niedrig**	**gesamt**
Studierbereitschaft vorher	**hoch**	6	9	15
	niedrig	25	5	30
	gesamt	31	14	45

Hat sich die Studierbereitschaft vor einem Jahr »Work & Travel« zur Studierbereitschaft nach einem Jahr »Work & Travel« verändert?

1.27 Verträglichkeit

Schwierigkeit: leicht *Dauer: 15 min*

In einer kleinen Fragebogenstudie wurden acht Sozialarbeiterinnen und acht Psychologinnen hinsichtlich der Persönlichkeitseigenschaft »Verträglichkeit« untersucht. Die nachfolgende Tabelle listet die im Fragebogen erzielten Werte der Sozialarbeiterinnen und der Psychologinnen auf. Für den Fragebogen gilt: Je höher der Punktwert, desto ausgeprägter ist die Persönlichkeitseigenschaft »Verträglichkeit«.

Tabelle 20 Werte Fragebogen »Verträglichkeit«

Sozialarbeiterinnen	16	2	14	6	13	7	8	12
Psychologinnen	9	2	1	7	3	4	6	3

a) Bitte bestimmen Sie die Interquartilbereiche IQB_1 bis IQB_4 für die Sozialarbeiterinnen.
b) Bitte bestimmen Sie die Interquartilbereiche IQB_1 bis IQB_4 für die Psychologinnen.
c) Bitte skizzieren Sie für jede Gruppe (Sozialarbeiterinnen, Psychologinnen) einen einfachen Box-Whisker-Plot.

1.28 Penthes und Sileas

Schwierigkeit: mittel *Dauer: 45 min*

Wir befinden uns in der Bronzezeit, viele, viele Jahre früher. Zwei benachbarte Amazonenstämme, die Penthes und die Sileas, wollen sich nicht mehr jedes Mal gegenseitig die Schädel einschlagen, wenn es um die Vorherrschaft um die einzige Wasserstelle geht. Diesmal wollen sie die Frage durch einen sportlichen Wettkampf klären.

a) Als erstes steht Speerweitwurf auf dem Programm. Je fünf Amazonen treten gegeneinander an. Am weitesten wirft eine Penthe. Am zweit- und drittweitesten je eine Silea. An vierter Stelle liegt wieder eine Penthe. Den fünften, sechsten und siebten Platz belegen Frauen vom Stamm der Sileas. Die restlichen Plätze werden von Penthen eingenommen.
Tja, welcher Stamm ist nun besser? Der weise Schamane Kaibus behauptet, dass die Rangplätze gleichverteilt seien. Würden Sie dem zustimmen?
b) Als nächster Wettkampf steht »Steine schleudern« auf dem Programm. Je zwanzig Werferinnen pro Stamm treten an, die aus fünfzig Schritt Entfernung ihre Steine auf ein Ziel schleudern. Hier die Ergebnisse:

Tabelle 21 Ergebnisse beim »Steine schleudern«

	Penthes	Sileas	gesamt
Treffer	12	9	21
Kein Treffer	8	11	19
gesamt	20	20	40

Unser weiser und freundlicher Schamane behauptet wieder, es gäbe keinen signifikanten Unterschied. Wie sehen Sie das?

c) Das Nächste ist kein eigentlicher Wettkampf. Es geht lediglich darum, dass die Penthes behaupten, im Schnitt mehr Männer zu besitzen; nämlich 4 Stück, bei einer Standardabweichung von 0,75. Die Sileas haben im Schnitt 2,5 Männer, bei einer Standardabweichung von 0,5. An diesem Vergleich nehmen 30 Penthes und 30 Sileas teil. Würden Sie sagen, dass die Penthes wirklich im Schnitt mehr Männer haben?

d) Nach dem letzten Vergleich schlagen die Wogen hoch. Die Sileas haben zwar weniger Männer, behaupten jedoch, mit ihren Männern glücklicher zu sein, als es die Penthes mit ihren Männern jemals sein werden.
Unser weiser, kluger, intelligenter, guter, netter und freundlicher Schamane Kaibus betrachtet die jeweiligen Männer. Das wirklich Auffallende an den sileischen Männern sind ihre großen Nasen. Flugs erstellt Kaibus einen Fragebogen, der das Glücklichsein der sileischen Frauen erfasst, und er misst noch die Nasengröße der anwesenden sileischen Männer.
Hier die Werte (Tabelle 22):

Tabelle 22 Ergebnisse beim Nasenvergleich

Nasengröße	10	7	8	10	6	13	11	9
Glücklichsein	27	18	23	22	14	28	26	22

Kaibus behauptet, dass 1. beide Merkmale normalverteilt seien und dass 2. die Nasengröße der Männer wohl mit dem Glücklichsein der Frauen in Beziehung stehe. Was meinen Sie dazu?
Anmerkung: Der Mann mit der Nasengröße 13 heißt angeblich Johannes.
Als Kaibus diese Vermutung äußert und die Penthen mit Entsetzen feststellen, dass ihre Männer alle über kleine Nasen verfügen, werden sie dermaßen zornig, dass sie Kaibus mit einer seltsam geformten Keule erschlagen. Alten Überlieferungen zufolge sieht die Keule ungefähr so aus:

1.29 Schönen Tag noch!

Schwierigkeit: mittel *Dauer: 20 min*

Neben Ihrem Studium überlegen Sie, einen Nebenjob aufzunehmen, um sich noch mehr Fachbücher kaufen zu können. Was kommt infrage? Hiwi an der Fakultät, kellnern oder doch an der Kasse im Supermarkt? Sie überlegen.
Bei Ihrem nächsten Einkauf beobachten Sie, dass der Kassierer von fast jedem Kunden »einen schönen Tag noch« gewünscht bekommt. Umgehend stellen Sie folgende Forschungsfrage auf: Haben Personen, die außerordentlich viel Kundenkontakt haben, z. B. im Supermarkt an der Kasse, und daher häufig Grußformeln wie »Schönen Tag noch« hören, tatsächlich schönere Tage als Personen, die weniger Kundenkontakt haben? Sie binden die Kassierer des Supermarktes mit ein und erfassen die Häufigkeit, mit der ein Kassierer einen »Schönen Tag noch« gewünscht bekommt sowie die Zufriedenheit mit dem Tag mit dem »Happy-Day-Questionnaire (HDQ)« (Hawkins, E. & Singer, S., 1969) und erhalten folgende Tabelle:

Tabelle 23 Werte

HDQ-Werte	15	2	13	6	12	5	8	11
Anzahl »Schönen Tag noch«	9	2	8	7	5	4	6	7

a) Berechnen Sie jeweils Mittelwert, Varianz und Standardabweichung für die Variablen HDQ-Werte und »Schönen Tag noch«!

b) Gehen Sie davon aus, dass sowohl die Werte des HDQ als auch die Häufigkeit des »Schönen Tag noch« Intervallskalenniveau besitzen. Berechnen Sie einen adäquaten Korrelationskoeffizienten!

c) Prüfen Sie inferenzstatistisch die Forschungsfrage: Gibt es einen positiven Zusammenhang zwischen der Häufigkeit »Schönen Tag noch« und den Werten des HDQ?

d) Erstellen Sie die Regressionsgleichung von »Schönen Tag noch« (x) auf die Werte des HDQ. Welchen Wert im HDQ können Sie für eine Person schätzen, die elf Mal am Tag »Schönen Tag noch« hört?

1.30 Glanz, glänzender, am glänzendsten

Schwierigkeit: knifflig *Dauer: 45 min*

Das neue Glanz-Shampoo (»tropical flash – limited edition«) Ihrer Firma soll die Haarpracht der Konsumentinnen bei konsequenter Anwendung mehr als nur zum Leuchten bringen. Sie haben eine Marktforschungsstudie durchgeführt. Dazu wurden drei Haartypen unterschieden: Sprödes Haar, leicht fettendes Haar und coloriertes/dauergewelltes Haar. Bewertet wurde der Glanz-Faktor des Haares nach der ersten, zehnten und dreißigsten Anwendung von jeweils $n = 4$ Frauen pro Haartyp. Für den Glanz-Faktor kann ein Intervallskalenniveau angenommen werden. Tabelle 24 zeigt die Daten.

Tabelle 24 Rohwerte Glanz-Faktor der Haare von 12 Frauen zu drei Messzeitpunkten unterteilt nach drei Haartypen

Haartyp	Nach 1. Anwendung	Nach 10. Anwendung	Nach 30. Anwendung	gesamt
sprödes Haar	3	4	5	12
	4	6	8	18
	2	2	5	9
	3	4	8	15
leicht fettendes Haar	4	3	5	12
	6	6	9	21
	3	5	7	15
	3	1	2	6
coloriertes/dauergewelltes Haar	2	2	5	9
	1	2	3	6
	2	3	4	9
	3	4	5	12
gesamt	36	42	66	144

a) Gibt es einen Haupteffekt für Faktor A (Haartyp)?
b) Gibt es einen Haupteffekt für Faktor B (Messzeitpunkte)?
c) Gibt es eine Wechselwirkung zwischen den Faktoren A und B?

1.31 Nordlichter und Lederhosen

Schwierigkeit: leicht *Dauer: 45 min*

Zwei Studentengruppen veranstalten ein Kräftemessen der besonderen Art! In 5 Disziplinen wollen sie herausfinden, wo die coolsten Studenten leben! Die Gruppe »Nordlichter« umfasst 7 Teilnehmer. Die »Lederhosen« zählen 8 Teilnehmer.

a) In der ersten Disziplin geht es um »Spätzle futtern«. Die Rangplätze sehen wie folgt aus:

Tabelle 25 Ergebnisse beim Spätzle futtern

Nordlichter	3.	6.	7.	9.	10.	11.	14.	
Lederhosen	1.	2.	4.	5.	8.	12.	13.	15.

Welche Gruppe eröffnet den Wettbewerb mit einem Sieg und geht in Führung? Oder sind die Mannschaften etwa gleich stark?

b) Die zweite Disziplin heißt »im Regen stehen«. Wider Erwarten sind die »Nordlichter« darin sehr gut – doch reicht das zum Sieg?!

Tabelle 26 Ergebnisse beim »im Regen stehen«

Nordlichter	1.	2.	3.	5.	9.	10.	11.	
Lederhosen	4.	6.	7.	8.	12.	13.	14.	15.

Leider erkälten sich dabei 3 »Lederhosen« und können fortan nicht mehr teilnehmen

c) Im dritten Durchgang wird das »Durchhaltevermögen auf der Semesteranfangsparty« abgeprüft. Es endet in einem Kopf-an-Kopf-Rennen. Anzumerken ist, dass ein »Nordlicht« und eine »Lederhose« beim Wettkampf nach Hessen durchgebrannt sind. Dies verstößt gegen die Regeln und so teilen sich die beiden die letzten beiden Plätze und werden anschließend disqualifiziert. Doch welche Gruppe kann diese Runde nun für sich entscheiden?

Tabelle 27 Ergebnisse beim »Durchhaltevermögen auf der Semesteranfangsparty«

Nordlichter	1.	3.	5.	7.	9.	10.
Lederhosen	2.	4.	6.	8.		

d) Um den vierten Wettkampf zu gewinnen, ist Muskelkraft gefragt: Die Gruppen treten im »Bleistiftnotizen aus Büchern radieren« gegeneinander an. Welche Gruppe hat die stärkeren Arme und gewinnt diese Runde? Reicht es eventuell schon für einen Vorentscheid?

Tabelle 28 Ergebnisse beim »Vergleich der Muskelkraft«

Nordlichter	3.	5.	6.	7.	9.	10.
Lederhosen	1.	2.	4.	8.		

Um die schon etwas angespannten Gemüter zu beruhigen, wird nun Bruderschaft getrunken. Die Lederhosen fangen stark an, doch nach der Hälfte haben die Nordlichter aufgeholt und die beiden inzwischen mehrfach verbrüderten Studentengruppen liegen gleich auf. Man kommt zu dem Schluss, dass »Geschwister« sich in ihrer Coolness eigentlich nicht voneinander unterscheiden, und beschließt, den Wettstreit auf sich beruhen zu lassen!

1.32 Auf Gleis 4 hat Einfahrt …

Schwierigkeit: leicht *Dauer: 15 min*

Der passionierte Bahnfahrer Lukas N. wartet mal wieder am windigen Gleis auf einen verspäteten Zug (3 Minuten Verspätung!). Bahnfahren hat ja viele Vorteile: Man schont die Umwelt und man kann währenddessen arbeiten oder schlafen. Na gut, es gibt auch Nachteile: Der beliebte Böschungsbrand, die kurzfristig geänderte Wagenreihung, ein wenig zu intime Gespräche der Mitreisenden, verpasste Anschlusszüge und ein Bordbistro ohne (!) alkoholische Getränke.
Ein weiterer, oben nicht genannter Vorteil ist es, dass man seine Zeit mit kleinen statistischen Wahrscheinlichkeitsspielereien verbringen kann! Wie war das nochmal im letzten Jahr …?
Auf den 24 Fahrten zwischen Erfurt und Holtzhausen am Errl gab es drei Mal einen Böschungsbrand, 18 Mal eine Änderung der Wagenreihung, vier verpasste Anschlusszüge, sechs Mal ein geschlossenes Bordbistro sowie zwölf Gespräche Mitreisender, die er nun gar nicht mithören wollte. Und zu allem Überfluss betrug die durchschnittliche Verspätung 150 Sekunden (bei einer Standardabweichung $s = 25$)!

a) Wie hoch ist die Wahrscheinlichkeit dafür, dass auf der Strecke Holtzhausen am Errl nach Erfurt ein Böschungsbrand und ein geschlossenes Bordbistro auftreten?
b) Wie hoch ist die Wahrscheinlichkeit dafür, dass zusätzlich zum Böschungsbrand und dem geschlossenen Bordbistro auch noch der Anschlusszug verpasst wird?
c) Wie hoch ist die Wahrscheinlichkeit dafür, dass eine geänderte Wagenreihung und zu intime Gespräche der Mitreisenden auftreten?
d) Wie hoch ist die Wahrscheinlichkeit für eine Vollkatastrophe (Böschungsbrand, Wagenreihung, Anschlusszüge, Bordbistro und intime Gespräche)?
e) Wäre es statistisch bedeutsam, wenn einmal alles glatt geht?

1.33 Schadenfreude und die Angst vor Fehlern

Schwierigkeit: leicht *Dauer: 5 min*

In einer kleinen Studie ermittelte Forscher A aus H zwischen den Variablen »Schadenfreude (x)« und »Angst vor Fehlern (y)« bei $n = 18$ Personen eine Pearson-Korrelation von $r = 0{,}6$.

Bitte gehen Sie folgender Fragestellung **inferenzstatistisch** nach: Existiert ein positiver Zusammenhang zwischen »Schadenfreude« und »Angst vor Fehlern«?

1.34 Josy und der BDI

Schwierigkeit: leicht *Dauer: 10 min*

Das Leben als Therapeutin ist schwer, dachte Josy B. Da arbeitet man wochenlang mit einem depressiven Patienten, freut sich über den Rückgang der Werte im BDI-2 (von 14 auf 10 Punkte) und dann kommt dieser doofe Kollege und behauptet, dieser Rückgang habe nichts zu bedeuten, schließlich sei der BDI-2 nicht besonders reliabel (Retestreliabilität $r_{tt} = 0{,}78$; $s = 2$).

a) Bitte berechnen Sie den Standardmessfehler SMF (S_ε)!
b) Bitte berechnen Sie die kritische Differenz (95 %)!

1.35 Die Bahnhofskneipe »Zur Pfütze«

Schwierigkeit: mittel *Dauer: 45 min*

Alex B, ehemaliger Psychologiestudent und jetzt Wirt der Bahnhofskneipe »Zur Pfütze« in Holtzhausen am Errl, betrachtet seine Bierverkäufe der letzten paar Monate. Dazu hat er pro Woche die verkauften Liter (in Hektolitern; 1 hl = 100 Liter) in Tabelle 29 aufgelistet.

Tabelle 29 Verkauftes Bier in der Bahnhofskneipe »Zur Pfütze«

Woche	1	2	3	4	5	6	7	8	9	10
Verkauftes Bier (hl)	3	4	4	5	4	6	5	7	6	8

a) Berechnen Sie eine Regressionsgerade von »Woche« (x) auf »Verkaufte Biere« (y)!
b) Mit wie viel verkauften Bieren sollte er für die 20. Woche rechnen? Berechnen Sie auch ein 95 %-Konfidenzintervall!
c) Berechnen Sie eine Regressionsgerade von »Verkaufte Biere« (x) auf »Woche« (y)!
d) Ab 40 Hektolitern bekommt Alex B von seinem Großhändler günstige Einkaufsoptionen. In welcher Woche kann er damit rechnen?

1.36 ADHS-Screening

Schwierigkeit: mittel *Dauer: 20 min*

Sie entwickeln ein Screening-Verfahren für ADHS. In diesem Fragebogen können 1 bis 10 Punkte erzielt werden. Sie wollen nun einen Schwellenwert bestimmen, ab welchem ein Verdacht auf ADHS vorliegt. Dazu haben Sie $n = 20$ gesunde Kinder und $n = 20$ Kinder mit bereits diagnostizierter ADHS mittels Fragebogen getestet. Tabelle 30 zeigt die Ergebnisse:

Tabelle 30 Häufigkeiten (einfach und kumuliert) der erzielten Punktzahlen bei gesunden Kindern und solchen mit diagnostizierter ADHS (jeweils $n = 20$)

	Gesunde		Kranke	
Wert in Test	**Anzahl**	**kum. Anzahl**	**Anzahl**	**kum. Anzahl**
1	1	1	0	0
2	2	3	0	0
3	3	6	0	0
4	4	10	1	1
5	5	15	2	3
6	3	18	5	8
7	2	20	5	13
8	0	20	4	17
9	0	20	3	20
10	0	20	0	20

a) Bitte bestimmen Sie für die Schwellenwerte 5.5, 6.5 und 7.5 jeweils Spezifität und Sensitivität!

b) Bitte tragen Sie die Werte für die Schwellenwerte 5.5, 6.5 und 7.5 in die folgende Abbildung ein und zeichnen Sie die ROC-Kurve.

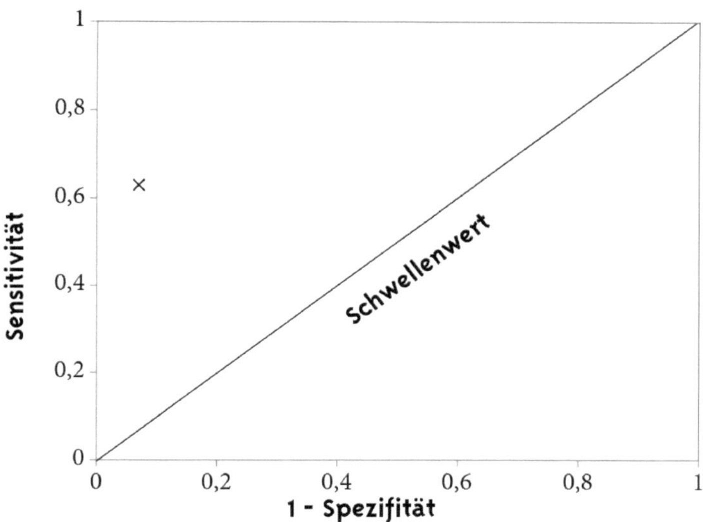

Abbildung 2 Vorlage für ROC-Kurve

1.37 Intrinsische Motivation und Leistung

Schwierigkeit: knifflig *Dauer: 75 min*

Es bestand Interesse an der Frage, ob sich intrinsische Motivation auf die Leistung im Beruf auswirkt (intrinsisch motiviert bedeutet, dass eine Person sich aus sich selbst heraus motivieren kann und nicht auf äußere Anreize – Geld etc. – angewiesen ist). Dazu wurden in einem kleinen Experiment bei $n = 12$ Versuchspersonen folgende (normalverteilte) Variablen erhoben: Grad an intrinsischer Motivation (x) und Punktzahl in einer Leistungsbeurteilung (y). Des Weiteren wurde das Geschlecht erhoben. Tabelle 31 zeigt die Daten.

Tabelle 31 Grad an intrinsischer Motivation und erreichte Punktzahl bei einer Leistungsbeurteilung

Vpn	1	2	3	4	5	6	7	8	9	10	11	12
Grad i. M.	2	2	4	7	9	9	10	10	4	8	8	3
Punktzahl L. B.	2	5	7	17	15	13	13	17	6	8	12	4
Geschlecht	m	w	m	w	m	w	w	m	m	m	w	m

a) Besteht nun ein Zusammenhang zwischen »Grad an intrinsischer Motivation« und der »Punktzahl«? Wie viel Prozent an gemeinsamer Varianz gibt es?

b) Falls ein Zusammenhang besteht, ist dieser Zusammenhang bedeutsam?

c) Welche Punktzahl würden Sie für eine Person schätzen, deren Grad an intrinsischer Motivation 10 beträgt?

d) Berechnen Sie für Frauen und Männer getrennt jeweils Mittelwert und Standardabweichung für die Variable »Grad an intrinsischer Motivation«.

e) Geben Sie für die Variable »Punktzahl Leistungsbeurteilung« ein 95 %-Konfidenzintervall an, wenn der »Grad an intrinsischer Motivation« $x = 10$ beträgt.

f) Gehen Sie der Frage nach, ob sich Frauen und Männer hinsichtlich des »Grades an intrinsischer Motivation« im Mittel bedeutsam voneinander unterscheiden.

1.38 Statistik verstehen

Schwierigkeit: leicht *Dauer: 10 min*

Die Wahrscheinlichkeit dafür, dass eine Person den Statistikunterricht versteht, sei $p(\text{verstehen}) = 0{,}8$.

a) Wie hoch ist die Wahrscheinlichkeit dafür, dass von einer Seminargruppe mit $n = 25$ Teilnehmern alle den Statistikunterricht verstehen?

b) Wie hoch ist die Wahrscheinlichkeit dafür, dass in der Seminargruppe mit $n = 25$ Personen niemand den Statistikunterricht versteht?

1.39 Was weißt denn du von Liebe?

Schwierigkeit: leicht *Dauer: 20 min*

»Lass' die Finger von Emanuela« war 2005 ein Lied der Musik-Gruppe »Fettes Brot«. In diesem Lied wird ein Mann davor gewarnt, sein Herz an eine Frau namens »Emanuela« zu verlieren. Ausgehend von diesem Lied entwickelte sich die Fragestellung, ob es unter den Frauen mit dem Vornamen Emanuela deutlich mehr Singles gibt (als Indikator für gescheiterte Beziehungen) als unter den Frauen mit anderem Vornamen. Da es vergleichsweise wenig Frauen mit dem Vornamen »Emanuela« gibt, wurde beschlossen, statt des Namens auf die Silbenanzahl des Vornamens abzuheben.

Fünf Gruppen wurden anhand der Silbenanzahl des Vornamens gebildet:

- einsilbige Vornamen (Ann, Sue, Siv etc.)
- zweisilbige Vornamen (Mira, Sarah, Jutta etc.)
- dreisilbige Vornamen (Christine, Maria, Sabine etc.)
- viersilbige Vornamen (Dorothea, Elisabeth, Caroline etc.)
- fünfsilbige Vornamen (Alexandrina, Emanuela, Eleonore etc.)

Befragt wurden 1.000 Frauen im Alter zwischen 18 und 75 Jahren danach, ob sie in einer Partnerschaft lebten oder nicht sowie nach der Silbenanzahl ihres Vornamens. Hierbei zeigte sich folgendes Ergebnis:

Tabelle 32 Silbenanzahl des Vornamens und der Beziehungsstatus

		Silbenanzahl des Vornamens					
		1	**2**	**3**	**4**	**5**	**gesamt**
Partner-schaft	**ja**	20	210	160	170	40	600
	nein	30	120	90	90	70	400
	gesamt	50	330	250	260	110	1000

Gibt es bei Frauen Unterschiede in Bezug auf den Beziehungsstatus in Abhängigkeit von der Silbenanzahl des Vornamens?

1.40 »Zwei mal drei macht vier ...«

Schwierigkeit: leicht *Dauer: 25 min*

Als engagierte Statistik-Tutorin haben Sie den Eindruck, dass viele Erstsemester Angst vor mathematischen Formeln und Berechnungen haben. Um das zu überprüfen, stufen Sie $n = 33$ Studierende bezüglich Angst auf einer Skala von 0 »keine Angst« bis 10 »Panik« ein.
Hier sind die Daten:

Tabelle 33 Rohwerte zur Angst vor mathematischen Formeln und Berechnungen

Wert	1	2	3	4	5	6	7	8	9	10
Häufigkeit	1	1	2	4	7	6	5	3	2	2

a) Bitte prüfen Sie mittels des Kolmogorov-Smirnov-Tests auf Normalverteilung!
b) Bitte prüfen Sie mittels des Chi²-Tests auf Normalverteilung!

1.41 Karriereplanung

Schwierigkeit: leicht *Dauer: 15 min*

Der eigene Lebenslauf bzw. die persönliche Karriere ist ja eigentlich etwas, was man ganz allein entscheiden sollte. Doch nach einem Fernsehabend stellen eine befreundete Medienwissenschaftlerin und Sie sich berechtigterweise eine Frage: Ist es als prominente Person wirklich zu empfehlen, die (strauchelnde) Karriere um einen Besuch des australischen Outbacks zu ergänzen, der zudem auch noch medial von einem privaten Fernsehsender dokumentiert wird, oder schadet das nicht viel mehr dem eigenen Status? Sie stellen eine Stichprobe von 20 C- bis F-Prominenten auf

und untersuchen ihren Prominentenstatus vor und nach dem Besuch des tropischen Lagers.
Hat sich der Prominentenstatus vorher zum Prominentenstatus nachher verändert?

Tabelle 34 Häufigkeiten zum Prominentenstatus von $n = 20$ möglicherweise Prominenten

		Prominentenstatus nachher		
		hoch	niedrig	gesamt
Prominentenstatus vorher	hoch	5	7	12
	niedrig	1	7	8
	gesamt	6	14	20

1.42 Analphabetismus und Autofahrer

Schwierigkeit: mittel *Dauer: 10 min*

Der Bund deutscher Fahrlehrer (BDF) hat Sie beauftragt, dem Auftreten von Analphabetismus im Straßenverkehr trotz schriftlicher Prüfung für den Führerschein nachzugehen. In einer winzig kleinen und keineswegs repräsentativen Studie wurden $n = 7$ Analphabeten und $n = 11$ Lesekundige hinsichtlich des Besitzes einer Fahrerlaubnis untersucht.
Hierbei zeigten sich folgende Werte:

Tabelle 35 Häufigkeiten von Analphabetismus und Besitz einer Fahrerlaubnis ($n = 18$)

	Fahrerlaubnis		
	nein	ja	gesamt
Analphabeten	2	5	7
Lesekundige	1	10	11
gesamt	3	15	18

Bitte gehen Sie mittels Fisher-Yates-Test der Frage nach, ob alphabetisierte Personen eher eine Fahrerlaubnis besitzen als Analphabeten!

1.43 Das finnische Möbelhaus

Schwierigkeit: mittel *Dauer:10 min*

Das Institut für Sozial- und Marktforschung in Holtzhausen am Errl (ISMHE) ist bezüglich der Konzeption des neuen Claas-Hannason-Sofas eines eher unbekannten finnischen Möbelhauses beauftragt worden, eine Studie durchzuführen. Als Saisonfarben für Frühling 2022 sind weiß und blau angedacht. Da das Möbelhaus aufgrund begrenzter Mittel nur ein Sofa in die Massenproduktion geben kann, soll auf einer Messe eine Käuferstichprobe von 20 Personen Angaben zur Präferenz machen, ob sie eher ein weißes oder eher ein blaues Sofa kaufen würde.
Für die Auswertung wurden die Interessenten noch danach unterteilt, ob sie jünger oder älter als 30 Jahre sind. Hier sind die Daten:

Tabelle 36 Präferierte Sofafarbe und Alter bei $n = 20$ Messebesuchern

		Sofafarbe		
		weiß	**blau**	**gesamt**
Alter	**30 Jahre und älter**	6	5	11
	jünger als 30 Jahre	2	7	9
	gesamt	8	12	20

Bitte gehen Sie mittels Fisher-Yates-Test der Frage nach, ob jüngere Personen eher die Sofafarbe blau präferieren als ältere Personen!

1.44 Erfolgsmission

Schwierigkeit: knifflig *Dauer: 60 min*

Cap McKay (einige unter den geneigten Lesern werden sich noch an ihn erinnern) war auf der Suche: Er hatte von seinem Chef den Auftrag bekommen, eine erfolgreiche Mission zu starten. Und nun suchte er nach einer guten Mannschaft und einem guten Schiff. Und während er suchte, fragte er sich plötzlich, wie sehr Güte des Schiffes und Güte der Mannschaft eigentlich mit dem Erfolg einer Mission zusammenhängen. Er besorgte sich Daten über die letzten neun Missionen. Hier sind sie:

Tabelle 37 Rohwerte der letzten neun Missionen

Mission Nr.	1	2	3	4	5	6	7	8	9
Güte Mannschaft (GM)	3	3	6	5	8	9	8	9	11
Güte Schiff (GS)	4	6	3	8	5	8	6	6	9
Erfolg der Mission (EM)	0	1	3	4	5	6	7	9	10

Die Daten sind intervallskaliert; je höher der Wert, desto besser jeweils die Güte bzw. desto größer der Erfolg.

a) Kann man über GM und GS (signifikant) auf EM schätzen? Wie gut ist so ein Schätzmodell?

b) Cap McKay schätzt für seinen aktuellen Auftrag als GM = 10 und GS = 7. Wie sieht es für ihn mit dem Erfolg der Mission aus?

c) Wie gut kann alleine mit GM eine Vorhersage auf EM getroffen werden? Ist eine statistisch signifikante Vorhersage möglich?

d) Wie gut kann alleine mit GS eine Vorhersage auf EM getroffen werden? Ist eine statistisch signifikante Vorhersage möglich?

e) Erbringt die Hinzunahme von GS zusätzlich zu GM eine (signifikante) Verbesserung des Vorhersagemodells?

f) Erbringt die Hinzunahme von GM zusätzlich zu GS eine (signifikante) Verbesserung des Vorhersagemodells?

g) Berechnen Sie die Fehlerquadratsumme QS_e und den Standardschätzfehler $\hat{\sigma}_e$.

h) Berechnen Sie für EM, GM und GS die geschätzten Populations-Standardabweichungen $\hat{\sigma}$.

i) Berechnen Sie die standardisierten Einflussgewichte β für GM und GS.

j) Bilden Sie für den unter b) geschätzten Erfolgswert ein 95 %-Konfidenzintervall!

1.45 Die Esel der Spartaner

Schwierigkeit: leicht *Dauer: 20 min*

Irgendwann nach der Bronzezeit kam die Antike. Richtig interessant war es hauptsächlich in Griechenland. Wen gab es da nicht alles: Aristoteles, Plato, Pythagoras, Demosthenes, Sophokles und und und … Einer, den die Geschichtsschreibung zurecht völlig übersehen hat, war ein kleiner, eher dicklicher Statistiker und Philosoph namens Kaios, der – rein zufällig – ein Nachfahre des oben erwähnten Schamanen war, was sich unter anderem darin äußerte, dass er manchmal von wilden, kreischenden Amazonen träumte, die keulenschwingend hinter ihm herliefen. Als er eines Tages in seiner Toga über den Marktplatz von Athen schlenderte, stellte er sich folgende Frage:

In Sparta haben sie angeblich im Schnitt vier Esel (bei einer Standardabweichung von $s = 1{,}5$) pro Haushalt. Hier haben die Leute im Schnitt höchstens drei Esel (bei einer Standardabweichung von $s = 1{,}2$). Angeblich wurde die Befragung bei 50 Spartanern und bei 42 Athenern durchgeführt. Haben die Spartaner wirklich mehr Esel?

1.46 McKay auf der Akademie

Schwierigkeit: leicht *Dauer: 20 min*

Captain McKay war natürlich nicht immer Captain. Damals, auf der Akademie, im letzten Halbjahr, musste er einen schriftlichen und einen praktischen Test ablegen. Außer ihm gab es noch acht weitere Teilnehmer. Ermittelt wurden die Rangplätze der insgesamt neun Personen. Tabelle 38 gibt die Ergebnisse für den schriftlichen und den praktischen Test wieder.

Tabelle 38 Kandidaten und Rangplätze für den schriftlichen und den praktischen Test

Kandidat Nr.	Name	Rangplatz schriftlich	Rangplatz praktisch
1	McKay	1.	8.
2	Piller	2.	3.
3	Dreu	3.	1.
4	Schoordie	4.	2.
5	Pickert	5.	5.
6	Spack	6.	6.
7	Nummerzwei	7.	4.
8	Duta	8.	9.
9	Kerk	9.	7.

Die Frage ist nun: Bestand ein Zusammenhang zwischen den Ergebnissen im schriftlichen und im praktischen Test? Wie viel Prozent erklärbare Varianz gab es? War dieser Zusammenhang statistisch signifikant?

1.47 »Manchmal, aber nur manchmal ...«

Schwierigkeit: leicht *Dauer: 10 min*

»... haben Frauen ein kleines bisschen Haue gern«, sangen »Die Ärzte« einst. Gesetzt den Fall, dieses »manchmal« entspräche einer Wahrscheinlichkeit von $p = 0{,}02$. Wenn jetzt hintereinander $n = 10$ Frauen darauf angesprochen werden:

a) Wie hoch ist die Wahrscheinlichkeit dafür, dass hiervon wenigstens eine Frau ein kleines bisschen Haue gern hat?
b) Wie hoch ist die Wahrscheinlichkeit dafür, dass von diesen zehn Frauen keine einen Gefallen daran findet?
c) Falls Sie das Lied nicht kennen, suchen Sie den Liedtext heraus und beschreiben Sie die Wahrscheinlichkeit dafür, dass der »Typ was auf die Fresse verdient«.

1.48 Mensa und Essen

Schwierigkeit: leicht *Dauer: 15 min*

Sie sitzen in der Mensa und stochern in Ihrem Essen rum. Da es sich bei dem Gericht wider Erwarten nicht um ein kulinarisches Highlight handelt, schweifen Sie gedanklich ab. Sie überlegen, wie wahrscheinlich es ist, dass ...
a) die Nudeln nicht verkocht sind und somit gut schmecken?
b) Sie etwas Undefinierbares auf dem Teller haben?
c) es entweder Schnitzel oder Nudeln gibt?
d) Sie 5 Tage lang hintereinander lecker essen?
e) es sich bei einem leckeren Essen um Schnitzel handelt?
Eine Anwendungsbeobachtung bei 350 Mensabesuchen ergab Tabelle 39, die als Basis für die Aufgaben a) bis e) dienen mag.

Tabelle 39 Mensabesuche

	Nudeln	Schnitzel	Undefinierbar	gesamt
Lecker	45	100	35	180
Gar nicht lecker	55	80	35	170
gesamt	100	180	70	350

1.49 Karaokebar

Schwierigkeit: mittel *Dauer: 30 min*

Nach Abschluss Ihres Studiums haben Sie sich doch dazu entschlossen, lieber eine Karaokebar zu eröffnen. Doch so ganz können Sie Ihre statistische Ausbildung nicht vergessen und interessieren sich dafür, ob die Anzahl der gesungenen Songs davon abhängt, welchem Geschlecht Ihre Gäste angehören und wie viel Prozent Alkohol das erste Getränk enthielt.

Tabelle 40 Anzahl Lieder nach Alkoholgehalt des ersten Getränks und Geschlecht

	Alkoholgehalt		
	5 %	**15 %**	**35 %**
männlich	6	8	9
	6	4	11
	9	6	7
weiblich	5	2	4
	3	8	5
	4	5	6

a) Gibt es einen globalen Effekt?
b) Gibt es einen Haupteffekt für Faktor A (Geschlecht)?
c) Gibt es einen Haupteffekt für Faktor B (Alkoholgehalt)?
d) Gibt es eine Wechselwirkung zwischen den Faktoren A und B?

1.50 Lebensqualität von Patienten vor, während und nach der Therapie

Schwierigkeit: mittel *Dauer: 25 min*

Am Universitätsklinikum in Ihrer Stadt wird eine neue Therapieform für Darmkrebs-Patienten untersucht. Sie haben die Aufgabe, die Lebensqualität der Patienten mittels eines Fragebogens vor und während der sechswöchigen Therapien sowie nach Abschluss der Therapie zu untersuchen. Sie erheben dafür die Daten von $n = 5$ Patienten. Gehen Sie davon aus, dass die Daten ordinalskaliert sind.

Tabelle 41 Rohwerte zur Lebensqualität von $n = 5$ Patienten zu drei Messzeitpunkten

	Lebensqualität		
Vpn	**vor Therapie**	**während Therapie**	**nach Therapie**
1	70	80	85
2	80	90	70
3	60	65	50
4	85	80	75
5	90	95	80

Verändert sich die Lebensqualität im Verlauf der Messungen?

1.51 Burn-out-Prophylaxe

Schwierigkeit: knifflig *Dauer: 45 min*

Die Sozialarbeiterinnen Johanna S. (»Mamma Jo«) und Kate B. machen sich Sorgen über ihre Kolleginnen: zu viel Arbeit, zu viele Klienten, zu wenig Zeit für sich selbst. Burn-out lässt grüßen. Daher beschließen die beiden, mit ihren Kolleginnen ein sechswöchiges Achtsamkeitstraining durchzuführen. Um überprüfen zu können, ob das Achtsamkeitstraining auch etwas bewirkt, führen sie zu Beginn, nach drei Wochen und zum Ende mittels Fragebogen eine Erhebung zum Burn-out-Status durch. Für den Fragebogen gilt: Je höher der (intervallskalierte) Wert, desto ausgeprägter die Gefahr eines Burn-outs.

Tabelle 42 Rohwerte Burn-out-Status von sechs Kolleginnen zu drei Messzeitpunkten unterteilt nach Geschlecht

Geschlecht	Beginn	nach Woche 3	Ende	gesamt
weiblich	9	8	4	21
	7	5	0	12
	8	5	2	15
männlich	9	5	4	18
	9	6	6	21
	6	4	2	12
gesamt	48	33	18	99

a) Gibt es einen Haupteffekt für Faktor A (Geschlecht)?
b) Gibt es einen Haupteffekt für Faktor B (Messzeitpunkte)?
c) Gibt es eine Wechselwirkung zwischen den Faktoren A und B?

1.52 Assessment-Center

Schwierigkeit: leicht *Dauer: 20 min*

Bei einem Assessment-Center (AC) für einen weltweit agierenden Getränkehersteller muss man zu den 15 % Prozent der besten Kandidaten gehören, um für die zweite Runde eingeladen zu werden. Im Durchschnitt erreicht ein Kandidat bei der ersten Runde 87 von 140 Punkten. Die Standardabweichung liegt bei 9,2. Welche der sieben Kandidaten (Tab. 43) laden Sie in die zweite Runde ein?

Tabelle 43 Erreichte Rohpunktzahl im AC

Kandidat	1	2	3	4	5	6	7
Erreichte Punktzahl	66	120	84	93	89	96	99

1.53 Palzenkekse

Schwierigkeit: leicht *Dauer: 15 min*

Die international renommierte Keksfirma Palzen hat den national renommierten Psychologen Kabudis um Rat gefragt. Palzen verkauft in der BuReDeu drei verschiedene Kekssorten in je drei verschiedenen Geschmacksrichtungen. Die Prozentzahlen sind wie folgt:

Tabelle 44 Verkaufte Kekse in der BuReDeu in Prozent

Kekse	Form			
Geschmack	**rund**	**quadratisch**	**dreieckig**	**gesamt**
Schoko	10 %	15 %	5 %	30 %
Kokos	25 %	12 %	3 %	40 %
Butter	5 %	13 %	12 %	30 %
gesamt	40 %	40 %	20 %	100 %

Im Statistiker-Testdorf Holtzhausen am Errl verkaufen sich die Kekssorten folgendermaßen:

Tabelle 45 Anzahl der verkauften Kekse in Holtzhausen am Errl

Kekse	Form			
Geschmack	**rund**	**quadratisch**	**dreieckig**	**gesamt**
Schoko	50	100	30	180
Kokos	80	30	10	120
Butter	70	20	110	200
gesamt	200	150	150	500

Tja, werden in Holtzhausen am Errl die verschiedenen Kekssorten nun entsprechend dem Verkauf in der BuReDeu gekauft oder nicht? (Achtung bei den Freiheitsgraden!)

1.54 Sich unersetzlich fühlen und austauschbar sein

Schwierigkeit: leicht *Dauer: 15 min*

Die Wahrscheinlichkeit dafür, dass sich eine Person an ihrem Arbeitsplatz für unersetzlich hält, sei $p(\text{uners.}) = 0{,}8$. Die Wahrscheinlichkeit dafür, dass eine Person an ihrem Arbeitsplatz ohne größere Probleme ausgetauscht werden kann, sei $p(\text{aust.}) = 0{,}625$.

a) Wie groß ist die Wahrscheinlichkeit dafür, dass sich eine Person für unersetzlich hält, aber ohne größere Probleme ausgetauscht werden kann?

b) Wie groß ist die Wahrscheinlichkeit dafür, dass eine Person sich nicht für unersetzlich hält, aber nur mit größeren Problemen ausgetauscht werden kann?

c) Wie groß ist die Wahrscheinlichkeit dafür, dass sich von 10 Personen mindestens 8 für unersetzlich halten und auch nur mit größeren Problemen ausgetauscht werden können?

1.55 Brille tragen und Geschlecht

Schwierigkeit: leicht *Dauer: 10 min*

Irgendwann einmal machte sich jemand Gedanken darüber, ob mehr Frauen oder mehr Männer Brillenträger sind. Dieser jemand besah sich eine Stichprobe von $n = 200$ Personen und schaute nach folgenden zwei Merkmalen:
Merkmal 1: Geschlecht in den Ausprägungen weiblich bzw. männlich;
Merkmal 2: Brillenträger in den Ausprägungen ja bzw. nein.
Folgende Daten wurden gefunden: Es gab 40 Frauen mit Brille, es gab gleich viele Frauen wie Männer und es gab 30 Männer ohne Brille.
Aus diesen Daten könnte man nun eine kleine Tabelle aufbauen, die folgendermaßen gegliedert sein soll:

Tabelle 46 Verteilung von Brille tragenden Frauen und Männern

		Geschlecht		
		weiblich	**männlich**	**gesamt**
Brillen-träger	**ja**	a	b	
	nein	c	d	
	gesamt			**N gesamt**

a) Bitte füllen Sie die Tabelle aus!

b) Bitte berechnen Sie die Zellenhäufigkeiten (a-d), wenn die beiden Merkmale Geschlecht und Brillenträger stochastisch voneinander unabhängig sind.

c) Gesetzt den Fall, die beiden Merkmale Geschlecht und Brillenträger wären maximal voneinander abhängig, wie sähe die Tabelle unter Berücksichtigung der gegebenen Randsummen aus?

d) Berechnen Sie mittels Phi-Korrelation den Zusammenhang zwischen den beiden Variablen und prüfen Sie auf statistische Bedeutsamkeit!

1.56 EDV-Fortbildungen und Umgang mit dem PC

Schwierigkeit: mittel *Dauer: 45 min*

Als Mitarbeiter der Personalabteilung bekommen Sie den Auftrag zu überprüfen, ob es zwischen der Fähigkeit im Umgang mit einem PC und der Anzahl der in den letzten 12 Monaten besuchten EDV-Fortbildungen einen Zusammenhang gibt. Dazu erheben Sie bei $n = 10$ Mitarbeitern deren Fähigkeit im Umgang mit einem PC auf einer Skala von 0 bis 10, wobei »0« mangelnden Fähigkeiten entspricht, »10« sehr guten Fähigkeiten. Des Weiteren erfassen Sie bei diesen zehn Mitarbeitern die Anzahl besuchter EDV-Fortbildungen in den letzten zwölf Monaten.
Tabelle 47 zeigt die Daten.

Tabelle 47 »Anzahl besuchter Fortbildungen« und Rohwerte für »Fähigkeit im Umgang mit PC«; unterschieden nach Geschlecht

Mitarbeiter	1	2	3	4	5	6	7	8	9	10
Anzahl Fortbildungen	0	4	6	2	2	3	1	1	5	2
Fähigkeit	4	7	9	3	4	5	2	3	6	1
Geschlecht	w	w	m	m	m	w	m	m	w	w

a) Gibt es einen Zusammenhang zwischen »Fähigkeit im Umgang mit PC« und »Anzahl besuchter Fortbildungen«? Gehen Sie davon aus, dass beide Variablen intervallskaliert sind! Wie bewerten Sie den Zusammenhang? Wie viel Prozent erklärte/gemeinsame Varianz gibt es?

b) Ist der berechnete Zusammenhang statistisch von Bedeutung?

c) Berechnen Sie bitte für Männer und Frauen getrennt jeweils Mittelwert, Varianz und Standardabweichung für »Fähigkeit im Umgang mit PC«.

d) Welchen Prozentrang erzielt ein Mann bezogen auf seine Gruppe mit einem Wert von 6 für »Fähigkeit im Umgang mit PC«?

e) Welchen Prozentrang erzielt eine Frau bezogen auf ihre Gruppe mit einem Wert von 6 für »Fähigkeit im Umgang mit PC«?

f) Vergleichen Sie die Varianzen von Frauen und Männern bezogen auf »Fähigkeit im Umgang mit PC«.

g) Unterscheiden sich Frauen und Männer statistisch bedeutsam bezüglich der Werte für »Fähigkeit im Umgang mit PC«?

1.57 Arbeitszufriedenheit: Honeymoon oder Hangover?

Schwierigkeit: mittel *Dauer: 35 min*

Boswell, Shipp, Payne und Culbertson (2009) gehen in ihrer Studie davon aus, dass die Arbeitszufriedenheit von Job-Einsteigern nach einem kurvenförmigen Muster verläuft. Am Anfang ist man wahnsinnig zufrieden (Honeymoon), dann resigniert man und die Arbeitszufriedenheit bricht ein (Hangover). Doch letztendlich pendelt sich die Arbeitszufriedenheit wieder auf einem Mittelmaß ein (normalisierte Phase). Beeinflusst wird diese affektive Reaktion auf die zu verrichtende Arbeit beispielsweise durch die Organisationsstruktur und das Personalmanagement. Aufbauend auf diesen Erkenntnissen untersuchen Sie als engagierter Personaler einer mittelständischen GmbH die Arbeitszufriedenheit Ihrer fünf neu eingestellten High Potentials.

Tabelle 48 Rohwerte zur Leistungsmotivation von $n = 5$ High Potentials zu drei Messzeitpunkten

	Leistungsmotivation		
Vpn	**Anfang**	**nach 3 Monaten**	**nach 6 Monaten**
1	9	4	5
2	9	4	8
3	9	7	14
4	10	9	5
5	8	1	3

a) Gehen Sie davon aus, dass die erhobenen Daten ordinalskaliert sind. Prüfen Sie, ob sich die Leistungsmotivation zu den drei Messzeitpunkten unterscheidet!

b) Gehen Sie davon aus, dass die erhobenen Daten intervallskaliert sind. Prüfen Sie, ob sich die Leistungsmotivation zu den drei Messzeitpunkten unterscheidet!

1.58 Die Notwendigkeit, in den Urlaub fahren zu müssen

Schwierigkeit: knifflig *Dauer: 45 min*

Gabi H., Inhaberin eines Reisebüros, möchte abschätzen können, wann im Verlauf eines Semesters mit einem Ansturm reisewilliger Studierender zu rechnen ist. Dazu erhebt sie bei $n = 12$ Studierenden zu drei Messzeitpunkten die subjektive Notwendigkeit, in den Urlaub fahren zu müssen.

Als Messzeitpunkte werden »Beginn Semester«, »Mitte Semester« und »kurz vor der Prüfungszeit« gewählt.
Die Urlaubsnotwendigkeit kann mittels eines standardisierten Messinstruments intervallskaliert erhoben werden (Wert 1 = kein Urlaub nötig; 10 = dringendst urlaubsreif). Tabelle 49 zeigt die Daten.

Tabelle 49 Rohwerte Urlaubsnotwendigkeit von 12 Studierenden zu drei Messzeitpunkten unterteilt nach Dauer des Studiums

Studierende	Beginn Semester	Mitte Semester	kurz vor der Prüfungszeit
Studis 1. Semester	2	4	9
	1	4	10
	3	6	9
	2	5	8
Studis 4. Semester	5	6	7
	4	7	7
	6	7	8
	4	6	8
Studis 7. Semester	5	6	7
	4	7	7
	7	6	8
	5	8	8

a) Gibt es einen Haupteffekt für Faktor A (Dauer Studium)?
b) Gibt es einen Haupteffekt für Faktor B (Messzeitpunkte)?
c) Gibt es eine Wechselwirkung zwischen den Faktoren A und B?

1.59 Die multifunktionale Gemüsereibe (2)

Schwierigkeit: mittel *Dauer: 50 min*

In ihrer Masterthesis beschäftigte sich Uschi W. aus C. mit der Wirkung von Dauerwerbesendungen auf die Kaufbereitschaft. Hierzu erhob sie von $n = 120$ Hausfrauen und Hausmännern die Einstellung zu einer Investition in eine multifunktionale Gemüsereibe vor und nach dem Konsum einer zweistündigen Dauerwerbesendung. Hierbei zeigten sich folgende Häufigkeiten (Tabelle 50).

Tabelle 50 Häufigkeiten Kaufbereitschaft vor und nach Konsum einer zweistündigen Dauerwerbesendung

		Kaufbereitschaft nachher		
		hoch	niedrig	gesamt
Kaufbereitschaft vorher	hoch	30	35	65
	niedrig	25	30	55
	gesamt	55	65	120

a) Hat sich die Kaufbereitschaft von vorher zu nachher statistisch bedeutsam verändert?

Uschi fragte sich weiterhin, ob es eventuelle Unterschiede zwischen Hausfrauen und Hausmännern bei der Kaufbereitschaft für die multifunktionale Gemüsereibe gibt. Daher betrachtete sie die Daten noch einmal für Frauen und Männer getrennt.

b) Hat sich die Kaufbereitschaft von Hausfrauen vor und nach Konsum einer zweistündigen Dauerwerbesendung verändert?

Tabelle 51 Häufigkeiten Kaufbereitschaft von $n = 60$ Hausfrauen

		Kaufbereitschaft nachher		
		hoch	niedrig	gesamt
Kaufbereitschaft vorher	hoch	15	25	40
	niedrig	5	15	20
	gesamt	20	40	60

c) Hat sich die Kaufbereitschaft von Hausmännern vor und nach Konsum einer zweistündigen Dauerwerbesendung verändert?

Tabelle 52 Häufigkeiten Kaufbereitschaft von $n = 60$ Hausmännern

		Kaufbereitschaft nachher		
		hoch	niedrig	gesamt
Kaufbereitschaft vorher	hoch	15	10	25
	niedrig	20	15	35
	gesamt	35	25	60

1.60 Kritische Differenz

Schwierigkeit: leicht *Dauer: 10 min*

Der kleine Jakob (11 Jahre) kommt mit seinen Eltern in die Beratungsstelle zu einer Intelligenztestung. Vor zwei Monaten hatte Jakob ebenfalls einen Intelligenztest durchgeführt. Sein Ergebnis damals war ein $IQ_1 = 95$. Bei der heutigen Testung erzielt Jakob einen Wert von $IQ_2 = 85$. Die Reliabilität der Intelligenztests beträgt laut Testmanual jeweils $r_{tt} = 0{,}95$.

a) Bitte berechnen Sie den Standardmessfehler SMF (S_ε)!

b) Bitte berechnen Sie die kritische Differenz (95 %)!

c) Bitte überlegen Sie, wie weiter vorgegangen werden sollte!

1.61 Disney-Filme und Stereotype

Schwierigkeit: leicht *Dauer: 15 min*

Towbin, Haddock, Zimmerman, Lund und Tanner (2003) warfen die Frage auf, ob Disney-Zeichentrickfilme unterschwellig Stereotype und Vorurteile transportieren. Der Sozialarbeiter Martin N. aus F. führte eine kleine Studie zu Vorurteilen und Stereotypen durch und unterzog das Ausmaß an Vorurteilen einer varianzanalytischen Prüfung. Geprüft wurde, ob das Ausmaß an Vorurteilen variierte nach einem Faktor A »Konsum von Disney-Filmen« mit den drei Stufen »starker Konsum«, »mittlerer Konsum« und »geringer Konsum« und einem Faktor B »Geschlecht« mit den zwei Stufen »weiblich« und »männlich«. Die Ergebnisse der Varianzanalyse wurden in eine Tafel der Varianzanalyse übertragen. Unglücklicherweise gerieten Kaffeeflecken auf diese Tafel, sodass verschiedene Zahlen nicht mehr lesbar waren …

Tabelle 53 Lückenhafte Tafel der Varianzanalyse »Disney Stereotype«

Quelle der Variation	Quadratsumme	Freiheitsgrade	F_{emp}	sig.
Faktor A	84	?	?	?
Faktor B	16	?	?	?
Wechselwirkung AB	?	?	?	?
determinierte/Modell	120	?	?	?
Fehler	48	8		
Total	?	?		

Bitte vervollständigen Sie die Tafel der Varianzanalyse, d. h. ersetzen Sie die Fragezeichen durch Zahlen bzw. durch die Kürzel »sig.« für Signifikanz oder »n. s.« für nicht signifikant in der Spalte »sig.«! Gehen Sie bei der Prüfung auf Signifikanz immer von einem Alpha = 5 % bei einseitiger Fragestellung aus!

1.62 Neurotizismus bei Ehepartnern

Schwierigkeit: leicht *Dauer: 15 min*

Der Scheidungsanwalt Marvin-Lennart S. aus Z. hat schon so manche Ehe geschieden. Da er im Nebenfach Psychologie belegt hatte, stellt er sich nun die Frage, ob sich die Neurotizismus-Werte von Ehepartnern in Scheidung voneinander unterscheiden. Bei $n = 8$ Ehepaaren erhebt er sowohl für die Frau als auch für den Mann jeweils den (intervallskalierten) Neurotizismus-Wert.

Tabelle 54 Neurotizismus-Werte von acht Ehepaaren

Ehefrau	15	7	11	14	16	9	10	12
Ehemann	6	8	10	12	5	13	9	14

Gibt es einen signifikanten Unterschied bezüglich der Neurotizismus-Werte von Ehepartnern?

1.63 Neulich auf der Pferderennbahn (2)

Schwierigkeit: knifflig *Dauer: 70 min*

Was für ein herrlicher Tag! Die Sonne scheint, und Sie haben in Ihrer Geldbörse einen zusammengefalteten 50 EURO-Schein gefunden, den Sie schon lange vergessen hatten … Na dann, auf zur Pferderennbahn!

Im nächsten Rennen gehen neun Pferde an den Start. Sie schauen sich die Pferde und Jockeys an. Hmm … Pferd Nr. 4 hat einen sehr schönen Wuchs … Jockey Nr. 3 macht den selbstsichersten Eindruck … Hmm … Kann man über solche Sachen vielleicht die Geschwindigkeit der Pferde (und damit die Platzierung) abschätzen? Statt bei dem anstehenden Rennen schon eine Wette abzugeben, machen Sie eine Tabelle.

Den Wuchs der Pferde bewerten Sie auf einer Skala von 1 bis 10, wobei 1 für einen schlechten Wuchs steht und 10 für einen sehr edlen Wuchs des Pferdes.

Die Selbstsicherheit der Jockeys bewerten Sie auf einer Skala von 1 bis 5, wobei 1 für einen sehr unsicheren Eindruck steht und 5 für einen extrem selbstsicheren Eindruck.

Des Weiteren tragen Sie in Ihre Tabelle nach dem Rennen die Durchschnittsgeschwindigkeit der Pferde ein, allerdings nicht in km/h, sondern auf einer eigenen Geschwindigkeitsskala von 1 bis 20, wobei 1 für sehr langsam und 20 für sehr schnell steht. Zum Schluss erhalten Sie folgende Tabelle:

Tabelle 55 Rohwerte von neun Pferden zu Geschwindigkeit, Wuchs und Selbstsicherheit des Jockeys

Pferd Nr.	1	2	3	4	5	6	7	8	9
Geschwindigkeit Pferd GP (y)	15	20	15	19	16	17	18	17	16
Wuchs Pferd WP (x_1)	6	8	4	10	7	9	6	6	7
Selbstsicherheit Jockey SJ (x_2)	2	4	2	4	3	2	5	3	2

Tja, kann man mit Wuchs und Selbstsicherheit auf die Geschwindigkeit schätzen? Als anständige Sozialwissenschaftlerin haben Sie selbstverständlich Ihren Taschenrechner und eine kleine Taschenformelsammlung dabei und beginnen zu rechnen!

a) Kann man über WP und SJ (signifikant) auf GP schätzen? Wie gut ist so ein Schätzmodell?
b) Für das nächste Rennen wird ein Pferd vorgeführt, dessen Wuchs Sie mit 8 bewerten und dessen Jockey eine geringe Selbstsicherheit von 1 ausstrahlt. Bitte schätzen Sie die Geschwindigkeit y!
c) Wie gut kann alleine mit WP eine Vorhersage auf GP getroffen werden? Ist eine statistisch signifikante Vorhersage möglich?
d) Wie gut kann alleine mit SJ eine Vorhersage auf GP getroffen werden? Ist eine statistisch signifikante Vorhersage möglich?
e) Erbringt die Hinzunahme von SJ zusätzlich zu WP eine (signifikante) Verbesserung des Vorhersagemodells?
f) Erbringt die Hinzunahme von WP zusätzlich zu SJ eine (signifikante) Verbesserung des Vorhersagemodells?
g) Berechnen Sie die Fehlerquadratsumme QS_e und den Standardschätzfehler $\hat{\sigma}_e$.
h) Berechnen Sie für GP, WP und SJ die geschätzten Populations-Standardabweichungen $\hat{\sigma}$.
i) Berechnen Sie die standardisierten Einflussgewichte β für WP und SJ.
j) Bilden Sie für den unter b) geschätzten GP-Wert ein 95 %-Konfidenzintervall!

1.64 Taschenrechner

Schwierigkeit: mittel *Dauer: 45 min*

Statistik-Fan Kejbee interessierte sich eines Tages dafür, ob sich die Punktzahlen einer Methodenklausur danach unterschieden, ob die Leute den Taschenrechner STASTIK 5000, STASTIK 2000 oder STASTIK 0815 verwendeten (Faktor B) und ob es sich dabei um Jungspunde (bis 30 Jahre) oder um Greise (ab 30 Jahre) handelte (Faktor A). Und er erstellte eine Tabelle …

Tabelle 56 Punktwerte von $n = 18$ Personen in einer Methodenklausur

	Taschenrechnermodell		
	Stastik 5000	**Stastik 2000**	**Stastik 0815**
Greise	10	17	18
	12	18	20
	14	16	19
Jungspunde	16	17	21
	12	15	12
	11	13	18

Gemessen wurden die (intervallskalierten) Punkte in einer Methodenklausur.

a) Gibt es einen globalen Effekt?
b) Gibt es einen Haupteffekt für Faktor A (Alterskategorie)?
c) Gibt es einen Haupteffekt für Faktor B (Taschenrechnermodell)?
d) Gibt es eine Wechselwirkung zwischen den Faktoren A und B?

1.65 Planet Stastik I (2)

Schwierigkeit: knifflig *Dauer: 60 min*

Wir befinden uns im Jahr 2204. Aufgrund ihrer andauernden Quengeleien nach einem erweiterten Psychotherapeutengesetz sind alle Psychologen von der Mediziner-/Heilpraktikervereinigung auf den kleinen, düsteren Planeten Stastik I verbannt worden. Nur über einige wenige Spione können unsere wackeren Psychologen den Kontakt zur Erde aufrechterhalten.

»Wenn wir nur zeigen könnten, dass unsere Anwesenheit auf der Erde den Menschen Gutes bringt!«

»Ja, dann könnten wir sie vielleicht überzeugen, dass wir wieder zurück dürfen.«

»Sagt mal, da gab es doch diese eine Untersuchung von Prof. Dr. K. Budis, was ist eigentlich daraus geworden?«
»Ich glaube, diese Untersuchung wurde nie ausgewertet, aber die Daten müssten sich noch in meinem Computer befinden. Ich sehe nach.«
Und tatsächlich, die (intervallskalierten) Daten sind noch vorhanden: Untersucht wurde damals der Zusammenhang zwischen allgemeiner Lebenszufriedenheit (y) und Einstellung gegenüber Psychologen (x_1) sowie Medikamentenkonsum (x_2). Je höher die Werte, desto größer die allgemeine Lebenszufriedenheit, desto positiver die Einstellung gegenüber Psychologen und desto höher der Medikamentenkonsum.

Tabelle 57 Rohwerte von $n = 10$ Personen für »Allgemeine Lebenszufriedenheit«, »Einstellung gegenüber Psychologen« und »Medikamentenkonsum«

Allgemeine Lebenszufriedenheit	Einstellung gegenüber Psychologen	Medikamentenkonsum
15	19	2
16	14	6
9	11	4
5	9	16
2	3	18
4	5	19
6	8	7
9	10	3
11	13	2
17	17	1

a) Kann man über »Einstellung gegenüber Psychologen« (EP) und »Medikamentenkonsum« (MK) (signifikant) auf »Allgemeine Lebenszufriedenheit« (ALZ) schätzen? Wie gut ist so ein Schätzmodell?
b) Eine Person hat folgende Werte: »Einstellung gegenüber Psychologen« EP = 12 und »Medikamentenkonsum« MK = 8. Was für ein Wert für die »Allgemeine Lebenszufriedenheit« (ALZ) kann geschätzt werden?
c) Wie gut kann alleine mit EP eine Vorhersage auf ALZ getroffen werden? Leistet der Prädiktor EP einen (signifikanten) Beitrag zur Vorhersage des Kriteriums ALZ?
d) Wie gut kann alleine mit MK eine Vorhersage auf ALZ getroffen werden? Leistet der Prädiktor MK einen (signifikanten) Beitrag zur Vorhersage des Kriteriums ALZ?

e) Erbringt die Hinzunahme von MK zusätzlich zu EP eine (signifikante) Verbesserung des Vorhersagemodells?
f) Erbringt die Hinzunahme von EP zusätzlich zu MK eine (signifikante) Verbesserung des Vorhersagemodells?
g) Berechnen Sie die Fehlerquadratsumme QS_e und den Standardschätzfehler $\hat{\sigma}_e$.
h) Berechnen Sie für ALZ, EP und MK die geschätzten Populations-Standardabweichungen $\hat{\sigma}$.
i) Berechnen Sie die standardisierten Einflussgewichte β für EP und MK.
j) Erstellen Sie für den unter b) geschätzten Wert für ALZ ein 95 %-Konfidenzintervall!

1.66 Opferrituale

Schwierigkeit: leicht *Dauer: 15 min*

Der Satanistenverein »Beelzebub e.V.« in Holtzhausen am Errl hat vom böswilligen Statistikdämon Kaibor den Auftrag erhalten, seine Opferrituale zu überprüfen. Hierzu wurde die Wirkung der Rituale nach folgendem Versuchsdesign untersucht:

		Faktor A: Menschenopfer	
		A1: Jungmann	**A2: Jungfrau**
Faktor B: Handlung	**B1: Mit Hühnerblut beträufeln**		
	B2: Mit Krötenschleim Symbole aufmalen		
	B3: Mit psychotropen Pilzen füttern		

Abbildung 3 Versuchsdesign

Insgesamt wurden $n = 306$ Opferrituale untersucht. Da sich die Wirkung normal verteilte, wurde als statistisches Verfahren eine Varianzanalyse durchgeführt.
Einige Ergebnisse wurden auch bereits ermittelt.

Tabelle 58 Lückenhafte Tafel der Varianzanalyse »Opferrituale«

Quelle der Variation	Quadratsumme	Freiheitsgrade	F_{emp}	F_{krit}	sig.
Faktor A	13,32	?	?	3,873	?
Faktor B	?	?	?	3,026	?
Wechselwirkung AB	26,64	?	?	3,026	?
determinierte/Modell	66,6	?	?	2,244	?
Fehler	599,4	?			
Total	?	?			

Bitte vervollständigen Sie die Tafel der Varianzanalyse, d. h. ersetzen Sie die Fragezeichen durch Zahlen bzw. durch die Kürzel »sig.« für Signifikanz oder »n. s.« für nicht signifikant in der Spalte »sig.«! Gehen Sie bei der Prüfung auf Signifikanz immer von einem Alpha = 5 % bei einseitiger Fragestellung aus!

1.67 Antiaggressionstraining (AAT)

Schwierigkeit: leicht *Dauer: 15 min*

Der Sozialarbeiter Paul A. arbeitet bei der Jugendgerichtshilfe in F. Immer wieder empfiehlt er für Jugendliche, die durch aggressives Verhalten auffallen, ein Antiaggressionstraining (AAT). In seiner Stadt gibt es allerdings zwei unterschiedliche Anbieter für solche AATs: Den Anbieter »The brave Lamb (TBL)« und den Anbieter »Geschubst wird nicht! (GWN)«. Im Laufe des letzten Jahres hat Paul jeweils acht Jugendliche zu TBL und zu GWN geschickt. Bei Entwicklungsgesprächen hat er die Jugendlichen nach Beendigung des AAT zu ihrer Ärgerkontrolle (»Anger Control, AC«) mittels Fragebogen befragt. In diesem Fragebogen können Werte erzielt werden zwischen acht (keinerlei Ärgerkontrolle) und 32 Punkten (extrem starke Ärgerkontrolle).
In Tabelle 59 finden sich die Daten der insgesamt sechzehn Jugendlichen für die Ärgerkontrolle, separat dargestellt für die beiden Anbieter.

Tabelle 59 Werte für Ärgerkontrolle von insgesamt sechzehn Jugendlichen, aufgeteilt nach Anbieter des AAT

Anbieter TBL	13	30	17	9	25	20	16	11
Anbieter GWN	19	22	24	23	26	27	28	23

a) Berechnen Sie jeweils Mittelwert, Varianz und Standardabweichung für die Ärgerkontrollwerte getrennt nach Anbieter!
b) Bestimmen Sie für die Werte der Jugendlichen, die bei Anbieter TBL das AAT absolviert haben, den Median und die Interquartilbereiche!
c) Bestimmen Sie für die Werte der Jugendlichen, die bei Anbieter GWN das AAT absolviert haben, den Median und die Interquartilbereiche!
d) Stellen Sie die Werte der Jugendlichen getrennt nach Anbieter in einem einfachen Box-Whisker-Plot gegenüber!
e) Bitte überlegen Sie, ob Paul einen der Anbieter bevorzugen sollte!

1.68 »Schlafen, schlafen, vielleicht auch träumen …«

Schwierigkeit: leicht *Dauer: 25 min*

Als eingeschworene Radfahrerin sind Sie felsenfest davon überzeugt, dass Radfahrer um ein Vielfaches besser schlafen als der gemeine Autofahrer. Um das zu überprüfen, entwickeln Sie einen Fragebogen zur Schlafqualität und geben diesen Fragebogen an 20 Radfahrer und 20 Autofahrer. Bevor Sie jetzt auf Unterschiede testen können, muss leider zuerst auf Normalverteilung geprüft werden.
Von den Daten der insgesamt $n = 40$ Personen haben Sie den Mittelwert und die geschätzte Populationsstandardabweichung errechnet.

$\bar{x} = 32{,}3 \qquad \hat{\sigma}_X = 11{,}835$

Dann haben Sie die Rohwerte in Kategorien einsortiert.

Tabelle 60 Kategoriehäufigkeiten zur Schlafqualität von $n = 40$ Personen

Kategorie	**bis 15**	**bis 20**	**bis 25**	**bis 30**	**bis 35**	**bis 40**	**bis 45**	**bis 50**	**bis 55**
Häufigkeit	3	4	5	6	7	5	3	4	3

a) Bitte prüfen Sie mittels des Kolmogorov-Smirnov-Tests auf Normalverteilung!
b) Bitte prüfen Sie mittels des Chi^2-Tests auf Normalverteilung!

1.69 Pädagogischer Ansatz des Kindergartens und Schuleignung (1)

Schwierigkeit: leicht *Dauer: 15 min*

Der große Dienstleistungskonzern, in dem Sie arbeiten, möchte einen betriebseigenen Kindergarten für die Mitarbeiter aufbauen. Als Pädagogische Konzepte werden der Montessori-Ansatz und der Situationsansatz diskutiert. Sie sollen nun eine kleine Studie durchführen, um herauszufinden, ob sich diese beiden Ansätze bezüglich der künftigen Schuleignung der Kinder unterscheiden.

Dazu führen Sie in einem Kindergarten mit Montessori-Ansatz bei $n = 7$ Fünfjährigen und in einem Kindergarten mit Situationsansatz bei $n = 5$ Fünfjährigen einen Schuleignungstest durch. Tabelle 61 zeigt die Daten.
Für den Schuleignungstest gilt: Je mehr Punkte, desto eher (schon) schulgeeignet.
Nach Angaben des Testmanuals für den Schuleignungstest kann nicht von einer Normalverteilung der Werte ausgegangen werden.

Tabelle 61 Überblick der erreichten Punkte im Schuleignungstest und Erfassung des pädagogischen Ansatzes des Kindergartens

Punkte Schuleignungstest	17	13	14	9	6	5	12	16	15	11	8	10
Pädagogischer Ansatz des Kindergartens	M	M	M	M	M	M	M	S	S	S	S	S

M = M(ontessori), S = S(ituationsansatz)

Unterscheiden sich die beiden pädagogischen Konzepte hinsichtlich der Schuleignung statistisch bedeutsam voneinander?

1.70 Zeig mir deinen Kühlschrank – und ich sage dir, wer du bist!

Schwierigkeit: mittel *Dauer: 35 min*

Bei der Organisation eines Sommerfestes zur Feier der Abschaffung der Studiengebühren fallen Ihnen als führendem Organisator dieses Events die Sonderwünsche der Beteiligten auf. Als empirisch interessierter Student führen Sie kurzerhand eine kleine Untersuchung dahingehend durch, ob die Essgewohnheiten Auswirkungen auf die »Offenheit für neue Erfahrungen« haben. Sie verwenden die Items der Skala »Offenheit« des NEO-PI-R. Ein Intervallskalenniveau können Sie voraussetzen. Unterschieden werden bezüglich des Essverhaltens vier Gruppen. Zu jeder Gruppe erheben Sie die Werte von vier Personen.

Tabelle 62 Offenheitswerte von $n = 16$ Personen in Abhängigkeit vom Essverhalten

	Essverhalten			
	Fleischesser	**Vegetarier**	**Veganer**	**Frutarier**
Offenheit	8	3	4	2
	9	1	8	0
	6	2	5	1
	5	2	7	1

Ist das Persönlichkeitsmerkmal »Offenheit« je nach primärem Essverhalten unterschiedlich stark ausgeprägt?

1.71 Lucy Liu vs. Kate Winslet

Schwierigkeit: mittel *Dauer: 15 min*

In einer US-amerikanischen Studie (Devos & Ma, 2008) wurde mittels aufwendiger Methoden überprüft, wer eher als amerikanisch gilt: Lucy Liu (US-amerikanische Schauspielerin mit chinesischem Migrationshintergrund) oder Kate Winslet (britische Schauspielerin).
Die engagierte Psychologiestudentin Lavinia O. wollte diese Untersuchung in abgespeckter Form replizieren. Dazu präsentierte sie $n = 11$ Personen Bilder der beiden Schauspielerinnen und ließ jede Untersuchungsperson beide Schauspielerinnen jeweils auf einer 6-stufigen Skala von 1 (sehr unamerikanisch) bis 6 (sehr amerikanisch) bewerten. Es kann davon ausgegangen werden, dass die erhobenen Werte intervallskaliert sind.

Tabelle 63 Werte von elf Personen bezüglich Lucy Liu und Kate Winslet

Lucy Liu	5	4	3	1	1	4	4	4	2	3	5
Kate Winslet	6	4	5	4	5	2	5	4	3	3	6

Bitte gehen Sie folgender Frage nach: Wird Kate Winslet als »amerikanischer« bewertet als Lucy Liu?

1.72 Ein gutes Gewissen ist ein sanftes Ruhekissen

Schwierigkeit: knifflig *Dauer: 30 min*

Forscherin E. M. aus W. wollte wissen, ob sich soziales und arbeitsplatzbezogenes Fehlverhalten auf den Schlaf auswirkt (vgl. Yuan, Barnes & Li, 2018).
Dazu erhob sie bei $n = 5$ Kolleginnen einen Wert zur »Schlafqualität« (y; je höher, desto besser) sowie Werte zu »arbeitsplatzbezogenem Fehlverhalten« (x_1; je höher, desto stärker ausgeprägt) und zu »sozialem Fehlverhalten« (x_2; je höher, desto stärker ausgeprägt). Hieraus ergab sich die nachstehende Datentabelle.

Tabelle 64 Rohwerte von fünf Personen

Kollegin Nr.	1	2	3	4	5
Schlafqualität (y)	7	8	4	5	6
Arbeitsplatzbezogenes Fehlverhalten (x_1)	3	1	4	4	3
Soziales Fehlverhalten (x_2)	2	2	7	5	4

Angeblich kann für jede der hier untersuchten Variablen von einer Normalverteilung ausgegangen werden.
Mit diesen Daten wurde eine multiple Regressionsanalyse durchgeführt. Hierbei ergaben sich unter anderem die folgenden Werte/Matrizen:

$$\bar{y}=6; \quad X'y=\begin{vmatrix} 30 \\ 83 \\ 107 \end{vmatrix}; \quad X'X=\begin{vmatrix} 5 & 15 & 20 \\ 15 & 51 & 68 \\ 20 & 68 & 98 \end{vmatrix}; \quad Det=220; \quad K'=\begin{vmatrix} 374 & -110 & 0 \\ -110 & 90 & -40 \\ 0 & -40 & 30 \end{vmatrix}$$

Wie eigentlich immer stürzte während der Regressionsanalyse der Computer ab, sodass verschiedene Kennwerte nicht berechnet werden konnten.

a) Bitte ermitteln Sie den b-Vektor.
b) Bitte berechnen Sie die geschätzten Populations-Standardabweichungen $\hat{\sigma}$ für y, x_1 und x_2.
c) Bitte wandeln Sie die ermittelten b-Gewichte b_1 und b_2 in standardisierte beta-Gewichte β_1 und β_2 um.
d) Bitte ermitteln Sie die totale Quadratsumme QS_{total}.
e) Bitte ermitteln Sie die determinierte Quadratsumme QS_{det}.
f) Bitte ermitteln Sie die Fehlerquadratsumme QS_{error}.
g) Bitte ermitteln Sie die Güte des Regressionsmodells, ausgedrückt als Multipler Determinationskoeffizient R^2.

1.73 Qualitätssicherung: Lehrevaluation

Schwierigkeit: leicht *Dauer: 10 min*

Immer mehr Universitäten und Fachhochschulen befragen ihre Studenten nach der Qualität der Vorlesungen. Diese Evaluationsergebnisse sollen Aufschluss darüber geben, wie es tatsächlich in deutschen Hörsälen zugeht und wie zufrieden die Studis mit ihren Veranstaltungen sind. Doch sind die Evaluationsergebnisse frei von Störvariablen (vgl. Coladarci & Kornfield, 2007)?
Ihnen fällt auf, dass sich so manche Studentin und so mancher Student plötzlich in die Übung für »Finanzwirtschaft 3« oder »Literatur und Schrift des Frühmittelalters« setzt, da der Dozent oder die Dozentin hübsch anzusehen sind! Sie als Freund der

Statistik befragen $n = 83$ Studentinnen und Studenten und ermitteln folgende Produkt-Moment-Korrelationen zwischen den Variablen »Evaluationsergebnis« (x_1), »Qualität der Unterlagen« (x_2) und »Attraktivität des Lehrkörpers« (x_3):

$r_{X_1X_2} = 0{,}6 \quad r_{X_1X_3} = 0{,}7 \quad r_{X_2X_3} = 0{,}3$

Wie ist die Korrelation zwischen »Evaluationsergebnis« (x_1) und »Qualität der Unterlagen« (x_2), wenn »Attraktivität des Lehrkörpers« (x_3) herauspartialisiert wird?

1.74 Pädagogischer Ansatz des Kindergartens und Schuleignung (2)

Schwierigkeit: leicht *Dauer: 25 min*

Ihr Chef war mit den Ergebnissen Ihrer ersten Untersuchung (Aufgabe 69) leider nicht so zufrieden … und – als Anhänger der Waldorf-Pädagogik – möchte er gerne, dass noch ein dritter Ansatz in die Untersuchung eingeschlossen wird. Na ja, wenn er denn so will …

Dazu führen Sie in einem Kindergarten mit Montessori-Ansatz bei $n = 6$ Fünfjährigen, in einem Kindergarten mit Situationsansatz bei $n = 6$ Fünfjährigen und in einem Kindergarten mit Waldorf-Ansatz bei $n = 6$ Fünfjährigen einen Schuleignungstest durch. Für den Schuleignungstest gilt: Je mehr Punkte, desto eher (schon) schulgeeignet.

Nach Angaben des Testmanuals für den Schuleignungstest kann nicht von einem Intervallskalenniveau der Werte ausgegangen werden.

Hier sind die Daten:

Tabelle 65 Rohwerte in einem Schuleignungstest sortiert nach dem pädagogischen Ansatz des Kindergartens

Montessori	Situationsansatz	Waldorf
12	15	4
3	18	7
11	9	12
15	17	5
13	11	18
11	16	8

Unterscheiden sich die drei pädagogischen Konzepte hinsichtlich der Schuleignung statistisch bedeutsam voneinander?

1.75 Arbeitssicherheit

Schwierigkeit: leicht *Dauer: 15 min*

Im Hoch- und Tiefbau ist es für Personen, die in großer Höhe arbeiten, Pflicht, während ihrer Tätigkeit Rettungsgurte zu tragen, die bei einem Absturz die Personen auffangen und schlimmere Verletzungen verhindern sollen. In einer Firma wurde nun der Tragekomfort verschiedener Modelle (UV 1 / Faktor A: Modell in den drei Stufen A1 »Modell immersicher«, A2 »Modell safetywear 2050 XXL« und A3 »Modell hängegut«) überprüft. Da es jedes Rettungsgurtmodell noch in den Ausführungen »unmodisch« und »modisch« gab, wurde als zweiter Faktor noch die optische Aufmachung der Rettungsgurte (UV 2 / Faktor B: Farbgestaltung in den Stufen B1 »unmodisch« und B2 »modisch«) berücksichtigt.
Der Tragekomfort wurde auf einer Skala von 1 »kein Tragekomfort« bis 20 »sehr hoher Tragekomfort« gemessen.

Tabelle 66 Durchschnittlicher Tragekomfort pro Zelle des Versuchsplans

		Faktor A: Modell		
		»immersicher«	**»safetywear 2050 XXL«**	**»hängegut«**
Faktor B: Farbgestaltung	**unmodisch**	8	10	6
	modisch	11	9	13

a) Fertigen Sie eine Skizze/Abbildung/Grafik der Mittelwerte an! Bauen Sie die Skizze so auf, dass die Mittelwerte der modischen Rettungsgurte miteinander verbunden werden und dass die Mittelwerte der unmodischen Rettungsgurte miteinander verbunden werden.

b) Mit welchen Ergebnissen ist bei einer Varianzanalyse dieser Daten – basierend auf der Abbildung – vermutlich zu rechnen?
Ist mit einem Haupteffekt für Faktor A zu rechnen?
Ist mit einem Haupteffekt für Faktor B zu rechnen?

c) Leiten Sie aus den vermuteten Ergebnissen (b) der Studie Vorschläge ab, worauf bei der Anschaffung neuer Rettungsgurte zu achten ist!

1.76 Milchmischgetränke

Schwierigkeit: leicht *Dauer: 10 min*

Ein Lebensmittelkonzern führt ein neues Milchmischgetränk »Happy Healthy Milk (HHM)« ein. Dieses Getränk gibt es in den Geschmacksrichtungen »Papaya«, »Erdnuss«, »Sweet Chili« und »Gurke« und enthält *gaaaaanz* viele Nährstoffe!
Einen Monat lang wurden diese neuen Produkte im Verkauf getestet. Nach diesem Monat zeigten sich die folgenden Verkaufszahlen:
Da es bisher noch keine Angaben zu den Vorlieben gab, wurde erwartet, dass jede Geschmacksrichtung gleich häufig verkauft wird.

Tabelle 67 Beobachtete Verkaufszahlen HHM

Typ	Papaya	Erdnuss	Sweet Chili	Gurke
beobachtete Verkaufszahlen	35	18	5	22

Bitte prüfen Sie inferenzstatistisch, ob sich die Verkaufszahlen der verschiedenen Geschmacksrichtungen von den erwarteten Verkaufszahlen unterscheiden!

1.77 Kundenzufriedenheit

Schwierigkeit: mittel *Dauer: 20 min*

Im Rahmen einer Kundenzufriedenheitsstudie wurde die Kundenzufriedenheit einer varianzanalytischen Prüfung unterzogen. Geprüft wurde, ob die Kundenzufriedenheit variierte nach einem Faktor A »Haarfarbe Kundenbetreuer« mit den drei Stufen »blond«, »braun« und »schwarz« sowie einem Faktor B »Geschlecht Kundenbetreuer« mit den zwei Stufen »weiblich« und »männlich«. Die Ergebnisse der Varianzanalyse wurden in eine Tafel der Varianzanalyse übertragen. Unglücklicherweise gerieten – wie so oft – Kaffeeflecken auf diese Tafel, sodass verschiedene Zahlen nicht mehr lesbar sind …
Bitte vervollständigen Sie die Tafel der Varianzanalyse, d. h. ersetzen Sie die Fragezeichen durch Zahlen bzw. durch die Kürzel »sig.« für Signifikanz oder »n. s.« für nicht signifikant in der Spalte »sig.«! Gehen Sie bei der Prüfung auf Signifikanz immer von einem Alpha = 5 % aus!

Tabelle 68 Lückenhafte Tafel der Varianzanalyse »Kundenzufriedenheit«

Quelle der Variation	Quadratsumme	Freiheitsgrade	F_{emp}	sig.
Faktor A	48	?	?	n. s.
Faktor B	18	?	?	?
Wechselwirkung AB	?	2	8,15	?
determinierte/Modell	210	?	?	?
Fehler	?	12		
Total	316	?		

1.78 Aufstand im Jugendamt!

Schwierigkeit: mittel *Dauer: 20 min*

Die Sozialarbeiterinnen des Stadtteiljugendamts G. in F. gehen auf die Barrikaden! Im Durchschnitt muss jede der $n = 7$ Beschäftigten pro Woche 30 Fälle bearbeiten (Standardabweichung $s = 2$), während die $n = 5$ Beschäftigten des benachbarten Stadtteiljugendamts E. in F. durchschnittlich nur 25 Fälle (Standardabweichung $s = 4$) zu bearbeiten haben.
Bitte prüfen Sie inferenzstatistisch, ob die Beschäftigten des Stadtteiljugendamts G. mehr Fälle pro Woche zu bearbeiten haben als die Beschäftigten des Stadtteiljugendamts E.!

1.79 Oh je, Mensa!

Schwierigkeit: knifflig *Dauer: 60 min*

Sie sitzen mal wieder in der Mensa. Einige Plätze weiter unterhalten sich die Ingenieure über ihre zukünftigen Einstiegsgehälter (Klasse 1 = niedriges Einstiegsgehalt; Klasse 5 = sehr hohes Einstiegsgehalt). Ihnen fällt auf, dass diese Studentenspezies sehr häufig Karohemden (vorzugsweise aus Flanell) trägt. Auch scheinen nicht alle den Kontakt mit anderen Studierenden gewöhnt zu sein.
Völlig in Gedanken überlegen Sie sich ein paar statistische Fragen …

Tabelle 69 Einstiegsgehaltsklassen sowie Anzahl der Karohemden und der sozialen Kontakte

Einstiegsgehalt in Klassen	Anzahl der Karohemden	Anzahl der sozialen Kontakte
2	3	1
4	6	5
3	0	6
1	2	9
5	4	5
3	1	2
4	12	4
4	0	8

a) Kann man über »Anzahl Karohemden« (AK) und »Anzahl sozialer Kontakte« (ASK) (signifikant) auf »Einstiegsgehalt« (EG) schätzen? Wie gut ist so ein Schätzmodell?

b) Eine Person hat folgende Werte: »Anzahl der Karohemden« AK = 10 und »Anzahl der sozialen Kontakte« ASK = 2. Was für ein Wert für EG kann geschätzt werden?

c) Wie gut kann alleine mit AK eine Vorhersage auf EG getroffen werden? Leistet der Prädiktor AK einen (signifikanten) Beitrag zur Vorhersage des Kriteriums EG?

d) Wie gut kann alleine mit ASK eine Vorhersage auf EG getroffen werden? Leistet der Prädiktor ASK einen (signifikanten) Beitrag zur Vorhersage des Kriteriums EG?

e) Erbringt die Hinzunahme von ASK zusätzlich zu AK eine (signifikante) Verbesserung des Vorhersagemodells?

f) Erbringt die Hinzunahme von AK zusätzlich zu ASK eine (signifikante) Verbesserung des Vorhersagemodells?

g) Berechnen Sie die Fehlerquadratsumme QS_e und den Standardschätzfehler $\hat{\sigma}_e$.

h) Berechnen Sie für EG, AK und ASK die geschätzten Populations-Standardabweichungen $\hat{\sigma}$.

i) Berechnen Sie die standardisierten Einflussgewichte β für AK und ASK.

j) Erstellen Sie für den unter b) geschätzten Wert für EG ein 95 %-Konfidenzintervall!

1.80 Faktorenanalyse, allgemein

Schwierigkeit: leicht *Dauer: 25 min*

Gegeben ist eine Faktorladungsmatrix A vom Typ (4·2).

	Faktor I	Faktor II
Item 1	0,8	0,4
Item 2	0,9	0,2
Item 3	0,2	0,9
Item 4	0,3	0,8

= A

a) Berechnen Sie bitte eine Matrix R als Produkt von $A \cdot A'$.

b) Berechnen Sie bitte die Eigenwerte der beiden Faktoren I und II.

c) Eine Faktorenanalyse über einen Fragebogen mit 15 Items erbrachte folgenden Eigenwerte-Verlauf (Scree-Plot).

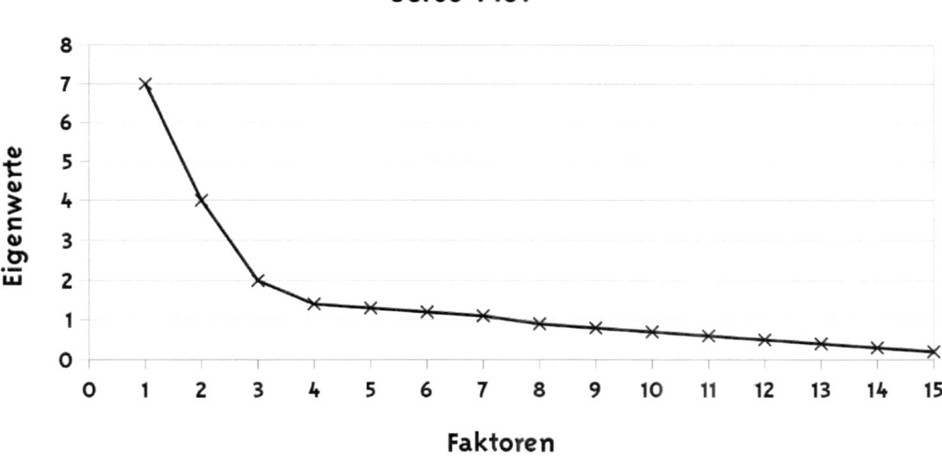

Abbildung 4 Scree Plot

Wie viele Faktoren wären nach dem Kaiser-Kriterium zu extrahieren?
Wie viele Faktoren wären nach dem Scree-Kriterium zu extrahieren?

1.81 Psychische Beanspruchung

Schwierigkeit: leicht *Dauer: 15 min*

Eine Gruppe von Studierenden entwickelt während ihres Experimentalpraktikums einen Fragebogen zur Erfassung von psychischer Beanspruchung am Arbeitsplatz.

Der Test hat 40 Fragen und jede Frage hat 4 Antwortmöglichkeiten. Jede Antwortmöglichkeit gibt zwischen 0 und 3 Punkte. Umso mehr die Person gestresst ist, desto mehr Punkte erreicht sie. Anhand der erreichten Punkte kann man am Ende sehen, wie beansprucht der Mitarbeitende ist. Anhand der Normierungsstichprobe berechnen die Studierenden einen Mittelwert von 63 Punkten und eine Standardabweichung von 5 Punkten. Ab einem Prozentrang von 74 % wird dringend zu einem Stressbewältigungs- und Zeitmanagement-Training geraten. Welche der folgenden Mitarbeitenden sollten ein solches Training besuchen?

Tabelle 70 Erreichte Punktzahl bei einem Test über psychische Beanspruchung

Mitarbeitende	A	B	C	D	E	F	G
Punktzahl	53	75	66	68	49	59	71

1.82 Viele Köche verderben den Brei

Schwierigkeit: leicht *Dauer: 35 min*

»Viele Köche verderben den Brei«, sagt man. Auf einer mehrwöchigen Erkundungstour durch Heidelberger Restaurants wagen Sie immer mal wieder einen Blick in die Küche und zählen die anwesenden Köche. Des Weiteren notieren Sie, ob Ihnen das Essen geschmeckt hat oder nicht.
Nach einiger Zeit, ziemlich viel Geld und doch ein paar neu hinzugekommenen Pfunden schauen Sie in Ihr Notizbuch und stellen eine Liste zusammen (Tab. 71).

Tabelle 71 Anzahl Köche und Qualität des Essens bei $n = 11$ Restaurants

Restaurant Nr.	Anzahl Köche	Qualität Essen
1	wenige	gut
2	viele	gut
3	viele	schlecht
4	wenige	schlecht
5	wenige	schlecht
6	viele	gut
7	wenige	gut
8	viele	schlecht
9	viele	schlecht
10	wenige	gut
11	viele	schlecht

a) Wie groß ist – bei Annahme stochastischer Unabhängigkeit – die Wahrscheinlichkeit dafür, dass in einem Restaurant wenige Köche arbeiten und die Qualität des Essens schlecht ist?

b) Gibt es tatsächlich einen Zusammenhang zwischen der Anzahl der Köche und der Qualität des Essens? Lässt sich der in der Aussage »Viele Köche verderben den Brei« vermutete Zusammenhang statistisch untermauern (zweiseitig)? Prüfen Sie mit einem Alpha = 5 %!

1.83 Im Silbersack

Schwierigkeit: mittel *Dauer: 35 min*

Sie sitzen auf dem Hamburger Kiez im »Silbersack« am Tresen. Neben Ihnen sitzt Paule und erzählt Ihnen vom Leben im Allgemeinen und von seinem Leben im Speziellen. Davon scheint Paule ziemlich viel Ahnung zu haben:
Er meint, dass Matrosen – wie er – im Schnitt pro Abend 5 Telefonnummern von Mädchen bekommen (bei einer Standardabweichung von $s = 1{,}4$). Landratten, wie Sie es sind, würden es allerdings nur auf 3 Telefonnummern (bei einer Standardabweichung von $s = 1{,}1$) bringen. Basis seiner Aussage sind die Beobachtungen von $n = 63$ Landratten und $n = 51$ Matrosen.

a) Besteht überhaupt ein signifikanter Unterschied in der durchschnittlichen Anzahl an Telefonnummern zwischen Matrosen und Landratten?

Paule glaubt weiterhin, von der Anzahl seiner gespielten Lieblingslieder auf die Menge an Freibier (in Gläsern) schließen zu können.

Tabelle 72 Paules Lieblingslieder und Freibier

Anzahl der gespielten Lieblingslieder	3	7	6	1	9	7	4	2	3
Menge an Freibier (in Gläsern)	1	5	1,5	2	4	2,5	6	1	1

b) Was für ein Zusammenhang besteht zwischen den beiden Variablen? Ist der Zusammenhang signifikant? Gehen Sie davon aus, dass beide Variablen mindestens intervallskaliert sind.

1.84 Interviewereffekte

Schwierigkeit: mittel *Dauer: 15 min*

Im Rahmen einer Bewerberauswahl haben drei verschiedene Interviewer per Zufall jeweils sechs Bewerber zugewiesen bekommen. Nach dem Interview haben die Interviewer für jeden Bewerber eine Punktzahl zwischen 1 = »gar nicht geeignet« bis 30 = »absolut geeignet« vergeben. Für diese Punktevergabe kann kein Intervallskalenniveau angenommen werden. Hier sind die Daten:

Tabelle 73 Rohwerte von drei Interviewern

Interviewer 1	Interviewer 2	Interviewer 3
24	10	22
12	16	21
19	17	26
20	18	23
24	15	11
29	9	25

Sie stellen sich nun die Frage, ob es vielleicht bei der Punktevergabe Interviewereffekte gibt.
Bitte stellen Sie Hypothesen auf (H_0, H_1)!
Bitte prüfen Sie mit einem geeigneten statistischen Verfahren die Hypothesen und formulieren Sie einen Antwortsatz!

1.85 Metzger, Dreher und Frisöre

Schwierigkeit: knifflig *Dauer: 70 min*

Die Gartenstadt-Berufsschule in Holtzhausen am Errl hat ein Problem: Individuelle Betreuung ist zwar schön, aber wenn in der Klasse statt 30 nur 3 Schüler sitzen, dann sollte man Ursachenforschung betreiben! Die engagierte Vertrauenslehrerin Sabine hat den Verdacht, dass die Motivation mit den Fehltagen zusammenhängt. Daher erhebt sie mittels Fragebogen die intervallskalierten Motivationswerte sowie die (ebenfalls intervallskalierten) Fehltage von 12 Schülern aus drei verschiedenen Berufsschulklassen (Metzger, Dreher und Frisöre). Tabelle 74 zeigt die Daten:

Tabelle 74 Rohwerte zu Motivation und Fehltagen von $n = 12$ Schülern, getrennt nach Berufsschulklasse

Berufsschulklasse	Motivation (x)	Fehltage (y)
Metzger (i = 1)	$x_{11}=3$	$y_{11}=2$
	$x_{21}=2$	$y_{21}=3$
	$x_{31}=3$	$y_{31}=1$
	$x_{41}=2$	$y_{41}=1$
Dreher (i = 2)	$x_{12}=5$	$y_{12}=4$
	$x_{22}=4$	$y_{22}=3$
	$x_{32}=6$	$y_{32}=3$
	$x_{42}=4$	$y_{42}=4$
Frisöre (i = 3)	$x_{13}=7$	$y_{13}=8$
	$x_{23}=6$	$y_{23}=7$
	$x_{33}=8$	$y_{33}=6$
	$x_{43}=8$	$y_{43}=7$

a) Besteht für die gesamte Stichprobe ein Zusammenhang zwischen »Motivation« und »Fehltagen«?

b) Ist dieser Zusammenhang signifikant?

c) Berechnen Sie eine Einfachregression von »Motivation« (x) auf »Fehltage« (y).

d) Berechnen Sie für jede Berufsschulklasse einzeln die Einfachregression!

e) Bitte erstellen Sie ein Streudiagramm mit den Achsen »Motivation« (x) und »Fehltage« (y) und zeichnen Sie die Regressionsgerade für die Gesamtstichprobe ein.

f) Zeichnen Sie die drei berechneten Regressionsgeraden in das Streudiagramm ein!

g) Berechnen Sie die geschätzte Populationsvarianz der Gruppenmittelwerte für die Variable »Fehltage«!
h) Berechnen Sie die geschätzte Level-1-Varianz!
i) Berechnen Sie die geschätzte Level-2-Varianz!
j) Berechnen Sie die erwartungstreu geschätzte Intraklassen-Korrelation!

1.86 Umzugsbereitschaft und Attraktivität des Praktikumsplatzes

Schwierigkeit: knifflig *Dauer: 65 min*

Die Studentenvertretung einer renommierten Universität der vermutlich schönsten Stadt der Welt, der Freien und Hansestadt Hamburg, wollte wissen, ob es einen Zusammenhang zwischen der Umzugsbereitschaft ihrer Studierenden und der Attraktivität des jeweiligen Praktikumsplatzes gibt. Dazu wurden $n = 15$ Studierende bezüglich »Umzugsbereitschaft« und »Attraktivität« des Praktikumsplatzes befragt. Des Weiteren wurde noch erhoben, ob der Praktikumsplatz in einer Metropole, einer mittelgroßen Stadt oder einer Kleinstadt lag. Umzugsbereitschaft und Attraktivität konnten intervallskaliert erhoben werden. Tabelle 75 die Daten.

a) Besteht für die gesamte Stichprobe ein Zusammenhang zwischen »Umzugsbereitschaft« und »Attraktivität« des Praktikumsplatzes?
b) Ist dieser Zusammenhang signifikant?
c) Berechnen Sie eine Einfachregression von »Attraktivität« (x) auf »Umzugsbereitschaft« (y).
d) Berechnen Sie für jede Stadtgröße einzeln die Einfachregression!
e) Bitte erstellen Sie ein Streudiagramm mit den Achsen »Attraktivität« (x) und »Umzugsbereitschaft« (y) und zeichnen Sie die Regressionsgerade für die Gesamtstichprobe ein!
f) Zeichnen Sie die drei Regressionsgeraden je nach Stadtgröße in das Streudiagramm ein!
g) Berechnen Sie die geschätzte Populationsvarianz der Gruppenmittelwerte für die Variable »Umzugsbereitschaft«!
h) Berechnen Sie die geschätzte Level-1-Varianz!
i) Berechnen Sie die geschätzte Level-2-Varianz!
j) Berechnen Sie die erwartungstreu geschätzte Intraklassen-Korrelation!

Tabelle 75 Umzugsbereitschaft und Attraktivität des Praktikumsplatzes von n = 15 Studierenden unterteilt nach Größe der Stadt des Praktikumsplatzes

Praktikumsplatz liegt in	Attraktivität Praktikumsplatz (x)	Umzugsbereitschaft (y)
Metropole (i = 1)	$x_{11} = 2$	$y_{11} = 9$
	$x_{21} = 4$	$y_{21} = 10$
	$x_{31} = 3$	$y_{31} = 8$
	$x_{41} = 3$	$y_{41} = 7$
	$x_{51} = 6$	$y_{51} = 10$
Mittelgroße Stadt (i = 2)	$x_{12} = 7$	$y_{12} = 7$
	$x_{22} = 5$	$y_{22} = 6$
	$x_{32} = 8$	$y_{32} = 6$
	$x_{42} = 4$	$y_{42} = 5$
	$x_{52} = 6$	$y_{52} = 5$
Kleinstadt (i = 3)	$x_{13} = 6$	$y_{13} = 1$
	$x_{23} = 8$	$y_{23} = 3$
	$x_{33} = 9$	$y_{33} = 3$
	$x_{43} = 9$	$y_{43} = 4$
	$x_{53} = 10$	$y_{53} = 6$

2 Lösungen

2.1 Schwimmabzeichen und Wohnsituation

a) Bei Zusammenhängen zwischen ordinalskalierten Variablen stehen mehrere Korrelationstechniken zur Verfügung. Hier wird lediglich die Spearman-Rangkorrelation dargestellt und durchgerechnet, da die anderen Korrelationstechniken schon bei kleinen Stichproben sehr rechenintensiv werden.
Für die Spearman-Rangkorrelation existiert eine eigene Formel. Statt dieser Formel sei darauf verwiesen, dass die Formel für die Produkt-Moment-Korrelation verwendet werden kann.

$$\bar{x} = \frac{\sum_{m=1}^{n} x_m}{n} = \frac{55}{10} = 5{,}5 \qquad \bar{y} = \frac{\sum_{m=1}^{n} y_m}{n} = \frac{55}{10} = 5{,}5$$

$$s_X^2 = \frac{\sum_{m=1}^{n} (x_m - \bar{x})^2}{n} = \frac{79}{10} = 7{,}9 \qquad s_Y^2 = \frac{\sum_{m=1}^{n} (y_m - \bar{y})^2}{n} = \frac{77{,}5}{10} = 7{,}75$$

Tabelle 76 Berechnung der Formelelemente »Schwimmabzeichen« und »Wohnsituation«

Ränge Schwimmabzeichen (x)	Ränge Wohnsituation (y)	$(x-\bar{x})^2$	$(y-\bar{y})^2$	$(x-\bar{x})\cdot(y-\bar{y})$	x^2	y^2	$x \cdot y$
9,5	1,5	16	16	-16	90,25	2,25	14,25
1	9	20,25	12,25	-15,75	1	81	9
4,5	1,5	1	16	4	20,25	2,25	6,75
4,5	6,5	1	1	-1	20,25	42,25	29,25
2,5	9	9	12,25	-10,5	6,25	81	22,5
7	4	2,25	2,25	-2,25	49	16	28
2,5	9	9	12,25	-10,5	6,25	81	22,5
9,5	4	16	2,25	-6	90,25	16	38
7	6,5	2,25	1	1,5	49	42,25	45,5
7	4	2,25	2,25	-2,25	49	16	28
Σ=55	55	79	77,5	-58,75	381,5	380	243,75

$$s_X = \sqrt{s_X^2} = \sqrt{7{,}9} = 2{,}811 \qquad s_Y = \sqrt{s_Y^2} = \sqrt{7{,}75} = 2{,}784$$

$$s_{XY} = \frac{\sum_{m=1}^{n} (x - \bar{x}) \cdot (y - \bar{y})}{n} = \frac{-58{,}75}{10} = -5{,}875$$

Achtung: Die Rangplatzsummen der beiden Variablen müssen immer gleich sein!

$$r_{XY} = \frac{s_{XY}}{s_X \cdot s_Y} = \frac{-5{,}875}{2{,}811 \cdot 2{,}784} = -0{,}751$$

Für die Produkt-Moment-Korrelation existiert noch eine weitere Formel, die hier ebenfalls dargestellt werden soll.

$$r_{XY} = \frac{n \cdot \sum_{m=1}^{n} (x_m \cdot y_m) - \left(\sum_{m=1}^{n} x_m\right) \cdot \left(\sum_{m=1}^{n} y_m\right)}{\sqrt{\left[n \cdot \sum_{m=1}^{n} x_m^2 - \left(\sum_{m=1}^{n} x_m\right)^2\right] \cdot \left[n \cdot \sum_{m=1}^{n} y_m^2 - \left(\sum_{m=1}^{n} y_m\right)^2\right]}}$$

$$r_{XY} = \frac{10 \cdot 243{,}75 - 55 \cdot 55}{\sqrt{[10 \cdot 381{,}5 - 55^2] \cdot [10 \cdot 380 - 55^2]}} = \frac{2437{,}5 - 3025}{\sqrt{[3815 - 3025] \cdot [3800 - 3025]}}$$

$$r_{XY} = \frac{-587{,}5}{\sqrt{790 \cdot 775}} = \frac{-587{,}5}{\sqrt{612250}} = \frac{-587{,}5}{782{,}464} = -0{,}751$$

$r^2 = 0{,}5655 = 56{,}55\ \%$ erklärbare gemeinsame Varianz

Es besteht ein mittlerer negativer Zusammenhang zwischen dem erworbenen Schwimmabzeichen und der Wohnsituation.

b) Zur Überprüfung, ob die berechnete Korrelation signifikant ist, verwendet man den t-Test für Korrelationen. Doch zuvor muss man Hypothesen aufstellen!

Hypothesen:

H_0: Es besteht kein Zusammenhang zwischen »Schwimmabzeichen« und »Wohnsituation«. $\rho = 0$

H_1: Es besteht ein Zusammenhang zwischen »Schwimmabzeichen« und »Wohnsituation«. $\rho \neq 0$

$$t = \frac{r \cdot \sqrt{n-2}}{\sqrt{1-r^2}} \qquad df = n-2$$

$$t = \frac{-0{,}751 \cdot \sqrt{10-2}}{\sqrt{1-(-0{,}751)^2}} = \frac{-2{,}124}{\sqrt{0{,}436}} = \frac{-2{,}124}{0{,}660} = -3{,}245 \qquad df = 10-2 = 8$$

Tabelle C2 ist einseitig ausgerichtet, doch die Hypothesen sind zweiseitig. So schaut man in der Tabelle bei einer Fläche von 0,975 und 8 Freiheitsgraden nach dem kritischen t-Wert: $t_{(0{,}975;8)} = 2{,}306$ bzw. $t_{(0{,}025;8)} = -2{,}306$

Der empirisch ermittelte t-Wert ist extremer als der kritische, also signifikant. Man entscheidet sich für die H_1.

Unter Berücksichtigung einer Irrtumswahrscheinlichkeit von 5 % besteht zwischen Schwimmabzeichen und Wohnsituation eine signifikante negative Korrelation.

2.2 Bälle in einer Trommel

Laplace-Wahrscheinlichkeit: $p = \frac{\textit{günstige Ereignisse}}{\textit{mögliche Ereignisse}}$

a) 80 von 200 Bällen sind blau $p(blau) = \frac{80}{200} = \frac{40}{100} = 0{,}4$

b) 80 von 200 Bällen sind rot $p(rot) = \frac{80}{200} = \frac{40}{100} = 0{,}4$

40 von 200 Bällen sind grün $p(grün) = \frac{40}{200} = \frac{20}{100} = 0{,}2$

Sind die günstigen Wahrscheinlichkeiten mit einem ODER verknüpft, werden die Einzelwahrscheinlichkeiten miteinander addiert (Additionstheorem).

$p(\textit{rot oder grün}) = 0{,}4 + 0{,}2 = 0{,}6$

c) 30 von 200 Bällen sind grün und haben einen Stern

$p(\textit{grün mit Stern}) = \frac{30}{200} = \frac{15}{100} = 0{,}15$

d) $p(grün) = 0{,}2 \quad p(blau) = 0{,}4$

$p(\textit{grün und blau}) = 0{,}2 \cdot 0{,}4 \cdot 2 = 0{,}16$

Warum wurde hier mit 2 multipliziert? Ganz einfach: Es gibt zwei Möglichkeiten, wie man ziehen kann. Entweder zuerst grün und dann blau oder zuerst blau und dann grün. Deswegen muss mit 2 multipliziert werden.

e) $p(\textit{zuerst grün und dann blau}) = 0{,}2 \cdot 0{,}4 = 0{,}08$

Auch hier wird das Multiplikationstheorem angewendet. Nur ist hier die Reihenfolge schon angegeben, daher multipliziert man »nur« die Wahrscheinlichkeiten miteinander.

f) $p(\textit{grün ohne Stern}) = \frac{10}{200} = 0{,}05 \quad p(\textit{blau mit Stern}) = \frac{40}{200} = 0{,}2$

Sind die günstigen Wahrscheinlichkeiten mit einem ODER verknüpft, werden die Einzelwahrscheinlichkeiten miteinander addiert (Additionstheorem).

$p(\textit{grün ohne Stern oder blau mit Stern}) = 0{,}05 + 0{,}2 = 0{,}25$

g) $p(rot) = \frac{80}{200} = 0{,}4$ $p(mit\ Stern) = \frac{130}{200} = 0{,}65$

$p(rot\ oder\ mit\ Stern) = 0{,}4 + 0{,}65 - 0{,}3 = 0{,}75$

Sind die günstigen Wahrscheinlichkeiten mit einem ODER verknüpft, werden die Einzelwahrscheinlichkeiten miteinander addiert (Additionstheorem).
Warum wurde hier 0,3 abgezogen? Weil man sonst die sechzig roten Bälle mit Stern doppelt gezählt hätte, einmal zu den 80 roten Bällen und einmal zu den 130 Bällen mit Stern. Also mussten die sechzig Bälle einmal abgezogen werden. 60 Bälle entsprechen einem Wert von 0,3.

h) 80 blaue Bälle gibt es insgesamt, 40 davon haben einen Stern

$p(Stern\ bei\ blau) = \frac{40}{80} = 0{,}5$

i) 70 Bälle ohne Stern gibt es insgesamt, 20 davon sind rot

$p(rot\ bei\ ohne\ Stern) = \frac{20}{70} = 0{,}286$

2.3 Frostfrei, mild und regnerisch?

p(Frühlingsgöttin) = 0,8 p(Regengott) = 0,5

Bei dem beschriebenen Wetter müsste ja beides zutreffen.
Hier wird das Multiplikationstheorem angewendet: Sind günstige Ereignisse durch ein UND verknüpft, werden die Einzelwahrscheinlichkeiten miteinander multipliziert!

p(Frühlingsgöttin *UND* Regengott) = 0,8·0,5 = 0,4 → $q = 0{,}6$

$n = 10; k = 6$

Jetzt wird die Binomialformel angewendet:

$$p = \binom{n}{k} \cdot p^k \cdot q^{n-k} = \frac{n!}{k! \cdot (n-k)!} \cdot p^k \cdot q^{n-k}$$

$$p(k=6) = \binom{10}{6} \cdot 0{,}4^6 \cdot 0{,}6^4 = \frac{10!}{6! \cdot 4!} \cdot 0{,}004096 \cdot 0{,}1296 = 0{,}1115$$

Die Wahrscheinlichkeit dafür, bei zehn Urlauben genau sechs Mal das beschriebene Wetter zu haben, beträgt 11,15 %. Sie können hoffen!

2.4 Anpassung der Toleranzschwelle gegenüber unhygienischen Zuständen in Küche und Bad

a) Bitte berechnen Sie die deskriptiven Kennwerte Mittelwert, Standardabweichung, Schiefe, Exzess und Varianz.

$$\bar{x} = \frac{\sum_{m=1}^{n} x_m}{n} \qquad s_X^2 = \frac{\sum_{m=1}^{n} (x_m - \bar{x})^2}{n} = \frac{\sum_{m=1}^{n} x^2 - \frac{\left(\sum_{m=1}^{n} x_m\right)^2}{n}}{n} \qquad s_X = \sqrt{s_X^2}$$

$$Sch = \frac{\sum_{m=1}^{n} (x_m - \bar{x})^3}{n \cdot s_X^3} \qquad Ex = \frac{\sum_{m=1}^{n} (x_m - \bar{x})^4}{n \cdot s_X^4} - 3$$

Tabelle 77 Hilfreiche Übersicht zum Berechnen von TUZ vorher und TUZ nachher

Vpn	x	$(x-\bar{x})^2$	$(x-\bar{x})^3$	$(x-\bar{x})^4$	y	$(y-\bar{y})^2$	$(y-\bar{y})^3$	$(y-\bar{y})^4$
1	6	1	1	1	5	1	-1	1
2	4	1	-1	1	4	4	-8	16
3	7	4	8	16	9	9	27	81
4	3	4	-8	16	3	9	-27	81
5	3	4	-8	16	5	1	-1	1
6	5	0	0	0	6	0	0	0
7	4	1	-1	1	7	1	1	1
8	8	9	27	81	9	9	27	81
Summe	40	24	18	132	48	34	18	262

TUZ vorher:

$$\bar{x} = \frac{\sum_{m=1}^{n} x_m}{n} = \frac{40}{8} = 5 \qquad s_X^2 = \frac{\sum_{m=1}^{n} (x_m - \bar{x})^2}{n} = \frac{24}{8} = 3 \qquad s_X = \sqrt{s_X^2} = \sqrt{3} = 1{,}732$$

$$Sch = \frac{18}{8 \cdot 1{,}732^3} = \frac{18}{8 \cdot 5{,}196} = 0{,}433 \qquad Ex = \frac{132}{8 \cdot 1{,}732^4} - 3 = \frac{132}{8 \cdot 9} - 3 = -1{,}167$$

TUZ nachher:

$$\bar{y} = \frac{\sum_{m=1}^{n} y_m}{n} = \frac{48}{8} = 6 \quad s_Y^2 = \frac{\sum_{m=1}^{n} (y_m - \bar{y})^2}{n} = \frac{34}{8} = 4{,}25 \quad s_Y = \sqrt{s_Y^2} = \sqrt{4{,}25} = 2{,}06$$

$$Sch = \frac{18}{8 \cdot 2{,}06^3} = \frac{18}{8 \cdot 8{,}76} = 0{,}26 \qquad Ex = \frac{262}{8 \cdot 2{,}06^4} - 3 = \frac{262}{8 \cdot 18{,}06} - 3 = -1{,}19$$

b) Ordinalskalierte Daten, abhängige Stichproben (vorher-nachher):
Zwei verschiedene Testverfahren bieten sich an, die hier beide dargestellt werden: Vorzeichentest und Wilcoxon-Vorzeichen-Rangtest

Tabelle 78 Übersicht zum Berechnen der Tests

Vpn	x	y	$(x-y)$	Vorzeichen	$\lvert(x-y)\rvert$	Rang
1	6	5	1	+	1	2
2	4	4	0		0	
3	7	9	-2	-	2	4,5
4	3	3	0		0	
5	3	5	-2	-	2	4,5
6	5	6	-1	-	1	2
7	4	7	-3	-	3	6
8	8	9	-1	-	1	2
Summe	40	48				

H_0: Es besteht kein Unterschied in der Toleranzschwelle gegenüber unhygienischen Zuständen (TUZ) zwischen vor dem Einzug und nach dreijährigem Bewohnen eines Studentenwohnheims.

H_1: Es besteht ein Unterschied in der Toleranzschwelle gegenüber unhygienischen Zuständen (TUZ) zwischen vor dem Einzug und nach dreijährigem Bewohnen eines Studentenwohnheims.

Vorzeichentest

Für $n = 6$ Personen finden sich Unterschiede; bei $x = 1$ kommt es zu einem Absinken; bei $y = 5$ zu einem Ansteigen der Toleranzschwelle.
Über die Binomialverteilung kann nun errechnet werden, wie groß die Überschreitungswahrscheinlichkeit ist. Hierbei wird von einem $p = 0{,}5$ ausgegangen.
Prüfung durch Binomialverteilung für $k = 0, 1$

$$p(k) = \binom{n}{k} \cdot p^k \cdot q^{n-k} = \frac{n!}{k! \cdot (n-k)!} \cdot p^k \cdot q^{n-k}$$

$$p(k=1) = \frac{6!}{1! \cdot 5!} \cdot 0{,}5^1 \cdot 0{,}5^6 = \frac{720}{120} \cdot 0{,}5 \cdot 0{,}03125 = 0{,}09375$$

$$p(k=0) = \frac{6!}{0! \cdot 6!} \cdot 0{,}5^0 \cdot 0{,}5^6 = \frac{720}{720} \cdot 1 \cdot 0{,}015625 = 0{,}015625$$

$$p(k=0,1) = 0{,}09375 + 0{,}015625 = 0{,}109375$$

Da die Wahrscheinlichkeit größer als 5 % ist, wird die H_1 verworfen und die H_0 beibehalten.

Wilcoxon-Vorzeichen-Rangtest
Summe der Rangplätze mit dem selteneren Vorzeichen $w^+ = 2$.
Für $n = 6$ kann aus Tabelle C.3 als kritischer Wert abgelesen werden: $w^+_{krit} = 1$.
Da $w^+ = 2 > w^+_{krit} = 1$ wird die H_0 beibehalten und die H_1 verworfen.

2.5 Matrixalgebra

a) Transponieren

$$X' = \begin{vmatrix} 6 & 8 & 5 & 7 & 6 \\ 2 & 4 & 1 & 2 & 3 \end{vmatrix}$$

b) Matrixmultiplikation

$$\begin{vmatrix} 6 & 2 \\ 8 & 4 \\ 5 & 1 \\ 7 & 2 \\ 6 & 3 \end{vmatrix} = X$$

$$X' = \begin{vmatrix} 6 & 8 & 5 & 7 & 6 \\ 2 & 4 & 1 & 2 & 3 \end{vmatrix} \quad \begin{vmatrix} 210 & 81 \\ 81 & 34 \end{vmatrix} = Y$$

c) Matrixmultiplikation

$$\begin{vmatrix} 6 & 8 & 5 & 7 & 6 \\ 2 & 4 & 1 & 2 & 3 \end{vmatrix} = X'$$

$$X = \begin{vmatrix} 6 & 2 \\ 8 & 4 \\ 5 & 1 \\ 7 & 2 \\ 6 & 3 \end{vmatrix} \quad \begin{vmatrix} 40 & 56 & 32 & 46 & 42 \\ 56 & 80 & 44 & 64 & 60 \\ 32 & 44 & 26 & 37 & 33 \\ 46 & 64 & 37 & 53 & 48 \\ 42 & 60 & 33 & 48 & 45 \end{vmatrix} = Y$$

d) Determinante und Inverse

$$X = \begin{vmatrix} 4 & 1 \\ 3 & 2 \end{vmatrix}$$

$$Det(X) = a \cdot d - b \cdot c = 4 \cdot 2 - 1 \cdot 3 = 5$$

Zur Berechnung der Inversen werden Determinante und Kofaktorenmatrix benötigt.

$$K = \begin{vmatrix} 2 & -3 \\ -1 & 4 \end{vmatrix}; \quad K' = \begin{vmatrix} 2 & -1 \\ -3 & 4 \end{vmatrix} \qquad X^{-1} = \frac{1}{Det(X)} \cdot K' = \frac{1}{5} \cdot \begin{vmatrix} 2 & -1 \\ -3 & 4 \end{vmatrix}$$

2.6 Die multifunktionale Gemüsereibe (1)

a) Bitte berechnen Sie folgende deskriptive Kennwerte: Mittelwert, Standardabweichung, Schiefe, Exzess und Varianz für SAP vorher und SAP nachher.

$$\bar{x} = \frac{\sum_{m=1}^{n} x_m}{n} \qquad s_X^2 = \frac{\sum_{m=1}^{n} (x_m - \bar{x})^2}{n} = \frac{\sum_{m=1}^{n} x^2 - \frac{\left(\sum_{m=1}^{n} x_m\right)^2}{n}}{n} \qquad s_X = \sqrt{s_X^2}$$

$$Sch = \frac{\sum_{m=1}^{n} (x_m - \bar{x})^3}{n \cdot s_X^3} \qquad Ex = \frac{\sum_{m=1}^{n} (x_m - \bar{x})^4}{n \cdot s_X^4} - 3$$

Tabelle 79 Hilfreiche Tabelle für die multifunktionale Gemüsereibe (1)

Vpn	x	$(x-\bar{x})^2$	$(x-\bar{x})^3$	$(x-\bar{x})^4$	y	$(y-\bar{y})^2$	$(y-\bar{y})^3$	$(y-\bar{y})^4$
1	2	4	-8	16	10	9	27	81
2	5	1	1	1	10	9	27	81
3	2	4	-8	16	8	1	1	1
4	7	9	27	81	6	1	-1	1
5	5	1	1	1	4	9	-27	81
6	6	4	8	16	9	4	8	16
7	1	9	-27	81	4	9	-27	81
8	3	1	-1	1	7	0	0	0
9	7	9	27	81	7	0	0	0
10	2	4	-8	16	5	4	-8	16
Summe	40	46	12	310	70	46	0	358

SAP vorher:

$$\bar{x} = \frac{\sum_{m=1}^{n} x_m}{n} = \frac{40}{10} = 4 \qquad s_X^2 = \frac{\sum_{m=1}^{n} (x_m - \bar{x})^2}{n} = \frac{46}{10} = 4{,}6 \qquad s_X = \sqrt{s_X^2} = \sqrt{4{,}6} = 2{,}14$$

$$Sch = \frac{12}{10 \cdot 2{,}14^3} = \frac{12}{10 \cdot 9{,}87} = 0{,}12 \qquad Ex = \frac{310}{10 \cdot 2{,}14^4} - 3 = \frac{310}{10 \cdot 21{,}16} - 3 = -1{,}53$$

SAP nachher:

$$\bar{y} = \frac{\sum_{m=1}^{n} y_m}{n} = \frac{70}{10} = 7 \qquad s_Y^2 = \frac{\sum_{m=1}^{n} (y_m - \bar{y})^2}{n} = \frac{46}{10} = 4{,}6 \qquad s_Y = \sqrt{s_Y^2} = \sqrt{4{,}6} = 2{,}14$$

$$Sch = \frac{0}{10 \cdot 2{,}14^3} = \frac{0}{10 \cdot 9{,}87} = 0 \qquad Ex = \frac{358}{10 \cdot 2{,}14^4} - 3 = \frac{358}{10 \cdot 21{,}16} - 3 = -1{,}31$$

b) Ordinalskalierte Daten, abhängige Stichproben (vorher-nachher):
Zwei verschiedene Testverfahren bieten sich an, die hier beide dargestellt werden: Vorzeichentest und Wilcoxon-Vorzeichen-Rangtest

Tabelle 80 Tabelle zum Berechnen der Tests

Vpn	x	y	$(x-y)$	Vorzeichen	$\|(x-y)\|$	Rang
1	2	10	-8	-	8	9
2	5	10	-5	-	5	7
3	2	8	-6	-	6	8
4	7	6	1	+	1	1,5
5	5	4	1	+	1	1,5
6	6	9	-3	-	3	4
7	1	4	-3	-	3	4
8	3	7	-4	-	4	6
9	7	7	0		0	
10	2	5	-3	-	3	4
Summe	40	70				

H_0: Es besteht kein Unterschied im »Subjektiven Aggressionspotential« vor und nach dem Konsum einer zweistündigen Dauerwerbesendung.

H_1: Es besteht ein Unterschied im »Subjektiven Aggressionspotential« vor und nach dem Konsum einer zweistündigen Dauerwerbesendung.

Vorzeichentest

Für $n = 9$ Personen finden sich Unterschiede; bei $x = 2$ kommt es zu einem Absinken; bei $y = 7$ zu einem Ansteigen des »Subjektiven Aggressionspotentials«.
Über die Binomialverteilung kann nun errechnet werden, wie groß die Überschreitungswahrscheinlichkeit ist. Hierbei wird von einem $p = 0{,}5$ ausgegangen.
Prüfung durch Binomialverteilung für $k = 0, 1, 2$

$$p(k) = \binom{n}{k} \cdot p^k \cdot q^{n-k} = \frac{n!}{k! \cdot (n-k)!} \cdot p^k \cdot q^{n-k}$$

$$p(k=2) = \frac{9!}{2! \cdot 7!} \cdot 0{,}5^2 \cdot 0{,}5^7 = \frac{362880}{2 \cdot 5040} \cdot 0{,}25 \cdot 0{,}0078125 = 0{,}0703125$$

$$p(k=1) = \frac{9!}{1! \cdot 8!} \cdot 0{,}5^1 \cdot 0{,}5^8 = \frac{362880}{40320} \cdot 0{,}5 \cdot 0{,}00390625 = 0{,}017578125$$

$$p(k=0) = \frac{9!}{0! \cdot 9!} \cdot 0{,}5^0 \cdot 0{,}5^9 = \frac{362880}{362880} \cdot 1 \cdot 0{,}001953125 = 0{,}001953125$$

$$p(k=0, 1, 2) = 0{,}0703125 + 0{,}017578125 + 0{,}001953125 = 0{,}08984375$$

Da die Wahrscheinlichkeit größer als 5 % ist, wird die H_1 verworfen und die H_0 beibehalten.

Wilcoxon-Vorzeichen-Rangtest

Summe der Rangplätze mit dem selteneren Vorzeichen $w^+ = 1{,}5 + 1{,}5 = 3$.
Für $n = 9$ kann aus Tabelle C.3 als kritischer Wert abgelesen werden: $w^+_{krit} = 6$.
Da $w^+ = 3 < w^+_{krit} = 6$ wird die H_0 verworfen und die H_1 vorläufig angenommen.
Man hat hier den – durchaus häufiger vorkommenden – Fall, dass zwei unterschiedliche Testverfahren auch zu unterschiedlichen Ergebnissen kommen. Im Zweifel empfiehlt es sich, konservativ vorzugehen und eher ein nicht-signifikantes Ergebnis zu wählen.

2.7 Wie soll das nur enden?

Um Mittelwerte von zwei Gruppen zu vergleichen, wird der t-Test verwendet. Hier handelt es sich um unabhängige Stichproben.
Zuerst sollte man aufschreiben, was einem alles gegeben wurde:

Plakat endet mit Frage: $n_F = 12 \quad \bar{x}_F = 4 \quad s_F = 1{,}5 \rightarrow s_F^2 = 2{,}25$

Plakat endet mit Aussage: $n_A = 15 \quad \bar{x}_A = 6 \quad s_A = 1{,}2 \rightarrow s_A^2 = 1{,}44$

Der t-Test für unabhängige Stichproben existiert in zwei Varianten: a) für homogene (gleiche) Varianzen und b) für heterogene (ungleiche) Varianzen. Um zu ermitteln, welche der beiden t-Test-Varianten die angemessene ist, muss zuerst ein F-Test durchgeführt werden. Einzige Ausnahme: Wenn ausdrücklich etwas über die Varianzhomogenität bzw. -heterogenität in der Aufgabe ausgesagt wurde!

F-Test (Varianzenvergleich)

Hypothesen:

H_0: Die Varianzen sind gleich (homogen). $\sigma_F^2 = \sigma_A^2$

H_1: Die Varianzen sind ungleich (heterogen). $\sigma_F^2 \neq \sigma_A^2$

Die Formeln:

$$\hat{\sigma}^2 = s^2 \cdot \frac{n}{n-1} \qquad \hat{\sigma}^2_{Frage} = 2{,}25 \cdot \frac{12}{11} = 2{,}455 \qquad \hat{\sigma}^2_{Aussage} = 1{,}44 \cdot \frac{15}{14} = 1{,}543$$

Beim F-Test wird immer die größere Varianz auf den Bruchstrich (in den Zähler) gesetzt, die kleinere Varianz unter den Bruchstrich (in den Nenner).

$$F = \frac{\hat{\sigma}_1^2}{\hat{\sigma}_2^2} = \frac{2{,}455}{1{,}543} = 1{,}591$$

Diesen empirischen F-Wert muss man nun mit dem kritischen F-Wert vergleichen. Dazu benötigt man Zähler- und Nenner-Freiheitsgrade. Im Zähler steht die Varianz der Gruppe »Plakat endet mit Frage« mit $n = 12 \rightarrow df_{\text{Zähler}} = 11$; im Nenner steht die Varianz der Gruppe »Plakat endet mit Aussage« mit $n = 15 \rightarrow df_{\text{Nenner}} = 14$. Mit diesen beiden Freiheitsgraden geht man nun in Tabelle C.6 und schlägt dort für $\alpha = 0{,}05$ den kritischen F-Wert nach: $F_{(0{,}95;11;14)} = 2{,}5655$.

Da der empirische F-Wert nicht größer als der kritische F-Wert ist, handelt es sich nicht um ein signifikantes Ergebnis, man entscheidet sich also für H_0, d. h. die Varianzen sind gleich (homogen).

Da die Varianzen homogen sind, muss der t-Test für homogene Varianzen herangezogen werden.

t-Test für unabhängige Stichproben und homogene Varianzen

Hypothesen:

H_0: Bezüglich zukünftigen Trinkverhaltens macht es keinen Unterschied, ob ein Aufklärungsplakat mit einer Frage oder einer Aussage endet. $\mu_F = \mu_A$

H_1: Bezüglich zukünftigen Trinkverhaltens macht es einen Unterschied, ob ein Aufklärungsplakat mit einer Frage oder einer Aussage endet. $\mu_F \neq \mu_A$

$$t = \frac{\bar{x}_1 - \bar{x}_2}{\hat{\sigma}_{\bar{X}_1 - \bar{X}_2}} \qquad \hat{\sigma}_{\bar{X}_1 - \bar{X}_2} = \sqrt{\frac{\hat{\sigma}_1^2 \cdot (n_1 - 1) + \hat{\sigma}_2^2 \cdot (n_2 - 1)}{(n_1 - 1) + (n_2 - 1)} \cdot \left(\frac{1}{n_1} + \frac{1}{n_2}\right)} \qquad df = n_1 + n_2 - 2$$

$$\hat{\sigma}_{\bar{X}_1 - \bar{X}_2} = \sqrt{\frac{2{,}455 \cdot 11 + 1{,}543 \cdot 14}{(12-1) + (15-1)} \cdot \left(\frac{1}{12} + \frac{1}{15}\right)} = \sqrt{\frac{48{,}6}{25} \cdot \frac{27}{180}} = \sqrt{0{,}292} = 0{,}540$$

$$t = \frac{6 - 4}{0{,}540} = \frac{2}{0{,}540} = 3{,}704 \qquad df = 25$$

Als kritischen t-Wert kann man in Tabelle C.2 ablesen: $t_{(0{,}975;25)} = 2{,}0595$.

Der empirische t-Wert ist extremer als der kritische, also signifikant, also H_1. Unter Berücksichtigung einer Irrtumswahrscheinlichkeit von 5 % kann behauptet werden, dass es – bezogen auf zukünftiges Trinkverhalten – sehr wohl einen Unterschied macht, ob ein Aufklärungsplakat mit einer Frage oder mit einer Aussage endet.

2.8 Steinzeit …

Für die Berechnung Multipler Regressionsanalysen existieren verschiedene Methoden, von denen zwei hier dargestellt werden sollen: Spezifische Formeln für zwei Prädiktoren sowie die Berechnung anhand des Allgemeinen Linearen Modells (ALM). Zum Schluss werden die verschiedenen Ergebnisse in einer Tabelle zusammengefasst. Es sei vorweggenommen, dass verschiedene Rechenmethoden aufgrund von Rundungsungenauigkeiten zu leicht verschiedenen Ergebnissen führen.

a) Kann man über »Schnelligkeit« (SC, x_1) und »Weisheit« (WE, x_2) (signifikant) auf die »Häuptlingsqualität« (HQ, y) schätzen? Wie gut ist so ein Schätzmodell?

Berechnung über spezifische Formeln

$$R^2 = \frac{s_{\hat{Y}}^2}{s_Y^2} = \frac{\sum_{m=1}^{n} (\hat{y}_m - \bar{y})^2}{\sum_{m=1}^{n} (y_m - \bar{y})^2} \qquad \hat{y} = b_0 + b_1 \cdot x_1 + b_2 \cdot x_2$$

$$b_1 = b_{1s} \cdot \frac{s_Y}{s_{X_1}} \qquad b_{1s} = \frac{r_{YX_1} - r_{YX_2} \cdot r_{X_1X_2}}{1 - r_{X_1X_2}^2} \qquad b_2 = b_{2s} \cdot \frac{s_Y}{s_{X_2}} \qquad b_{2s} = \frac{r_{YX_2} - r_{YX_1} \cdot r_{X_1X_2}}{1 - r_{X_1X_2}^2}$$

$$b_0 = \bar{y} - b_1 \cdot \bar{x}_1 - b_2 \cdot \bar{x}_2$$

Deskriptive Kennwerte

$\bar{y} = 3{,}333$ $\qquad \bar{x}_1 = 10{,}333$ $\qquad \bar{x}_2 = 6{,}167$

$s_y^2 = 5{,}222$ $\qquad s_{x_1}^2 = 12{,}556$ $\qquad s_{x_2}^2 = 2{,}139$

$s_y = 2{,}285$ $\qquad s_{x_1} = 3{,}543$ $\qquad s_{x_2} = 1{,}462$

Tabelle 81 Werte zur Berechnung von R^2

HQ (y)	$(y-\bar{y})^2$	$\hat{y}$	$(\hat{y}-\bar{y})^2$	$(y-\hat{y})^2$	SC (x_1)	WE (x_2)
1	5,444	-0,044	11,406	1,090	14	6
2	1,778	2,466	0,752	0,217	14	4
4	0,444	3,868	0,286	0,017	10	6
2	1,778	3,314	0,000	1,727	8	8
8	21,778	7,226	15,153	0,599	4	8
3	0,111	3,167	0,028	0,028	12	5
Summe	31,333	19,997	27,625	3,678		

Tabelle 82 Produkt-Moment-Korrelationen (Kovarianzen)

	x_1	x_2
y	-0,837 (-6,778)	0,482 (1,611)
x_1		-0,847 (-4,389)

$$b_{1s} = \frac{-0{,}837-(0{,}482)\cdot(-0{,}847)}{1-(-0{,}847)^2} = -1{,}517 \qquad b_1 = -1{,}517\cdot\frac{2{,}285}{3{,}543} = -0{,}978$$

$$b_{2s} = \frac{0{,}482-(-0{,}837)\cdot(-0{,}847)}{1-(-0{,}847)^2} = -0{,}803 \qquad b_2 = -0{,}803\cdot\frac{2{,}285}{1{,}462} = -1{,}255$$

$$b_0 = 3{,}333-(-0{,}978)\cdot 10{,}333-(-1{,}255)\cdot 6{,}167 = 3{,}333+10{,}1057+7{,}7396 = 21{,}178$$

$$\hat{y} = 21{,}178-0{,}978\cdot x_1-1{,}255\cdot x_2$$

$$R^2 = \frac{27{,}625}{31{,}333} = 0{,}882$$

Berechnung mittels ALM

Formeln:

$$b = (X'X)^{-1}\cdot X'y \qquad QS_{tot} = y'y-n\cdot\bar{y}^2 \qquad QS_{det} = b'X'y-n\cdot\bar{y}^2 \qquad R^2 = \frac{QS_{det}}{QS_{tot}}$$

$$y = \begin{vmatrix} 1 \\ 2 \\ 4 \\ 2 \\ 8 \\ 3 \end{vmatrix} \qquad X = \begin{vmatrix} 1 & 14 & 6 \\ 1 & 14 & 4 \\ 1 & 10 & 6 \\ 1 & 8 & 8 \\ 1 & 4 & 8 \\ 1 & 12 & 5 \end{vmatrix} \qquad X'X = \begin{vmatrix} 6 & 62 & 37 \\ 62 & 716 & 356 \\ 37 & 356 & 241 \end{vmatrix} \qquad X'y = \begin{vmatrix} 20 \\ 166 \\ 133 \end{vmatrix}$$

$y'y = 98$

Determinante von X'X

$$\begin{matrix} 6 & 62 & 37 \\ 62 & 716 & 356 \\ 37 & 356 & 241 \\ 6 & 62 & 37 \\ 62 & 716 & 356 \end{matrix} \rightarrow \begin{matrix} = 37 \cdot 716 \cdot 37 \cdot (-1) & = -980204 \\ = 6 \cdot 356 \cdot 356 \cdot (-1) & = -760416 \\ = 62 \cdot 62 \cdot 241 \cdot (-1) & = -926404 \\ \hline = 6 \cdot 716 \cdot 241 \cdot (+1) & = 1035336 \\ = 62 \cdot 356 \cdot 37 \cdot (+1) & = 816664 \\ = 37 \cdot 62 \cdot 356 \cdot (+1) & = 816664 \end{matrix}$$

$$Det = -980204 - 760416 - 926404 + 1035336 + 816664 + 816664 = 1640$$

Kofaktorenmatrix K

$$K = \begin{vmatrix} a & b & c \\ d & e & f \\ g & h & i \end{vmatrix}$$

$$K = \begin{vmatrix} \begin{vmatrix} 716 & 356 \\ 356 & 241 \end{vmatrix} & (-1) \cdot \begin{vmatrix} 62 & 356 \\ 37 & 241 \end{vmatrix} & \begin{vmatrix} 62 & 716 \\ 37 & 356 \end{vmatrix} \\ (-1) \cdot \begin{vmatrix} 62 & 356 \\ 37 & 241 \end{vmatrix} & \begin{vmatrix} 6 & 37 \\ 37 & 241 \end{vmatrix} & (-1) \cdot \begin{vmatrix} 6 & 62 \\ 37 & 356 \end{vmatrix} \\ \begin{vmatrix} 62 & 37 \\ 716 & 356 \end{vmatrix} & (-1) \cdot \begin{vmatrix} 6 & 37 \\ 62 & 356 \end{vmatrix} & \begin{vmatrix} 6 & 62 \\ 62 & 716 \end{vmatrix} \end{vmatrix}$$

$a = 716 \cdot 241 - 356 \cdot 356$ $\quad b = (-1) \cdot (62 \cdot 241 - 356 \cdot 37)$ $\quad c = 62 \cdot 356 - 716 \cdot 37$

$d = (-1) \cdot (62 \cdot 241 - 356 \cdot 37)$ $\quad e = 6 \cdot 241 - 37 \cdot 37$ $\quad f = (-1) \cdot (6 \cdot 356 - 62 \cdot 37)$

$g = 62 \cdot 356 - 37 \cdot 716$ $\quad h = (-1) \cdot (6 \cdot 356 - 37 \cdot 62)$ $\quad i = 6 \cdot 716 - 62 \cdot 62$

$$K = \begin{vmatrix} 45820 & -1770 & -4420 \\ -1770 & 77 & 158 \\ -4420 & 158 & 452 \end{vmatrix} = K'$$

Inverse $(X'X)^{-1}$

$$Inverse_{(X'X)} = (X'X)^{-1} = \frac{1}{Det_{(X'X)}} \cdot K'_{(X'X)} = \frac{1}{1640} \cdot \begin{vmatrix} 45820 & -1770 & -4420 \\ -1770 & 77 & 158 \\ -4420 & 158 & 452 \end{vmatrix}$$

(Noch nicht ausrechnen, weil sonst zu große Rundungsungenauigkeiten auftreten!)

b-Vektor

$$b = \left(X'X\right)^{-1} \cdot X'y = \frac{1}{1640} \cdot \begin{vmatrix} 45820 & -1770 & -4420 \\ -1770 & 77 & 158 \\ -4420 & 158 & 452 \end{vmatrix} \cdot \begin{vmatrix} 20 \\ 166 \\ 133 \end{vmatrix} = \begin{vmatrix} 21{,}170 \\ -0{,}978 \\ -1{,}254 \end{vmatrix} = \begin{vmatrix} b_0 \\ b_1 \\ b_2 \end{vmatrix} = b$$

$$b'X'y = \begin{vmatrix} 21{,}170 & -0{,}978 & -1{,}254 \end{vmatrix} \cdot \begin{vmatrix} 20 \\ 166 \\ 133 \end{vmatrix} = 94{,}27 \qquad n = 6 \quad \bar{y} = 3{,}33 \quad n \cdot \bar{y}^2 = 66{,}67$$

$$QS_{tot} = y'y - n\bar{y}^2 = 98 - 66{,}67 = 31{,}33$$
$$QS_{det} = b'X'y - n\bar{y}^2 = 94{,}27 - 66{,}67 = 27{,}6$$
$$R^2 = \frac{QS_{det}}{QS_{tot}} = \frac{27{,}6}{31{,}33} = 0{,}881$$

Prüfung des Multiplen Determinationskoeffizienten

H_0: $b_1 = 0$ und $b_2 = 0$ $\qquad$ H_1: $b_1 \neq 0$ und/oder $b_2 \neq 0$

$$F = \frac{n-k-1}{k} \cdot \frac{R^2}{\left(1-R^2\right)} = \frac{R^2/k}{\left(1-R^2\right)/\left(n-k-1\right)} = \frac{\left(\sum_{m=1}^{n} \left(\hat{y}_m - \bar{y}\right)^2\right)/k}{\left(\sum_{m=1}^{n} \left(y_m - \hat{y}_m\right)^2\right)/\left(n-k-1\right)}$$

$n = 6$ $\qquad$ k = Anzahl unabhängige Variablen = 2

bzw.

$$F = \frac{\left(R_U^2 - R_E^2\right)/df_h}{\left(1-R_U^2\right)/df_e} = \frac{\left(0{,}882 - 0\right)/2}{\left(1-0{,}882\right)/3} = \frac{0{,}441}{0{,}0393} = 11{,}22 \qquad F_{(0,95;2;3)} = 9{,}5521$$

R_U^2 Determinationskoeffizient des uneingeschränkten Modells
R_E^2 Determinationskoeffizient des eingeschränkten Modells
df_h Hypothesenfreiheitsgrade = Anzahl der Null gesetzten b-Gewichte
df_e Fehlerfreiheitsgrade = n – Anzahl der b-Gewichte inklusive b_0

Der empirische F-Wert (11,22) ist extremer als der kritische (9,5521), also signifikant, also H_1. Mit einer Irrtumswahrscheinlichkeit von 5 % kann behauptet werden, dass »Schnelligkeit« und/oder »Weisheit« einen signifikanten Beitrag zur Vorhersage der »Häuptlingsqualität« leisten.

b) Ein Kandidat auf die Häuptlingswürde schätzt für sich selbst Werte von »Schnelligkeit« = 4 und »Weisheit« = 9. Welcher Wert für die »Häuptlingsqualität« (HQ) kann geschätzt werden?

Regressionsgleichung:

$$\hat{y} = b_0 + b_1 \cdot x_1 + b_2 \cdot x_2$$
$$\hat{y} = 21{,}178 - 0{,}978 \cdot x_1 - 1{,}255 \cdot x_2$$
$$\hat{y} = 21{,}178 - 0{,}978 \cdot 4 - 1{,}255 \cdot 9 = 21{,}178 - 3{,}912 - 11{,}295 = 5{,}971$$

Es gab schon schlechtere Häuptlinge …

c) Wie gut kann alleine mit »Schnelligkeit« eine Vorhersage auf »Häuptlingsqualität« getroffen werden? Leistet der Prädiktor SC einen (signifikanten) Beitrag zur Vorhersage des Kriteriums HQ?

Berechnung über Einfachregression

$$R^2 = \frac{s_{\hat{Y}}^2}{s_Y^2} = \frac{\sum_{m=1}^{n} (\hat{y}_m - \bar{y})^2}{\sum_{m=1}^{n} (y_m - \bar{y})^2} = r_{XY}^2 \qquad \hat{y} = b_0 + b_1 \cdot x_1$$

$$b_1 = r_{XY} \cdot \frac{s_Y}{s_X} = \frac{s_{XY}}{s_X^2} = \frac{-6{,}778}{12{,}556} = -0{,}540$$

$$b_0 = \bar{y} - b_1 \cdot \bar{x} = 3{,}333 - (-0{,}540) \cdot 10{,}333 = 3{,}333 + 5{,}580 = 8{,}913$$
$$R^2 = r_{XY}^2 = (-0{,}837)^2 = 0{,}701 \qquad \hat{y} = 8{,}913 - 0{,}540 \cdot x$$

Berechnung mittels ALM

Reduzieren von X'X und X'y auf die relevanten Variablen

$$X'X = \begin{vmatrix} 6 & 62 \\ 62 & 716 \end{vmatrix} \qquad X'y = \begin{vmatrix} 20 \\ 166 \end{vmatrix}$$

Bilden von $(X'X)^{-1}$

Determinante: $Det = a \cdot d - b \cdot c = 6 \cdot 716 - 62 \cdot 62 = 452$

Kofaktorenmatrix und Inverse

$$K = \begin{vmatrix} 716 & -62 \\ -62 & 6 \end{vmatrix} = K' \qquad (X'X)^{-1} = \frac{1}{452} \cdot \begin{vmatrix} 716 & -62 \\ -62 & 6 \end{vmatrix}$$

b-Vektor

$$b = (X'X)^{-1} \cdot X'y =$$

	$\begin{vmatrix} 20 \\ 166 \end{vmatrix}$
$\frac{1}{452} \cdot \begin{vmatrix} 716 & -62 \\ -62 & 6 \end{vmatrix}$	$\begin{vmatrix} 8{,}912 \\ -0{,}540 \end{vmatrix} = \begin{vmatrix} b_0 \\ b_1 \end{vmatrix} = b$

$$b'X'y = \begin{array}{c|c} & \begin{vmatrix} 20 \\ 166 \end{vmatrix} \\ \hline \begin{vmatrix} 8{,}912 & -0{,}540 \end{vmatrix} & 88{,}6 \end{array} \quad n = 6 \quad \bar{y} = 3{,}333 \quad n \cdot \bar{y}^2 = 66{,}67$$

$$QS_{det} = b'X'y - n\bar{y}^2 = 88{,}6 - 66{,}67 = 21{,}93$$

$$R^2 = \frac{QS_{det}}{QS_{tot}} = \frac{21{,}93}{31{,}33} = 0{,}70$$

Prüfung des Multiplen Determinationskoeffizienten

H_0: $b_1 = 0$ $\quad$ H_1: $b_1 \neq 0$

$$F = \frac{n-k-1}{k} \cdot \frac{R^2}{(1-R^2)} = \frac{R^2/k}{(1-R^2)/(n-k-1)} = \frac{\left(\sum_{m=1}^{n} (\hat{y}_m - \bar{y})^2\right)/k}{\left(\sum_{m=1}^{n} (y_m - \hat{y}_m)^2\right)/(n-k-1)}$$

$n = 6$ $\quad$ k = Anzahl unabhängige Variablen = 1

bzw.

$$F = \frac{(R_U^2 - R_E^2)/df_h}{(1-R_U^2)/df_e} = \frac{(0{,}701-0)/1}{(1-0{,}701)/4} = \frac{0{,}701}{0{,}075} = 9{,}35 \qquad F_{(0{,}95;1;4)} = 7{,}7086$$

Der empirische F-Wert (9,35) ist extremer als der kritische (7,7086), also signifikant, also H_1. Mit einer Irrtumswahrscheinlichkeit von 5 % kann behauptet werden, dass »Schnelligkeit« einen signifikanten Beitrag zur Vorhersage der »Häuptlingsqualität« leistet.

d) Wie gut kann alleine mit »Weisheit« eine Vorhersage auf »Häuptlingsqualität« getroffen werden? Leistet der Prädiktor WE einen (signifikanten) Beitrag zur Vorhersage des Kriteriums HQ?

Berechnung über Einfachregression

$$R^2 = \frac{s_{\hat{Y}}^2}{s_Y^2} = \frac{\sum_{m=1}^{n} (\hat{y}_m - \bar{y})^2}{\sum_{m=1}^{n} (y_m - \bar{y})^2} = r_{XY}^2 \qquad \hat{y} = b_0 + b_1 \cdot x_1$$

$$b_1 = r_{XY} \cdot \frac{s_Y}{s_X} = \frac{s_{XY}}{s_X^2} = \frac{1{,}611}{2{,}139} = 0{,}753$$

$$b_0 = \bar{y} - b_1 \cdot \bar{x} = 3{,}333 - (0{,}753) \cdot 6{,}167 = 3{,}333 - 4{,}644 = -1{,}311$$

$$R^2 = r_{XY}^2 = (0{,}482)^2 = 0{,}232 \qquad \hat{y} = -1{,}311 + 0{,}753 \cdot x$$

Berechnung mittels ALM

Reduzieren von X'X und X'y auf die relevanten Variablen

$$X'X = \begin{vmatrix} 6 & 37 \\ 37 & 241 \end{vmatrix} \qquad X'y = \begin{vmatrix} 20 \\ 133 \end{vmatrix}$$

Bilden von $(X'X)^{-1}$

Determinante: $Det = a \cdot d - b \cdot c = 6 \cdot 241 - 37 \cdot 37 = 77$

Kofaktorenmatrix und Inverse

$$K = \begin{vmatrix} 241 & -37 \\ -37 & 6 \end{vmatrix} = K' \qquad (X'X)^{-1} = \frac{1}{77} \cdot \begin{vmatrix} 241 & -37 \\ -37 & 6 \end{vmatrix}$$

b-Vektor

$$b = (X'X)^{-1} \cdot X'y = \frac{1}{77} \cdot \begin{vmatrix} 241 & -37 \\ -37 & 6 \end{vmatrix} \cdot \begin{vmatrix} 20 \\ 133 \end{vmatrix} = \begin{vmatrix} -1,312 \\ 0,753 \end{vmatrix} = \begin{vmatrix} b_0 \\ b_1 \end{vmatrix} = b$$

$$b'X'y = \begin{vmatrix} -1,312 & 0,753 \end{vmatrix} \cdot \begin{vmatrix} 20 \\ 133 \end{vmatrix} = 73,909 \qquad n = 6 \quad \bar{y} = 3,333 \quad n \cdot \bar{y}^2 = 66,67$$

$$QS_{det} = b'X'y - n\bar{y}^2 = 73,909 - 66,67 = 7,242$$

$$R^2 = \frac{QS_{det}}{QS_{tot}} = \frac{7,242}{31,33} = 0,231$$

Prüfung des Multiplen Determinationskoeffizienten

H_0: $b_2 = 0$ $\qquad$ H_1: $b_2 \neq 0$

$$F = \frac{n-k-1}{k} \cdot \frac{R^2}{(1-R^2)} = \frac{R^2/k}{(1-R^2)/(n-k-1)} = \frac{\left(\sum_{m=1}^{n} (\hat{y}_m - \bar{y})^2\right)/k}{\left(\sum_{m=1}^{n} (y_m - \hat{y}_m)^2\right)/(n-k-1)}$$

$n = 6$ $\qquad$ k = Anzahl unabhängige Variablen = 1

bzw.

$$F = \frac{(R_U^2 - R_E^2)/df_h}{(1-R_U^2)/df_e} = \frac{(0,232 - 0)/1}{(1-0,232)/4} = \frac{0,232}{0,192} = 1,21 \qquad F_{(0,95;1;4)} = 7,7086$$

Der empirische F-Wert (1,21) ist nicht extremer als der kritische (7,7086), also nicht signifikant, also H_0. Es kann nicht behauptet werden, dass »Weisheit« einen statistisch bedeutsamen Beitrag zur Vorhersage des Kriteriums »Häuptlingsqualität« leistet.

e) Erbringt die Hinzunahme von »Weisheit« zusätzlich zu »Schnelligkeit« eine (signifikante) Verbesserung des Vorhersagemodells?

Zuerst Hypothesen:

H_0: b_1 = beliebig und $b_2 = 0$ $\quad$ H_1: b_1 = beliebig und $b_2 \neq 0$

$$F = \frac{(R_U^2 - R_E^2)/df_h}{(1-R_U^2)/df_e} = \frac{(0{,}882 - 0{,}701)/1}{(1-0{,}882)/3} = \frac{0{,}181}{0{,}0393} = 4{,}61 \qquad F_{(0,95;1;3)} = 10{,}128$$

Der empirische F-Wert (4,61) ist nicht extremer als der kritische (10,128), also nicht signifikant, also H_0. Es kann nicht behauptet werden, dass die Hinzunahme des Prädiktors WE zusätzlich zum Prädiktor SC eine signifikante Verbesserung des Modells erbringt.

f) Erbringt die Hinzunahme von »Schnelligkeit« zusätzlich zu »Weisheit« eine (signifikante) Verbesserung des Vorhersagemodells?

Zuerst Hypothesen:

H_0: $b_1 = 0$ und b_2 = beliebig $\quad$ H_1: $b_1 \neq 0$ und b_2 = beliebig

$$F = \frac{(R_U^2 - R_E^2)/df_h}{(1-R_U^2)/df_e} = \frac{(0{,}882 - 0{,}232)/1}{(1-0{,}882)/3} = \frac{0{,}65}{0{,}0393} = 16{,}54 \qquad F_{(0,95;1;3)} = 10{,}128$$

Der empirische F-Wert (16,54) ist extremer als der kritische (10,128), also signifikant, also H_1. Mit einer Irrtumswahrscheinlichkeit von 5 % kann behauptet werden, dass die Hinzunahme des Prädiktors SC zusätzlich zum Prädiktor WE eine signifikante Verbesserung des Modells erbringt.

g) Berechnen Sie die Fehlerquadratsumme QS_e und den Standardschätzfehler $\hat{\sigma}_e$.

$$QS_e = QS_{tot} - QS_{det} = \sum_{m=1}^{n} (y_m - \hat{y}_m)^2 = 31{,}333 - 27{,}625 = 3{,}708$$

$$\hat{\sigma}_e = \sqrt{\frac{QS_e}{df_e}} = \sqrt{\frac{\sum_{m=1}^{n} (y_m - \hat{y}_m)^2}{n-k-1}} = \sqrt{\frac{3{,}708}{3}} = \sqrt{1{,}236} = 1{,}112$$

h) Berechnen Sie für »Häuptlingsqualität« (HQ), »Schnelligkeit« (SC) und »Weisheit« (WE) die geschätzten Populations-Standardabweichungen $\hat{\sigma}$.

$$\hat{\sigma}_X = \sqrt{\frac{\sum_{m=1}^{n}(x_m - \bar{x})^2}{n-1}} = \sqrt{\frac{\sum_{m=1}^{n} x_m^2 - \frac{\left(\sum_{m=1}^{n} x\right)^2}{n}}{n-1}}$$

$$HQ: \quad \hat{\sigma}_Y = \sqrt{\frac{98 - \frac{20^2}{6}}{6-1}} = \sqrt{\frac{98 - \frac{400}{6}}{5}} = \sqrt{\frac{98 - 66{,}67}{5}} = \sqrt{\frac{31{,}33}{5}} = 2{,}50$$

$$SC: \quad \hat{\sigma}_{X_1} = \sqrt{\frac{716 - \frac{62^2}{6}}{6-1}} = \sqrt{\frac{716 - \frac{3844}{6}}{5}} = \sqrt{\frac{716 - 640{,}67}{5}} = \sqrt{\frac{75{,}33}{5}} = 3{,}88$$

$$WE: \quad \hat{\sigma}_{X_2} = \sqrt{\frac{241 - \frac{37^2}{6}}{6-1}} = \sqrt{\frac{241 - \frac{1369}{6}}{5}} = \sqrt{\frac{241 - 228{,}17}{5}} = \sqrt{\frac{12{,}83}{5}} = 1{,}60$$

i) Berechnen Sie die standardisierten Einflussgewichte β für »Schnelligkeit« (SC) und »Weisheit« (WE).

$$\beta_j = b_j \cdot \frac{\hat{\sigma}_{X_j}}{\hat{\sigma}_Y}$$

$$SC: \beta_{SC} = b_{1s} = -0{,}978 \cdot \frac{3{,}88}{2{,}50} = -1{,}518 \qquad WE: \beta_{WE} = b_{2s} = -1{,}255 \cdot \frac{1{,}60}{2{,}50} = -0{,}803$$

Der Einfluss des Prädiktors »Schnelligkeit« ist nahezu doppelt so groß wie der Einfluss des Prädiktors »Weisheit«.

j) Erstellen Sie für den unter b) geschätzten Wert für »Häuptlingsqualität« (HQ) ein 95 %-Konfidenzintervall!

Allgemeine Formel: $\hat{y} - t_{\alpha/2} \cdot \hat{\sigma}_e \leq \hat{y} \leq \hat{y} + t_{\alpha/2} \cdot \hat{\sigma}_e \qquad df = n$-Anzahl b's (inkl. b_0)

$\hat{y} = 5{,}971 \qquad \hat{\sigma}_e = 1{,}112 \qquad \alpha = 0{,}05 \qquad t_{(\alpha/2=0{,}975;\,3)} = 3{,}1824$

Untergrenze: $5{,}971 - 3{,}1824 \cdot 1{,}112 = 5{,}971 - 3{,}539 = 2{,}432$

Obergrenze: $5{,}971 + 3{,}1824 \cdot 1{,}112 = 5{,}971 + 3{,}539 = 9{,}51$

Tabelle 83 Ergebnisse der multiplen Regressionsanalyse »Steinzeit«

Modell	R_U^2	R_E^2	b-Gewichte	beta-Gewichte	$df_{Zähler}$	F_{emp}	sig.
x_1 und x_2	0,882	0	b_0: 21,178	β_1=-1,517	2	11,22	sig.
			b_1: -0,978	β_2=-0,803			
			b_2: -1,255				
nur x_1	0,701	0	b_0: 8,913		1	9,35	sig.
			b_1: -0,540				
nur x_2	0,232	0	b_0: -1,311		1	1,21	n. s.
			b_2: 0,753				
x_2 zusätzlich zu x_1	0,882	0,701			1	4,61	n. s.
x_1 zusätzlich zu x_2	0,882	0,232			1	16,54	sig.

2.9 »Uni könnte so schön sein, wenn nur die ganzen Studis nicht wären«

a) Bitte prüfen Sie mittels des Kolmogorov-Smirnov-Tests auf Normalverteilung.

$$\text{Mittelwert: } \bar{x} = \frac{\sum_{m=1}^{n} x_m}{n} = \frac{120}{27} = 4{,}444$$

Geschätzte Populationsstandardabweichung:

$$\hat{\sigma}_x = \sqrt{\frac{\sum_{m=1}^{n}(x_m - \bar{x})^2}{n-1}} = \sqrt{\frac{\sum_{m=1}^{n} x_m^2 - \frac{\left(\sum_{m=1}^{n} x_m\right)^2}{n}}{n-1}} = \sqrt{\frac{626 - \frac{120^2}{27}}{27-1}} = \sqrt{\frac{626 - 533{,}33}{26}}$$

$$\hat{\sigma}_x = \sqrt{\frac{92{,}67}{26}} = 1{,}888$$

Über Mittelwert und geschätzte Populationsstandardabweichung können z-Werte für die oberen Kategoriegrenzen ermittelt werden. Für die z-Werte können dann in Tabelle C.1 die Flächenanteile abgelesen werden. Diese Flächenanteile entsprechen der theoretischen (kumulierten) Verteilungsfunktion.

Tabelle 84 Werte für Kolmogorov-Smirnov-Test

Wert (obere Kategorie-grenze) c_j	Absolute Häufigkeit n_j	Empirische Verteilungs-funktion $F(c_j)$	z-Wert	Theoretische Verteilungs-funktion $\Phi_0(c_j)$	Differenz D_j	Differenz $D_{j'}$
1,5	2	0,0741	-1,56	0,0594	0,0147	0,0594
2,5	3	0,1852	-1,03	0,1515	0,0337	0,0774
3,5	3	0,2963	-0,50	0,3085	-0,0122	0,1233
4,5	5	0,4815	0,03	0,5120	-0,0305	0,2157
5,5	6	0,7037	0,56	0,7123	-0,0086	0,2308
6,5	4	0,8519	1,09	0,8621	-0,0102	0,1584
7,5	3	0,9630	1,62	0,9474	0,0156	0,0955
8,5	1	1,0000	2,15	0,9842	0,0158	0,0212

Kritische Differenz nach Tabelle C.5: 0,229 ($\alpha = 10\ \%$, zweiseitig).
Die größte Differenz (0,2308) ist größer als der kritische Wert, daher hat man ein signifikantes Ergebnis. Die Verteilung der eigenen Daten weicht von einer Normalverteilung ab.

b) Bitte prüfen Sie mittels des Chi²-Tests auf Normalverteilung.
Über Mittelwert und geschätzte Populationsstandardabweichung können z-Werte für die oberen Kategoriegrenzen ermittelt werden. Für die z-Werte können dann in Tabelle C.1 die Flächenanteile abgelesen werden. Diese Flächenanteile entsprechen der theoretischen (kumulierten) Verteilungsfunktion.

$$\chi^2 = \sum_{j=1}^{k} \frac{(n_j - e_j)^2}{e_j}$$

$$\chi^2 = \frac{(2-1{,}6038)^2}{1{,}6038} + \frac{(3-2{,}4867)^2}{2{,}4867} + \frac{(3-4{,}2390)^2}{4{,}2390} + \frac{(5-5{,}4945)^2}{5{,}4945}$$

$$+ \frac{(6-5{,}4081)^2}{5{,}4081} + \frac{(4-4{,}0446)^2}{4{,}0446} + \frac{(3-2{,}3031)^2}{2{,}3031} + \frac{(1-1{,}4202)^2}{1{,}4202}$$

$$= 0{,}0979 + 0{,}1060 + 0{,}3621 + 0{,}0445 + 0{,}0648 + 0{,}0005 + 0{,}2109 + 0{,}1243$$

$$\chi^2 = 1{,}011$$

Tabelle 85 Übersicht, um auf Normalverteilung zu prüfen

Wert (obere Kategoriegrenze) c_j	Absolute Häufigkeit n_j	Empirische Verteilungsfunktion $F(c_j)$	z-Wert	Theoretische Verteilungsfunktion $\Phi_0(c_j)$	Erwartete Häufigkeit für das Intervall
1,5	2	0,0741	-1,56	0,0594	1,6038
2,5	3	0,1852	-1,03	0,1515	2,4867
3,5	3	0,2963	-0,50	0,3085	4,2390
4,5	5	0,4815	0,03	0,5120	5,4945
5,5	6	0,7037	0,56	0,7123	5,4081
6,5	4	0,8519	1,09	0,8621	4,0446
7,5	3	0,9630	1,62	0,9474	2,3031
8,5	1	1,0000	∞	1,000	1,4202

$df = k - 3 = 8 - 3 = 5$

Kritischer Chi^2-Wert = 11,070 (α = 5 %) bzw. 9,2364 (α = 10 %)

Der empirische Wert ist kleiner, also nicht signifikant, also H_0.
Die Verteilung der Daten weicht nicht von einer Normalverteilung ab.

2.10 Jägermeister

Als dritter Jägermeister zu sterben, bedeutet, beim ersten Mal nicht ausgewählt worden zu sein ($p = 9/10$), beim zweiten Mal ebenfalls nicht ausgewählt worden zu sein ($p = 8/9$), aber beim dritten Mal genommen zu werden ($p = 1/8$). Insgesamt ergibt sich daher folgende Wahrscheinlichkeit:

$$p = \frac{9}{10} \cdot \frac{8}{9} \cdot \frac{1}{8} = 0{,}1 = 10\ \%$$

2.11 Hochschule Holtzhausen am Errl (HHE)

a) $p = \frac{1000}{2000} = 0{,}5 = 50\ \%$

b) $p = \frac{330}{2000} = 0{,}165 = 16{,}5\ \%$

c) $p = \frac{198}{2000} = 0{,}099 = 9{,}9\ \%$

Tabelle 86 Studentenverteilung der Hochschule Holtzhausen am Errl

	weiblich	männlich	gesamt
Anzahl Studierender HHE gesamt	50% = 1000	50% = 1000	2000
Anzahl Studierender Sozial- und Verhaltenswissenschaften	330	170	500
Sozial- und Verhaltenswissenschaften, gute statistische Kenntnisse	40% von 330 = 132	35% von 170 = 59,5 = 60	192
Sozial- und Verhaltenswissenschaften, geringe statistische Kenntnisse	60% von 330 = 198	65% von 170 = 110	308

2.12 Multiple-Choice (1)

a) $p(richtig) = \frac{1}{5} = 0{,}2$

Eine Antwort von den insgesamt fünf Antworten ist das günstige Ereignis.

b) $p(falsch) = \frac{4}{5} = 0{,}8$

Hier wird nach der Gegenwahrscheinlichkeit gefragt! Vier Antworten von den insgesamt fünf Antworten sind günstig – in diesem Fall also falsch.

c) $p(1.\ richtig\ und\ 2.\ richtig\ und\ 3.\ falsch\ und\ 4.\ falsch) = 0{,}2 \cdot 0{,}2 \cdot 0{,}8 \cdot 0{,}8 = 0{,}0256$

Hier wird das Multiplikationstheorem angewendet: Sind günstige Ereignisse durch ein UND verknüpft, werden die Einzelwahrscheinlichkeiten miteinander multipliziert!

d) $p(1.\ richtig\ und\ 2.\ falsch\ und\ 3.\ richtig\ und\ 4.\ falsch) = 0{,}2 \cdot 0{,}8 \cdot 0{,}2 \cdot 0{,}8 = 0{,}0256$

Auch hier wird das Multiplikationstheorem angewendet: Sind günstige Ereignisse durch ein UND verknüpft, werden die Einzelwahrscheinlichkeiten miteinander multipliziert!

e) $n = 4 \quad k = 2 \quad p(richtig) = 0{,}2 \quad p(falsch) = q = 0{,}8$

Da hier die Reihenfolge der richtigen bzw. falschen Lösungen keine Rolle spielt, arbeitet man nun mit der Binomialformel.

$$p(k) = \binom{n}{k} \cdot p^k \cdot q^{n-k} = \frac{n!}{k! \cdot (n-k)!} \cdot p^k \cdot q^{n-k}$$

$$p(k=2) = \binom{4}{2} \cdot 0{,}2^2 \cdot 0{,}8^2 = \frac{4!}{2! \cdot 2!} \cdot 0{,}04 \cdot 0{,}64 = 0{,}1536$$

2.13 Ein neuer Meister?

McDonalds Omega $\omega = \dfrac{\left(\sum_{i=1}^{p} \lambda_i\right)^2}{\left(\sum_{i=1}^{p} \lambda_i\right)^2 + \sum_{i=1}^{p} Var(\varepsilon_i)}$

Wissen über teuflische Rituale und Symbole

$$\omega = \frac{(0{,}46+0{,}69+0{,}62)^2}{(0{,}46+0{,}69+0{,}62)^2+0{,}79+0{,}53+0{,}61} = \frac{1{,}77^2}{1{,}77^2+1{,}93} = \frac{3{,}1329}{5{,}0629} = 0{,}619$$

Aufgeschlossenheit gegenüber Tofu-Opfern

$$\omega = \frac{(0{,}61+0{,}67+0{,}55)^2}{(0{,}61+0{,}67+0{,}55)^2+0{,}63+0{,}55+0{,}70} = \frac{1{,}83^2}{1{,}83^2+1{,}88} = \frac{3{,}3489}{5{,}2289} = 0{,}640$$

Zuverlässigkeit im Umgang mit Vereinsvermögen

$$\omega = \frac{(0{,}72+0{,}58+0{,}76)^2}{(0{,}72+0{,}58+0{,}76)^2+0{,}48+0{,}66+0{,}42} = \frac{2{,}06^2}{2{,}06^2+1{,}56} = \frac{4{,}2436}{5{,}8036} = 0{,}731$$

Vielleicht sollte an dem Fragebogen noch gearbeitet werden …

2.14 Museum alter Theorien

Die Darstellung der Lösung erfolgt in mehreren Schritten. Zuerst werden allgemeine Angaben aufgelistet, die sich aus der Aufgabenstellung ergeben. Daraufhin werden die Hypothesen für die Fragen a) bis d) dargestellt. Danach erfolgen die Berechnung der Quadratsummen einmal ohne, einmal mit Matrixalgebra. Danach erfolgen die Signifikanzprüfungen. Zum Schluss werden die Ergebnisse in einer Tafel der Varianzanalyse zusammengefasst.

Allgemeine Angaben

Faktor A (Fachrichtung) hat $p = 2$ Stufen
Faktor B (Komplexitätsgrad) hat $q = 3$ Stufen
Pro Zelle liegen die Werte von $n_{Zelle} = 3$ Personen vor.
Insgesamt liegen Werte von $n = 18$ Personen vor.

Hypothesen

a) Gibt es einen globalen Effekt, d. h. unterscheiden sich die sechs Zellen voneinander?

H_0: $\mu_1 = \mu_2 = \mu_3 = \mu_4 = \mu_5 = \mu_6$

$df_{zw} = p \cdot q - 1$ = Anzahl Parameterrestriktionen (Gleichheitszeichen in der Nullhypothese) = 5

$df_{err} = df_{inn} = n - p \cdot q$ = Anzahl Vpn minus Anzahl Zellen = 18 - 6 = 12

b) Gibt es einen Haupteffekt für Faktor A (Fachrichtung)? Unterscheiden sich die Mittelwerte der einzelnen Stufen (Psychologie, Psychoanalyse) voneinander?

H_0: $\mu_1 + \mu_2 + \mu_3 = \mu_4 + \mu_5 + \mu_6$ bzw. $\mu_1 + \mu_2 + \mu_3 - \mu_4 - \mu_5 - \mu_6 = 0$

$df_A = p - 1$ = Anzahl Parameterrestriktionen (Gleichheitszeichen in der Nullhypothese) = 1

$df_{err} = df_{inn} = n - p \cdot q$ = Anzahl Vpn minus Anzahl Zellen = 18 - 6 = 12

c) Gibt es einen Haupteffekt für Faktor B (Komplexitätsgrad)? Unterscheiden sich die Mittelwerte der einzelnen Stufen (leicht, mittel, hoch) voneinander?

H_0: $\mu_1 + \mu_4 = \mu_2 + \mu_5 = \mu_3 + \mu_6$

Eigentlich sind dies zwei Nullhypothesen:

1. H_0: $\mu_1 + \mu_4 = (\mu_2 + \mu_3 + \mu_5 + \mu_6)/2$ bzw. $2\mu_1 - \mu_2 - \mu_3 + 2\mu_4 - \mu_5 - \mu_6 = 0$
2. H_0: $\mu_2 + \mu_5 = \mu_3 + \mu_6$ bzw. $0\mu_1 + \mu_2 - \mu_3 + 0\mu_4 + \mu_5 - \mu_6 = 0$

$df_B = q - 1$ = Anzahl Parameterrestriktionen (Gleichheitszeichen in der Nullhypothese) = 2

$df_{err} = df_{inn} = n - p \cdot q$ = Anzahl Vpn minus Anzahl Zellen = 18 - 6 = 12

d) Gibt es eine Wechselwirkung zwischen den Stufen von Faktor A und den Stufen von Faktor B?

Hier müssen beide Nullhypothesen gebildet werden:

1. H_0: $\mu_1 - (\mu_2 + \mu_3)/2 = \mu_4 - (\mu_5 + \mu_6)/2$ bzw. $2\mu_1 - \mu_2 - \mu_3 - 2\mu_4 + \mu_5 + \mu_6 = 0$
2. H_0: $\mu_2 - \mu_3 = \mu_5 - \mu_6$ bzw. $0\mu_1 + \mu_2 - \mu_3 + 0\mu_4 - \mu_5 + \mu_6 = 0$

$df_{AB} = (p - 1) \cdot (q - 1)$ = Anzahl Parameterrestriktionen (Gleichheitszeichen in der Nullhypothese) = 2

$df_{err} = df_{inn} = n - p \cdot q$ = Anzahl Vpn minus Anzahl Zellen = 18 - 6 = 12

Berechnung der Quadratsummen mit Summenzeichen

Hierzu werden einige Mittelwerte benötigt.

Tabelle 87 Fachrichtung und Komplexitätsgrad

Mittelwerte		Faktor B: Komplexitätsgrad			Zeilenmittelwerte
		leicht (b1)	mittel (b2)	hoch (b3)	
Faktor A: Fachrichtung	Psychologie (a1)	$\bar{x}_{11}=30$	$\bar{x}_{12}=10$	$\bar{x}_{13}=20$	$\bar{x}_{1\bullet}=20$
	Psychoanalyse (a2)	$\bar{x}_{21}=15$	$\bar{x}_{22}=20$	$\bar{x}_{23}=7$	$\bar{x}_{2\bullet}=14$
Spaltenmittelwerte		$\bar{x}_{\bullet 1}=22{,}5$	$\bar{x}_{\bullet 2}=15$	$\bar{x}_{\bullet 3}=13{,}5$	$\bar{x}=17$

$$QS_{tot} = \sum_{k=1}^{q}\sum_{j=1}^{p}\sum_{m=1}^{n_{Zelle}}(x_{mjk}-\bar{x})^2$$

$$\begin{aligned}QS_{tot} = {} & (40-17)^2+(24-17)^2+(26-17)^2+(10-17)^2+(8-17)^2+(12-17)^2+\\ & (10-17)^2+(26-17)^2+(24-17)^2+(16-17)^2+(14-17)^2+(15-17)^2+\\ & (20-17)^2+(22-17)^2+(18-17)^2+(7-17)^2+(6-17)^2+(8-17)^2\end{aligned}$$

$$QS_{tot} = 529+49+81+49+81+25+49+81+49+1+9+4+9+25+1+100+121+81$$

$$QS_{tot} = 1344$$

$$QS_{zw} = \sum_{k=1}^{q}\sum_{j=1}^{p}\sum_{m=1}^{n_{Zelle}}(\bar{x}_{jk}-\bar{x})^2 = n_{Zelle}\cdot\sum_{k=1}^{q}\sum_{j=1}^{p}(\bar{x}_{jk}-\bar{x})^2$$

$$QS_{zw} = 3\cdot\left[(30-17)^2+(10-17)^2+(20-17)^2+(15-17)^2+(20-17)^2+(7-17)^2\right]$$

$$QS_{zw} = 3\cdot[169+49+9+4+9+100] = 3\cdot 340 = 1020$$

$$QS_{inn} = \sum_{k=1}^{q}\sum_{j=1}^{p}\sum_{m=1}^{n_{Zelle}}(x_{mjk}-\bar{x}_{jk})^2$$

$$\begin{aligned}QS_{inn} = {} & (40-30)^2+(24-30)^2+(26-30)^2+(10-10)^2+(8-10)^2+(12-10)^2+\\ & (10-20)^2+(26-20)^2+(24-20)^2+(16-15)^2+(14-15)^2+(15-15)^2+\\ & (20-20)^2+(22-20)^2+(18-20)^2+(7-7)^2(6-7)^2+(8-7)^2\end{aligned}$$

$$QS_{inn} = 100+36+16+0+4+4+100+36+16+1+1+0+0+4+4+0+1+1 = 324$$

$$QS_A = \sum_{k=1}^{q}\sum_{j=1}^{p}\sum_{m=1}^{n_{Zelle}}(\bar{x}_{j\bullet}-\bar{x})^2 = q\cdot n_{Zelle}\cdot\sum_{j=1}^{p}(\bar{x}_{j\bullet}-\bar{x})^2$$

$$QS_A = 3\cdot 3\cdot\left[(20-17)^2+(14-17)^2\right] = 9\cdot[9+9] = 9\cdot 18 = 162$$

$$QS_B = \sum_{k=1}^{q}\sum_{j=1}^{p}\sum_{m=1}^{n_{Zelle}}(\bar{x}_{\bullet k}-\bar{x})^2 = p\cdot n_{Zelle}\cdot\sum_{k=1}^{q}(\bar{x}_{\bullet k}-\bar{x})^2$$

$$QS_B = 2\cdot 3\cdot\left[(22{,}5-17)^2+(15-17)^2+(13{,}5-17)^2\right] = 6\cdot[30{,}25+4+12{,}25]$$

$$QS_B = 6\cdot 46{,}5 = 279$$

$$QS_{AB} = \sum_{k=1}^{q}\sum_{j=1}^{p}\sum_{m=1}^{n_{Zelle}} (\bar{x}_{jk} - \bar{x}_{j\bullet} - \bar{x}_{\bullet k} + \bar{x})^2 = n_{Zelle} \cdot \sum_{k=1}^{q}\sum_{j=1}^{p} (\bar{x}_{jk} - \bar{x}_{j\bullet} - \bar{x}_{\bullet k} + \bar{x})^2$$

$$QS_{AB} = 3 \cdot \left[(30\text{-}20\text{-}22{,}5+17)^2 + (10\text{-}20\text{-}15+17)^2 + (20\text{-}20\text{-}13{,}5+17)^2\right] + 3 \cdot \left[(15\text{-}14\text{-}22{,}5+17)^2 + (20\text{-}14\text{-}15+17)^2 + (7\text{-}14\text{-}13{,}5+17)^2\right]$$

$$QS_{AB} = 3 \cdot [20{,}25+64+12{,}25+20{,}25+64+12{,}25] = 3 \cdot 193 = 579$$

Berechnung der Quadratsummen mit Matrixalgebra

Totale, determinierte und Fehlerquadratsumme

$$(X'X)^{-1} = \frac{1}{3} \cdot Einheitsmatrix \qquad X'y = \begin{vmatrix} 90 \\ 30 \\ 60 \\ 45 \\ 60 \\ 21 \end{vmatrix} \qquad b = \begin{vmatrix} 30 \\ 10 \\ 20 \\ 15 \\ 20 \\ 7 \end{vmatrix} \qquad y'y = 6546 \qquad \bar{y} = 17$$

$$b'X'y = 6222 \qquad \bar{y}^2 = 289 \rightarrow n \cdot \bar{y}^2 = 5202$$

$$QS_{tot} = y'y - n \cdot \bar{y}^2 = 6546 - 5202 = 1344$$

$$QS_{det} = QS_{zw} = b'X'y - n \cdot \bar{y}^2 = 6222 - 5202 = 1020$$

$$QS_{err} = QS_{tot} - QS_{det} = QS_{inn} = 1344 - 1020 = 324$$

Kontrastmatrix und Quadratsumme für Faktor A (Fachrichtung)

$$C = |1 \quad 1 \quad 1 \quad -1 \quad -1 \quad -1| \qquad Cb = 18 \qquad \left(C(X'X)^{-1}C'\right)^{-1} = \frac{1}{2}$$

$$QS_A = Cb'\left(C(X'X)^{-1}C'\right)^{-1}Cb = 18 \cdot \frac{1}{2} \cdot 18 = 162$$

Kontrastmatrix und Quadratsumme für Faktor B (Komplexitätsgrad)

$$C = \begin{vmatrix} 2 & -1 & -1 & 2 & -1 & -1 \\ 0 & 1 & -1 & 0 & 1 & -1 \end{vmatrix} \qquad Cb = \begin{vmatrix} -18 \\ -4 \end{vmatrix} \qquad \left(C(X'X)^{-1}C'\right)^{-1} = 3 \cdot \begin{vmatrix} \frac{1}{12} & 0 \\ 0 & \frac{1}{4} \end{vmatrix}$$

$$QS_B = Cb'\left(C(X'X)^{-1}C'\right)^{-1}Cb = |33 \quad 3| \cdot 3 \cdot \begin{vmatrix} \frac{1}{12} & 0 \\ 0 & \frac{1}{4} \end{vmatrix} \cdot \begin{vmatrix} 33 \\ 3 \end{vmatrix} = 279$$

Kontrastmatrix und Quadratsumme der Wechselwirkung zwischen Faktor A und B

$$C = \begin{vmatrix} 2 & -1 & -1 & -2 & 1 & 1 \\ 0 & 1 & -1 & 0 & -1 & 1 \end{vmatrix} \qquad Cb = \begin{vmatrix} 27 \\ -23 \end{vmatrix} \qquad \left(C(X'X)^{-1}C'\right)^{-1} = 3 \cdot \begin{vmatrix} \frac{1}{12} & 0 \\ 0 & \frac{1}{4} \end{vmatrix}$$

$$QS_{AB} = Cb'\left(C\left(X'X\right)^{-1}C'\right)^{-1}Cb = \begin{vmatrix}27 & -23\end{vmatrix} \cdot 3 \cdot \begin{vmatrix}\frac{1}{12} & 0 \\ 0 & \frac{1}{4}\end{vmatrix} \cdot \begin{vmatrix}27 \\ -23\end{vmatrix} = 579$$

Signifikanzprüfungen

a) Gibt es einen globalen Effekt, d. h. unterscheiden sich die sechs Zellen voneinander?

$$F = \frac{QS_{det} / df_{det}}{QS_{err} / df_{err}} = \frac{MQS_{zw}}{MQS_{inn}} = \frac{1020/5}{324/12} = \frac{204}{27} = 7{,}56 \qquad F_{(0{,}95;5;12)} = 3{,}1059$$

Der empirische F-Wert (7,56) ist extremer als der kritische (3,1059), also signifikant, also H_1. Mit einer Irrtumswahrscheinlichkeit von 5 % kann behauptet werden, dass sich die Mittelwerte der sechs Zellen voneinander unterscheiden.

b) Gibt es einen Haupteffekt für Faktor A (Fachrichtung)? Unterscheiden sich die Mittelwerte der einzelnen Stufen (Psychologie, Psychoanalyse) voneinander?

$$F = \frac{QS_A / df_A}{QS_{err} / df_{err}} = \frac{MQS_A}{MQS_{inn}} = \frac{162/1}{324/12} = \frac{162}{27} = 6 \qquad F_{(0{,}95;1;12)} = 4{,}7472$$

Der empirische F-Wert (6) ist extremer als der kritische (4,7472), also signifikant, also H_1. Es gibt einen Haupteffekt für Faktor A.
Mit einer Irrtumswahrscheinlichkeit von 5 % kann behauptet werden, dass sich die Mittelwerte der Stufen des Faktors A unterscheiden. Hinsichtlich der Benotung ergeben sich Unterschiede zwischen Theorien aus den Fachrichtungen Psychologie und Psychoanalyse.

c) Gibt es einen Haupteffekt für Faktor B (Komplexitätsgrad)? Unterscheiden sich die Mittelwerte der einzelnen Stufen (leicht, mittel, hoch) voneinander?

$$F = \frac{QS_B / df_B}{QS_{err} / df_{err}} = \frac{MQS_B}{MQS_{inn}} = \frac{279/2}{324/12} = \frac{139{,}5}{27} = 5{,}17 \qquad F_{(0{,}95;2;12)} = 3{,}8853$$

Der empirische F-Wert (5,17) ist extremer als der kritische (3,8853), also signifikant, also H_1. Es gibt einen Haupteffekt für Faktor B.
Mit einer Irrtumswahrscheinlichkeit von 5 % kann behauptet werden, dass sich die Mittelwerte der Stufen des Faktors B unterscheiden. Der Komplexitätsgrad spielt bei der Benotung eine Rolle.

d) Gibt es eine Wechselwirkung zwischen den Stufen von Faktor A und den Stufen von Faktor B?

$$F = \frac{QS_{AB} / df_{AB}}{QS_{err} / df_{err}} = \frac{MQS_{AB}}{MQS_{inn}} = \frac{579/2}{324/12} = \frac{289{,}5}{27} = 10{,}72 \qquad F_{(0{,}95;2;12)} = 3{,}8853$$

Der empirische F-Wert (10,72) ist extremer als der kritische (3,8853), also signifikant, also H_1. Mit einer Irrtumswahrscheinlichkeit von 5 % kann behauptet werden, dass es eine Wechselwirkung zwischen den Faktoren A und B gibt.

Tabelle 88 Tafel der Varianzanalyse »Museum alter Theorien«

Quelle der Variation	Quadratsumme	df	MQS	F_{emp}	sig.
Det	1020	5	204	7,56	sig.
Faktor A	162	1	162	6	sig.
Faktor B	279	2	139,5	5,17	sig.
Wechselwirkung AB	579	2	289,5	10,72	sig.
Fehler	324	12	27		
Total	1344	17			

2.15 Planet Stastik I (1)

a) Hier wird nach einem Unterschied gefragt. Beide Merkmale (Gumbatse / keine Gumbatse und Efftests/Fiekors) sind nominalskaliert. Tja, außerdem liegt hier ein klassisches Vierfelder-Schema vor. Also: Chi²-Test.

Hypothesen:

H_0: Es gibt keinen Unterschied in der Verteilung der Gumbatse zwischen Efftests und Fiekors $\qquad \pi_{ij} = \pi_{i} \cdot \pi_{j}$

H_1: Es gibt einen Unterschied in der Verteilung der Gumbatse zwischen Efftests und Fiekors $\qquad \pi_{ij} \neq \pi_{i} \cdot \pi_{j}$

Um die erwarteten Werte auszurechnen, gibt es folgende Formel:

$$e_{ij} = n \cdot \frac{n_{i\bullet}}{n} \cdot \frac{n_{\bullet j}}{n} = \frac{n_{i\bullet} \cdot n_{\bullet j}}{n}$$

Werden in einer Vierfeldertafel die erwarteten Häufigkeiten über die Randsummen berechnet, muss lediglich ein Wert berechnet werden. Die übrigen ergeben sich dann.

Erwarteter Wert für Gumbatse/Efftests: $e_{11} = \frac{90 \cdot 75}{150} = 45$

Tabelle 89 Erwartete Werte

	Efftests	Fiekors	gesamt
Gumbatse	45	45	90
keine Gumbatse	30	30	60
gesamt	75	75	150

$$\chi^2 = \sum_{i=1}^{2}\sum_{j=1}^{2}\frac{(n_{ij}-e_{ij})^2}{e_{ij}} = \frac{(35\text{-}45)^2}{45}+\frac{(55\text{-}45)^2}{45}+\frac{(40\text{-}30)^2}{30}+\frac{(20\text{-}30)^2}{30}$$

$$\chi^2 = 2{,}22+2{,}22+3{,}33+3{,}33 = 11{,}1$$

Werden – wie hier – die Randsummen berücksichtigt, hat man nur einen Freiheitsgrad $df = 1$. Als kritischen Chi²-Wert findet man $\chi^2_{(0{,}95;1)} = 3{,}841$. Der empirisch ermittelte Chi²-Wert liegt darüber, man entscheidet sich für die Alternativhypothese H_1. Unter Berücksichtigung einer Irrtumswahrscheinlichkeit von 5 % kann behauptet werden, dass es einen Unterschied in der Verteilung der Gumbatse zwischen Efftests und Fiekors gibt. Wenn man sich jetzt noch die beobachtete Verteilung ansieht, kann man auch sagen: Fiekors haben signifikant mehr Gumbatse als Efftests bzw. Efftests haben signifikant weniger Gumbatse.

Für eine Vierfelder-Tafel existiert noch eine spezielle Formel:

$$\chi^2 = \frac{n\cdot(b\cdot c - a\cdot d)^2}{(a+b)\cdot(c+d)\cdot(a+c)\cdot(b+d)} = \frac{150\cdot(55\cdot 40 - 35\cdot 20)^2}{90\cdot 60\cdot 75\cdot 75} = \frac{150\cdot(1500)^2}{3037500}$$

$$\chi^2 = \frac{150\cdot 2250000}{30375000} = 11{,}1$$

Hierbei kennzeichnen a, b, c und d die einzelnen Felder der Tafel.

b) Hier wird nach einem Zusammenhang gefragt, nach einer Korrelation. Für nominalskalierte Variablen gibt es mehrere Korrelationsmaße, von denen zwei hier berechnet werden sollen: Phi-Korrelation und Yules Q.

Phi-Korrelation

$$\hat{\phi} = \frac{n_{11}\cdot n_{22} - n_{12}\cdot n_{21}}{\sqrt{(n_{11}+n_{21})\cdot(n_{12}+n_{22})\cdot(n_{11}+n_{12})\cdot(n_{21}+n_{22})}}$$

$$\hat{\phi} = \frac{35\cdot 20 - 55\cdot 40}{\sqrt{(35+40)\cdot(55+20)\cdot(35+55)\cdot(40+20)}} = \frac{700\text{-}2200}{\sqrt{75\cdot 75\cdot 90\cdot 60}} = \frac{-1500}{\sqrt{30375000}}$$

$$\hat{\phi} = \frac{-1500}{5511{,}35} = -0{,}272$$

Zusätzlich muss bei der Phi-Korrelation noch ein maximaler Phi-Wert (Phi_{max}) berechnet werden. Dazu werden die Zahlen innerhalb der Tabelle so umgestellt, dass ein maximaler Zusammenhang resultiert.
In welcher Zeile (gesamt) steht die höhere Zahl? Zeile Gumbatse.
In welcher Spalte (gesamt) steht die höhere Zahl? Spalte Fiekors.
Am Schnittpunkt (Gumbatse/Fiekors) wird nun die maximale Zahl eingetragen (hier: 75). Der Rest der Zahlen in der Tabelle ergibt sich.

Tabelle 90 Maximale Verteilung der Gumbatse bei Efftests und Fiekors

	Efftests	Fiekors	gesamt
Gumbatse	15	75	90
keine Gumbatse	60	0	60
gesamt	75	75	150

$$\hat{\phi} = \frac{n_{11} \cdot n_{22} - n_{12} \cdot n_{21}}{\sqrt{(n_{11}+n_{21}) \cdot (n_{12}+n_{22}) \cdot (n_{11}+n_{12}) \cdot (n_{21}+n_{22})}}$$

$$\hat{\phi}_{max} = \frac{15 \cdot 0 - 75 \cdot 60}{\sqrt{30375000}} = \frac{-4500}{5511,35} = -0,816$$

Aus Phi und Phi_{max} wird dann der korrigierte Phi-Wert Phi_{korrig} errechnet.

$$\hat{\phi}_{korrig} = \frac{\hat{\phi}}{\hat{\phi}_{max}} = \frac{-0,272}{-0,816} = 0,333$$

Es besteht ein schwacher bis mittlerer Zusammenhang zwischen den Variablen »Gumbatse« und »Efftests/Fiekors«.

Yules Q

$$Q = \frac{n_{11} \cdot n_{22} - n_{12} \cdot n_{21}}{n_{11} \cdot n_{22} + n_{12} \cdot n_{21}} = \frac{35 \cdot 20 - 55 \cdot 40}{35 \cdot 20 + 55 \cdot 40} = \frac{700-2200}{700+2200} = \frac{-1500}{2900} = -0,517$$

Es besteht ein mittlerer negativer Zusammenhang zwischen »Gumbatse« und »Efftests/Fiekors«.

c) Hier sollen Mittelwerte verglichen werden. Das dafür zuständige Testverfahren ist der t-Test für Unterschiede. Vor einem t-Test muss jedoch immer ein F-Test gerechnet werden, damit man weiß, welchen t-Test für Unterschiede man berechnen soll.

Für den F-Test benötigt man die Varianzen, die man aus den Standardabweichungen errechnen kann:

$$s^2_{Fiekors} = s_{Fiekors} \cdot s_{Fiekors} = 4 \cdot 4 = 16 \qquad s^2_{Efftests} = s_{Efftests} \cdot s_{Efftests} = 8 \cdot 8 = 64$$

F-Test

Hypothesen:

H_0: Die Varianzen sind gleich (homogen). $\sigma_F^2 = \sigma_E^2$

H_1: Die Varianzen sind ungleich (heterogen). $\sigma_F^2 \neq \sigma_E^2$

Die Formeln:

$$\hat{\sigma}^2 = s^2 \cdot \frac{n}{n-1} \qquad \hat{\sigma}^2_{Fiekors} = 16 \cdot \frac{13}{12} = 17{,}333 \qquad \hat{\sigma}^2_{Efftests} = 64 \cdot \frac{12}{11} = 69{,}818$$

Beim F-Test wird immer die größere Varianz auf den Bruchstrich (in den Zähler) gesetzt, die kleinere Varianz unter den Bruchstrich (in den Nenner).

$$F = \frac{\hat{\sigma}_1^2}{\hat{\sigma}_2^2} = \frac{69{,}818}{17{,}333} = 4{,}028$$

Diesen empirischen F-Wert muss man nun mit dem kritischen F-Wert vergleichen. Dazu benötigt man Zähler- und Nenner-Freiheitsgrade. Im Zähler steht die Varianz der Efftests mit $n = 12$, daraus folgt dann $df_{\text{Zähler}} = 11$; im Nenner steht die Varianz der Fiekors mit $n = 13$, daraus folgt dann auch $df_{\text{Nenner}} = 12$. Mit diesen beiden Freiheitsgraden geht man nun in Tabelle C.6 und schlägt dort für $\alpha = 0{,}10$ (zweiseitig) den kritischen F-Wert nach: $F_{(0{,}95;\, 11;\, 12)} = 2{,}72$.

Da der empirische F-Wert größer als der kritische F-Wert ist, handelt es sich um ein signifikantes Ergebnis, man entscheidet sich also für H_1, d. h. die Varianzen sind nicht gleich (homogen), sondern unterschiedlich (heterogen).

Da die Varianzen heterogen sind, muss der t-Test für heterogene Varianzen herangezogen werden.

t-Test für heterogene Varianzen

Die Frage war, ob die Efftests die **aufmerksameren** Beamten waren. Es handelt sich hierbei also um eine einseitige Hypothese (es wird nur nach einer Richtung gefragt, nämlich nach mehr). Allerdings, aufmerksamer heißt, dass sie im Durchschnitt schneller (in weniger Zeit) für den Besucher bereit waren.

H_0: Die Efftests sind nicht aufmerksamer als die Fiekors. $\mu_{Efftests} \geq \mu_{Fiekors}$

H_1: Die Efftests sind aufmerksamer als die Fiekors. $\mu_{Efftests} < \mu_{Fiekors}$

$$t = \frac{\bar{x}_1 - \bar{x}_2}{\sqrt{\frac{\hat{\sigma}_1^2}{n_1} + \frac{\hat{\sigma}_2^2}{n_1}}} = \frac{32 - 31}{\sqrt{\frac{17{,}333}{13} + \frac{69{,}818}{12}}} = \frac{1}{\sqrt{1{,}333 + 5{,}818}} = \frac{1}{\sqrt{7{,}151}} = \frac{1}{2{,}674} = 0{,}374$$

Dieser empirische t-Wert muss nun mit einem kritischen t-Wert verglichen werden. Um den kritischen t-Wert aus Tabelle C.2 ablesen zu können, benötigt man die Freiheitsgrade:

$$df_{korr} = \frac{\left(\frac{\hat{\sigma}_1^2}{n_1}+\frac{\hat{\sigma}_2^2}{n_2}\right)^2}{\frac{\left(\frac{\hat{\sigma}_1^2}{n_1}\right)^2}{n_1-1}+\frac{\left(\frac{\hat{\sigma}_2^2}{n_2}\right)^2}{n_2-1}} = \frac{\left(\frac{17{,}333}{13}+\frac{69{,}818}{12}\right)^2}{\frac{\left(\frac{17{,}333}{13}\right)^2}{13-1}+\frac{\left(\frac{69{,}818}{12}\right)^2}{12-1}} = \frac{7{,}151^2}{\frac{1{,}333^2}{12}+\frac{5{,}818^2}{12}} = 15{,}86$$

Als kritischen t-Wert liest man bei $\alpha = 0{,}05$, einseitig, folgenden Wert ab:

$t_{(0,95\,;\,15,86)} \approx 1{,}7459$

Da der kritische t-Wert extremer als der empirische t-Wert ist, handelt es sich um ein nicht signifikantes Ergebnis, man entscheidet sich für H_0.
Es kann nicht behauptet werden, dass die Efftests aufmerksamer sind als die Fiekors.

d) Hier wird nach einem Zusammenhang gefragt. Beide Merkmale sind normalverteilt, d. h. sie sind (mindestens) intervallskaliert. Das hierfür zuständige Zusammenhangsmaß ist der Produkt-Moment-Korrelations-Koeffizient.

Tabelle 91 Berechnung Formelelemente der Produkt-Moment-Korrelation »Planet Stastik I (1)«

Vpn	x	$(x-\bar{x})$	$(x-\bar{x})^2$	y	$(y-\bar{y})$	$(y-\bar{y})^2$	$(x-\bar{x})\cdot(y-\bar{y})$
1	4	0,667	0,445	20	2,889	8,346	1,927
2	6	2,667	7,113	25	7,889	62,236	21,040
3	1	-2,333	5,443	12	-5,111	26,122	11,924
4	2	-1,333	1,777	13	-4,111	16,900	5,480
5	4	0,667	0,445	23	5,889	34,680	3,928
6	3	-0,333	0,111	18	0,889	0,790	-0,296
7	1	-2,333	5,443	4	-13,111	171,898	30,588
8	5	1,667	2,779	20	2,889	8,346	4,816
9	4	0,667	0,445	19	1,889	3,568	1,260
			Σ=24,001			Σ=332,886	Σ=80,667

Dazu berechnet man am besten erst einmal den Mittelwert pro Variable und erstellt dann eine Tabelle (Tab. 91).

$$\bar{x} = \frac{\sum_{m=1}^{n} x_m}{n} = \frac{4+6+1+2+4+3+1+5+4}{9} = \frac{30}{9} = 3{,}333$$

$$\bar{y} = \frac{\sum_{m=1}^{n} y_m}{n} = \frac{20+25+12+13+23+18+4+20+19}{9} = \frac{154}{9} = 17{,}111$$

$$s_X^2 = \frac{\sum_{m=1}^{n} (x_m - \bar{x})^2}{n} = \frac{24{,}001}{9} = 2{,}667 \qquad s_Y^2 = \frac{\sum_{m=1}^{n} (y_m - \bar{y})^2}{n} = \frac{332{,}886}{9} = 36{,}987$$

$$s_X = \sqrt{s_X^2} = \sqrt{2{,}667} = 1{,}633 \qquad s_Y = \sqrt{s_Y^2} = \sqrt{36{,}987} = 6{,}082$$

$$s_{XY} = \frac{\sum_{m=1}^{n} (x_m - \bar{x})\cdot(y_m - \bar{y})}{n} = \frac{80{,}667}{9} = 8{,}963$$

$$r_{XY} = \frac{s_{XY}}{s_X \cdot s_Y} = \frac{8{,}963}{1{,}633 \cdot 6{,}082} = \frac{8{,}963}{9{,}932} = 0{,}902$$

$$r_{XY}^2 = r \cdot r = 0{,}902 \cdot 0{,}902 = 0{,}814 \quad r_{XY}^2 \cdot 100\ \% \rightarrow 81{,}4\ \%\ \text{erklärte Variation/Varianz}$$

Es besteht ein hoher positiver Zusammenhang von $r_{XY} = 0{,}902$ zwischen der Dauer des Klatschens und der Menge an sichtbarem Fell. Es bestehen 81,4 % erklärte Varianz.

e) Hier ist danach gefragt, ob sich diese Korrelation auch auf die Gesamtbevölkerung hochrechnen lässt, d. h. ob diese Korrelation so groß ist, dass auch auf eine Korrelation in der Gesamtbevölkerung geschlossen werden kann. Der dafür zuständige Test ist der t-Test für Korrelationen.
Die Formel:

$$t = \frac{r \cdot \sqrt{n - 2}}{\sqrt{1 - r^2}} \qquad df = n - 2$$

Als Hypothesen schreibt man:

H_0: Es besteht kein bedeutsamer Zusammenhang zwischen der Dauer des Klatschens und der Menge an sichtbarem Fell. $\rho = 0$

H_1: Es besteht ein bedeutsamer Zusammenhang zwischen der Dauer des Klatschens und der Menge an sichtbarem Fell. $\rho \neq 0$

Hier errechnet sich:

$$t = \frac{0{,}902 \cdot \sqrt{9 - 2}}{\sqrt{1 - 0{,}814}} = \frac{0{,}902 \cdot \sqrt{7}}{\sqrt{0{,}186}} = \frac{0{,}902 \cdot 2{,}646}{0{,}431} = 5{,}538 \qquad df = 9 - 2 = 7$$

Als kritischen t-Wert findet man in Tabelle C.2 für $df = 7$ und $\alpha = 0{,}05$ zweiseitig (0,025 einseitig) den Wert: $t_{(0{,}975;\,7)} = 2{,}365$.

Da der empirische t-Wert größer als der kritische t-Wert ist, hat man ein signifikantes Ergebnis, die Korrelation ist überzufällig von Null verschieden, man entscheidet sich für die Alternativhypothese H_1.

f) p(Socken verwechseln **und** Hörsaal verpassen **und** Faden nicht verlieren):

$p = 0{,}5 \cdot 0{,}8 \cdot 0{,}5 = 0{,}2$

g) p(Socken nicht verwechseln **und** Hörsaal nicht verpassen **und** Faden nicht verlieren):

$p = 0{,}5 \cdot 0{,}2 \cdot 0{,}5 = 0{,}05$

h) Als Erstes muss man sich fragen: Was heißt mindestens dreimal? Mindestens dreimal heißt: dreimal oder viermal oder fünfmal. Dann muss man sich fragen: Wie viele Kombinationsmöglichkeiten gibt es jeweils für dreimal, viermal und fünfmal. Die Kombinationsmöglichkeiten errechnen sich über die Formel:

$$\binom{n}{k} = \frac{n!}{k! \cdot (n-k)!}$$

Das n bleibt immer gleich, nämlich fünf Tage, also $n = 5$. Das k jedoch kann 3 oder 4 oder 5 sein.

Die Wahrscheinlichkeit dafür, dass alles schiefgeht, ist: p(Socken verwechseln **und** Hörsaal verpassen **und** Faden verlieren): $p = 0{,}5 \cdot 0{,}8 \cdot 0{,}5 = 0{,}2$

Daraus folgt, die Wahrscheinlichkeit dafür, dass nicht **alles** schiefgeht, $p = 0{,}8$ beträgt. Nun aber zu den Kombinationen.

Der Fall $k = 3$:

$$\binom{n}{k} = \binom{5}{3} = \frac{5!}{3! \cdot (5-3)!} = \frac{5 \cdot 4 \cdot 3 \cdot 2 \cdot 1}{3 \cdot 2 \cdot 1 \cdot 2 \cdot 1} = 10$$

Die Wahrscheinlichkeit für **eine** dieser Kombinationen errechnet sich zu:

$p = 0{,}2 \cdot 0{,}2 \cdot 0{,}2 \cdot 0{,}8 \cdot 0{,}8 = 0{,}00512$

Die Gesamtwahrscheinlichkeit für drei unter fünf, egal welche Tage, berechnet sich jetzt als $p \cdot \textit{Anzahl Kombinationen} = 0{,}00512 \cdot 10 = 0{,}0512$.

Der Fall $k = 4$:

$$\binom{n}{k} = \binom{5}{4} = \frac{5!}{4! \cdot (5-4)!} = \frac{5 \cdot 4 \cdot 3 \cdot 2 \cdot 1}{4 \cdot 3 \cdot 2 \cdot 1 \cdot 1} = 5$$

Die Wahrscheinlichkeit für **eine** dieser Kombinationen errechnet sich zu:

$p = 0{,}2 \cdot 0{,}2 \cdot 0{,}2 \cdot 0{,}2 \cdot 0{,}8 = 0{,}00128$

Die Gesamtwahrscheinlichkeit für vier unter fünf, egal welche Tage, berechnet sich jetzt als $p \cdot \textit{Anzahl Kombinationen} = 0{,}00128 \cdot 5 = 0{,}0064$.

Der Fall $k = 5$:

$$\binom{n}{k} = \binom{5}{5} = \frac{5!}{5! \cdot (5-5)!} = \frac{5 \cdot 4 \cdot 3 \cdot 2 \cdot 1}{5 \cdot 4 \cdot 3 \cdot 2 \cdot 1 \cdot 1} = 1 \qquad \text{(Achtung: } 0! = 1\text{)}$$

Die Wahrscheinlichkeit für diese Kombination errechnet sich zu:

$p = 0{,}2 \cdot 0{,}2 \cdot 0{,}2 \cdot 0{,}2 \cdot 0{,}2 = 0{,}00032$

Diese Wahrscheinlichkeiten müssen nun noch addiert werden (es kann ja sein 3 oder 4 oder 5), um die Antwort für die Frage zu errechnen:

$p(\textit{mindestens } 3) = 0{,}0512 + 0{,}0064 + 0{,}00032 = 0{,}05792$

2.16 Neulich auf der Pferderennbahn (1)

a) Kann behauptet werden, dass sich die Gestüte hinsichtlich der Platzierung ihrer jeweiligen Pferde voneinander unterscheiden?

Vergleich von Rangplätzen → ordinalskaliert → zwei unabhängige Stichproben → Mann-Whitney-U-Test
Ungerichtete Fragestellung, daher auch ungerichtete (zweiseitige) Hypothesen.

Hypothesen:
H_0: Die Rangplatzverteilungen der beiden Gestüte unterscheiden sich nicht. $\eta_W = \eta_S$
H_1: Die Rangplatzverteilungen der beiden Gestüte unterscheiden sich. $\eta_W \neq \eta_S$
In die Berechnung der u-Werte fließen die Rangplatzsummen (rs) ein.

$n_{\text{Waringham}} = 6$ $rs_{\text{Waringham}} = 31$ $n_{\text{Schickemühle}} = 5$ $rs_{\text{Schickemühle}} = 35$

$$u_1 = n_1 \cdot n_2 + \frac{n_1 \cdot (n_1 + 1)}{2} - rs_1 \quad \text{bzw.} \quad u_2 = n_1 \cdot n_2 + \frac{n_2 \cdot (n_2 + 1)}{2} - rs_2$$

$$u_1 = 6 \cdot 5 + \frac{6 \cdot (6 + 1)}{2} - 31 \qquad u_2 = 6 \cdot 5 + \frac{5 \cdot (5 + 1)}{2} - 35$$

$$u_1 = 30 + 21 - 35 = 5 \qquad u_2 = 30 + 15 - 35 = 10$$

Mit dem kleineren der beiden u-Werte geht man nun in Tabelle C.7 und schlägt dort unter den jeweiligen n_1 und n_2 die Überschreitungswahrscheinlichkeit des kleineren u-Wertes nach. Ist die Überschreitungswahrscheinlichkeit kleiner als $p = 0{,}05$, dann hat man ein signifikantes Ergebnis, die Rangplätze sind nicht gleich verteilt.
Hier ist der kleinere u-Wert $u = 10$ bei $n_1 = 6$ und $n_2 = 5$.
Als Überschreitungswahrscheinlichkeit findet man $p(u{=}10) = 0{,}214$. Da die dort angegebenen Überschreitungswahrscheinlichkeiten einseitig sind, hier aber zweiseitige (ungerichtete) Hypothesen vorliegen, muss die Überschreitungswahrscheinlichkeit noch verdoppelt werden. Dieser Wert ist größer als 0,05, daher liegt hier kein signifikantes Ergebnis vor. Die Rangplätze sind nicht überzufällig unterschiedlich verteilt, oder anders gesagt, die unterschiedliche Verteilung der Rangplätze ist wohl eher aus Zufall geschehen und unterliegt keiner systematischen Ursache. Es kann nicht be-

hauptet werden, dass sich die Rangplatzverteilungen der beiden Gestüte voneinander unterscheiden.

b) Kann behauptet werden, dass sich die Werte zum Körperbau der Pferde zwischen den beiden Gestüten voneinander unterscheiden?

$$\bar{x}_1 = \frac{\sum_{m=1}^{n} x_m}{n} = \frac{27}{6} = 4{,}5 \qquad \bar{x}_2 = \frac{\sum_{m=1}^{n} x_m}{n} = \frac{20}{5} = 4$$

$$s_1^2 = \frac{\sum_{m=1}^{n} (x_m - \bar{x})^2}{n} = \frac{11{,}5}{6} = 1{,}92 \qquad s_2^2 = \frac{\sum_{m=1}^{n} (x_m - \bar{x})^2}{n} = \frac{4}{5} = 0{,}8$$

$$s_1 = \sqrt{s_1^2} = \sqrt{1{,}92} = 1{,}386 \qquad s_2 = \sqrt{s_2^2} = \sqrt{0{,}8} = 0{,}894$$

$$\hat{\sigma}_1^2 = s_1^2 \cdot \frac{n_1}{n_1 - 1} = 1{,}92 \cdot \frac{6}{5} = 2{,}304 \qquad \hat{\sigma}_2^2 = s_2^2 \cdot \frac{n_2}{n_2 - 1} = 0{,}8 \cdot \frac{5}{4} = 1$$

Tabelle 92 Rohwerte zum Körperbau der Pferde aus den Gestüten »Waringham« und »Schickemühle«

	Waringham			**Schickemühle**	
x	$(x-\bar{x})^2$	x^2	x	$(x-\bar{x})^2$	x^2
6	2,25	36	4	0	16
5	0,25	25	5	1	25
6	2,25	36	5	1	25
4	0,25	16	3	1	9
2	6,25	4	3	1	9
4	0,25	16			
Σ=27	Σ=11,5	Σ=133	Σ=20	Σ=4	Σ=84

Die Werte zum Körperbau sollen normalverteilt sein, mithin kann von Intervallskalenniveau ausgegangen werden. Es geht um Unterschiede zwischen zwei Gruppen (Gestüt Waringham, Gestüt Schickemühle). Das dafür zuständige Testverfahren ist der t-Test für Unterschiede. Des Weiteren handelt es sich um unabhängige Stichproben. Zuerst muss wieder ein F-Test durchgeführt werden.

F-Test

Hypothesen:

H_0: Die Varianzen sind gleich (homogen). $\sigma_W^2 = \sigma_S^2$

H_1: Die Varianzen sind ungleich (heterogen). $\sigma_W^2 \neq \sigma_S^2$

Beim F-Test wird immer die größere Varianz auf den Bruchstrich (in den Zähler) gesetzt, die kleinere Varianz unter den Bruchstrich (in den Nenner).

$$F = \frac{\hat{\sigma}_1^2}{\hat{\sigma}_2^2} = \frac{2{,}304}{1} = 2{,}304$$

Als kritischen F-Wert kann man in Tabelle C.6 ablesen: $F_{(0,90;5;4)} = 6{,}26$

Der empirische F-Wert ist nicht extremer als der kritische, also nicht signifikant, also H_0.

Es kann nicht behauptet werden, dass sich die Varianzen der beiden Gestüte voneinander unterscheiden, sie sind homogen.

Auf Basis des F-Test-Ergebnisses ist der t-Test für homogene Varianzen zu verwenden.

t-Test für unabhängige Stichproben und homogene Varianzen

Hypothesen:

H_0: Die Gestüte Waringham und Schickemühle unterscheiden sich hinsichtlich des durchschnittlichen Körperbaus ihrer Pferde nicht voneinander. $\mu_W = \mu_S$

H_1: Die Gestüte Waringham und Schickemühle unterscheiden sich hinsichtlich des durchschnittlichen Körperbaus ihrer Pferde voneinander. $\mu_W \neq \mu_S$

$$t = \frac{\bar{x}_1 - \bar{x}_2}{\hat{\sigma}_{\bar{X}_1 - \bar{X}_2}} \qquad \hat{\sigma}_{\bar{X}_1 - \bar{X}_2} = \sqrt{\frac{\hat{\sigma}_1^2 \cdot (n_1 - 1) + \hat{\sigma}_2^2 \cdot (n_2 - 1)}{(n_1 - 1) + (n_2 - 1)} \cdot \left(\frac{1}{n_1} + \frac{1}{n_2}\right)} \qquad df = n_1 + n_2 - 2$$

$$\hat{\sigma}_{\bar{X}_1 - \bar{X}_2} = \sqrt{\frac{2{,}304 \cdot 5 + 1 \cdot 4}{(6 - 1) + (5 - 1)} \cdot \left(\frac{1}{6} + \frac{1}{5}\right)} = \sqrt{\frac{15{,}52}{9} \cdot \frac{11}{30}} = \sqrt{0{,}632} = 0{,}795$$

$$t = \frac{4{,}5 - 4}{0{,}795} = \frac{0{,}5}{0{,}795} = 0{,}629 \qquad df = 9$$

Als kritischen t-Wert kann man in Tabelle C.2 ablesen: $t_{(0,975;9)} = 2{,}262$.

Der empirische t-Wert ist nicht extremer als der kritische, also nicht signifikant, also H_0. Es kann nicht behauptet werden, dass sich die Gestüte Waringham und Schickemühle hinsichtlich des durchschnittlichen Körperbaus ihrer Pferde voneinander unterscheiden.

2.17 Fußball-WM, Frauen und Männer

a) Punkte beim WM-Tipp

Vergleich von Rangplätzen → ordinalskaliert → zwei unabhängige Stichproben → Mann-Whitney-U-Test

Ungerichtete Fragestellung, daher auch ungerichtete (zweiseitige) Hypothesen.

Hypothesen:

H_0: Die Rangplatzverteilungen von Frauen und Männern unterscheiden sich nicht. $\eta_F = \eta_M$

H_1: Die Rangplatzverteilungen von Frauen und Männern unterscheiden sich. $\eta_F \neq \eta_M$

Tabelle 93 Rangverteilung in der WG, 1. Durchgang

Mitbewohner	Steffen	Anne	Christin	Max	Nadine	Matthias
Punktzahl	94	86	64	38	41	52
Rangplatz	1.	2.	3.	6.	5.	4.

In die Berechnung der u-Werte fließen die Rangplatzsummen (rs) ein.

$n_{\text{Männer}} = 3 \quad rs_{\text{Männer}} = 11 \qquad n_{\text{Frauen}} = 3 \quad rs_{\text{Frauen}} = 10$

$$u_1 = n_1 \cdot n_2 + \frac{n_1 \cdot (n_1+1)}{2} - rs_1 \quad \text{bzw.} \quad u_2 = n_1 \cdot n_2 + \frac{n_2 \cdot (n_2+1)}{2} - rs_2$$

$$u_1 = 3 \cdot 3 + \frac{3 \cdot (3+1)}{2} - 11 \qquad u_2 = 3 \cdot 3 + \frac{3 \cdot (3+1)}{2} - 10$$

$$u_1 = 9 + 6 - 11 = 4 \qquad u_2 = 9 + 6 - 10 = 5$$

Mit dem kleineren Wert geht man nun in Tabelle C.7, da der kleinste Wert der geringste Unterschied ist. Man testet also, ob der kleinste Unterschied signifikant ist!
In Tabelle C.7 kann als Überschreitungswahrscheinlichkeit abgelesen werden: $p(u = 4) = 0{,}500$. Da die dort angegebenen Überschreitungswahrscheinlichkeiten einseitig sind, hier aber zweiseitige (ungerichtete) Hypothesen vorliegen, muss die Überschreitungswahrscheinlichkeit noch verdoppelt werden.
Von Signifikanz kann gesprochen werden, wenn die Überschreitungswahrscheinlichkeit kleiner als 0,05 (kleiner als 5 %) ist. Das ist hier nicht der Fall, also nicht signifikant, also H_0. Die Rangplätze der Männer und Frauen unterscheiden sich nicht.

b) Richtig getippte Ergebnisse

Vergleich von Rangplätzen → ordinalskaliert → zwei unabhängige Stichproben → Mann-Whitney-U-Test
Ungerichtete Fragestellung, daher auch ungerichtete (zweiseitige) Hypothesen.

Hypothesen:

H_0: Die Rangplatzverteilungen von Frauen und Männern unterscheiden sich nicht. $\eta_F = \eta_M$

H_1: Die Rangplatzverteilungen von Frauen und Männern unterscheiden sich. $\eta_F \neq \eta_M$

Tabelle 94 Rangverteilung in der WG, 2. Durchgang

Mitbewohner	Steffen	Anne	Christin	Max	Nadine	Matthias
Anzahl richtig getippter Spielergebnisse	38	43	25	8	15	14
Rangplatz	2.	1.	3.	6.	4.	5.

In die Berechnung der u-Werte fließen die Rangplatzsummen (rs) ein.
$n_{\text{Männer}} = 3 \quad rs_{\text{Männer}} = 13 \qquad n_{\text{Frauen}} = 3 \quad rs_{\text{Frauen}} = 8$

$$u_1 = n_1 \cdot n_2 + \frac{n_1 \cdot (n_1 + 1)}{2} - rs_1 \quad \text{bzw.} \quad u_2 = n_1 \cdot n_2 + \frac{n_2 \cdot (n_2 + 1)}{2} - rs_2$$

$$u_1 = 3 \cdot 3 + \frac{3 \cdot (3+1)}{2} - 13 \qquad u_2 = 3 \cdot 3 + \frac{3 \cdot (3+1)}{2} - 8$$

$$u_1 = 9 + 6 - 13 = 2 \qquad u_2 = 9 + 6 - 8 = 7$$

Mit dem kleineren Wert geht man nun in Tabelle C.7! In Tabelle C.7 kann als Überschreitungswahrscheinlichkeit abgelesen werden: $p(u = 2) = 0{,}200$. Da die dort angegebenen Überschreitungswahrscheinlichkeiten einseitig sind, hier aber zweiseitige (ungerichtete) Hypothesen vorliegen, muss die Überschreitungswahrscheinlichkeit noch verdoppelt werden.
Von Signifikanz kann gesprochen werden, wenn die Überschreitungswahrscheinlichkeit kleiner als 0,05 (kleiner als 5 %) ist. Das ist hier nicht der Fall, also nicht signifikant, also H_0. Die Rangplätze der Männer und Frauen unterscheiden sich auch hier nicht. Es kann nicht geklärt werden, welche Geschlechtergruppe besser getippt hat. Der Putzdienst verläuft nach Plan!

2.18 Broken Home

Tabelle 95 Kinder mit/ohne AD(H)S sowie Ehestatus der Eltern

		Ehestatus		
		verheiratet	geschieden	gesamt
AD(H)S	ja	4	8	12
	nein	24	14	38
	gesamt	28	22	50

a) Gibt es einen Zusammenhang zwischen dem Eheverhältnis der Eltern und dem Auftreten einer AD(H)S-Störung?

Es handelt sich um nominale Daten in Form einer Vierfeldertafel und es wird nach einem Zusammenhang gefragt. Es existieren mehrere Korrelationsverfahren, von denen zwei hier dargestellt werden sollen: Phi-Korrelation und Yules Q.

Phi-Korrelation

$$\hat{\phi} = \frac{n_{11} \cdot n_{22} - n_{12} \cdot n_{21}}{\sqrt{(n_{11}+n_{21}) \cdot (n_{12}+n_{22}) \cdot (n_{11}+n_{12}) \cdot (n_{21}+n_{22})}} = \frac{4 \cdot 14 - 8 \cdot 24}{\sqrt{(4+24) \cdot (8+14) \cdot (4+8) \cdot (24+14)}}$$

$$\hat{\phi} = \frac{56-192}{\sqrt{28 \cdot 22 \cdot 12 \cdot 38}} = \frac{-136}{\sqrt{280896}} = \frac{-136}{530} = -0{,}257$$

Zusätzlich muss bei der Phi-Korrelation noch ein maximaler Phi-Wert (Phi_{max}) berechnet werden. Dazu werden die Zahlen innerhalb der Tabelle so umgestellt, dass ein maximaler Zusammenhang resultiert.
In welcher Zeile (gesamt) steht die höhere Zahl? Zeile AD(H)S nein.
In welcher Spalte (gesamt) steht die höhere Zahl? Spalte Ehestatus verheiratet.
Am Schnittpunkt (AD(H)S nein / Ehestatus verheiratet) wird nun die maximale Zahl eingetragen (hier: 28).
Der Rest der Zahlen in der Tabelle ergibt sich.

Tabelle 96 Umgestellte Rohwerte zur Berechnung des maximalen Phi-Wertes Phi_{max}

		Ehestatus		
	Phi_{max}	**verheiratet**	**geschieden**	**gesamt**
AD(H)S	**ja**	0	12	12
	nein	28	10	38
	gesamt	28	22	50

$$\hat{\phi} = \frac{n_{11} \cdot n_{22} - n_{12} \cdot n_{21}}{\sqrt{(n_{11}+n_{21}) \cdot (n_{12}+n_{22}) \cdot (n_{11}+n_{12}) \cdot (n_{21}+n_{22})}}$$

$$\hat{\phi}_{max} = \frac{0 \cdot 10 - 12 \cdot 28}{\sqrt{28 \cdot 22 \cdot 12 \cdot 38}} = \frac{-336}{\sqrt{280896}} = \frac{-336}{530} = -0{,}634$$

Aus Phi und Phi_{max} wird dann der korrigierte Phi-Wert Phi_{korr} errechnet.

$$\hat{\phi}_{korr} = \frac{\hat{\phi}}{\hat{\phi}_{max}} = \frac{-0{,}257}{-0{,}634} = 0{,}405$$

Es besteht ein mittlerer Zusammenhang zwischen den Variablen Ehestatus und AD(H)S.

Yules Q

$$Q = \frac{n_{11} \cdot n_{22} - n_{12} \cdot n_{21}}{n_{11} \cdot n_{22} + n_{12} \cdot n_{21}} = \frac{4 \cdot 14 - 8 \cdot 24}{4 \cdot 14 + 8 \cdot 24} = \frac{56-192}{56+192} = \frac{-136}{248} = -0{,}548$$

Es besteht ein mittlerer negativer Zusammenhang zwischen dem Ehestatus und dem Auftreten einer AD(H)S. Bezogen auf die Vierfeldertafel kann gesagt werden, dass eine »heile« Familienstruktur anscheinend protektiven Charakter bezüglich des Auftretens von AD(H)S hat.

b) Ist der Zusammenhang statistisch signifikant?

Ob der Zusammenhang statistisch bedeutsam ist, berechnet man mit einem Chi²-Test (χ^2-Test).

Hypothesen:

H_0: Die beobachteten Werte sind gleich (entsprechen) den erwarteten. $\pi_{ij} = \pi_i \cdot \pi_j$

H_1: Die beobachteten Werte sind ungleich (unterscheiden sich von) den erwarteten. $\pi_{ij} \neq \pi_i \cdot \pi_j$

Erwartete Werte: $e_{ij} = n \cdot \frac{n_{i\bullet}}{n} \cdot \frac{n_{\bullet j}}{n} = \frac{n_{i\bullet} \cdot n_{\bullet j}}{n}$

Werden in einer Vierfeldertafel die erwarteten Häufigkeiten über die Randsummen berechnet, muss lediglich ein Wert berechnet werden. Die übrigen Werte ergeben sich dann.

Erwarteter Wert für AD(H)S ja / Ehestatus verheiratet: $e_{11} = \frac{28 \cdot 12}{50} = 6{,}72$

Tabelle 97 Erwartete Werte

		Ehestatus		
		verheiratet	**geschieden**	**gesamt**
AD(H)S	**ja**	6,72	5,28	12
	nein	21,28	16,72	38
	gesamt	28	22	50

$$\chi^2 = \sum_{i=1}^{2} \sum_{j=1}^{2} \frac{(n_{ij} - e_{ij})^2}{e_{ij}} = \frac{(4-6{,}72)^2}{6{,}72} + \frac{(8-5{,}28)^2}{5{,}28} + \frac{(24-21{,}28)^2}{21{,}28} + \frac{(14-16{,}72)^2}{16{,}72}$$

$$\chi^2 = 1{,}101 + 1{,}401 + 0{,}348 + 0{,}442 = 3{,}292$$

Werden – wie hier – die Randsummen berücksichtigt, hat man nur einen Freiheitsgrad $df = 1$. Als kritischen Chi²-Wert findet man in Tabelle C.4 $\chi^2_{(0{,}95;1)} = 3{,}841$. Der empirisch ermittelte Chi²-Wert liegt darunter, man behält die Nullhypothese bei. Der beobachtete Zusammenhang zwischen dem Ehestatus und dem Auftreten einer AD(H)S ist nicht signifikant.

Für eine Vierfelder-Tafel existiert noch eine spezielle Formel:

$$\chi^2 = \frac{n \cdot (b \cdot c - a \cdot d)^2}{(a+b) \cdot (c+d) \cdot (a+c) \cdot (b+d)} = \frac{50 \cdot (8 \cdot 24 - 4 \cdot 14)^2}{12 \cdot 38 \cdot 28 \cdot 22}$$

$$\chi^2 = \frac{50 \cdot (136)^2}{280896} = \frac{50 \cdot 18496}{280896} = \frac{924800}{280896} = 3{,}292$$

Hierbei kennzeichnen a, b, c und d die einzelnen Felder der Tafel.

2.19 Der Apfel fällt nicht weit vom Stamm

a) Da die Daten des IQ-Tests intervallskaliert sind, wird eine Produkt-Moment-Korrelation verwendet, um den Zusammenhang zu berechnen.

Für die Berechnung sei: x = Werte Mutter; y = Werte Tochter.

Tabelle 98 Tabelle zur Berechnung der Produkt-Moment-Korrelation

Paar Nr.	x	$(x-\bar{x})^2$	y	$(y-\bar{y})^2$	$(x-\bar{x})\cdot(y-\bar{y})$	x^2	y^2	$x \cdot y$
1	110	50,566	112	67,601	58,467	12100	12544	12320
2	105	4,456	104	0,049	0,469	11025	10816	10920
3	103	0,012	102	3,161	-0,197	10609	10404	10506
4	98	23,902	100	14,273	18,471	9604	10000	9800
5	101	3,568	103	0,605	1,470	10201	10609	10403
6	100	8,346	98	33,385	16,693	10000	9604	9800
7	107	16,900	108	17,825	17,357	11449	11664	11556
8	102	0,790	105	1,493	-1,086	10404	11025	10710
9	100	8,346	102	3,161	5,137	10000	10404	10200
Summe	926	116,889	934	141,556	116,778	95392	97070	96215

$$\bar{x} = \frac{\sum_{m=1}^{n} x_m}{n} = \frac{926}{9} = 102{,}889 \qquad \bar{y} = \frac{\sum_{m=1}^{n} y_m}{n} = \frac{934}{9} = 103{,}778$$

$$s_X^2 = \frac{\sum_{m=1}^{n} (x_m - \bar{x})^2}{n} = \frac{116{,}889}{9} = 12{,}988 \qquad s_Y^2 = \frac{\sum_{m=1}^{n} (y_m - \bar{y})^2}{n} = \frac{141{,}556}{9} = 15{,}728$$

$$s_X = \sqrt{s_X^2} = \sqrt{12{,}988} = 3{,}604 \qquad s_Y = \sqrt{s_Y^2} = \sqrt{15{,}728} = 3{,}966$$

$$s_{XY} = \frac{\sum_{m=1}^{n}(x_m - \bar{x})\cdot(y_m - \bar{y})}{n} = \frac{116{,}778}{9} = 12{,}975$$

$$r_{XY} = \frac{s_{XY}}{s_X \cdot s_Y} = \frac{12{,}975}{3{,}604 \cdot 3{,}966} = 0{,}908 \qquad r^2_{XY} = r \cdot r = 0{,}908 \cdot 0{,}908 = 0{,}8245$$

$r^2_{XY} \cdot 100\ \% \rightarrow 82{,}45\ \%$ erklärte Variation/Varianz

Berechnung über andere Formel:

$$r_{XY} = \frac{n \cdot \sum_{m=1}^{n}(x_m \cdot y_m) - \left(\sum_{m=1}^{n} x_m\right)\cdot\left(\sum_{m=1}^{n} y_m\right)}{\sqrt{\left[n \cdot \sum_{m=1}^{n} x_m^2 - \left(\sum_{m=1}^{n} x_m\right)^2\right]\cdot\left[n \cdot \sum_{m=1}^{n} y_m^2 - \left(\sum_{m=1}^{n} y_m\right)^2\right]}}$$

$$r_{XY} = \frac{9 \cdot 96215 - 926 \cdot 934}{\sqrt{\left[9 \cdot 95392 - 926^2\right]\cdot\left[9 \cdot 97070 - 934^2\right]}} = \frac{865935 - 864884}{\sqrt{[858528 - 857476]\cdot[873630 - 872356]}}$$

$$r_{XY} = \frac{1051}{\sqrt{1052 \cdot 1274}} = \frac{1051}{1157{,}69} = 0{,}908$$

Der Zusammenhang zwischen den IQ-Werten der Mütter und Töchter beträgt $r = 0{,}908$; dies entspricht 82,45 % erklärter Varianz.
Nun müssen wir noch überprüfen, ob die Korrelation tatsächlich auch signifikant ist. Zur Überprüfung gibt es den t-Test für Korrelationen.

t-Test für Korrelationen
Als Hypothesen schreibt man:
H_0: Es besteht kein Zusammenhang zwischen den IQ-Werten der Mütter und der Töchter. $\rho = 0$
H_1: Es besteht ein Zusammenhang zwischen den IQ-Werten der Mütter und der Töchter. $\rho \neq 0$
Hier errechnet sich:

$$t = \frac{r \cdot \sqrt{n-2}}{\sqrt{1-r^2}} = \frac{0{,}908 \cdot \sqrt{7}}{\sqrt{1 - 0{,}8245}} = \frac{0{,}908 \cdot 2{,}646}{0{,}419} = 5{,}734 \qquad df = 9-2 = 7$$

$t_{(0{,}975;7)} = 2{,}3646$

Der empirische t-Wert ist extremer als der kritische t-Wert, das Ergebnis ist also signifikant. Es folgt eine Entscheidung für H_1.
Mit einer Irrtumswahrscheinlichkeit von 5 % kann behauptet werden, dass es zwischen den IQ-Werten von Müttern und Töchtern einen Zusammenhang gibt.

b) t-Test für abhängige Stichproben, da sich die Werte direkt zuordnen lassen.

Zur Berechnung der Differenzen wurde jeweils der IQ der Mutter vom IQ der Tochter abgezogen.
Formeln:

$$t_{\bar{x}_D} = \frac{\bar{x}_D}{\hat{\sigma}_{\bar{x}_D}} \qquad \hat{\sigma}_{\bar{x}_D} = \frac{\hat{\sigma}_D}{\sqrt{n}} \qquad \hat{\sigma}_D = \sqrt{\frac{\sum_{m=1}^{n}(d_m - \bar{x}_D)^2}{n-1}} = \sqrt{\frac{\sum_{m=1}^{n} d_m^2 - \frac{\left(\sum_{m=1}^{n} d_m\right)^2}{n}}{n-1}}$$

Hypothesen:

H_0: Es besteht kein Unterschied (keine Differenz) zwischen IQ_{Mutter} und $IQ_{Tochter}$. $\Delta = 0$

H_1: Es besteht ein Unterschied (eine Differenz) zwischen IQ_{Mutter} und $IQ_{Tochter}$. $\Delta \neq 0$

Tabelle 99 Differenz und quadrierte Differenz der IQ-Werte von Müttern und Töchtern

Mutter	Tochter	*d* (Differenz)	$(d_m - \bar{x}_D)^2$	d^2
110	112	2	1,234	4
105	104	-1	3,568	1
103	102	-1	3,568	1
98	100	2	1,234	4
101	103	2	1,234	4
100	98	-2	8,346	4
107	108	1	0,012	1
102	105	3	4,456	9
100	102	2	1,234	4
Summe:		8	24,889	32

$$\bar{x}_D = \frac{8}{9} = 0{,}889 \qquad \hat{\sigma}_D = \sqrt{\frac{\sum_{m=1}^{n}(d_m - \bar{x}_D)^2}{n-1}} = \sqrt{\frac{24{,}889}{9-1}} = \sqrt{3{,}111} = 1{,}764$$

Berechnung über andere Formel:

$$\hat{\sigma}_D = \sqrt{\frac{\sum_{m=1}^{n} d_m^2 - \frac{\left(\sum_{m=1}^{n} d_m\right)^2}{n}}{n-1}} = \sqrt{\frac{32 - \frac{8^2}{9}}{9-1}} = \sqrt{\frac{32-7,111}{8}} = 1,764$$

$$\hat{\sigma}_{\bar{X}_D} = \frac{\hat{\sigma}_D}{\sqrt{n}} = \frac{1,764}{\sqrt{9}} = 0,588$$

$$t = \frac{0,889}{0,588} = 1,512 \qquad df = n-1 = 9-1 = 8$$

Die Tabelle ist einseitig ausgerichtet, doch die Hypothesen sind zweiseitig. So schaut man in der Tabelle bei einer Fläche von 0,975 und 8 Freiheitsgraden nach dem kritischen t-Wert: $t_{(0,975;8)} = 2,306$.

Der empirische t-Wert ist nicht extremer als der kritische, also nicht signifikant, also H_0. Es kann nicht behauptet werden, dass sich die Intelligenzquotienten von Müttern und Töchtern voneinander unterscheiden.

2.20 Multiple-Choice (2)

$p(richtig) = 0,05 \qquad p(falsch) = 0,95 \qquad n = 5$ Fragen

Die komplette Aufgabe berechnet man mit der Binomialformel, da die Reihenfolge des Auftretens der günstigen Ereignisse keine Rolle spielt.

$$p(k) = \binom{n}{k} \cdot p^k \cdot q^{n-k} = \frac{n!}{k! \cdot (n-k)!} \cdot p^k \cdot q^{n-k}$$

a) $k = 2$

$$p(k{=}2) = \binom{5}{2} \cdot 0,05^2 \cdot 0,95^3 = \frac{5!}{2! \cdot 3!} \cdot 0,0025 \cdot 0,8574 = 0,0214$$

b) $k = 0, 1, 2$

$$p(k{=}0) = \binom{5}{0} \cdot 0,05^0 \cdot 0,95^5 = \frac{5!}{0! \cdot 5!} \cdot 1 \cdot 0,7738 = 0,7738$$

$$p(k{=}1) = \binom{5}{1} \cdot 0,05^1 \cdot 0,95^4 = \frac{5!}{1! \cdot 4!} \cdot 0,05 \cdot 0,8145 = 0,2036$$

$$p(k{=}2) = \binom{5}{2} \cdot 0,05^2 \cdot 0,95^3 = \frac{5!}{2! \cdot 3!} \cdot 0,0025 \cdot 0,8574 = 0,0214$$

$$p(k{=}0, 1, 2) = 0,7738 + 0,2036 + 0,0214 = 0,9988$$

2.21 Zeig mir deine Plattensammlung – und ich sage dir, wer du bist!

Hier sollen die Mittelwerte von vier Gruppen miteinander verglichen werden. Das Verfahren der Wahl ist die Varianzanalyse. Eine Varianzanalyse kann auf mehrere Arten berechnet werden, von denen hier zwei Methoden vorgestellt werden sollen: Zuerst erfolgt die Berechnung mittels Summenzeichen, im Anschluss die Berechnung mittels des Allgemeinen Linearen Modells (ALM).

Abgesehen von der Berechnung besteht die größte Schwierigkeit bei Varianzanalysen in der Erstellung der (Alternativ-)Hypothesen, da in der Regel zu jeder Nullhypothese mehrere zusammengehörige Alternativhypothesen gebildet werden können.

Hypothesen, Variante A

H_0: $\mu_1 = \mu_2 = \mu_3 = \mu_4$

H_{1a}: $\mu_1 \neq (\mu_2 + \mu_3 + \mu_4)/3$ $\quad$ $3\mu_1 - \mu_2 - \mu_3 - \mu_4 \neq 0$

H_{1b}: $\mu_2 \neq (\mu_3 + \mu_4)/2$ $\quad$ $2\mu_2 - \mu_3 - \mu_4 \neq 0$

H_{1c}: $\mu_3 \neq \mu_4$ $\quad$ $\mu_3 - \mu_4 \neq 0$

Hypothesen, Variante B

H_0: $\mu_i = \mu_j$ für alle Paare (i, j), i ≠ j

H_1: $\mu_i \neq \mu_j$ für mindestens ein Paar (i, j), i ≠ j

Tabelle 100 Verträglichkeitswerte von $n = 16$ Personen in Abhängigkeit des präferierten Musikstils

	Musikstil			
	Heavy Metal (p=1)	**Elektro (p=2)**	**Jazz (p=3)**	**Pop (p=4)**
Verträglichkeit	6	0	2	3
	3	3	3	2
	7	3	2	3
	4	2	1	4
	$\sum_{m=1}^{n} x_m = 20$	$\sum_{m=1}^{n} x_m = 8$	$\sum_{m=1}^{n} x_m = 8$	$\sum_{m=1}^{n} x_m = 12$
	$\bar{x}_1 = 5$	$\bar{x}_2 = 2$	$\bar{x}_3 = 2$	$\bar{x}_4 = 3$

$p = 4$ Bedingungen / Stufen des Faktors $\quad$ $n_{Zelle} = 4$

$$\bar{x} = \frac{48}{16} = 3$$

Berechnung mittels Summenzeichen:

$$QS_{tot} = \sum_{j=1}^{p}\sum_{m=1}^{n_j}(x_{mj}-\bar{x})^2$$

$$QS_{tot} = (6-3)^2+(3-3)^2+(7-3)^2+(4-3)^2+(0-3)^2+(3-3)^2+(3-3)^2+(2-3)^2+ (2-3)^2+(3-3)^2+(2-3)^2+(1-3)^2+(3-3)^2+(2-3)^2+(3-3)^2+(4-3)^2$$

$$QS_{tot} = 9+0+16+1+9+0+0+1+1+0+1+4+0+1+0+1 = 44$$

$$QS_{zw} = \sum_{j=1}^{p}\sum_{m=1}^{n_j}(\bar{x}_j-\bar{x})^2$$

$$QS_{zw} = (5-3)^2+(5-3)^2+(5-3)^2+(5-3)^2+(2-3)^2+(2-3)^2+(2-3)^2+(2-3)^2+ (2-3)^2+(2-3)^2+(2-3)^2+(2-3)^2+(3-3)^2+(3-3)^2+(3-3)^2+(3-3)^2$$

$$QS_{zw} = 4+4+4+4+1+1+1+1+1+1+1+1+0+0+0+0 = 24$$

$$QS_{inn} = \sum_{j=1}^{p}\sum_{m=1}^{n_j}(x_{mj}-\bar{x}_j)^2$$

$$QS_{inn} = (6-5)^2+(3-5)^2+(7-5)^2+(4-5)^2+(0-2)^2+(3-2)^2+(3-2)^2+(2-2)^2+ (2-2)^2+(3-2)^2+(2-2)^2+(1-2)^2+(3-3)^2+(2-3)^2+(3-3)^2+(4-3)^2$$

$$QS_{inn} = 1+4+4+1+4+1+1+0+0+1+0+1+0+1+0+1 = 20$$

Berechnung mittels ALM

Totale, determinierte und Fehlerquadratsumme

$$(X'X)^{-1} = \frac{1}{4}\cdot Einheitsmatrix \qquad X'y = \begin{vmatrix}20\\8\\8\\12\end{vmatrix} \qquad b = \begin{vmatrix}5\\2\\2\\3\end{vmatrix}$$

$$y'y = 188 \qquad \bar{y} = 3 \qquad b'X'y = 168 \qquad \bar{y}^2 = 9 \rightarrow n\cdot\bar{y}^2 = 144$$

$$QS_{tot} = y'y - n\cdot\bar{y}^2 = 188-144 = 44$$

$$QS_{det} = QS_{zw} = b'X'y - n\cdot\bar{y}^2 = 168-144 = 24$$

$$QS_{err} = QS_{inn} = QS_{tot} - QS_{zw} = 44-24 = 20$$

$$\text{Effektgröße } \hat{\eta}^2 = \frac{QS_{zw}}{QS_{tot}} = \frac{24}{44} = 0{,}55$$

$$df_{zw} = p-1 = 4-1 = 3 \qquad df_{inn} = n-p = 16-4 = 12$$

$$MQS_{zw} = \frac{QS_{zw}}{df_{zw}} = \frac{24}{3} = 8 \qquad MQS_{inn} = \frac{QS_{inn}}{df_{inn}} = \frac{20}{12} = 1{,}67$$

$$F = \frac{MQS_{zw}}{MQS_{inn}} = \frac{8}{1{,}67} = 4{,}80 \qquad F_{(0{,}95;3;12)} = 3{,}49$$

Der empirische F-Wert (4,80) ist größer als der kritische (3,49), also signifikant, also H_1. Mit einer Irrtumswahrscheinlichkeit von 5 % kann behauptet werden, dass sich die Verträglichkeitswerte je nach präferiertem Musikstil unterscheiden.

Tabelle 101 Tafel der Varianzanalyse

Quelle der Variation	QS	df	MQS	F	p	$\hat{\eta}^2$
Faktor A (zwischen)	24	3	8	4,80	<0,05	0,55
Fehler (innerhalb)	20	12	1,67			
Total	44	15				

2.22 Medium und Behaltensleistung

Hier sollen die Mittelwerte von drei Gruppen miteinander verglichen werden. Das Verfahren der Wahl ist eine Varianzanalyse. Eine Varianzanalyse kann auf mehrere Arten berechnet werden, von denen hier zwei Methoden vorgestellt werden sollen: Zuerst erfolgt die Berechnung mittels Summenzeichen, im Anschluss die Berechnung mittels des Allgemeinen Linearen Modells (ALM).
Abgesehen von der Berechnung besteht die größte Schwierigkeit bei Varianzanalysen in der Erstellung der (Alternativ-) Hypothesen, da in der Regel zu jeder Nullhypothese mehrere zusammengehörige Alternativhypothesen gebildet werden können.

a) Erstellen Sie die globale Nullhypothese!
Hypothesen, Variante A
H_0: $\mu_1 = \mu_2 = \mu_3$
H_{1a}: $\mu_1 \neq (\mu_2 + \mu_3)/2$ $\qquad 2\mu_1 - \mu_2 - \mu_3 \neq 0$
H_{1b}: $\mu_2 \neq \mu_3$ $\qquad \mu_2 - \mu_3 \neq 0$
Hypothesen, Variante B
H_0: $\mu_i = \mu_j$ für alle Paare (i, j), $i \neq j$
H_1: $\mu_i \neq \mu_j$ für mindestens ein Paar (i, j), $i \neq j$

Tabelle 102 Behaltensleistungen von $n = 9$ Personen in Abhängigkeit des Mediums

	Medium		
	Video (p=1)	Bildergeschichte (p=2)	Text (p=3)
Behaltensleistung	3	5	4
	6	1	0
	3	3	2
	$\sum_{m=1}^{n} x_m = 12$	$\sum_{m=1}^{n} x_m = 9$	$\sum_{m=1}^{n} x_m = 6$
	$\bar{x}_1 = 4$	$\bar{x}_2 = 3$	$\bar{x}_3 = 2$

$p = 3$ Bedingungen / Stufen des Faktors

$n_{\text{Zelle}} = 3$

$$\bar{x} = \frac{27}{9} = 3$$

Berechnung mittels Summenzeichen

b) Berechnen Sie die totale Quadratsumme QS_{tot}!

$$QS_{total} = \sum_{j=1}^{p} \sum_{m=1}^{n_j} (x_{mj} - \bar{x})^2$$
$$QS_{total} = (3\text{-}3)^2 + (6\text{-}3)^2 + (3\text{-}3)^2 + (5\text{-}3)^2 + (1\text{-}3)^2 + (3\text{-}3)^2 + (4\text{-}3)^2 + (0\text{-}3)^2 + (2\text{-}3)^2$$
$$QS_{total} = 0+9+0+4+4+0+1+9+1 = 28$$

c) Berechnen Sie die determinierte Quadratsumme QS_{zw}!

$$QS_{zw} = \sum_{j=1}^{p} \sum_{m=1}^{n_j} (\bar{x}_j - \bar{x})^2$$
$$QS_{zw} = (4\text{-}3)^2 + (4\text{-}3)^2 + (4\text{-}3)^2 + (3\text{-}3)^2 + (3\text{-}3)^2 + (3\text{-}3)^2 + (2\text{-}3)^2 + (2\text{-}3)^2 + (2\text{-}3)^2$$
$$QS_{zw} = 1+1+1+0+0+0+1+1+1 = 6$$

$$QS_{inn} = \sum_{j=1}^{p} \sum_{m=1}^{n_j} (x_{mj} - \bar{x}_j)^2$$
$$QS_{inn} = (3\text{-}4)^2 + (6\text{-}4)^2 + (3\text{-}4)^2 + (5\text{-}3)^2 + (1\text{-}3)^2 + (3\text{-}3)^2 + (4\text{-}2)^2 + (0\text{-}2)^2 + (2\text{-}2)^2$$
$$QS_{inn} = QS_{error} = 1+4+1+4+4+0+4+4+0 = 22$$

Berechnung mittels ALM

b) Berechnen Sie die totale Quadratsumme QS_{tot}!

$$(X'X)^{-1} = \frac{1}{3} \cdot \text{Einheitsmatrix} \qquad X'y = \begin{vmatrix} 12 \\ 9 \\ 6 \end{vmatrix} \qquad b = \begin{vmatrix} 4 \\ 3 \\ 2 \end{vmatrix} \qquad y'y = 109 \qquad \bar{y} = 3$$

$$b'X'y = 87 \qquad \bar{y}^2 = 9 \;\rightarrow\; n \cdot \bar{y}^2 = 81$$

$$QS_{total} = y'y - n \cdot \bar{y}^2 = 109 - 81 = 28$$

c) Berechnen Sie die determinierte Quadratsumme QS_{det}!

$$QS_{det} = QS_{zw} = b'X'y - n \cdot \bar{y}^2 = 87 - 81 = 6$$

d) Ergänzen Sie die fehlenden Werte in der folgenden Tafel der Varianzanalyse!

$$QS_{err} = QS_{total} - QS_{det} = QS_{inn} = 28 - 6 = 22$$

$$\text{Effektgröße } \hat{\eta}^2 = \frac{QS_{zw}}{QS_{total}} = \frac{6}{28} = 0{,}21$$

$$df_{zw} = df_{det} = p - 1 = 3 - 1 = 2 \qquad df_{inn} = df_{err} = n - p = 9 - 3 = 6$$

$$MQS_{zw} = \frac{QS_{zw}}{df_{zw}} = \frac{6}{2} = 3 \qquad MQS_{inn} = \frac{QS_{inn}}{df_{inn}} = \frac{22}{6} = 3{,}667$$

$$F_{det} = \frac{QS_{det} / df_{det}}{QS_{err} / df_{err}} = \frac{MQS_{zw}}{MQS_{inn}} = \frac{6/2}{22/6} = \frac{3}{3{,}667} = 0{,}818 \qquad F_{(0{,}95;2;6)} = 5{,}1433$$

Tabelle 103 Tafel der Varianzanalyse

Quelle der Variation	QS	df	MQS	F	p	$\hat{\eta}^2$
Faktor A (zwischen)	6	2	3	0,818	>0,05	0,21
Fehler (innerhalb)	22	6	3,667			
Total	28	8				

e) Erstellen Sie eine Antwort auf die Untersuchungsfrage!
Der empirische F-Wert (0,818) ist nicht größer als der kritische (5,1433), also nicht signifikant, also H_0. Es kann nicht behauptet werden, dass sich die Behaltensleistungen je nach Medium unterscheiden.

2.23 Brown-Nosing

Für die Berechnung Multipler Regressionsanalysen existieren verschiedene Methoden, von denen zwei hier dargestellt werden sollen: Spezifische Formeln für zwei Prädiktoren sowie die Berechnung anhand des Allgemeinen Linearen Modells (ALM). Zum Schluss werden die verschiedenen Ergebnisse in einer Tabelle zusammengefasst. Es sei vorweggenommen, dass verschiedene Rechenmethoden auf Grund von Rundungsungenauigkeiten zu leicht verschiedenen Ergebnissen führen.

a) Kann man über BNI und GWS (signifikant) auf BP schätzen? Wie gut ist so ein Schätzmodell?

Berechnung über spezifische Formeln

$$R^2 = \frac{s_{\hat{Y}}^2}{s_Y^2} = \frac{\sum_{m=1}^{n} (\hat{y}_m - \bar{y})^2}{\sum_{m=1}^{n} (y_m - \bar{y})^2} \qquad \hat{y} = b_0 + b_1 \cdot x_1 + b_2 \cdot x_2$$

$$b_1 = b_{1s} \cdot \frac{s_Y}{s_{X_1}} \qquad b_{1s} = \frac{r_{YX_1} - r_{YX_2} \cdot r_{X_1X_2}}{1 - r_{X_1X_2}^2} \qquad b_2 = b_{2s} \cdot \frac{s_Y}{s_{X_2}} \qquad b_{2s} = \frac{r_{YX_2} - r_{YX_1} \cdot r_{X_1X_2}}{1 - r_{X_1X_2}^2}$$

$$b_0 = \bar{y} - b_1 \cdot \bar{x}_1 - b_2 \cdot \bar{x}_2$$

Deskriptive Kennwerte

$\bar{y} = 3{,}4$	$\bar{x}_1 = 2{,}2$	$\bar{x}_2 = 1{,}6$
$s_y^2 = 1{,}040$	$s_{x_1}^2 = 1{,}360$	$s_{x_2}^2 = 0{,}640$
$s_y = 1{,}020$	$s_{x_1} = 1{,}166$	$s_{x_2} = 0{,}800$

Tabelle 104 Werte zur Berechnung von R^2

BP (y)	$(y-\bar{y})^2$	$\hat{y}$	$(\hat{y}-\bar{y})^2$	$(y-\hat{y})^2$	BNI (x_1)	GWS (x_2)
4	0,360	3,752	0,124	0,062	3	1
5	2,560	5,151	3,066	0,023	4	3
2	1,960	2,350	1,103	0,123	1	1
3	0,160	2,699	0,491	0,091	1	2
3	0,160	3,051	0,122	0,003	2	1
Summe	5,200	17,003	4,906	0,300		

Tabelle 105 Produkt-Moment-Korrelationen (Kovarianzen)

	x_1	x_2
y	0,942 (1,120)	0,686 (0,560)
x_1		0,514 (0,480)

$$b_{1s} = \frac{0{,}942-(0{,}686)\cdot(0{,}514)}{1-(0{,}514)^2} = 0{,}801 \qquad b_1 = 0{,}801\cdot\frac{1{,}020}{1{,}166} = 0{,}701$$

$$b_{2s} = \frac{0{,}686-(0{,}942)\cdot(0{,}514)}{1-(0{,}154)^2} = 0{,}274 \qquad b_2 = 0{,}274\cdot\frac{1{,}020}{0{,}800} = 0{,}349$$

$$b_0 = 3{,}4-(0{,}701)\cdot 2{,}2-(0{,}349)\cdot 1{,}6 = 3{,}4-1{,}5422-0{,}5584 = 1{,}30$$

$$\hat{y} = 1{,}3+0{,}701\cdot x_1+0{,}349\cdot x_2$$

$$R^2 = \frac{4{,}906}{5{,}200} = 0{,}943$$

Berechnung mittels ALM

Formeln:

$$b = (X'X)^{-1}\cdot X'y \qquad QS_{tot} = y'y-n\cdot\bar{y}^2 \qquad QS_{det} = b'X'y-n\cdot\bar{y}^2 \qquad R^2 = \frac{QS_{det}}{QS_{tot}}$$

$$y = \begin{vmatrix}4\\5\\2\\3\\3\end{vmatrix} \qquad X = \begin{vmatrix}1 & 3 & 1\\1 & 4 & 3\\1 & 1 & 1\\1 & 1 & 2\\1 & 2 & 1\end{vmatrix} \qquad X'X = \begin{vmatrix}5 & 11 & 8\\11 & 31 & 20\\8 & 20 & 16\end{vmatrix} \qquad X'y = \begin{vmatrix}17\\43\\30\end{vmatrix}$$

$$y'y = 63$$

Determinante von X'X

$$\begin{matrix} 5 & 11 & 8 \\ 11 & 31 & 20 \\ 8 & 20 & 16 \\ 5 & 11 & 8 \\ 11 & 31 & 20 \end{matrix} \rightarrow \begin{array}{ll} = 8\cdot 31\cdot 8\cdot(-1) & = -1984 \\ = 5\cdot 20\cdot 20\cdot(-1) & = -2000 \\ = 11\cdot 11\cdot 16\cdot(-1) & = -1936 \\ \hline = 5\cdot 31\cdot 16\cdot(+1) & = 2480 \\ = 11\cdot 20\cdot 8\cdot(+1) & = 1760 \\ = 8\cdot 11\cdot 20\cdot(+1) & = 1760 \end{array}$$

$$Det = -1984 - 2000 - 1936 + 2480 + 1760 + 1760 = 80$$

Kofaktorenmatrix K

$$K = \begin{vmatrix} a & b & c \\ d & e & f \\ g & h & i \end{vmatrix}$$

$$K = \begin{Vmatrix} \begin{vmatrix} 31 & 20 \\ 20 & 16 \end{vmatrix} & (-1)\cdot\begin{vmatrix} 11 & 20 \\ 8 & 16 \end{vmatrix} & \begin{vmatrix} 11 & 31 \\ 8 & 20 \end{vmatrix} \\ (-1)\cdot\begin{vmatrix} 11 & 8 \\ 20 & 16 \end{vmatrix} & \begin{vmatrix} 5 & 8 \\ 8 & 16 \end{vmatrix} & (-1)\cdot\begin{vmatrix} 5 & 11 \\ 8 & 20 \end{vmatrix} \\ \begin{vmatrix} 11 & 8 \\ 31 & 20 \end{vmatrix} & (-1)\cdot\begin{vmatrix} 5 & 11 \\ 8 & 20 \end{vmatrix} & \begin{vmatrix} 5 & 11 \\ 11 & 31 \end{vmatrix} \end{Vmatrix}$$

$a = 31\cdot 16 - 20\cdot 20$ $\quad b = (-1)\cdot(11\cdot 16 - 20\cdot 8)$ $\quad c = 11\cdot 20 - 31\cdot 8$

$d = (-1)\cdot(11\cdot 16 - 8\cdot 20)$ $\quad e = 5\cdot 16 - 8\cdot 8$ $\quad f = (-1)\cdot(5\cdot 20 - 11\cdot 8)$

$g = 11\cdot 20 - 8\cdot 31$ $\quad h = (-1)\cdot(5\cdot 20 - 11\cdot 8)$ $\quad i = 5\cdot 31 - 11\cdot 11$

$$K = \begin{vmatrix} 96 & -16 & -28 \\ -16 & 16 & -12 \\ -28 & -12 & 34 \end{vmatrix} = K'$$

Inverse (X'X)$^{-1}$

$$Inverse_{(X'X)} = (X'X)^{-1} = \frac{1}{Det_{(X'X)}}\cdot K'_{(X'X)} = \frac{1}{80}\cdot\begin{vmatrix} 96 & -16 & -28 \\ -16 & 16 & -12 \\ -28 & -12 & 34 \end{vmatrix}$$

(Noch nicht ausrechnen, weil sonst zu große Rundungsungenauigkeiten auftreten!)

b-Vektor

$$b = (X'X)^{-1}\cdot X'y = \begin{array}{c|c} & \begin{vmatrix} 17 \\ 43 \\ 30 \end{vmatrix} \\ \hline \frac{1}{80}\cdot\begin{vmatrix} 96 & -16 & -28 \\ -16 & 16 & -12 \\ -28 & -12 & 34 \end{vmatrix} & \begin{vmatrix} 1{,}30 \\ 0{,}70 \\ 0{,}35 \end{vmatrix} = \begin{vmatrix} b_0 \\ b_1 \\ b_2 \end{vmatrix} = b \end{array}$$

$$b'X'y = \begin{array}{c|c} & \begin{vmatrix}17\\43\\30\end{vmatrix} \\ \hline \begin{vmatrix}1{,}30 & 0{,}70 & 0{,}35\end{vmatrix} & 62{,}7 \end{array} \qquad n = 5 \quad \bar{y} = 3{,}4 \quad n\cdot\bar{y}^2 = 57{,}80$$

$$QS_{tot} = y'y - n\,\bar{y}^2 = 63 - 57{,}80 = 5{,}20$$

$$QS_{det} = b'X'y - n\,\bar{y}^2 = 62{,}70 - 57{,}80 = 4{,}90$$

$$R^2 = \frac{QS_{det}}{QS_{tot}} = \frac{4{,}90}{5{,}20} = 0{,}942$$

Prüfung des Multiplen Determinationskoeffizienten

H_0: $b_1 = 0$ und $b_2 = 0$ H_1: $b_1 \neq 0$ und/oder $b_2 \neq 0$

$$F = \frac{n-k-1}{k}\cdot\frac{R^2}{(1-R^2)} = \frac{R^2/k}{(1-R^2)/(n-k-1)} = \frac{\left(\sum_{m=1}^{n}(\hat{y}_m-\bar{y})^2\right)/k}{\left(\sum_{m=1}^{n}(y_m-\hat{y}_m)^2\right)/(n-k-1)}$$

$n = 5$ k = Anzahl unabhängige Variablen = 2

bzw.

$$F = \frac{(R_U^2 - R_E^2)/df_h}{(1-R_U^2)/df_e} = \frac{(0{,}943-0)/2}{(1-0{,}943)/2} = \frac{0{,}4715}{0{,}0285} = 16{,}54 \qquad F_{(0{,}95;2;2)} = 19{,}00$$

R_U^2 Determinationskoeffizient des uneingeschränkten Modells
R_E^2 Determinationskoeffizient des eingeschränkten Modells
df_h Hypothesenfreiheitsgrade = Anzahl der Null gesetzten b-Gewichte
df_e Fehlerfreiheitsgrade = n - Anzahl der b-Gewichte inklusive b_0

Der empirische F-Wert (16,54) ist nicht extremer als der kritische (19,00), also nicht signifikant, also H_0. Es kann nicht behauptet werden, dass mittels BNI und GWS auf BP geschätzt werden kann.

b) Wie sieht es für Karl-Heinz W. mit Bonuspunkten aus?
Regressionsgleichung:

$$\hat{y} = b_0 + b_1\cdot x_1 + b_2\cdot x_2$$

$$\hat{y} = 1{,}30 + 0{,}701\cdot x_1 + 0{,}349\cdot x_2$$

$$\hat{y} = 1{,}30 + 0{,}701\cdot(-3) + 0{,}349\cdot(-2) = 1{,}30 - 2{,}103 - 0{,}698 = -0{,}1501$$

Vielleicht sollte man bei ihm eher von Maluspunkten sprechen …

c) Wie gut kann alleine mit BNI eine Vorhersage auf BP getroffen werden? Leistet der Prädiktor BNI einen (signifikanten) Beitrag zur Vorhersage des Kriteriums BP?

Berechnung über Einfachregression

$$R^2 = \frac{s_{\hat{Y}}^2}{s_Y^2} = \frac{\sum_{m=1}^{n} (\hat{y}_m - \bar{y})^2}{\sum_{m=1}^{n} (y_m - \bar{y})^2} = r_{XY}^2 \qquad \hat{y} = b_0 + b_1 \cdot x_1$$

$$b_1 = r_{XY} \cdot \frac{s_Y}{s_X} = \frac{s_{XY}}{s_X^2} = \frac{1{,}120}{1{,}360} = 0{,}824$$

$$b_0 = \bar{y} - b_1 \cdot \bar{x} = 3{,}4 - (0{,}824) \cdot 2{,}2 = 3{,}4 - 1{,}813 = 1{,}587$$

$$R^2 = r_{XY}^2 = (0{,}943)^2 = 0{,}889 \qquad \hat{y} = 1{,}587 + 0{,}824 \cdot x$$

Berechnung mittels ALM

Reduzieren von X'X und X'y auf die relevanten Variablen

$$X'X = \begin{vmatrix} 5 & 11 \\ 11 & 31 \end{vmatrix} \qquad X'y = \begin{vmatrix} 17 \\ 43 \end{vmatrix}$$

Bilden von $(X'X)^{-1}$

Determinante: $Det = a \cdot d - b \cdot c = 5 \cdot 31 - 11 \cdot 11 = 34$

Kofaktorenmatrix und Inverse

$$K = \begin{vmatrix} 31 & -11 \\ -11 & 5 \end{vmatrix} = K' \qquad (X'X)^{-1} = \frac{1}{34} \cdot \begin{vmatrix} 31 & -11 \\ -11 & 5 \end{vmatrix}$$

b-Vektor

$$b = (X'X)^{-1} \cdot X'y = \qquad \begin{array}{c|l} & \begin{vmatrix} 17 \\ 43 \end{vmatrix} \\ \hline \frac{1}{34} \cdot \begin{vmatrix} 31 & -11 \\ -11 & 5 \end{vmatrix} & \begin{vmatrix} 1{,}588 \\ 0{,}824 \end{vmatrix} = \begin{vmatrix} b_0 \\ b_1 \end{vmatrix} = b \end{array}$$

$$b'X'y = \qquad \begin{array}{c|l} & \begin{vmatrix} 17 \\ 43 \end{vmatrix} \\ \hline \begin{vmatrix} 1{,}588 & 0{,}824 \end{vmatrix} & 62{,}428 \end{array} \qquad n = 5 \quad \bar{y} = 3{,}4 \quad n \cdot \bar{y}^2 = 57{,}80$$

$$QS_{det} = b'X'y - n\,\bar{y}^2 = 62{,}428 - 57{,}80 = 4{,}628$$

$$R^2 = \frac{QS_{det}}{QS_{tot}} = \frac{4{,}628}{5{,}20} = 0{,}89$$

Prüfung des Multiplen Determinationskoeffizienten

H_0: $b_1 = 0$ $\qquad$ H_1: $b_1 \neq 0$

$$F = \frac{n-k-1}{k} \cdot \frac{R^2}{(1-R^2)} = \frac{R^2/k}{(1-R^2)/(n-k-1)} = \frac{\left(\sum_{m=1}^{n} (\hat{y}_m - \bar{y})^2\right)/k}{\left(\sum_{m=1}^{n} (y_m - \hat{y}_m)^2\right)/(n-k-1)}$$

$n = 5$ $\quad k$ = Anzahl unabhängige Variablen = 1

bzw.

$$F = \frac{(R_U^2 - R_E^2)/df_h}{(1-R_U^2)/df_e} = \frac{(0{,}889 - 0)/1}{(1-0{,}889)/3} = \frac{0{,}889}{0{,}037} = 24{,}03 \qquad F_{(0{,}95;1;3)} = 10{,}128$$

Der empirische F-Wert (24,03) ist extremer als der kritische (10,128), also signifikant, also H_1. Mit einer Irrtumswahrscheinlichkeit von 5 % kann behauptet werden, dass der »Brown-Nosing-Index« einen signifikanten Beitrag zur Vorhersage der »Bonuspunkte« leistet.

d) Wie gut kann alleine mit GWS eine Vorhersage auf BP getroffen werden? Leistet der Prädiktor GWS einen (signifikanten) Beitrag zur Vorhersage des Kriteriums BP?

Berechnung über Einfachregression

$$R^2 = \frac{s_{\hat{Y}}^2}{s_Y^2} = \frac{\sum_{m=1}^{n} (\hat{y}_m - \bar{y})^2}{\sum_{m=1}^{n} (y_m - \bar{y})^2} = r_{XY}^2 \qquad \hat{y} = b_0 + b_1 \cdot x_1$$

$$b_1 = r_{XY} \cdot \frac{s_Y}{s_X} = \frac{s_{XY}}{s_X^2} = \frac{0{,}560}{0{,}640} = 0{,}875$$

$$b_0 = \bar{y} - b_1 \cdot \bar{x} = 3{,}4 - (0{,}875) \cdot 1{,}6 = 3{,}4 - 1{,}4 = 2{,}0$$

$$R^2 = r_{XY}^2 = (0{,}686)^2 = 0{,}471 \qquad \hat{y} = 2{,}0 + 0{,}875 \cdot x$$

Berechnung mittels ALM

Reduzieren von X'X und X'y auf die relevanten Variablen

$$X'X = \begin{vmatrix} 5 & 8 \\ 8 & 16 \end{vmatrix} \qquad X'y = \begin{vmatrix} 17 \\ 30 \end{vmatrix}$$

Bilden von $(X'X)^{-1}$

Determinante: $Det = a \cdot d - b \cdot c = 5 \cdot 16 - 8 \cdot 8 = 16$

Kofaktorenmatrix und Inverse

$$K = \begin{vmatrix} 31 & -11 \\ -11 & 5 \end{vmatrix} = K' \qquad (X'X)^{-1} = \frac{1}{34} \cdot \begin{vmatrix} 31 & -11 \\ -11 & 5 \end{vmatrix}$$

b-Vektor

$$b = (X'X)^{-1} \cdot X'y = \frac{1}{16} \cdot \begin{vmatrix} 16 & -8 \\ -8 & 5 \end{vmatrix} \cdot \begin{vmatrix} 17 \\ 30 \end{vmatrix} = \begin{vmatrix} 2{,}00 \\ 0{,}875 \end{vmatrix} = \begin{vmatrix} b_0 \\ b_2 \end{vmatrix} = b$$

$$b'X'y = \begin{vmatrix} 2{,}00 & 0{,}875 \end{vmatrix} \cdot \begin{vmatrix} 17 \\ 30 \end{vmatrix} = 60{,}25 \qquad n = 5 \quad \bar{y} = 3{,}4 \quad n \cdot \bar{y}^2 = 57{,}80$$

$$QS_{det} = b'X'y - n\bar{y}^2 = 60{,}25 - 57{,}80 = 2{,}45$$

$$R^2 = \frac{QS_{det}}{QS_{tot}} = \frac{2{,}45}{5{,}20} = 0{,}471$$

Prüfung des Multiplen Determinationskoeffizienten

H_0: $b_2 = 0$ H_1: $b_2 \neq 0$

$$F = \frac{n-k-1}{k} \cdot \frac{R^2}{(1-R^2)} = \frac{R^2/k}{(1-R^2)/(n-k-1)} = \frac{\left(\sum_{m=1}^{n} (\hat{y}_m - \bar{y})^2\right)/k}{\left(\sum_{m=1}^{n} (y_m - \hat{y}_m)^2\right)/(n-k-1)}$$

$n = 5$ k = Anzahl unabhängige Variablen = 1

bzw.

$$F = \frac{(R_U^2 - R_E^2)/df_h}{(1-R_U^2)/df_e} = \frac{(0{,}471-0)/1}{(1-0{,}471)/3} = \frac{0{,}471}{0{,}1763} = 2{,}67 \qquad F_{(0{,}95;1;3)} = 10{,}128$$

Der empirische F-Wert (2,67) ist nicht extremer als der kritische (10,128), also nicht signifikant, also H_0. Es kann nicht behauptet werden, dass die »Ground-Worshipping-Scale« einen signifikanten Beitrag zur Vorhersage der »Bonuspunkte« leistet.

e) Erbringt die Hinzunahme von GWS zusätzlich zu BNI eine (signifikante) Verbesserung des Vorhersagemodells?

Zuerst Hypothesen:

H_0: b_1 = beliebig und $b_2 = 0$ H_1: b_1 = beliebig und $b_2 \neq 0$

$$F = \frac{(R_U^2 - R_E^2)/df_h}{(1-R_U^2)/df_e} = \frac{(0{,}943-0{,}889)/1}{(1-0{,}943)/2} = \frac{0{,}054}{0{,}0285} = 1{,}89 \qquad F_{(0{,}95;1;2)} = 18{,}513$$

Der empirische F-Wert (1,89) ist nicht extremer als der kritische (18,513), also nicht signifikant, also H_0. Es kann nicht behauptet werden, dass die Hinzunahme des Prädiktors GWS zusätzlich zum Prädiktor BNI eine signifikante Verbesserung des Modells erbringt.

f) Erbringt die Hinzunahme von BNI zusätzlich zu GWS eine (signifikante) Verbesserung des Vorhersagemodells?

Zuerst Hypothesen:

H_0: $b_1 = 0$ und $b_2 =$ beliebig $\qquad$ H_1: $b_1 \neq 0$ und $b_2 =$ beliebig

$$F = \frac{(R_U^2 - R_E^2)/df_h}{(1-R_U^2)/df_e} = \frac{(0{,}943 - 0{,}471)/1}{(1-0{,}943)/2} = \frac{0{,}472}{0{,}0285} = 16{,}56 \qquad F_{(0,95;1;2)} = 18{,}513$$

Der empirische F-Wert (16,56) ist nicht extremer als der kritische (18,513), also nicht signifikant, also H_0. Es kann nicht behauptet werden, dass die Hinzunahme des Prädiktors BNI zusätzlich zum Prädiktor GWS eine signifikante Verbesserung des Modells erbringt.

g) Berechnen Sie die Fehlerquadratsumme QS_e und den Standardschätzfehler $\hat{\sigma}_e$.

$$QS_e = QS_{tot} - QS_{det} = \sum_{m=1}^{n} (y_m - \hat{y}_m)^2 = 5{,}20 - 4{,}906 = 0{,}294$$

$$\hat{\sigma}_e = \sqrt{\frac{QS_e}{df_e}} = \sqrt{\frac{\sum_{m=1}^{n} (y_m - \hat{y}_m)^2}{n-k-1}} = \sqrt{\frac{0{,}294}{2}} = \sqrt{0{,}147} = 0{,}383$$

h) Berechnen Sie für BP, BNI und GWS die geschätzten Populations-Standardabweichungen $\hat{\sigma}$.

$$\hat{\sigma}_X = \sqrt{\frac{\sum_{m=1}^{n} (x_m - \bar{x})^2}{n-1}} = \sqrt{\frac{\sum_{m=1}^{n} x_m^2 - \frac{\left(\sum_{m=1}^{n} x\right)^2}{n}}{n-1}}$$

$$BP: \quad \hat{\sigma}_Y = \sqrt{\frac{63 - \frac{17^2}{5}}{5-1}} = \sqrt{\frac{63 - \frac{289}{5}}{4}} = \sqrt{\frac{63 - 57{,}8}{4}} = \sqrt{\frac{5{,}2}{4}} = 1{,}14$$

$$BNI: \quad \hat{\sigma}_{X_1} = \sqrt{\frac{31 - \frac{11^2}{5}}{5-1}} = \sqrt{\frac{31 - \frac{121}{5}}{4}} = \sqrt{\frac{31 - 24{,}2}{4}} = \sqrt{\frac{6{,}8}{4}} = 1{,}30$$

$$GWS: \quad \hat{\sigma}_{X_2} = \sqrt{\frac{16 - \frac{8^2}{5}}{5-1}} = \sqrt{\frac{16 - \frac{64}{5}}{4}} = \sqrt{\frac{16 - 12{,}8}{4}} = \sqrt{\frac{3{,}2}{4}} = 0{,}89$$

i) Berechnen Sie die standardisierten Einflussgewichte β für BNI und GWS.

$$\beta_j = b_j \cdot \frac{\hat{\sigma}_{X_j}}{\hat{\sigma}_Y}$$

$$BNI: \beta_{BNI} = b_{1s} = 0{,}701 \cdot \frac{1{,}3}{1{,}14} = 0{,}799 \qquad GWS: \beta_{GWS} = b_{2s} = 0{,}349 \cdot \frac{0{,}89}{1{,}14} = 0{,}272$$

Der Einfluss des BNI-Wertes ist mehr als doppelt so groß wie der Einfluss des GWS-Wertes.

j) Bilden Sie für den unter b) geschätzten Wert für BP ein 95 %-Konfidenzintervall!
Allgemeine Formel: $\hat{y} - t_{\alpha/2} \cdot \hat{\sigma}_e \leq \hat{y} \leq \hat{y} + t_{\alpha/2} \cdot \hat{\sigma}_e \quad df = n\text{-Anzahl b's (inkl. } b_0)$

$$\hat{y} = -1{,}5001 \qquad \hat{\sigma}_e = 0{,}383 \qquad \alpha = 0{,}05 \qquad t_{(\alpha/2=0{,}975;2)} = 4{,}3027$$

Untergrenze: $-1{,}501 - 4{,}3027 \cdot 0{,}383 = -1{,}501 - 1{,}648 = -3{,}149$

Obergrenze: $-1{,}501 + 4{,}3027 \cdot 0{,}383 = -1{,}501 + 1{,}648 = 0{,}147$

Tabelle 106 Ergebnisse der multiplen Regressionsanalyse »Brown-Nosing«

Modell	R^2_U	R^2_E	b-Gewichte	beta-Gewichte	$df_{Zähler}$	F_{emp}	sig.
x_1 und x_2	0,943	0	b_0: 1,30	$\beta_1 = 0{,}801$	2	16,54	n. s.
			b_1: 0,701	$\beta_2 = 0{,}274$			
			b_2: 0,349				
nur x_1	0,889	0	b_0: 1,587		1	24,03	sig.
			b_1: 0,824				
nur x_2	0,471	0	b_0: 2,00		1	2,67	n. s.
			b_2: 0,875				
x_2 zusätzlich zu x_1	0,943	0,889			1	1,89	n. s.
x_1 zusätzlich zu x_2	0,943	0,471			1	16,56	n. s.

2.24 Zur falschen Zeit am falschen Ort?

$$p(\textit{richtiger Ort}) = 0{,}3 \qquad p(\textit{falscher Ort}) = 0{,}7$$
$$p(\textit{richtige Zeit}) = 0{,}5 \qquad p(\textit{falsche Zeit}) = 0{,}5$$

a) $p(\textit{richtige Zeit UND falscher Ort}) = 0{,}5 \cdot 0{,}7 = 0{,}35$

Hier wird das Multiplikationstheorem angewendet: Sind günstige Ereignisse durch ein UND verknüpft, werden die Einzelwahrscheinlichkeiten miteinander multipliziert!

b) $p(\textit{falsche Zeit UND richtiger Ort}) = 0{,}5 \cdot 0{,}3 = 0{,}15$
Auch hier wird das Multiplikationstheorem angewendet: Sind günstige Ereignisse durch ein UND verknüpft, werden die Einzelwahrscheinlichkeiten miteinander multipliziert!

c) $n = 5$; $k = 3, 4, 5$; $p(\textit{richtige Zeit UND richtiger Ort}) = 0{,}5 \cdot 0{,}3 = 0{,}15$
Binomialformel jeweils für jedes k ausrechnen, zum Schluss die einzelnen Werte addieren.

$$p(k) = \binom{n}{k} \cdot p^k \cdot q^{n-k} = \frac{n!}{k! \cdot (n-k)!} \cdot p^k \cdot q^{n-k}$$

$$p(k{=}3) = \binom{5}{3} \cdot 0{,}15^3 \cdot 0{,}85^2 = \frac{5!}{3! \cdot 2!} \cdot 0{,}003375 \cdot 0{,}7225 = 0{,}0244$$

$$p(k{=}4) = \binom{5}{4} \cdot 0{,}15^4 \cdot 0{,}85^1 = \frac{5!}{4! \cdot 1!} \cdot 0{,}00050625 \cdot 0{,}85 = 0{,}0022$$

$$p(k{=}5) = \binom{5}{5} \cdot 0{,}15^5 \cdot 0{,}85^0 = \frac{5!}{5! \cdot 0!} \cdot 0{,}00007594 \cdot 1 = 0{,}000076$$

$$p(k{=}3, 4, 5) = 0{,}0244 + 0{,}0022 + 0{,}000076 = 0{,}026676$$

Die Wahrscheinlichkeit dafür, dass sich per Zufall von $n = 5$ Personen mindestens 3 zur richtigen Zeit am richtigen Ort befinden, beträgt 2,67 %.

2.25 André und die Lernstörungen

Der Standardmessfehler (SMF, S_ε) ist definiert als:

$$SMF = S_x \cdot \sqrt{1 - \text{Reliabilität}}$$

Für die Werte des Fragebogens ergibt sich eine Standardabweichung $s = 4$ und ein Cronbachs Alpha $r_{tt} = 0{,}7$.
Als Standardmessfehler SMF ergibt sich damit:

$$SMF = 4 \cdot \sqrt{1 - 0{,}7} = 4 \cdot \sqrt{0{,}3} = 2{,}191$$

2.26 Studieren oder surfen in Australien?

Abhängige Stichprobe; nominalskalierte Werte in Form einer Vierfelder-Tafel:
→ McNemar-Test
Ungerichtete Fragestellung → Ungerichtete Hypothesen

Hypothesen:
$H_0: \pi_{12} = \pi_{21}$ $H_1: \pi_{12} \neq \pi_{21}$

$$\chi^2 = \frac{(n_{12}-n_{21})^2}{n_{12}+n_{21}} = \frac{(9-25)^2}{9+25} = \frac{256}{34} = 7{,}53$$

Als kritischen Wert liest man aus Tabelle C.4 bei $df = 1$ folgenden Wert ab:

$$\chi^2_{0,95;1} = 3{,}841$$

Der empirische Wert ist extremer als der kritische, also signifikant. Mit einer Irrtumswahrscheinlichkeit von 5 % kann behauptet werden, dass sich die Studierbereitschaft nach einem Jahr »Work & Travel« verändert hat.

2.27 Verträglichkeit

In einer kleinen Fragebogenstudie wurden acht Sozialarbeiterinnen und acht Psychologinnen hinsichtlich der Persönlichkeitseigenschaft »Verträglichkeit« untersucht. Die nachfolgende Tabelle listet die im Fragebogen erzielten Werte der Sozialarbeiterinnen und der Psychologinnen auf. Für den Fragebogen gilt: Je höher der Punktwert, desto ausgeprägter ist die Persönlichkeitseigenschaft »Verträglichkeit«.

Tabelle 107 Werte Fragebogen »Verträglichkeit«

Sozialarbeiterinnen	16	2	14	6	13	7	8	12
Psychologinnen	9	2	1	7	3	4	6	3

a) Bitte bestimmen Sie die Interquartilbereiche IQB_1 bis IQB_4 für die Sozialarbeiterinnen.

Der erste Schritt besteht darin, die Werte zu sortieren. Nach dem Sortieren wird die Liste in vier Bereiche unterteilt, wobei jeder Bereich 25 % (d. h. hier jeweils zwei) der Werte enthält. Dann müssen noch Ober- bzw. Untergrenzen festgelegt werden, sodass die Bereiche direkt aufeinander folgen. Klingt viel komplizierter, als es eigentlich ist!

Tabelle 108 Sortierte Werte der Sozialarbeiterinnen

Sozialarbeiterinnen	2	6	7	8	12	13	14	16
Interquartilbereiche	IQB_1		IQB_2		IQB_3		IQB_4	
	2–6,5		6,5–10		10–13,5		13,5–16	

b) Bitte bestimmen Sie die Interquartilbereiche IQB_1 bis IQB_4 für die Psychologinnen.

Tabelle 109 Sortierte Werte der Psychologinnen

Psychologinnen	1	2	3	3	4	6	7	9
Interquartilbereiche	IQB_1		IQB_2		IQB_3		IQB_4	
	1–2,5		2,5–3,5		3,5–6,5		6,5–9	

c) Bitte skizzieren Sie für jede Gruppe (Sozialarbeiterinnen, Psychologinnen) einen einfachen Box-Whisker-Plot.

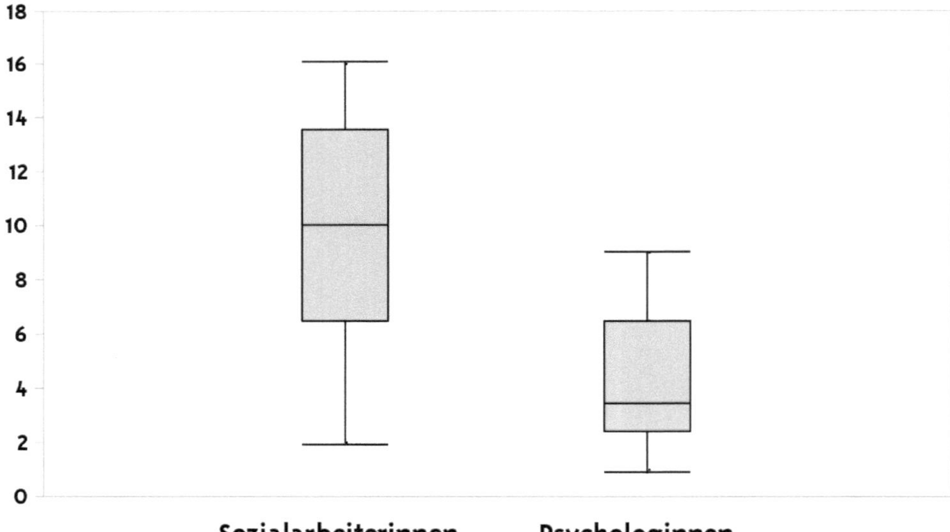

Abbildung 5 Box-Whisker-Plot

2.28 Penthes und Sileas

a)

Vergleich von Rangplätzen → ordinalskaliert → zwei unabhängige Stichproben → Mann-Whitney-U-Test
Ungerichtete Fragestellung, daher auch ungerichtete (zweiseitige) Hypothesen.

Hypothesen:
H_0: Die Rangplätze sind zwischen Penthes und Sileas gleich verteilt. $\eta_P = \eta_S$
H_1: Die Rangplätze sind zwischen Penthes und Sileas ungleich verteilt. $\eta_P \neq \eta_S$
In die Berechnung der u-Werte fließen die Rangplatzsummen (rs) ein.
$n_{\text{Penthes}} = 5 \quad rs_{\text{Penthes}} = 32 \qquad n_{\text{Sileas}} = 5 \qquad rs_{\text{Sileas}} = 23$

$$u_1 = n_1 \cdot n_2 + \frac{n_1 \cdot (n_1 + 1)}{2} - rs_1 \quad \text{bzw.} \quad u_2 = n_1 \cdot n_2 + \frac{n_2 \cdot (n_2 + 1)}{2} - rs_2$$

$$u_1 = 5 \cdot 5 + \frac{5 \cdot (5+1)}{2} - 32 \qquad u_2 = 5 \cdot 5 + \frac{5 \cdot (5+1)}{2} - 23$$

$$u_1 = 25 + 15 - 32 = 8 \qquad u_2 = 25 + 15 - 23 = 17$$

Mit dem kleineren der beiden u-Werte geht man nun in Tabelle C.7 und schlägt dort unter den jeweiligen n_1 und n_2 die Überschreitungswahrscheinlichkeit des kleineren u-Wertes nach. Ist die Überschreitungswahrscheinlichkeit kleiner als $p = 0{,}05$, dann hat man ein signifikantes Ergebnis, die Rangplätze sind nicht gleich verteilt.
Hier ist der kleinere u-Wert $u = 8$ bei $n_1 = 5$ und $n_2 = 5$.
Als Überschreitungswahrscheinlichkeit findet man $p(u = 8) = 0{,}210$. Da die dort angegebenen Überschreitungswahrscheinlichkeiten einseitig sind, hier aber zweiseitige (ungerichtete) Hypothesen vorliegen, muss die Überschreitungswahrscheinlichkeit noch verdoppelt werden. Dieser Wert ist größer als 0,05, daher liegt hier kein signifikantes Ergebnis vor. Die Rangplätze sind nicht überzufällig unterschiedlich verteilt, oder anders gesagt: die unterschiedliche Verteilung der Rangplätze ist wohl eher aus Zufall geschehen und unterliegt keiner systematischen Ursache.

b) Ein geradezu klassischer Vierfelder-Chi²-Test.
Hypothesen:
H_0: Die beobachteten Werte sind gleich (entsprechen) den erwarteten. $\pi_{ij} = \pi_i \cdot \pi_j$
H_1: Die beobachteten Werte sind ungleich (unterscheiden sich von) den erwarteten. $\pi_{ij} \neq \pi_i \cdot \pi_j$

$$\text{Erwartete Werte: } e_{ij} = n \cdot \frac{n_{i\bullet}}{n} \cdot \frac{n_{\bullet j}}{n} = \frac{n_{i\bullet} \cdot n_{\bullet j}}{n}$$

Werden in einer Vierfeldertafel die erwarteten Häufigkeiten über die Randsummen berechnet, muss lediglich ein Wert berechnet werden. Die Übrigen ergeben sich dann.

Erwarteter Wert für Treffer/Penthes: $e_{ij} = \frac{21 \cdot 20}{40} = 10{,}5$

Tabelle 110 Erwartete Werte

	Penthes	Sileas	gesamt
Treffer	e_{11}=10,5	e_{12}=10,5	21
kein Treffer	e_{21}=9,5	e_{22}=9,5	19
gesamt	20	20	40

$$\chi^2 = \sum_{i=1}^{2}\sum_{j=1}^{2}\frac{(n_{ij}-e_{ij})^2}{e_{ij}} = \frac{(12-10{,}5)^2}{10{,}5}+\frac{(9-10{,}5)^2}{10{,}5}+\frac{(8-9{,}5)^2}{9{,}5}+\frac{(11-9{,}5)^2}{9{,}5}$$
$$\chi^2 = 0{,}214 + 0{,}214 + 0{,}237 + 0{,}237 = 0{,}902$$

Werden – wie hier – die Randsummen berücksichtigt, hat man nur einen Freiheitsgrad $df = 1$. Als kritischen Chi²-Wert findet man $\chi^2_{(0{,}95;1)} = 3{,}841$. Der empirisch ermittelte Chi²-Wert liegt darunter, man behält die Nullhypothese bei.
Die beobachteten Werte unterscheiden sich nicht von den erwarteten, auch bei diesem Wettkampf gibt es keinen signifikanten Unterschied zwischen den Penthes und den Sileas.
Für eine Vierfelder-Tafel existiert noch eine spezielle Formel:

$$\chi^2 = \frac{n\cdot(b\cdot c - a\cdot d)^2}{(a+b)\cdot(c+d)\cdot(a+c)\cdot(b+d)} = \frac{40\cdot(8\cdot 9-12\cdot 11)^2}{21\cdot 19\cdot 20\cdot 20}$$
$$\chi^2 = \frac{40\cdot(-60)^2}{159600} = \frac{40\cdot 3600}{159600} = \frac{144000}{159600} = 0{,}902$$

Hierbei kennzeichnen a, b, c und d die einzelnen Felder der Tafel.

c) Die Penthes hatten als Mittelwert 4 Männer, die Sileas als Mittelwert 2,5 Männer. Um Mittelwerte zu vergleichen, wird der t-Test verwendet. Hierbei handelt es sich um unabhängige Stichproben (schließlich kann man nicht von einer Penthe auf eine bestimmte Silea schließen).
Zuerst sollte man aufschreiben, was einem alles gegeben wurde:

$n_{Sileas} = 30 \quad \bar{x}_{Sileas} = 2{,}5 \quad s_{Sileas} = 0{,}5 \quad \rightarrow s^2_{Sileas} = 0{,}25$

$n_{Penthes} = 30 \quad \bar{x}_{Penthes} = 4 \quad s_{Penthes} = 0{,}75 \quad \rightarrow s^2_{Penthes} = 0{,}5625$

Der t-Test für unabhängige Stichproben existiert in zwei Varianten: a) für homogene (gleiche) Varianzen und b) für heterogene (ungleiche) Varianzen. Um zu ermitteln, welche der beiden t-Test-Varianten die angemessene ist, muss zuerst ein F-Test durchgeführt werden. Einzige Ausnahme: Wenn ausdrücklich etwas über die Varianzhomogenität bzw. -heterogenität in der Aufgabe ausgesagt wurde!

F-Test (Varianzenvergleich)

Hypothesen:

H_0: Die Varianzen sind gleich (homogen). $\sigma_P^2 = \sigma_S^2$

H_1: Die Varianzen sind ungleich (heterogen). $\sigma_P^2 \neq \sigma_S^2$

Die Formeln:

$$\hat{\sigma}^2 = s^2 \cdot \frac{n}{n-1} \qquad \hat{\sigma}^2_{Penthes} = 0{,}5625 \cdot \frac{30}{29} = 0{,}582 \qquad \hat{\sigma}^2_{Sileas} = 0{,}25 \cdot \frac{30}{29} = 0{,}259$$

Beim F-Test wird immer die größere Varianz auf den Bruchstrich (in den Zähler) gesetzt, die kleinere Varianz unter den Bruchstrich (in den Nenner).

$$F = \frac{\hat{\sigma}_1^2}{\hat{\sigma}_2^2} = \frac{0{,}582}{0{,}259} = 2{,}247$$

Diesen empirischen F-Wert muss man nun mit dem kritischen F-Wert vergleichen. Dazu benötigt man Zähler- und Nenner-Freiheitsgrade. Im Zähler steht die Varianz der Penthes mit $n = 30$ → $df_{Zähler} = 29$; im Nenner steht die Varianz der Sileas mit $n = 30$ → $df_{Nenner} = 29$. Mit diesen beiden Freiheitsgraden geht man nun in Tabelle C.6 und schlägt dort für $\alpha = 0{,}05$ den kritischen F-Wert nach:

$$F_{(0{,}95;\, df_1=29,\, df_2=29)} \approx 1{,}84$$

Da der empirische F-Wert größer als der kritische F-Wert ist, handelt es sich um ein signifikantes Ergebnis, man entscheidet sich also für H_1, d. h. die Varianzen sind nicht gleich (homogen), sondern unterschiedlich (heterogen).

Da die Varianzen heterogen sind, muss der t-Test für heterogene Varianzen herangezogen werden:

t-Test für heterogene Varianzen (Mittelwertevergleich)

Die Frage war, ob die Penthes tatsächlich **mehr** Männer haben als die Sileas. Es handelt sich hierbei also um eine einseitige Hypothese (es wird nur nach einer Richtung gefragt, nämlich nach mehr).

Hypothesen:

H_0: Die Penthes haben nicht mehr Männer als die Sileas. $\mu_{\text{Penthes}} \leq \mu_{\text{Sileas}}$

H_1: Die Penthes haben mehr Männer als die Sileas. $\mu_{\text{Penthes}} > \mu_{\text{Sileas}}$

$$t = \frac{\bar{x}_1 - \bar{x}_2}{\sqrt{\frac{\hat{\sigma}_1^2}{n_1} + \frac{\hat{\sigma}_2^2}{n_2}}} = \frac{4-2{,}5}{\sqrt{\frac{0{,}582}{30} + \frac{0{,}259}{30}}} = \frac{1{,}5}{\sqrt{0{,}0914 + 0{,}0086}} = \frac{1{,}5}{\sqrt{0{,}028}} = \frac{1{,}5}{0{,}167} = 8{,}982$$

Dieser empirische t-Wert muss nun mit einem kritischen t-Wert verglichen werden. Um den kritischen t-Wert aus Tabelle C.2 ablesen zu können, benötigt man die Freiheitsgrade:

$$df_{korr} = \frac{\left(\frac{\hat{\sigma}_1^2}{n_1}+\frac{\hat{\sigma}_2^2}{n_2}\right)^2}{\frac{\left(\frac{\hat{\sigma}_1^2}{n_1}\right)^2}{n_1 - 1}+\frac{\left(\frac{\hat{\sigma}_2^2}{n_2}\right)^2}{n_2 - 1}} = \frac{\left(\frac{0{,}582}{30}+\frac{0{,}259}{30}\right)^2}{\frac{\left(\frac{0{,}582}{30}\right)^2}{30 - 1}+\frac{\left(\frac{0{,}259}{30}\right)^2}{30 - 1}} = \frac{0{,}028^2}{\frac{0{,}0194^2}{29}+\frac{0{,}0086^2}{29}} = 50{,}49$$

Als kritischen t-Wert liest man bei $\alpha = 0{,}05$, einseitig, folgenden Wert ab:

$t_{(0,95;\,50,49)} \approx 1{,}697.$

Da der empirische t-Wert größer als der kritische t-Wert ist, handelt es sich um ein signifikantes Ergebnis, man entscheidet sich für H_1.

Die Penthes haben – hochgerechnet (bezogen) auf die Population – überzufällig mehr Männer als die Sileas.

d) Hier ist nach einem Zusammenhang gefragt, nämlich ob das eine mit dem anderen in Beziehung stehe. Also: Korrelation. Da beide Merkmale normalverteilt sind, kann für beide Variablen Intervallskalenniveau angenommen werden. Daraus folgt, dass hier eine Produkt-Moment-Korrelation gerechnet werden soll.

Dazu berechnet man am besten erst einmal den Mittelwert pro Variable und erstellt dann eine Tabelle.

$$\bar{x} = \frac{\sum_{m=1}^{n} x_m}{n} = \frac{10+7+8+10+6+13+11+9}{8} = \frac{74}{8} = 9{,}25$$

$$\bar{y} = \frac{\sum_{m=1}^{n} x_m}{n} = \frac{27+18+23+22+14+28+26+22}{8} = \frac{180}{8} = 22{,}50$$

Tabelle 111 Hilfreiche Tabelle für die Korrelationsrechnung »Penthes und Sileas«

Vpn	x	$(x-\bar{x})$	$(x-\bar{x})^2$	y	$(y-\bar{y})$	$(y-\bar{y})^2$	$(x-\bar{x})\cdot(y-\bar{y})$
1	10	0,75	0,5625	27	4,5	20,25	3,375
2	7	-2,25	5,0625	18	-4,5	20,25	10,125
3	8	-1,25	1,5625	23	0,5	0,25	-0,625
4	10	0,75	0,5625	22	-0,5	0,25	-0,375
5	6	-3,25	10,5625	14	-8,5	72,25	27,625
6	13	3,75	14,0625	28	5,5	30,25	20,625
7	11	1,75	3,0625	26	3,5	12,25	6,125
8	9	-0,25	0,0625	22	-0,5	0,25	0,125
			Σ=35,5			Σ=156	Σ=67

$$s_X^2 = \frac{\sum_{m=1}^{n} (x_m - \bar{x})^2}{n} = \frac{35{,}5}{8} = 4{,}4375 \qquad s_Y^2 = \frac{\sum_{m=1}^{n} (y_m - \bar{y})^2}{n} = \frac{156}{8} = 19{,}5$$

$$s_X = 2{,}107 \qquad s_Y = 4{,}416$$

$$s_{XY} = \frac{\sum_{m=1}^{n} (x_m - \bar{x}) \cdot (y_m - \bar{y})}{n} = \frac{67}{8} = 8{,}375$$

$$r_{XY} = \frac{s_{XY}}{s_X \cdot s_Y} = \frac{8{,}375}{2{,}107 \cdot 4{,}416} = \frac{8{,}375}{9{,}305} = 0{,}900$$

$$r_{XY}^2 = r \cdot r = 0{,}900 \cdot 0{,}900 = 0{,}810 \qquad r_{XY}^2 \cdot 100\% = 81\ \%\ \text{erklärte Variation/ Varianz}$$

Es besteht ein hoher (deutlicher) positiver Zusammenhang von $r = 0{,}900$ zwischen der Variable »Nasengröße« und der Variablen »Glücklich sein«.
Für die Produkt-Moment-Korrelation existiert noch eine andere Formel, deren Verwendung hier ebenfalls dargestellt werden soll.

$$r_{XY} = \frac{n \cdot \sum_{m=1}^{n} (x_m \cdot y_m) - \left(\sum_{m=1}^{n} x_m\right) \cdot \left(\sum_{m=1}^{n} y_m\right)}{\sqrt{\left[n \cdot \sum_{m=1}^{n} x_m^2 - \left(\sum_{m=1}^{n} x_m\right)^2\right] \cdot \left[n \cdot \sum_{m=1}^{n} y_m^2 - \left(\sum_{m=1}^{n} y_m\right)^2\right]}}$$

Auch für diese Formel empfiehlt es sich, zuerst eine Tabelle anzulegen.

Tabelle 112 Hilfreiche Tabelle für die Korrelationsrechnung »Penthes und Sileas«

Vpn	*x*	*x*²	*y*	*y*²	*x·y*
1	10	100	27	729	270
2	7	49	18	324	126
3	8	64	23	529	184
4	10	100	22	484	220
5	6	36	14	196	84
6	13	169	28	784	364
7	11	121	26	676	286
8	9	81	22	484	198
	Σ=74	Σ=720	Σ=180	Σ=4206	Σ=1732

$$r_{XY} = \frac{8 \cdot 1732 - 74 \cdot 180}{\sqrt{[8 \cdot 720 - (74)^2] \cdot [8 \cdot 4206 - (180)^2]}} = \frac{13856 - 13320}{\sqrt{[5760 - 5476] \cdot [33648 - 32400]}}$$

$$r_{XY} = \frac{536}{\sqrt{284 \cdot 1248}} = \frac{536}{595{,}34} = 0{,}900$$

Das ist selbstverständlich das gleiche Ergebnis.
Ob dieser Zusammenhang so hoch ist, dass man nicht mehr von Zufall reden kann, er also signifikant ist, kann mit dem t-Test für Korrelationen überprüft werden. Die Formeln hierzu lauten:

$$t = \frac{r \cdot \sqrt{n-2}}{\sqrt{1-r^2}} \qquad df = n - 2$$

Hypothesen:

H_0: Es besteht kein Zusammenhang zwischen »Nasengröße« und »Glücklich sein«. $\rho = 0$

H_1: Es besteht ein Zusammenhang zwischen »Nasengröße« und »Glücklich sein«. $\rho \neq 0$

Hier angewendet würde man errechnen:

$$t = \frac{0{,}900 \cdot \sqrt{8-2}}{\sqrt{1-0{,}81}} = \frac{0{,}900 \cdot \sqrt{6}}{\sqrt{0{,}19}} = \frac{0{,}900 \cdot 2{,}449}{0{,}436} = 5{,}055$$

Als Freiheitsgrade errechnet man: $df = n - 2 = 8 - 2 = 6$
Als kritischen t-Wert liest man aus Tabelle C.2 für $df = 6$ und $\alpha = 0{,}05$ zweiseitig (0,025 einseitig) den Wert ab: $t_{(0,975;6)} = 2{,}447$.

Da der empirische t-Wert extremer als der kritische t-Wert ist, hat man ein signifikantes Ergebnis, die Korrelation ist überzufällig von Null verschieden.

2.29 Schönen Tag noch!

Da für diese Aufgabe verschiedene deskriptive Kennwerte sowie Korrelation und Einfachregression berechnet werden sollen, empfiehlt es sich, zuallererst eine kleine Tabelle anzulegen, welche die weiteren Berechnungen sehr vereinfacht.

Tabelle 113 Werte für die Berechnung der Aufgaben a) bis d)

	x	$(x-\bar{x})^2$	y	$(y-\bar{y})^2$	$(x-\bar{x})\cdot(y-\bar{y})$	x^2	y^2	$x\cdot y$
	15	36	9	9	18	225	81	135
	2	49	2	16	28	4	4	4
	13	16	8	4	8	169	64	104
	6	9	7	1	-3	36	49	42
	12	9	5	1	-3	144	25	60
	5	16	4	4	8	25	16	20
	8	1	6	0	0	64	36	48
	11	4	7	1	2	121	49	77
Summe	72	140	48	36	58	788	324	490

a) Berechnen Sie jeweils Mittelwert, Varianz und Standardabweichung für die Variablen HDQ-Werte und »Schönen Tag noch« (STN)!

HDQ

$$\bar{x} = \frac{72}{8} = 9$$

$$s_X^2 = \frac{\sum_{i=1}^{n}(x_m - \bar{x})^2}{n} = \frac{140}{8} = 17{,}5$$

$$s_X = \sqrt{17{,}5} = 4{,}183$$

STN

$$\bar{y} = \frac{48}{8} = 6$$

$$s_Y^2 = \frac{\sum_{i=1}^{n}(y_m - \bar{y})^2}{n} = \frac{36}{8} = 4{,}5$$

$$s_Y = \sqrt{4{,}5} = 2{,}121$$

b) Gehen Sie davon aus, dass sowohl die Werte des HDQ als auch die Häufigkeit des »Schönen Tag noch« Intervallskalenniveau besitzen. Berechnen Sie einen adäquaten Korrelationskoeffizienten!

$$s_{XY} = \frac{\sum_{m=1}^{n}(x_m - \bar{x})\cdot(y_m - \bar{y})}{n} = \frac{58}{8} = 7{,}25$$

$$r_{XY} = \frac{s_{XY}}{s_X \cdot s_Y} = \frac{7{,}25}{4{,}183\cdot 2{,}121} = \frac{7{,}25}{8{,}8721} = 0{,}817$$

$$r_{XY}^2 = r\cdot r = 0{,}817 \cdot 0{,}817 = 0{,}6675 \qquad r_{XY}^2 \cdot 100\,\% = 66{,}75\ \%\ \text{erklärte Varianz}$$

$$r_{XY} = \frac{n\cdot\sum_{m=1}^{n}(x_m \cdot y_m) - \left(\sum_{m=1}^{n} x_m\right)\cdot\left(\sum_{m=1}^{n} y_m\right)}{\sqrt{\left[n\cdot\sum_{m=1}^{n} x_m^2 - \left(\sum_{m=1}^{n} x_m\right)^2\right]\cdot\left[n\cdot\sum_{m=1}^{n} y_m^2 - \left(\sum_{m=1}^{n} y_m\right)^2\right]}}$$

$$r_{XY} = \frac{8 \cdot 490 - 72 \cdot 48}{\sqrt{\left[8 \cdot 788 - (72)^2\right] \cdot \left[8 \cdot 324 - (48)^2\right]}} = \frac{3920 - 3456}{\sqrt{[6304 - 5184] \cdot [2592 - 2304]}}$$

$$r_{XY} = \frac{464}{\sqrt{1120 \cdot 288}} = \frac{464}{\sqrt{322560}} = \frac{464}{567{,}944} = 0{,}817$$

c) Prüfen Sie inferenzstatistisch die Forschungsfrage: Gibt es einen positiven Zusammenhang zwischen der Häufigkeit »Schönen Tag noch« und den Werten des HDQ?

Ob dieser Zusammenhang so hoch ist, dass man nicht mehr von Zufall reden kann, er also signifikant ist, kann mit dem t-Test für Korrelationen überprüft werden. Die Formeln hierzu lauten:

$$t = \frac{r \cdot \sqrt{n-2}}{\sqrt{1-r^2}} \qquad df = n - 2$$

Hypothesen:
H_0: Es besteht kein positiver Zusammenhang zwischen HDQ und STN. $\rho \leq 0$
H_1: Es besteht ein positiver Zusammenhang zwischen HDQ und STN. $\rho > 0$

Hier angewendet errechnet man:

$$t = \frac{0{,}817 \cdot \sqrt{8-2}}{\sqrt{1-0{,}6675}} = \frac{0{,}817 \cdot \sqrt{6}}{\sqrt{0{,}3325}} = \frac{0{,}817 \cdot 2{,}449}{0{,}5766} = 3{,}470$$

Als Freiheitsgrade errechnet man: $df = n - 2 = 8 - 2 = 6$
Als kritischen t-Wert findet man in Tabelle C.2 für $df = 6$ und $\alpha = 0{,}05$ zweiseitig (0,025 einseitig) den Wert: $t_{(0{,}975;6)} = 1{,}943$.

d) Erstellen Sie die Regressionsgleichung von »Schönen Tag noch« (x) auf die Werte des HDQ (y). Welchen Wert im HDQ können Sie für eine Person schätzen, die elf Mal am Tag »Schönen Tag noch« hört?

$$\hat{Y} = b_0 + b_1 \cdot X$$

$$b_1 = r_{XY} \cdot \frac{s_Y}{s_X} = \frac{s_{XY}}{s_X^2} = \frac{n \cdot \sum_{m=1}^{n} x_m \cdot y_m - \sum_{m=1}^{n} x_m \cdot \sum_{m=1}^{n} y_m}{n \cdot \sum_{m=1}^{n} x_m^2 - \left(\sum_{m=1}^{n} x_m\right)^2} \qquad b_0 = \bar{y} - b_1 \cdot \bar{x}$$

$$b_1 = \frac{n \cdot \sum_{m=1}^{n} x_m \cdot y_m - \sum_{m=1}^{n} x_m \cdot \sum_{m=1}^{n} y_m}{n \cdot \sum_{m=1}^{n} x_m^2 - \left(\sum_{m=1}^{n} x_m \right)^2} = \frac{464}{288} = 1{,}611 \qquad b_0 = 9 - 1{,}611 \cdot 6 = -0{,}666$$

$$\hat{Y}(x=11) = -0{,}666 + 1{,}611 \cdot 11 = 17{,}055$$

Für eine Person, die elf Mal am Tag »Schönen Tag noch« hört, kann ein HDQ-Wert von 17,055 geschätzt werden.

2.30 Glanz, glänzender, am glänzendsten

Hier handelt es sich um eine zweifaktorielle Varianzanalyse mit Messwiederholung auf einem Faktor. Zur Berechnung werden einige Mittelwerte benötigt.
Und selbstverständlich müssen auch noch Hypothesen gebildet werden.
Die Darstellung der Lösung erfolgt in mehreren Schritten. Zuerst werden allgemeine Angaben aufgelistet, die sich aus der Aufgabenstellung ergeben. Daraufhin werden die Hypothesen für die Fragen a) bis c) dargestellt. Danach erfolgt die Berechnung der Quadratsummen. Im Anschluss erfolgen die Signifikanzprüfungen. Abschliessend werden die Ergebnisse in einer Tafel der Varianzanalyse zusammengefasst.

Allgemeine Angaben
Faktor A (Haartyp) hat $p = 3$ Stufen
Faktor B (Messzeitpunkte) hat $q = 3$ Stufen
Pro Zelle liegen die Werte von $n_{\text{Zelle}} = 4$ Personen vor.
Insgesamt liegen je drei Werte von $n = 12$ Personen vor.

Hypothesen

a) Gibt es einen Haupteffekt für Faktor A (Haartyp)? Unterscheiden sich die Mittelwerte der einzelnen Stufen (sprödes Haar, leicht fettendes Haar, dauergewelltes/coloriertes Haar) voneinander?

H_0: $\mu_{a1} = \mu_{a2} = \mu_{a3}$
$df_A = p - 1$ = Anzahl Parameterrestriktionen (Gleichheitszeichen in der Nullhypothese) = 2

b) Gibt es einen Haupteffekt für Faktor B (Messzeitpunkte)? Unterscheiden sich die Mittelwerte der einzelnen Stufen (nach 1., 10., 30. Anwendung) voneinander?

H_0: $\mu_{b1} = \mu_{b2} = \mu_{b3}$
$df_B = q - 1$ = Anzahl Parameterrestriktionen (Gleichheitszeichen in der Nullhypothese) = 2

c) Gibt es eine Wechselwirkung zwischen den Stufen von Faktor A und den Stufen von Faktor B?

Hier wird es mit den Hypothesen schon so aufwendig, dass nur eine Texthypothese aufgestellt wird.

H_0: Es gibt keine Wechselwirkung zwischen den Stufen der Faktoren A und B.

$df_{AB} = (p - 1) \cdot (q - 1) = 4$

Tabelle 114 Roh- und Mittelwerte Glanz-Faktor der Haare von 12 Frauen zu 3 Messzeitpunkten unterteilt nach drei Haartypen

Faktor A: Haartyp	Faktor B: Messzeitpunkte			Personmittelwerte
	Nach 1. Anwendung (b1)	Nach 10. Anwednung (b2)	Nach 30. Anwendung (b3)	
sprödes Haar (a1)	3	4	5	$\bar{x}_{m=1}=4$
	4	6	8	$\bar{x}_{m=2}=6$
	2	2	5	$\bar{x}_{m=3}=3$
	3	4	8	$\bar{x}_{m=4}=5$
	$\bar{x}_{j=1;k=1}=3$	$\bar{x}_{j=1;k=2}=4$	$\bar{x}_{j=1;k=3}=6{,}5$	$\bar{x}_{j=1}=4{,}5$
leicht fettendes Haar (a2)	4	3	5	$\bar{x}_{m=5}=4$
	6	6	9	$\bar{x}_{m=6}=7$
	3	5	7	$\bar{x}_{m=7}=5$
	3	1	2	$\bar{x}_{m=8}=2$
	$\bar{x}_{j=2;k=1}=4$	$\bar{x}_{j=2;k=2}=3{,}75$	$\bar{x}_{j=2;k=3}=5{,}75$	$\bar{x}_{j=2}=4{,}5$
dauergewelltes, coloriertes Haar (a3)	2	2	5	$\bar{x}_{m=9}=3$
	1	2	3	$\bar{x}_{m=10}=2$
	2	3	4	$\bar{x}_{m=11}=3$
	3	4	5	$\bar{x}_{m=12}=4$
	$\bar{x}_{j=3;k=1}=2$	$\bar{x}_{j=3;k=2}=2{,}75$	$\bar{x}_{j=3;k=3}=4{,}25$	$\bar{x}_{j=3}=3$
Bedingungsmittelwerte	$\bar{x}_{k=1}=3$	$\bar{x}_{k=2}=3{,}5$	$\bar{x}_{k=3}=5{,}5$	$\bar{x}=4$

$$QS_A = q \cdot n_{Zelle} \cdot \sum_{j=1}^{p} (\bar{x}_{\bullet j \bullet} - \bar{x})^2$$

$$QS_A = 3 \cdot 4 \cdot \left[(4{,}5 - 4)^2 + (4{,}5 - 4)^2 + (3 - 4)^2\right] = 12 \cdot [0{,}25 + 0{,}25 + 1] = 12 \cdot 1{,}5 = 18$$

$$QS_B = p \cdot n_{Zelle} \cdot \sum_{k=1}^{q} (\bar{x}_{\bullet\bullet k} - \bar{x})^2$$

$$QS_B = 3 \cdot 4 \cdot [(3-4)^2 + (3{,}5-4)^2 + (5{,}5-4)^2] = 12 \cdot [1 + 0{,}25 + 2{,}25] = 12 \cdot 3{,}5 = 42$$

$$QS_{AB} = n_{Zelle} \cdot \sum_{k=1}^{q} \sum_{j=1}^{p} (\bar{x}_{\bullet jk} - \bar{x}_{\bullet j \bullet} - \bar{x}_{\bullet\bullet k} - \bar{x})^2$$

$$\begin{aligned} QS_{AB} = {} & 4 \cdot [(3-4{,}5-3+4)^2 + (4-4{,}5-3{,}5+4)^2 + (6{,}5-4{,}5-5{,}5+4)^2] + \\ & 4 \cdot [(4-4{,}5-3+4)^2 + (3{,}75-4{,}5-3{,}5+4)^2 + (5{,}75-4{,}5-5{,}5+4)^2] + \\ & 4 \cdot [(2-3-3+4)^2 + (2{,}75-3-3{,}5+4)^2 + (4{,}25-3-5{,}5+4)^2] \end{aligned}$$

$$QS_{AB} = 4 \cdot [0{,}25+0+0{,}25+0{,}25+0{,}0625+0{,}0625+0+0{,}065+0{,}0625]$$

$$QS_{AB} = 4 \cdot 1 = 4$$

$$QS_{P\_in\_A} = \sum_{k=1}^{q} \sum_{j=1}^{p} \sum_{m=1}^{n_{Zelle}} (\bar{x}_{mj\bullet} - \bar{x}_{\bullet j \bullet})^2 = q \cdot \sum_{j=1}^{p} \sum_{m=1}^{n_{Zelle}} (\bar{x}_{mj\bullet} - \bar{x}_{\bullet j \bullet})^2$$

$$\begin{aligned} QS_{P\_in\_A} = {} & 3 \cdot [(4-4{,}5)^2 + (6-4{,}5)^2 + (3-4{,}5)^2 + (5-4{,}5)^2 + (4-4{,}5)^2 + (7-4{,}5)^2] + \\ & 3 \cdot [(5-4{,}5)^2 + (2-4{,}5)^2 + (3-3)^2 + (2-3)^2 + (3-3)^2 + (4-3)^2] \end{aligned}$$

$$QS_{P\_in\_A} = 3 \cdot [0{,}25+2{,}25+2{,}25+0{,}25+0{,}25+6{,}25+0{,}25+6{,}25+0+1+0+1]$$

$$QS_{P\_in\_A} = 3 \cdot 20 = 60$$

$$df_{P\_in\_A} = p \cdot (n_{Zelle} - 1) = 3 \cdot 3 = 9$$

$$QS_{Res} = \sum_{k=1}^{q} \sum_{j=1}^{p} \sum_{m=1}^{n_{Zelle}} (x_{mjk} - \bar{x}_{\bullet jk} - \bar{x}_{mj\bullet} + \bar{x}_{\bullet j \bullet})^2$$

$$\begin{aligned} QS_{Res} = {} & (3-3-4+4{,}5)^2 + (4-3-6+4{,}5)^2 + (2-3-3+4{,}5)^2 + (3-3-5+4{,}5)^2 + \\ & (4-4-4+4{,}5)^2 + (6-4-6+4{,}5)^2 + (2-4-3+4{,}5)^2 + (4-4-5+4{,}5)^2 + \\ & (5-6{,}5-4+4{,}5)^2 + (8-6{,}5-6+4{,}5)^2 + (5-6{,}5-3+4{,}5)^2 + (8-6{,}5-5+4{,}5)^2 + \\ & (4-4-4+4{,}5)^2 + (6-4-7+4{,}5)^2 + (3-4-5+4{,}5)^2 + (3-4-2+4{,}5)^2 + \\ & (3-3{,}75-4+4{,}5)^2 + (6-3{,}75-7+4{,}5)^2 + (5-3{,}75-5+4{,}5)^2 + (1-3{,}75-2+4{,}5)^2 + \\ & (5-5{,}75-4+4{,}5)^2 + (9-5{,}75-7+4{,}5)^2 + (7-5{,}75-5+4{,}5)^2 + (2-5{,}75-2+4{,}5)^2 + \\ & (2-2-3+3)^2 + (1-2-2+3)^2 + (2-2-3+3)^2 + (3-2-4+3)^2 + \\ & (2-2{,}75-3+3)^2 + (2-2{,}75-2+3)^2 + (3-2{,}75-3+3)^2 + (4-2{,}75-4+3)^2 + \\ & (5-4{,}25-3+3)^2 + (3-4{,}25-2+3)^2 + (4-4{,}25-3+3)^2 + (5-4{,}25-4+3)^2 \end{aligned}$$

$$\begin{aligned} QS_{Res} = {} & 0{,}25+0{,}25+0{,}25+0{,}25+0{,}25+0{,}25+0{,}25+0{,}25+1+0+0+1+ \\ & 0{,}25+0{,}25+2{,}25+2{,}25+0{,}0625+0{,}0625+0{,}5625+0{,}0625+0{,}0625+ \\ & 0{,}5625+0{,}5625+1{,}5625+0+0+0+0+0{,}5625+0{,}0625+0{,}0625+0{,}0625+ \\ & 0{,}5625+0{,}0625+0{,}0625+0{,}0625 \end{aligned}$$

$$QS_{Res} = 14$$

$$df_{Res} = p \cdot (q-1) \cdot (n_{Zelle} - 1) = 3 \cdot 2 \cdot 3 = 18$$

Puh, das ist eine aufwendige Rechnerei. Kann man sich das Ganze einfacher machen? Ja, indem man ein Statistikprogramm verwendet und nicht alles per Hand rechnet …

Signifikanzprüfung

a) Glanzfaktor nach Haartyp

$$F_A = \frac{QS_A / df_A}{QS_{P\_in\_A} / df_{P\_in\_A}} = \frac{MQS_A}{MQS_{P\_in\_A}} = \frac{9}{6{,}667} = 1{,}350 \qquad F_{(0{,}95;2;9)} = 4{,}2565$$

Der empirische F-Wert (1,350) ist nicht extremer als der kritische (4,2565), also nicht signifikant, also H_0. Es kann nicht behauptet werden, dass sich die Stufen des Faktors A bezüglich des Glanz-Faktors voneinander unterscheiden.

b) Glanzfaktor nach Anwendungen

$$F_A = \frac{QS_B / df_B}{QS_{Res} / df_{Res}} = \frac{MQS_B}{MQS_{Res}} = \frac{21}{0{,}778} = 26{,}992 \qquad F_{(0{,}95;2;18)} = 3{,}5546$$

Der empirische F-Wert (26,992) ist extremer als der kritische (3,5546), also signifikant, also H_1. Mit einer Irrtumswahrscheinlichkeit von 5 % kann behauptet werden, dass sich die Stufen des Faktors B bezüglich des Glanz-Faktors voneinander unterscheiden.

c) Wechselwirkung Haartyp und Anwendungen

$$F_{AB} = \frac{QS_{AB} / df_{AB}}{QS_{Res} / df_{Res}} = \frac{MQS_{AB}}{MQS_{Res}} = \frac{1}{0{,}778} = 1{,}285 \qquad F_{(0{,}95;4;18)} = 2{,}9277$$

Der empirische F-Wert (1,285) ist nicht extremer als der kritische (2,9277), also nicht signifikant, also H_0. Es kann nicht behauptet werden, dass es eine Wechselwirkung zwischen den Stufen der Faktoren A und B gibt.

Tabelle 115 Tafel der Varianzanalyse

Quelle der Variation	QS	df	MQS	F	sig.
Faktor A	18	2	9	1,350	n. s.
Personen innerhalb A	60	9	6,667		
Faktor B	42	2	21	26,992	sig.
Wechselwirkung AB	4	4	1	1,285	n. s.
Residuum	14	18	0,778		
Total	138	35			

2.31 Nordlichter und Lederhosen

a) Disziplin »Spätzle futtern«

Vergleich von Rangplätzen → ordinalskaliert → zwei unabhängige Stichproben → Mann-Whitney-U-Test
Ungerichtete Fragestellung, daher auch ungerichtete (zweiseitige) Hypothesen.

Hypothesen:

H_0: Die Rangplätze sind zwischen Nordlichtern und Lederhosen gleich verteilt. $\eta_N = \eta_L$

H_1: Die Rangplätze sind zwischen Nordlichtern und Lederhosen ungleich verteilt. $\eta_N \neq \eta_L$

In die Berechnung der u-Werte fließen die Rangplatzsummen (rs) ein.

$n_{\text{Nordlichter}} = 7$ $rs_{\text{Nordlichter}} = 59$ $n_{\text{Lederhosen}} = 8$ $rs_{\text{Lederhosen}} = 61$

$$u_1 = n_1 \cdot n_2 + \frac{n_1 \cdot (n_1 + 1)}{2} - rs_1 \quad \text{bzw.} \quad u_2 = n_1 \cdot n_2 + \frac{n_2 \cdot (n_2 + 1)}{2} - rs_2$$

$$u_1 = 7 \cdot 8 + \frac{7 \cdot (7+1)}{2} - 59 \qquad u_2 = 7 \cdot 8 + \frac{8 \cdot (8+1)}{2} - 61$$

$$u_1 = 56 + 28 - 59 = 25 \qquad u_2 = 56 + 36 - 61 = 31$$

Mit dem kleineren Wert geht man nun in Tabelle C.7! In Tabelle C.7 kann als Überschreitungswahrscheinlichkeit abgelesen werden: $p(u = 25) = 0{,}389$. Da die dort angegebenen Überschreitungswahrscheinlichkeiten einseitig sind, hier aber zweiseitige (ungerichtete) Hypothesen vorliegen, muss die Überschreitungswahrscheinlichkeit noch verdoppelt werden.

Von Signifikanz kann gesprochen werden, wenn die Überschreitungswahrscheinlichkeit kleiner als 0,05 (kleiner als 5 %) ist. Das ist hier nicht der Fall, also nicht signifikant, also H_0. Die Rangplätze der Nordlichter und Lederhosen unterscheiden sich bezogen auf die Disziplin »Spätzle futtern« nicht.

Die Disziplin »Spätzle futtern« konnte keine Hinweise liefern, wo die cooleren Studenten leben!

b) Disziplin »im Regen stehen«

Vergleich von Rangplätzen → ordinalskaliert → zwei unabhängige Stichproben → Mann-Whitney-U-Test
Ungerichtete Fragestellung, daher auch ungerichtete (zweiseitige) Hypothesen.

Hypothesen:

H_0: Die Rangplätze sind zwischen Nordlichtern und Lederhosen gleich verteilt. $\eta_N = \eta_L$

H_1: Die Rangplätze sind zwischen Nordlichtern und Lederhosen ungleich verteilt. $\eta_N \neq \eta_L$

In die Berechnung der u-Werte fließen die Rangplatzsummen (rs) ein.

$n_{\text{Nordlichter}} = 7$ $rs_{\text{Nordlichter}} = 41$ $n_{\text{Lederhosen}} = 8$ $rs_{\text{Lederhosen}} = 79$

$$u_1 = n_1 \cdot n_2 + \frac{n_1 \cdot (n_1 + 1)}{2} - rs_1 \quad \text{bzw.} \quad u_2 = n_1 \cdot n_2 + \frac{n_2 \cdot (n_2 + 1)}{2} - rs_2$$

$$u_1 = 7 \cdot 8 + \frac{7 \cdot (7+1)}{2} - 41 \qquad u_2 = 7 \cdot 8 + \frac{8 \cdot (8+1)}{2} - 79$$

$$u_1 = 56 + 28 - 41 = 43 \qquad u_2 = 56 + 36 - 79 = 13$$

Mit dem kleineren Wert geht man nun in Tabelle C.7! In Tabelle C.7 kann als Überschreitungswahrscheinlichkeit abgelesen werden: $p(u = 13) = 0{,}047$. Da die dort angegebenen Überschreitungswahrscheinlichkeiten einseitig sind, hier aber zweiseitige (ungerichtete) Hypothesen vorliegen, muss die Überschreitungswahrscheinlichkeit noch verdoppelt werden.

Von Signifikanz kann gesprochen werden, wenn die Überschreitungswahrscheinlichkeit kleiner als 0,05 (kleiner als 5 %) ist. Das ist hier nicht der Fall, also nicht signifikant, also H_0. Die Rangplätze von Nordlichtern und Lederhosen unterscheiden sich auch dieses Mal nicht. Die Disziplin »im Regen stehen« konnte auch nicht klären, wo die cooleren Studenten leben!

c) Disziplin »Durchhaltevermögen auf der Semesteranfangsparty«

Vergleich von Rangplätzen → ordinalskaliert → zwei unabhängige Stichproben → Mann-Whitney-U-Test

Ungerichtete Fragestellung, daher auch ungerichtete (zweiseitige) Hypothesen

Hypothesen:

H_0: Die Rangplätze sind zwischen Nordlichtern und Lederhosen gleich verteilt. $\eta_N = \eta_L$

H_1: Die Rangplätze sind zwischen Nordlichtern und Lederhosen ungleich verteilt. $\eta_N \neq \eta_L$

In die Berechnung der u-Werte fließen die Rangplatzsummen (rs) ein.

$n_{\text{Nordlichter}} = 6$ $rs_{\text{Nordlichter}} = 35$ $n_{\text{Lederhosen}} = 4$ $rs_{\text{Lederhosen}} = 20$

$$u_1 = n_1 \cdot n_2 + \frac{n_1 \cdot (n_1 + 1)}{2} - rs_1 \quad \text{bzw.} \quad u_2 = n_1 \cdot n_2 + \frac{n_2 \cdot (n_2 + 1)}{2} - rs_2$$

$$u_1 = 6 \cdot 4 + \frac{6 \cdot (6+1)}{2} - 35 \qquad u_2 = 6 \cdot 4 + \frac{4 \cdot (4+1)}{2} - 20$$

$$u_1 = 24 + 21 - 35 = 10 \qquad u_2 = 24 + 10 - 20 = 14$$

Mit dem kleineren Wert geht man nun in Tabelle C.7! In Tabelle C.7 kann als Überschreitungswahrscheinlichkeit abgelesen werden: $p(u = 10) = 0{,}381$. Da die dort angegebenen Überschreitungswahrscheinlichkeiten einseitig sind, hier aber zweiseitige (ungerichtete) Hypothesen vorliegen, muss die Überschreitungswahrscheinlichkeit noch verdoppelt werden.

Von Signifikanz kann gesprochen werden, wenn die Überschreitungswahrscheinlichkeit kleiner als 0,05 (kleiner als 5 %) ist. Das ist hier nicht der Fall, also nicht signifikant, also H_0. Gute Güte! Es muss doch mal signifikant werden!

d) Disziplin »Bleistiftnotizen aus Büchern radieren«

Vergleich von Rangplätzen → ordinalskaliert → zwei unabhängige Stichproben → Mann-Whitney-U-Test
Ungerichtete Fragestellung, daher auch ungerichtete (zweiseitige) Hypothesen.

Hypothesen:

H_0: Die Rangplätze sind zwischen Nordlichtern und Lederhosen gleich verteilt. $\eta_N = \eta_L$

H_1: Die Rangplätze sind zwischen Nordlichtern und Lederhosen ungleich verteilt. $\eta_N \neq \eta_L$

In die Berechnung der u-Werte fließen die Rangplatzsummen (rs) ein.

$n_{\text{Nordlichter}} = 6$ $\quad rs_{\text{Nordlichter}} = 40$ $\quad n_{\text{Lederhosen}} = 4$ $\quad rs_{\text{Lederhosen}} = 15$

$$u_1 = n_1 \cdot n_2 + \frac{n_1 \cdot (n_1 + 1)}{2} - rs_1 \quad \text{bzw.} \quad u_2 = n_1 \cdot n_2 + \frac{n_2 \cdot (n_2 + 1)}{2} - rs_2$$

$$u_1 = 6 \cdot 4 + \frac{6 \cdot (6+1)}{2} - 40 \qquad u_2 = 6 \cdot 4 + \frac{4 \cdot (4+1)}{2} - 15$$

$$u_1 = 24 + 21 - 40 = 5 \qquad u_2 = 24 + 10 - 15 = 19$$

Mit dem kleineren Wert geht man nun in Tabelle C.7! In Tabelle C.7 kann als Überschreitungswahrscheinlichkeit abgelesen werden: $p(u = 5) = 0{,}086$. Da die dort angegebenen Überschreitungswahrscheinlichkeiten einseitig sind, hier aber zweiseitige (ungerichtete) Hypothesen vorliegen, muss die Überschreitungswahrscheinlichkeit noch verdoppelt werden.

Von Signifikanz kann gesprochen werden, wenn die Überschreitungswahrscheinlichkeit kleiner als 0,05 (kleiner als 5 %) ist. Das ist hier nicht der Fall, also nicht signifikant, also H_0. Sapperlot! Schiet! Anscheinend gibt es keine Unterschiede zwischen Nordlichtern und Lederhosen!

2.32 Auf Gleis 4 hat Einfahrt …

Zuerst sollte man alles herausschreiben.

$$p(\text{Böschungsbrand}) = \frac{3}{24} = \frac{1}{8} = 0{,}125 = p(BB)$$

$$p(\text{Änderung Wagenreihung}) = \frac{18}{24} = \frac{3}{4} = 0{,}75 = p(\ddot{A}W)$$

$$p(\text{verpasster Anschluss}) = \frac{4}{24} = \frac{1}{6} = 0{,}167 = p(VA)$$

$$p(\text{geschlossenes Bistro}) = \frac{6}{24} = \frac{1}{4} = 0{,}25 = p(GB)$$

$$p(\text{Gespräche hören}) = \frac{12}{24} = \frac{1}{2} = 0{,}5 = p(GH)$$

a) Wie hoch ist die Wahrscheinlichkeit dafür, dass auf der Strecke Holtzhausen am Errl nach Erfurt ein Böschungsbrand und ein geschlossenes Bordbistro auftreten?

$$p(BB\,\text{und}\,GB) = p(BB)\cdot p(GB) = 0{,}125\cdot 0{,}25 = 0{,}03125$$

b) Wie hoch ist die Wahrscheinlichkeit dafür, dass zusätzlich zum Böschungsbrand und dem geschlossenen Bordbistro auch noch der Anschlusszug verpasst wird?

$$p(BB\wedge GB\wedge VA) = p(BB)\cdot p(GB)\cdot p(VA) = 0{,}125\cdot 0{,}25\cdot 0{,}167 = 0{,}0052$$

c) Wie hoch ist die Wahrscheinlichkeit dafür, dass eine geänderte Wagenreihung und zu intime Gespräche der Mitreisenden auftreten?

$$p(\ddot{A}W\wedge GH) = p(\ddot{A}W)\cdot p(GH) = 0{,}75\cdot 0{,}5 = 0{,}375$$

d) Wie hoch ist die Wahrscheinlichkeit für eine Vollkatastrophe (Böschungsbrand, Wagenreihung, Anschlusszüge, Bordbistro und intime Gespräche)?

$$p(BB\wedge \ddot{A}W\wedge VA\wedge GB\wedge GH) = p(BB)\cdot p(\ddot{A}W)\cdot p(VA)\cdot p(GB)\cdot p(GH)$$
$$= 0{,}125\cdot 0{,}75\cdot 0{,}167\cdot 0{,}25\cdot 0{,}5 = 0{,}0020$$

e) Wäre es statistisch bedeutsam, wenn einmal alles glatt geht?

$$p(\text{kein Böschungsbrand}) = \frac{21}{24} = 0{,}875$$

$$p(\text{keine Änderung Wagenreihung}) = \frac{6}{24} = 0{,}25$$

$$p(\text{kein verpasster Anschluss}) = \frac{20}{24} = 0{,}833$$

$$p(\text{kein geschlossenes Bistro}) = \frac{18}{24} = 0{,}75$$

$$p(\text{keine Gespräche hören}) = \frac{12}{24} = 0{,}5$$

$$p(\text{alles klappt}) = 0{,}875\cdot 0{,}25\cdot 0{,}833\cdot 0{,}75\cdot 0{,}5 = 0{,}0683$$

Tja, statistisch bedeutsam hieße, die Wahrscheinlichkeit für Zufall ist kleiner als 0,05. Das ist hier nicht der Fall!

2.33 Schadenfreude und die Angst vor Fehlern

Zur Überprüfung, ob ein statistisch bedeutsamer Zusammenhang besteht, verwendet man hier den t-Test für Korrelationen. Doch zuvor muss man Hypothesen aufstellen!

t-Test für Korrelationen

Als Hypothesen schreibt man:

H_0: Es besteht kein positiver Zusammenhang zwischen »Schadenfreude« und »Angst vor Fehlern«. $\rho \leq 0$

H_1: Es besteht ein positiver Zusammenhang zwischen »Schadenfreude« und »Angst vor Fehlern«. $\rho > 0$

Hier errechnet sich:

$$t = \frac{r \cdot \sqrt{n-2}}{\sqrt{1-r^2}} = \frac{0{,}6 \cdot \sqrt{16}}{\sqrt{1-0{,}36}} = \frac{0{,}6 \cdot 4}{\sqrt{0{,}64}} = \frac{2{,}4}{0{,}8} = 3 \qquad df = 18 - 2 = 16$$

Tabelle C.2 ist einseitig ausgerichtet, die Hypothesen sind ebenfalls einseitig (gerichtet). So schaut man in der Tabelle bei einer Fläche von 0,95 und 16 Freiheitsgraden nach dem kritischen t-Wert: $t_{(0{,}95;16)} = 1{,}746$.

Der empirisch ermittelte t-Wert ist extremer als der kritische, also signifikant. Man entscheidet sich für die H_1. Unter Berücksichtigung einer Irrtumswahrscheinlichkeit von 5 % kann behauptet werden, dass zwischen »Schadenfreude« und »Angst vor Fehlern« eine positive Korrelation besteht.

2.34 Josy und der BDI

a) Bitte berechnen Sie den Standardmessfehler *SMF* (S_ε)!

Der Standardmessfehler (*SMF*, S_ε) ist definiert als

$$SMF = S_x \cdot \sqrt{1 - \text{Reliabilität}} = 2 \cdot \sqrt{1 - 0{,}78} = 2 \cdot \sqrt{0{,}22} = 0{,}938$$

b) Bitte berechnen Sie die kritische Differenz (95 %)!

Die kritische Differenz ($Diff_{krit}$) ist definiert als

$$Diff_{krit} = z_{\alpha/2} \cdot S_x \cdot \sqrt{(1\text{-Reliabilität}_{\text{Test 1}}) + (1\text{-Reliabilität}_{\text{Test 2}})}$$

Über den z-Wert in der Formel kann die Größe der kritischen Differenz verändert werden (z. B. 90 %, 95 %).

Für eine 95 % kritische Differenz wird der z-Wert $z = 1{,}96$ verwendet.

$$Diff_{krit} = 1{,}96 \cdot 2 \cdot \sqrt{(1\text{-}0{,}78) + (1\text{-}0{,}78)} = 3{,}92 \cdot \sqrt{0{,}44} = 2{,}60$$

Wir können Josy B. beruhigen! Die empirische Differenz von 4 Punkten ist größer als die kritische Differenz, d. h. der Unterschied zwischen den beiden Messwerten ist eher nicht auf die mangelnde Zuverlässigkeit/Genauigkeit des BDI-2 zurückzuführen, sondern eher auf ihre gute Arbeit!

2.35 Die Bahnhofskneipe »Zur Pfütze«

a) Formeln für Einfachregression

$$\hat{Y} = b_0 + b_1 \cdot X$$

$$b_1 = r_{XY} \cdot \frac{s_Y}{s_X} = \frac{s_{XY}}{s_X^2} = \frac{n \cdot \sum_{m=1}^{n} x_m \cdot y_m - \sum_{m=1}^{n} x_m \cdot \sum_{m=1}^{n} y_m}{n \cdot \sum_{m=1}^{n} x_m^2 - \left(\sum_{m=1}^{n} x_m\right)^2} \qquad b_0 = \bar{y} - b_1 \cdot \bar{x}$$

Regressionsgleichung: $\hat{y} = 0{,}696 + 1{,}456 \cdot x_m$

$$\hat{y}_{(X=10)} = 0{,}696 + 1{,}456 \cdot 10 = 0{,}696 + 14{,}56 = 15{,}256$$

Zur Berechnung sei: x = Woche, y = verkauftes Bier

Tabelle 116 Werte für die Berechnung der Einfachregression

	x	$(x-\bar{x})^2$	y	$(y-\bar{y})^2$	$(x-\bar{x})\cdot(y-\bar{y})$	x^2	y^2	$x \cdot y$
	1	20,25	3	4,84	9,9	1	9	3
	2	12,25	4	1,44	4,2	4	16	8
	3	6,25	4	1,44	3,0	9	16	12
	4	2,25	5	0,04	0,3	16	25	20
	5	0,25	4	1,44	0,6	25	16	20
	6	0,25	6	0,64	0,4	36	36	36
	7	2,25	5	0,04	-0,3	49	25	35
	8	6,25	7	3,24	4,5	64	49	56
	9	12,25	6	0,64	2,8	81	36	54
	10	20,25	8	7,84	12,6	100	64	80
Summe	55	82,5	52	21,6	38	385	292	324

$$\bar{x} = \frac{\sum_{m=1}^{n} x_m}{n} = \frac{55}{10} = 5{,}5 \qquad \bar{y} = \frac{\sum_{m=1}^{n} y_m}{n} = \frac{52}{10} = 5{,}2$$

$$s_X^2 = \frac{\sum_{m=1}^{n}(x_m - \bar{x})^2}{n} = \frac{82,5}{10} = 8,25 \qquad s_Y^2 = \frac{\sum_{m=1}^{n}(y_m - \bar{y})^2}{n} = \frac{21,6}{10} = 2,16$$

$$s_X = \sqrt{s_X^2} = \sqrt{8,25} = 2,872 \qquad s_Y = \sqrt{s_Y^2} = \sqrt{2,16} = 1,470$$

$$s_{XY} = \frac{\sum_{m=1}^{n}(x_m - \bar{x})\cdot(y_m - \bar{y})}{n} = \frac{38}{10} = 3,8$$

$$b_1 = \frac{s_{XY}}{s_X^2} = \frac{3,8}{8,25} = 0,461 \qquad b_0 = \bar{y} - b_1 \cdot \bar{x} = 5,2 - 0,461 \cdot 5,5 = 2,66$$

$$b_1 = \frac{n \cdot \sum_{m=1}^{n} x_m \cdot y_m - \sum_{m=1}^{n} x_m \cdot \sum_{m=1}^{n} y_m}{n \cdot \sum_{m=1}^{n} x_m^2 - \left(\sum_{m=1}^{n} x_m\right)^2} = \frac{10 \cdot 324 - 55 \cdot 52}{10 \cdot 385 - 55^2} = \frac{3240 - 2860}{3850 - 3025} = \frac{380}{825} = 0,461$$

Regressionsgleichung: $\hat{y}_m = 2,66 + 0,461 \cdot x_m$

b) 20. Woche → $x = 20$

$\hat{y}_{(X=20)} = 2,66 + 0,461 \cdot 20 = 2,66 + 9,22 = 11,88$

Tabelle 117 Werte für die Berechnung des Konfidenzintervalls

	y	$\hat{y}$	$(y - \hat{y})^2$
	3	3,121	0,015
	4	3,582	0,175
	4	4,043	0,002
	5	4,504	0,246
	4	4,965	0,931
	6	5,426	0,329
	5	5,887	0,787
	7	6,348	0,425
	6	6,809	0,654
	8	7,27	0,533
Summe	52	51,955	4,097

Formeln für das Konfidenzintervall

$$\hat{y}_0 \pm t_{\left(1-\frac{\alpha}{2};n-2\right)} \cdot \hat{\sigma}_{\hat{Y}_0} \qquad \hat{\sigma}_{\hat{Y}_0} = \hat{\sigma}_\varepsilon \cdot \sqrt{1+\frac{1}{n}+\frac{(x_0-\bar{x})^2}{n \cdot s_X^2}} \qquad \hat{\sigma}_\varepsilon = \sqrt{\frac{\sum_{m=1}^{n}(y_m-\hat{y}_m)^2}{n-2}}$$

$$\hat{\sigma}_\varepsilon = \sqrt{\frac{\sum_{m=1}^{n}(y_m-\hat{y}_m)^2}{n-2}} = \sqrt{\frac{4{,}097}{8}} = \sqrt{0{,}512} = 0{,}716$$

$$\hat{\sigma}_{\hat{Y}_0} = \hat{\sigma}_\varepsilon \cdot \sqrt{1+\frac{1}{n}+\frac{(x_0-\bar{x})^2}{n \cdot s_X^2}} = 0{,}716 \cdot \sqrt{1+0{,}1+\frac{(20-5{,}5)^2}{10 \cdot 8{,}25}} = 0{,}716 \cdot \sqrt{1{,}1+\frac{210{,}25}{82{,}5}}$$

$$\hat{\sigma}_{\hat{Y}_0} = 0{,}716 \cdot \sqrt{3{,}648} = 1{,}368$$

$$\hat{y}_0 \pm t_{\left(1-\frac{\alpha}{2};n-2\right)} \cdot \hat{\sigma}_{\hat{Y}_0} \qquad \hat{y}_0 \pm 2{,}306 \cdot 1{,}368 \qquad \hat{y}_0 \pm 3{,}155$$

Untergrenze: $11{,}88-3{,}155 = 8{,}725$ Obergrenze: $11{,}88+3{,}155 = 15{,}035$

Mit einer Wahrscheinlichkeit von 95 % befindet sich der geschätzte wahre Wert für »Verkauftes Bier« in der 20. Woche in dem Bereich von 8,725 bis 15,035.

c) Regressionsgleichung

$$b_1 = \frac{s_{XY}}{s_X^2} = \frac{3{,}8}{2{,}16} = 1{,}759 \qquad b_0 = \bar{x} - b_1 \cdot \bar{y} = 5{,}5-1{,}759 \cdot 5{,}2 = -3{,}647$$

$$b_1 = \frac{n \cdot \sum_{m=1}^{n} x_m \cdot y_m - \sum_{m=1}^{n} x_m \cdot \sum_{m=1}^{n} y_m}{n \cdot \sum_{m=1}^{n} x_m^2 - \left(\sum_{m=1}^{n} x_m\right)^2} = \frac{10 \cdot 324 - 55 \cdot 52}{10 \cdot 292 - 52^2} = \frac{3240-2860}{2920-2704} = \frac{380}{216} = 1{,}759$$

Regressionsgleichung: $\hat{x}_m = -3{,}647+1{,}759 \cdot y_m$

d) 4.000 Liter → Einheit in 100 Litern: $y = 40$

$$\hat{x}_{(Y=40)} = -3{,}647+1{,}759 \cdot 40 = -3{,}647+70{,}36 = 66{,}713$$

Unser Wirt Alex kann darauf hoffen – wenn alles so weitergeht –, ab der 67. Woche die Sonderkonditionen zu erhalten. Drücken wir ihm die Daumen!

2.36 ADHS-Screening

Sensitivität meint die Wahrscheinlichkeit eines auffälligen (positiven) Testergebnisses bei tatsächlich auffälligen Personen; bezogen auf Tabelle 118 also

$$Sensitivität = \frac{d}{b+d}$$

Spezifität meint die Wahrscheinlichkeit eines unauffälligen (negativen) Testergebnisses bei tatsächlich unauffälligen Personen; bezogen auf Tabelle 118 also

$$Spezifität = \frac{a}{a+c}$$

Tabelle 118 Vierfeldertafel zur Erfassung der Güte einer Diagnostik

		Tatsächlich ist eine Person	
		unauffällig	**auffällig**
Nach dem Testergebnis wird eine Person klassifiziert als	**unauffällig (neg. Test)**	richtig a	falsch negativ b
	auffällig (pos. Test)	falsch positiv c	richtig d

a) Bitte bestimmen Sie für die Schwellenwerte 5,5, 6,5 und 7,5 jeweils Spezifität und Sensitivität!

Tabelle 119 Klassifizierungen bei einem Schwellenwert 5,5

Schwellenwert 5,5		**Diagnose Kind**	
		gesund	**ADHS**
Nach dem Testergebnis wird das Kind klassifiziert als	**gesund (Wert‹5,5)**	15 a	3 b
	ADHS (Wert›5,5)	5 c	17 d

$$Sensitivität = \frac{17}{3+17} = 0{,}85 \qquad Spezifität = \frac{15}{15+5} = 0{,}75$$

Tabelle 120 Klassifizierungen bei einem Schwellenwert 6,5

Schwellenwert 6,5		**Diagnose Kind**	
		gesund	**ADHS**
Nach dem Testergebnis wird das Kind klassifiziert als	**gesund (Wert<6,5)**	18 a	8 b
	ADHS (Wert>6,5)	2 c	12 d

$$Sensitivität = \frac{12}{8+12} = 0{,}60 \qquad Spezifität = \frac{18}{18+2} = 0{,}90$$

Tabelle 121 Klassifizierungen bei einem Schwellenwert 7,5

Schwellenwert 7,5		**Diagnose Kind**	
		gesund	**ADHS**
Nach dem Testergebnis wird das Kind klassifiziert als	**gesund (Wert<7,5)**	20 a	13 b
	ADHS (Wert>7,5)	0 c	7 d

$$Sensitivität = \frac{7}{13+7} = 0{,}35 \qquad Spezifität = \frac{20}{20+0} = 1{,}00$$

b) Bitte tragen Sie die Werte für die Schwellenwerte 5,5, 6,5 und 7,5 in die folgende Abbildung ein und zeichnen Sie die ROC-Kurve.

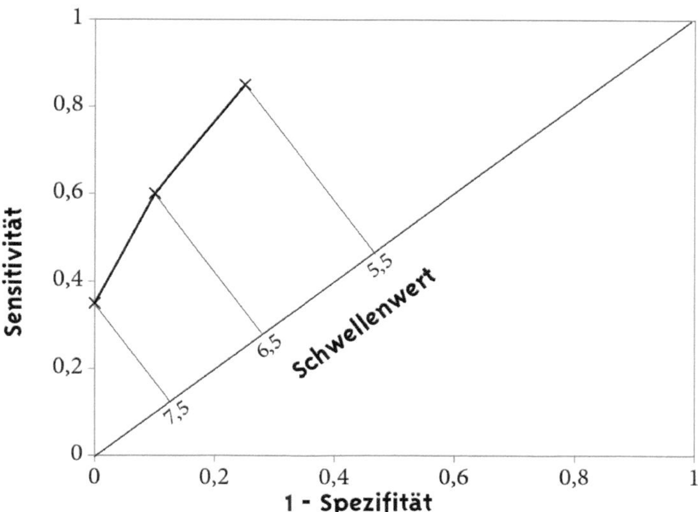

Abbildung 6 ROC-Kurve

2.37 Intrinsische Motivation und Leistung

a) Die Variablen »Grad an intrinsischer Motivation« und »Punktzahl in einer Leistungsbeurteilung« sind intervallskaliert. Aus diesem Grund rechnet man nun eine Produkt-Moment-Korrelation.

Für die Berechnung sei:

x = Grad an intrinsischer Motivation

y = Punktzahl in einer Leistungsbeurteilung

$$r_{XY} = \frac{s_{XY}}{s_X \cdot s_Y} = \frac{n \cdot \sum_{m=1}^{n} (x_m \cdot y_m) - \left(\sum_{m=1}^{n} x_m\right) \cdot \left(\sum_{m=1}^{n} y_m\right)}{\sqrt{\left[n \cdot \sum_{m=1}^{n} x_m^2 - \left(\sum_{m=1}^{n} x_m\right)^2\right] \cdot \left[n \cdot \sum_{m=1}^{n} y_m^2 - \left(\sum_{m=1}^{n} y_m\right)^2\right]}}$$

Tabelle 122 Berechnung der Formelelemente der Produkt-Moment-Korrelation »Grad an intrinsischer Motivation« und »Punktzahl in einer Leistungsbeurteilung«

x	y	$(x-\bar{x})^2$	$(y-\bar{y})^2$	$(x-\bar{x})\cdot(y-\bar{y})$	x^2	y^2	$x\cdot y$
2	2	18,762	62,679	34,304	4	4	4
2	5	18,762	24,177	21,305	4	25	10
4	7	5,436	8,509	6,805	16	49	28
7	17	0,447	50,169	4,724	49	289	119
9	15	7,121	25,837	13,556	81	225	135
9	13	7,121	9,505	8,222	81	169	117
10	13	13,458	9,505	11,305	100	169	130
10	17	13,458	50,169	25,973	100	289	170
4	6	5,436	15,343	9,138	16	36	24
8	8	2,784	3,675	-3,196	64	64	64
8	12	2,784	4,339	3,472	64	144	96
3	4	11,099	35,011	19,721	9	16	12
Σ=76	119	106,67	298,92	155,33	588	1479	909

$n = 12$

$$\bar{x} = \frac{\sum_{m=1}^{n} x_m}{n} = \frac{76}{12} = 6{,}333 \qquad \bar{y} = \frac{\sum_{m=1}^{n} y_m}{n} = \frac{119}{12} = 9{,}917$$

$$s_X^2 = \frac{\sum_{m=1}^{n} (x_m - \bar{x})^2}{n} = \frac{106{,}67}{12} = 8{,}889 \qquad s_Y^2 = \frac{\sum_{m=1}^{n} (y_m - \bar{y})^2}{n} = \frac{298{,}92}{12} = 24{,}91$$

$$s_X = \sqrt{s_X^2} = \sqrt{8{,}889} = 2{,}981 \qquad s_Y = \sqrt{s_Y^2} = \sqrt{24{,}91} = 4{,}99$$

$$s_{XY} = \frac{\sum_{m=1}^{n} (x_m - \bar{x})\cdot(y_m - \bar{y})}{n} = \frac{155{,}33}{12} = 12{,}944$$

$$r_{XY} = \frac{s_{XY}}{s_X \cdot s_Y} = \frac{12{,}944}{2{,}981 \cdot 4{,}99} = 0{,}87 \qquad r_{XY}^2 = r \cdot r = 0{,}87 \cdot 0{,}87 = 0{,}757$$

$$r_{XY} = \frac{12 \cdot 909 - 76 \cdot 119}{\sqrt{[12 \cdot 588 - 76^2] \cdot [12 \cdot 1479 - 119^2]}} = \frac{10908 - 9044}{\sqrt{[7056 - 5776] \cdot [17748 - 14161]}}$$

$$r_{XY} = \frac{1864}{\sqrt{1280 \cdot 3587}} = \frac{1864}{2142{,}75} = 0{,}87$$

Ja, es besteht ein hoher positiver Zusammenhang zwischen den Variablen »Grad an intrinsischer Motivation« und »Punktzahl in einer Leistungsbeurteilung«. Die gemeinsame Varianz beträgt 75,7 %.

b) Um zu überprüfen, ob die Korrelation signifikant (also statistisch bedeutsam) ist, wendet man den t-Test für Korrelationen an.

$$t = \frac{r \cdot \sqrt{n-2}}{\sqrt{1-r^2}} \qquad df = n-2$$

Als Hypothesen schreibt man:

H_0: Es gibt keinen Zusammenhang zwischen dem Grad an intrinsischer Motivation und der Punktzahl in der Leistungsbeurteilung. $\rho = 0$

H_1: Es gibt einen Zusammenhang zwischen dem Grad an intrinsischer Motivation und der Punktzahl in der Leistungsbeurteilung. $\rho \neq 0$

Hier errechnet sich:

$$t = \frac{0{,}87 \cdot \sqrt{12-2}}{\sqrt{1-0{,}87^2}} = \frac{0{,}87 \cdot 3{,}1623}{\sqrt{0{,}2431}} = \frac{2{,}751}{0{,}493} = 5{,}58 \qquad df = 12\text{-}2 = 10$$

Diesen berechneten empirischen t-Wert vergleicht man nun mit dem kritischen t-Wert in Tabelle C.2.

Die Tabelle ist einseitig ausgerichtet und es wurden zweiseitige Hypothesen formuliert, das bedeutet, dass man bei einer Fläche von 0,975 nachschaut: $t_{(0{,}975;10)} = 2{,}228$.

Der empirische t-Wert ist extremer als der kritische, also signifikant. Wir entscheiden uns für die H_1.

Mit einer Irrtumswahrscheinlichkeit von 5 % kann behauptet werden, dass es einen Zusammenhang zwischen den Variablen »Grad an intrinsischer Motivation« und »Punktzahl in einer Leistungsbeurteilung« gibt.

c) Um diese Aufgabe zu lösen, wendet man die Einfachregression an.

Formeln:

$$\hat{Y} = b_0 + b_1 \cdot X$$

$$b_1 = r_{XY} \cdot \frac{s_Y}{s_X} = \frac{s_{XY}}{s_X^2} \qquad b_0 = \bar{y} - b_1 \cdot \bar{x}$$

$$b_1 = \frac{s_{XY}}{s_X^2} = \frac{12{,}944}{8{,}889} = 1{,}456 \qquad b_0 = 9{,}917 - 1{,}456 \cdot 6{,}333 = 0{,}696$$

Andere Formel für b_1:

$$b_1 = \frac{n \cdot \sum_{m=1}^{n} x_m \cdot y_m - \sum_{m=1}^{n} x_m \cdot \sum_{m=1}^{n} y_m}{n \cdot \sum_{m=1}^{n} x_m^2 - \left(\sum_{m=1}^{n} x_m\right)^2} = \frac{12 \cdot 909 - 76 \cdot 119}{12 \cdot 588 - 76^2} = \frac{10908 - 9044}{7056 - 5776} = \frac{1864}{1280}$$

$$b_1 = 1{,}456$$

Regressionsgleichung: $\hat{y} = 0{,}696 + 1{,}456 \cdot x_m$

$\hat{y}_{(X=10)} = 0{,}696 + 1{,}456 \cdot 10 = 0{,}696 + 14{,}56 = 15{,}256$

Man kann für eine Person, die einen Grad an intrinsischer Motivation von 10 hat, eine Punktzahl von 15,256 im Leistungstest schätzen.

d) Deskriptive Kennwerte »Grad an intrinsischer Motivation«:

Tabelle 123 Hilfstabelle für »Grad an intrinsischer Motivation«

Frauen			Männer		
x	$(x-\bar{x})^2$	x^2	x	$(x-\bar{x})^2$	x^2
2	27,04	4	2	13,794	4
7	0,04	49	4	2,938	16
9	3,24	81	9	10,798	81
10	7,84	100	10	18,370	100
8	0,64	64	4	2,938	16
			8	5,226	64
			3	7,366	9
Σ=36	38,8	298	40	61,43	290

Frauen

$$\bar{x} = \frac{\sum_{m=1}^{n} x_m}{n} = \frac{36}{5} = 7{,}2$$

Männer

$$\bar{x} = \frac{\sum_{m=1}^{n} x_m}{n} = \frac{40}{7} = 5{,}714$$

Frauen

$$s_X^2 = \frac{\sum_{m=1}^{n} (x_m - \bar{x})^2}{n} = \frac{38{,}8}{5} = 7{,}76$$

$$s_X = \sqrt{s_X^2} = \sqrt{7{,}76} = 2{,}786$$

Männer

$$s_X^2 = \frac{\sum_{m=1}^{n} (x_m - \bar{x})^2}{n} = \frac{61{,}73}{7} = 8{,}776$$

$$s_X = \sqrt{s_X^2} = \sqrt{8{,}776} = 2{,}962$$

e) Nun zum 95 %-Konfidenzintervall für die Variable »Punktzahl in einer Leistungsbeurteilung« bei einem Wert von 10 für »Grad an intrinsischer Motivation«.
$\hat{y}_{(X=10)} = 15{,}256$

Formeln für das Konfidenzintervall

$$\hat{y}_0 \pm t_{\left(1-\frac{\alpha}{2};n-2\right)} \cdot \hat{\sigma}_{\hat{Y}_0} \qquad \hat{\sigma}_{\hat{Y}_0} = \hat{\sigma}_\varepsilon \cdot \sqrt{1+\frac{1}{n}+\frac{(x_0-\bar{x})^2}{n \cdot s_X^2}} \qquad \hat{\sigma}_\varepsilon = \sqrt{\frac{\sum_{m=1}^{n}(y_m-\hat{y}_m)^2}{n-2}}$$

Tabelle 124 Werte für die Berechnung des Konfidenzintervalls

	y	$\hat{y}$	$(y-\hat{y})^2$
	2	3,608	2,586
	5	3,608	1,938
	7	6,52	0,230
	17	10,888	37,357
	15	13,8	1,440
	13	13,8	0,640
	13	15,256	5,090
	17	15,256	3,042
	6	6,52	0,270
	8	12,344	18,870
	12	12,344	0,118
	4	5,064	1,132
Summe			72,713

$$\hat{\sigma}_\varepsilon = \sqrt{\frac{\sum_{m=1}^{n}(y_m-\hat{y}_m)^2}{n-2}} = \sqrt{\frac{72{,}713}{10}} = \sqrt{7{,}2713} = 2{,}697$$

$$\hat{\sigma}_{\hat{Y}_0} = \hat{\sigma}_\varepsilon \cdot \sqrt{1+\frac{1}{n}+\frac{(x_0-\bar{x})^2}{n \cdot s_X^2}} = 2{,}697 \cdot \sqrt{1+0{,}083+\frac{(10-6{,}333)^2}{12 \cdot 8{,}889}}$$

$$\hat{\sigma}_{\hat{Y}_0} = 2{,}697 \cdot \sqrt{1{,}083+\frac{13{,}447}{106{,}668}} = 2{,}697 \cdot \sqrt{1{,}209} = 2{,}965$$

$$\hat{y}_0 \pm t_{\left(1-\frac{\alpha}{2};n-2\right)} \cdot \hat{\sigma}_{\hat{Y}_0} \qquad \hat{y}_0 \pm 2{,}2281 \cdot 2{,}965 \qquad \hat{y}_0 \pm 6{,}606$$

Untergrenze: $15{,}256 - 6{,}606 = 8{,}65$ Obergrenze: $15{,}256 + 6{,}606 = 21{,}862$

Mit einer Wahrscheinlichkeit von 95 % erreicht eine Person mit einem Grad an intrinsischer Motivation von 10 zwischen 8,65 und 21,862 Punkte in einer Leistungsbeurteilung.

f) Um die Frage zu beantworten, muss man einen t-Test für unabhängige Stichproben rechnen, da man auf Unterschiede prüfen möchte. Vorher muss man aber einen F-Test durchführen, um zu wissen, ob man diesen t-Test für homogene Varianzen oder für heterogene Varianzen berechnen muss.

F-Test

Hypothesen:

H_0: Die Varianzen sind gleich (homogen). $\sigma_F^2 = \sigma_M^2$

H_1: Die Varianzen sind ungleich (heterogen). $\sigma_F^2 \neq \sigma_M^2$

Die Formeln:

$$\hat{\sigma}^2 = s^2 \cdot \frac{n}{n-1} \qquad \hat{\sigma}^2_{Frauen} = 7{,}76 \cdot \frac{5}{4} = 9{,}7 \qquad \hat{\sigma}^2_{Männer} = 8{,}776 \cdot \frac{7}{6} = 10{,}239$$

Beim F-Test wird immer die größere Varianz auf den Bruchstrich (in den Zähler) gesetzt, die kleinere Varianz unter den Bruchstrich (in den Nenner).

$$F = \frac{\hat{\sigma}_1^2}{\hat{\sigma}_2^2} = \frac{10{,}239}{9{,}7} = 1{,}056$$

Diesen empirischen F-Wert muss man nun mit dem kritischen F-Wert vergleichen. Dazu benötigt man Zähler- und Nenner-Freiheitsgrade. Im Zähler steht die Varianz der Männer mit $n = 7$, daraus folgt dann $df_{\text{Zähler}} = 6$; im Nenner steht die Varianz der Frauen mit $n = 5$, daraus folgt dann $df_{\text{Nenner}} = 4$. Mit diesen beiden Freiheitsgraden geht man nun in Tabelle C.6 und schlägt dort für $\alpha = 0{,}10$ (zweiseitig) den kritischen F-Wert nach: $F_{(0{,}95;\,6;\,4)} = 6{,}1631$.

Da der empirische F-Wert kleiner als der kritische F-Wert ist, handelt es sich nicht um ein signifikantes Ergebnis, man entscheidet sich also für H_0, d. h. die Varianzen sind gleich (homogen).

Da die Varianzen homogen sind, muss der t-Test für homogene Varianzen herangezogen werden.

t-Test für homogene Varianzen

Hypothesen:

H_0: Frauen und Männer unterscheiden sich hinsichtlich des »Grades an intrinsischer Motivation« nicht voneinander. $\mu_F = \mu_M$

H_1: Frauen und Männer unterscheiden sich hinsichtlich des »Grades an intrinsischer Motivation« voneinander. $\mu_F \neq \mu_M$

$$t = \frac{\bar{x}_1 - \bar{x}_2}{\hat{\sigma}_{\bar{X}_1 - \bar{X}_2}} \qquad \hat{\sigma}_{\bar{X}_1 - \bar{X}_2} = \sqrt{\frac{\hat{\sigma}_1^2 \cdot (n_1 - 1) + \hat{\sigma}_2^2 \cdot (n_2 - 1)}{(n_1 - 1) + (n_2 - 1)} \cdot \left(\frac{1}{n_1} + \frac{1}{n_2}\right)} \qquad df = n_1 + n_2 - 2$$

$$\hat{\sigma}_{\bar{X}_1 - \bar{X}_2} = \sqrt{\frac{9{,}7 \cdot 4 + 10{,}239 \cdot 6}{(5-1)+(7-1)} \cdot \left(\frac{1}{5} + \frac{1}{7}\right)} = \sqrt{\frac{38{,}8 + 61{,}434}{10} \cdot 0{,}343} = \sqrt{3{,}438} = 1{,}854$$

$$t = \frac{7{,}2 - 5{,}714}{1{,}854} = \frac{1{,}486}{1{,}854} = 0{,}802 \qquad df = 10$$

Als kritischen t-Wert kann man in Tabelle C.2 ablesen: $t_{(0{,}975;\,10)} = 2{,}2281$.

Der empirische t-Wert ist nicht extremer als der kritische t-Wert, also nicht signifikant. Man entscheidet sich für die H_0. Es besteht kein signifikanter Unterschied. Männer und Frauen unterscheiden sich nicht signifikant voneinander hinsichtlich des Grades an intrinsischer Motivation.

2.38 Statistik verstehen

$$p(\textit{verstehen}) = 0{,}8 \quad p(\textit{nicht verstehen}) = q = 0{,}2 \quad n = 25$$

$$\textit{Binomialformel: } p(k) = \binom{n}{k} \cdot p^k \cdot q^{n-k} = \frac{n!}{k! \cdot (n-k)!} \cdot p^k \cdot q^{n-k}$$

a) alle → $k = 25$

$$p(k{=}25) = \frac{25!}{25! \cdot (25-25)!} \cdot 0{,}8^{25} \cdot 0{,}2^{25-25}$$

$$= \frac{25!}{25! \cdot (25-25)!} \cdot 0{,}0038 \cdot 1 = 0{,}0038$$

(Achtung: $0! = 1$)

Die Wahrscheinlichkeit dafür, dass alle 25 Personen den Unterricht verstehen, beträgt 0,38 %.

b) keine → $k = 0$

$$p(k{=}0) = \frac{25!}{0! \cdot (25-0)!} \cdot 0{,}8^0 \cdot 0{,}2^{25-0}$$

$$= \frac{25!}{1 \cdot 25!} \cdot 1 \cdot 0{,}00000000000000000033554432$$

$$= 0{,}00000000000000000033554432$$

Die Wahrscheinlichkeit dafür, dass keine der 25 Personen den Unterricht versteht, ist verschwindend gering (nahe Null).

2.39 Was weißt denn du von Liebe?

Tabelle 125 Beobachtete Häufigkeiten »Was weißt denn du von Liebe?«

	Silbenanzahl des Vornamens					
Partnerschaft	**1**	**2**	**3**	**4**	**5**	**gesamt**
ja	20	210	160	170	40	600
nein	30	120	90	90	70	400
gesamt	50	330	250	260	110	1000

Hier geht es um Häufigkeiten. Als erster Gedanke kommt der Chi^2-Test in den Sinn, da dieser Test beobachtete und erwartete Häufigkeiten miteinander in Beziehung setzt. Beobachtete Häufigkeiten sind gegeben, aber was sind die erwarteten Häufigkeiten? Da hier nichts weiter gegeben ist (Prozentangaben oder Ähnliches), müssen sich die erwarteten Häufigkeiten über die Randsummen errechnen (bei Annahme einer stochastischen Unabhängigkeit). Na dann:

$$p(\text{Partner ja UND Silben}=1) = p(\text{Partner ja}) \cdot p(\text{Silben}=1)$$
$$p = \frac{600}{1000} \cdot \frac{50}{1000} = \frac{30}{1000} = 0{,}03$$

d. h. 30 Personen sind zu erwarten.

$$p(\text{Partner ja UND Silben}=2) = p(\text{Partner ja}) \cdot p(\text{Silben}=2)$$
$$p = \frac{600}{1000} \cdot \frac{330}{1000} = 0{,}198$$

d. h. 198 Personen sind zu erwarten.

$$p(\text{Partner ja UND Silben}=3) = p(\text{Partner ja}) \cdot p(\text{Silben}=3)$$
$$p = \frac{600}{1000} \cdot \frac{250}{1000} = 0{,}15$$

d. h. 150 Personen sind zu erwarten.

$$p(\text{Partner ja UND Silben}=4) = p(\text{Partner ja}) \cdot p(\text{Silben}=4)$$
$$p = \frac{600}{1000} \cdot \frac{260}{1000} = 0{,}165$$

d. h. 156 Personen sind zu erwarten.

Mit diesen Zahlen lässt sich problemlos der Rest der Tabelle vervollständigen. Hieraus ergibt sich auch die Anzahl der Freiheitsgrade: $df = 4$.

Tabelle 126 Erwartete Häufigkeiten »Was weißt denn du von Liebe«

Partnerschaft	Silbenanzahl des Vornamens 1	2	3	4	5	gesamt
ja	30	198	150	156	66	600
nein	20	132	100	104	44	400
gesamt	50	330	250	260	110	1000

Hypothesen:

H_0: Die beobachteten Werte sind gleich (entsprechen) den erwarteten. $\pi_{ij} = \pi_i \cdot \pi_j$

H_1: Die beobachteten Werte sind ungleich (unterscheiden sich von) den erwarteten. $\pi_{ij} \neq \pi_i \cdot \pi_j$

Die erwarteten Werte berechnen sich nach folgender Formel:

$$e_{ij} = n \cdot \frac{n_{i\bullet}}{n} \cdot \frac{n_{\bullet j}}{n} = \frac{n_{i\bullet} \cdot n_{\bullet j}}{n}$$

$$\chi^2 = \sum_{i=1}^{k} \frac{(n_i - e_i)^2}{e_i}$$

$$\chi^2 = \frac{(20-30)^2}{30} + \frac{(210-198)^2}{198} + \frac{(160-150)^2}{150} + \frac{(170-156)^2}{156} + \frac{(40-66)^2}{66} + \frac{(30-20)^2}{20} + \frac{(120-132)^2}{132} + \frac{(90-100)^2}{100} + \frac{(90-104)^2}{104} + \frac{(70-44)^2}{44}$$

$$\chi^2 = \frac{100}{30} + \frac{144}{198} + \frac{100}{150} + \frac{196}{156} + \frac{676}{66} + \frac{100}{20} + \frac{144}{132} + \frac{100}{100} + \frac{196}{104} + \frac{676}{44}$$

$$\chi^2 = 3{,}33+0{,}73+0{,}67+1{,}26+10{,}24+5+1{,}09+1+1{,}88+15{,}36 = 40{,}56$$

$$\chi^2_{(0,95;4)} = 9{,}4877$$

Der empirische Chi²-Wert (40,56) ist größer als der kritische Chi²-Wert (9,4877), das Ergebnis ist signifikant und man entscheidet sich für die H_1.
Mit einer Irrtumswahrscheinlichkeit von 5 % kann behauptet werden, dass sich die erwarteten Häufigkeiten von den beobachteten Häufigkeiten unterscheiden.
Vergleicht man nun direkt die beobachteten mit den erwarteten Häufigkeiten, zeigt sich, dass insbesondere bei fünfsilbigen Vornamen deutlich mehr Personen ohne Partnerschaft da sind als erwartet … »Lass die Finger von Emanuela …«

2.40 »Zwei mal drei macht vier ...«

a) Bitte prüfen Sie mittels des Kolmogorov-Smirnov-Tests auf Normalverteilung.

$$\text{Mittelwert: } \bar{x} = \frac{\sum_{m=1}^{n} x_m}{n} = \frac{193}{33} = 5{,}848$$

Geschätzte Populationsstandardabweichung:

$$\hat{\sigma}_x = \sqrt{\frac{\sum_{m=1}^{n}(x_m - \bar{x})^2}{n-1}} = \sqrt{\frac{\sum_{m=1}^{n} x_m^2 - \frac{\left(\sum_{m=1}^{n} x_m\right)^2}{n}}{n-1}} = \sqrt{\frac{1277 - \frac{193^2}{33}}{33-1}} = \sqrt{\frac{1277 - 1128{,}76}{32}}$$

$$\hat{\sigma}_x = \sqrt{\frac{148{,}24}{32}} = 2{,}152$$

Über Mittelwert und geschätzte Populationsstandardabweichung können z-Werte für die oberen Kategoriegrenzen ermittelt werden. Für die z-Werte können dann in Tabelle C.1 die Flächenanteile abgelesen werden. Diese Flächenanteile entsprechen der theoretischen (kumulierten) Verteilungsfunktion.

Tabelle 127 Werte für Kolmogorov-Smirnov-Test

Wert (obere Kategoriegrenze) c_j	Absolute Häufigkeit n_j	Empirische Verteilungsfunktion $F(c_j)$	z-Wert	Theoretische Verteilungsfunktion $\Phi_0(c_j)$	Differenz D_j	Differenz $D_{j'}$
1,5	1	0,0303	-2,02	0,0217	0,0086	0,0217
2,5	1	0,0606	-1,56	0,0594	0,0012	0,0291
3,5	2	0,1212	-1,09	0,1379	-0,0167	0,0773
4,5	4	0,2424	-0,63	0,2643	-0,0219	0,1431
5,5	7	0,4545	-0,16	0,4364	0,0181	0,194
6,5	6	0,6364	0,30	0,6179	0,0185	0,1634
7,5	5	0,7879	0,77	0,7794	0,0085	0,143
8,5	3	0,8788	1,23	0,8907	-0,0119	0,1028
9,5	2	0,9394	1,70	0,9554	-0,0160	0,0766
10,5	2	1,0000	2,16	0,9846	0,0154	0,0452

Kritische Differenz nach Tabelle C.5: 0,214 ($\alpha = 10\,\%$, zweiseitig).

Die größte Differenz (0,194; vgl. Tab. 127) ist kleiner als der kritische Wert, daher hat man kein signifikantes Ergebnis. Die Verteilung der eigenen Daten weicht nicht von einer Normalverteilung ab.

b) Bitte prüfen Sie mittels des Chi²-Tests auf Normalverteilung.
Über Mittelwert und geschätzte Populationsstandardabweichung können z-Werte für die oberen Kategoriegrenzen ermittelt werden. Für die z-Werte können dann in Tabelle C.1 die Flächenanteile abgelesen werden. Diese Flächenanteile entsprechen der theoretischen (kumulierten) Verteilungsfunktion.

$$\chi^2 = \sum_{j=1}^{k} \frac{(n_j - e_j)^2}{e_j}$$

$$\chi^2 = \frac{(1-0{,}7161)^2}{0{,}7161} + \frac{(1-1{,}2441)^2}{1{,}2441} + \frac{(2-2{,}5905)^2}{2{,}5905} + \frac{(4-4{,}1712)^2}{4{,}1712} + \frac{(7-5{,}6793)^2}{5{,}6793}$$

$$+ \frac{(6-5{,}9895)^2}{5{,}9895} + \frac{(5-5{,}3295)^2}{5{,}3295} + \frac{(3-3{,}6729)^2}{3{,}6729} + \frac{(2-2{,}1351)^2}{2{,}1351} + \frac{(2-1{,}4718)^2}{1{,}4718}$$

$$= 0{,}1126+0{,}0479+0{,}1346+0{,}0070+0{,}3071+0{,}00002+0{,}0204+0{,}1233 +0{,}0085+0{,}1896$$

$$\chi^2 = 0{,}9510$$

$$df = k - 3 = 10 - 3 = 7$$

Kritischer Chi²-Wert = 14,067 (α = 5 %) bzw. 12,017 (α = 10 %)

Tabelle 128 Übersicht, um auf Normalverteilung zu prüfen

Wert (obere Kategoriegrenze) c_j	Absolute Häufigkeit n_j	Empirische Verteilungsfunktion $F(c_j)$	z-Wert	Theoretische Verteilungsfunktion $\Phi_0(c_j)$	Erwartete Häufigkeit für das Intervall
1,5	1	0,0303	-2,02	0,0217	0,7161
2,5	1	0,0606	-1,56	0,0594	1,2441
3,5	2	0,1212	-1,09	0,1379	2,5905
4,5	4	0,2424	-0,63	0,2643	4,1712
5,5	7	0,4545	-0,16	0,4364	5,6793
6,5	6	0,6364	0,30	0,6179	5,9895
7,5	5	0,7879	0,77	0,7794	5,3295
8,5	3	0,8788	1,23	0,8907	3,6729
9,5	2	0,9394	1,70	0,9554	2,1351
10,5	2	1,0000	2,16	0,9846	1,4718

Der empirische Wert ist kleiner, also nicht signifikant, also H_0.
Die Verteilung der Daten weicht nicht von einer Normalverteilung ab.

2.41 Karriereplanung

Abhängige Stichprobe; nominalskalierte Werte in Form einer Vierfelder-Tafel:
→ McNemar-Test
Ungerichtete Fragestellung → Ungerichtete Hypothesen

Hypothesen:
$H_0: \pi_{12} = \pi_{21} \qquad H_1: \pi_{12} \neq \pi_{21}$

$$\chi^2 = \frac{(n_{12} - n_{21})^2}{n_{12} + n_{21}} = \frac{(7-1)^2}{7+1} = \frac{36}{8} = 4{,}5$$

Als kritischen Wert liest man aus Tabelle C.4 bei $df = 1$ folgenden Wert ab:

$$\chi^2_{(0{,}95;1)} = 3{,}841$$

Der empirische Wert ist extremer als der kritische, also signifikant. Mit einer Irrtumswahrscheinlichkeit von 5 % kann behauptet werden, dass sich der Prominentenstatus nach Besuch des australischen Outbacks verändert hat.

2.42 Analphabetismus und Autofahrer

Fisher-Yates-Test

Die Schwierigkeit des Fisher-Yates-Tests besteht eigentlich darin, dass man ihn in der Regel mehrfach durchführen muss.
Formel:

$$p = \frac{(n_{11}+n_{12})! \cdot (n_{21}+n_{22})! \cdot (n_{11}+n_{21})! \cdot (n_{12}+n_{22})!}{n! \cdot n_{11}! \cdot n_{12}! \cdot n_{21}! \cdot n_{22}!}$$

Hypothesen:
H_0: Alphabetisierte Personen sind nicht eher im Besitz einer Fahrerlaubnis als Analphabeten.
H_1: Alphabetisierte Personen sind eher im Besitz einer Fahrerlaubnis als Analphabeten.

Tabelle 129 Häufigkeiten von Analphabetismus und Besitz einer Fahrerlaubnis bei $n = 18$

	Fahrerlaubnis		
	nein	**ja**	**gesamt**
Analphabeten	2	5	7
Alphabetisierte	1	10	11
gesamt	3	15	18

Berechnung der Wahrscheinlichkeit für die beobachteten Daten:

$$p = \frac{7!\cdot 11!\cdot 3!\cdot 15!}{18!\cdot 2!\cdot 5!\cdot 1!\cdot 10!} = \frac{5040\cdot 39916800\cdot 6\cdot 1307674368000}{6402373705728000\cdot 2\cdot 120\cdot 1\cdot 3628800} = 0{,}283$$

Jetzt müssen Überlegungen angestellt werden, wie die Häufigkeiten unter Berücksichtigung der Randsummen extremer in Richtung H_1 umgestellt werden können. Die extremere Variante wäre es, wenn alle elf Lesekundigen im Besitz einer Fahrerlaubnis wären. Davon ausgehend verändern sich die übrigen Zellhäufigkeiten (vgl. Tab. 130).

Tabelle 130 Extremere Verteilung von $n = 18$ Personen

	Fahrerlaubnis		
	nein	**ja**	**gesamt**
Analphabeten	3	4	7
Lesekundige	0	11	11
gesamt	3	15	18

Berechnung der Wahrscheinlichkeit für die extremere Verteilung:

$$p = \frac{7!\cdot 11!\cdot 3!\cdot 15!}{18!\cdot 3!\cdot 4!\cdot 0!\cdot 11!} = \frac{5040\cdot 39916800\cdot 6\cdot 1307674368000}{6402373705728000\cdot 6\cdot 24\cdot 1\cdot 39916800} = 0{,}043$$

Addiert man nun die Wahrscheinlichkeiten für diese Verteilungen unter der H_0, ergibt sich: $p = 0{,}283 + 0{,}043 = 0{,}326$. Diese Wahrscheinlichkeit ist größer als $\alpha = 5\ \%$, die H_0 wird beibehalten. Es kann nicht behauptet werden, dass alphabetisierte Personen eher im Besitz einer Fahrerlaubnis sind als Analphabeten.

2.43 Das finnische Möbelhaus

Fisher-Yates-Test

Die Schwierigkeit des Fisher-Yates-Tests besteht eigentlich darin, dass man ihn in der Regel mehrfach durchführen muss.
Formel:

$$p = \frac{(n_{11}+n_{12})! \cdot (n_{21}+n_{22})! \cdot (n_{11}+n_{21})! \cdot (n_{12}+n_{22})!}{n! \cdot n_{11}! \cdot n_{12}! \cdot n_{21}! \cdot n_{22}!}$$

Hypothesen:
H_0: Jüngere Personen präferieren nicht eher die Sofafarbe blau als ältere Personen.
H_1: Jüngere Personen präferieren eher die Sofafarbe blau als ältere Personen.

Tabelle 131 Beobachtete Daten von $n = 20$ Messebesuchern

		Sofafarbe		
		weiß	**blau**	**gesamt**
Alter	**30 Jahre und älter**	6	5	11
	jünger als 30 Jahre	2	7	9
	gesamt	8	12	20

Berechnung der Wahrscheinlichkeit für die beobachteten Daten:

$$p = \frac{11!\cdot 9!\cdot 8!\cdot 12!}{20!\cdot 6!\cdot 5!\cdot 2!\cdot 7!} = \frac{33916800\cdot 362880\cdot 479001600\cdot 40320}{2{,}432902008\cdot 10^{18}\cdot 720\cdot 120\cdot 2\cdot 5040} = 0{,}112$$

Jetzt müssen Überlegungen angestellt werden, wie die Häufigkeiten unter Berücksichtigung der Randsummen extremer in Richtung H_1 umgestellt werden können. Die erste extremere Variante wäre es, wenn acht der neun Jüngeren die Farbe blau präferierten. Davon ausgehend verändern sich die übrigen Zellhäufigkeiten (vgl. Tab. 132).

Tabelle 132 Erste extremere Verteilung von $n = 20$ Messebesuchern

		Sofafarbe		
		weiß	**blau**	**gesamt**
Alter	**30 Jahre und älter**	7	4	11
	jünger als 30 Jahre	1	8	9
	gesamt	8	12	20

Berechnung der Wahrscheinlichkeit für die erste extremere Verteilung:

$$p = \frac{11! \cdot 9! \cdot 8! \cdot 12!}{20! \cdot 7! \cdot 4! \cdot 1! \cdot 8!} = \frac{33916800 \cdot 362880 \cdot 479001600 \cdot 40320}{2{,}432902008 \cdot 10^{18} \cdot 5040 \cdot 24 \cdot 1 \cdot 40320} = 0{,}020$$

Die zweite extremere Verteilung in Richtung H_1 wäre es, wenn alle neun Jüngeren die Sofafarbe blau präferierten.

Tabelle 133 Zweite extremere Verteilung von n = 20 Messebesuchern

		Sofafarbe		
		weiß	**blau**	**gesamt**
Alter	**30 Jahre und älter**	8	3	11
	jünger als 30 Jahre	0	9	9
	gesamt	8	12	20

Berechnung der Wahrscheinlichkeit für die zweite extremere Verteilung:

$$p = \frac{11! \cdot 9! \cdot 8! \cdot 12!}{20! \cdot 8! \cdot 3! \cdot 0! \cdot 9!} = \frac{33916800 \cdot 362880 \cdot 479001600 \cdot 40320}{2{,}432902008 \cdot 10^{18} \cdot 40320 \cdot 6 \cdot 1 \cdot 362880} = 0{,}001$$

Addiert man nun die Wahrscheinlichkeiten für diese Verteilungen unter der H_0, ergibt sich: $p = 0{,}112 + 0{,}020 + 0{,}001 = 0{,}133$. Diese Wahrscheinlichkeit ist größer als $\alpha = 5\,\%$, die H_0 wird beibehalten. Es kann nicht behauptet werden, dass Jüngere eher die Sofafarbe blau präferieren als Ältere.

2.44 Erfolgsmission

Für die Berechnung Multipler Regressionsanalysen existieren verschiedene Methoden, von denen zwei hier dargestellt werden sollen: Spezifische Formeln für zwei Prädiktoren sowie die Berechnung anhand des Allgemeinen Linearen Modells (ALM). Zum Schluss werden die verschiedenen Ergebnisse in einer Tabelle zusammengefasst. Es sei vorweggenommen, dass verschiedene Rechenmethoden aufgrund von Rundungsungenauigkeiten zu leicht verschiedenen Ergebnissen führen.

a) Kann man über die »Güte der Mannschaft« (GM, x_1) und die »Güte des Schiffs« (GS, x_2) (signifikant) auf den »Erfolg der Mission« (EM, y) schätzen? Wie gut ist so ein Schätzmodell?

Berechnung über spezifische Formeln

$$R^2 = \frac{s_{\hat{Y}}^2}{s_Y^2} = \frac{\sum_{m=1}^{n} (\hat{y}_m - \bar{y})^2}{\sum_{m=1}^{n} (y_m - \bar{y})^2} \qquad \hat{y} = b_0 + b_1 \cdot x_1 + b_2 \cdot x_2$$

$$b_1 = b_{1s} \cdot \frac{s_Y}{s_{X_1}} \qquad b_{1s} = \frac{r_{YX_1} - r_{YX_2} \cdot r_{X_1X_2}}{1 - r_{X_1X_2}^2} \qquad b_2 = b_{2s} \cdot \frac{s_Y}{s_{X_2}} \qquad b_{2s} = \frac{r_{YX_2} - r_{YX_1} \cdot r_{X_1X_2}}{1 - r_{X_1X_2}^2}$$

$$b_0 = \bar{y} - b_1 \cdot \bar{x}_1 - b_2 \cdot \bar{x}_2$$

Deskriptive Kennwerte

$\bar{y} = 5$	$\bar{x}_1 = 6{,}889$	$\bar{x}_2 = 6{,}111$
$s_y^2 = 10{,}222$	$s_{x_1}^2 = 6{,}988$	$s_{x_2}^2 = 3{,}432$
$s_y = 3{,}1972$	$s_{x_1} = 2{,}6434$	$s_{x_2} = 1{,}8526$

Tabelle 134 Werte zur Berechnung von R^2

EM (y)	$(y-\bar{y})^2$	$\hat{y}$	$(\hat{y}-\bar{y})^2$	$(y-\hat{y})^2$	GM (x_1)	GS (x_2)
0	25,000	0,364	21,492	0,132	3	4
1	16,000	0,856	17,173	0,021	3	6
3	4,000	3,292	2,917	0,085	6	3
4	1,000	3,464	2,359	0,287	5	8
5	0,000	5,900	0,810	0,810	8	5
6	1,000	7,696	7,268	2,876	9	8
7	4,000	6,146	1,313	0,729	8	6
9	16,000	7,204	4,858	3,226	9	6
10	25,000	10,058	25,583	0,003	11	9
Summe	92,000	44,98	83,775	8,171		

Tabelle 135 Produkt-Moment-Korrelationen (Kovarianzen)

	x_1	x_2
y	0,9466 (8,000)	0,5815 (3,444)
x_1		0,5017 (2,457)

$$b_{1s} = \frac{0{,}9466 - (0{,}5815) \cdot (0{,}5017)}{1 - (0{,}5017)^2} = 0{,}875 \qquad b_1 = 0{,}875 \cdot \frac{3{,}1972}{2{,}6434} = 1{,}058$$

$$b_{2s} = \frac{0{,}5815 - (0{,}9466) \cdot (0{,}5017)}{1 - (0{,}5017)^2} = 0{,}142 \qquad b_2 = 0{,}142 \cdot \frac{3{,}1972}{1{,}8526} = 0{,}245$$

$$b_0 = 5 - (1{,}058) \cdot 6{,}889 - (0{,}245) \cdot 6{,}111 = 5 - 7{,}2886 - 1{,}4972 = -3{,}7858$$

$$\hat{y} = -3{,}7858 + 1{,}058 \cdot x_1 + 0{,}245 \cdot x_2$$

$$R^2 = \frac{83{,}775}{92} = 0{,}911$$

Berechnung mittels ALM

Formeln:

$$b = (X'X)^{-1} \cdot X'y \qquad QS_{tot} = y'y - n \cdot \bar{y}^2 \qquad QS_{det} = b'X'y - n \cdot \bar{y}^2 \qquad R^2 = \frac{QS_{det}}{QS_{tot}}$$

$$y = \begin{vmatrix} 0 \\ 1 \\ 3 \\ 4 \\ 5 \\ 6 \\ 7 \\ 9 \\ 10 \end{vmatrix} \quad X = \begin{vmatrix} 1 & 3 & 4 \\ 1 & 3 & 6 \\ 1 & 6 & 3 \\ 1 & 5 & 8 \\ 1 & 8 & 5 \\ 1 & 9 & 8 \\ 1 & 8 & 6 \\ 1 & 9 & 6 \\ 1 & 11 & 9 \end{vmatrix} \quad X'X = \begin{vmatrix} 9 & 62 & 55 \\ 62 & 490 & 401 \\ 55 & 401 & 367 \end{vmatrix} \quad X'y = \begin{vmatrix} 45 \\ 382 \\ 306 \end{vmatrix}$$

$$y'y = 317$$

Determinante von X'X

$$\begin{matrix} 9 & 62 & 55 \\ 62 & 490 & 401 \\ 55 & 401 & 367 \\ 9 & 62 & 55 \\ 62 & 490 & 401 \end{matrix} \rightarrow \begin{matrix} = 55 \cdot 490 \cdot 55 \cdot (-1) & = -1482250 \\ = 9 \cdot 401 \cdot 401 \cdot (-1) & = -1447209 \\ = 62 \cdot 62 \cdot 367 \cdot (-1) & = -1410748 \\ \hline = 9 \cdot 490 \cdot 367 \cdot (+1) & = 1618470 \\ = 62 \cdot 401 \cdot 55 \cdot (+1) & = 1367410 \\ = 55 \cdot 62 \cdot 401 \cdot (+1) & = 1367410 \end{matrix}$$

$$Det = -1482250 - 1447209 - 1410748 + 1618470 + 1367410 + 1367410 = 13083$$

Kofaktorenmatrix K

$$K = \begin{vmatrix} a & b & c \\ d & e & f \\ g & h & i \end{vmatrix}$$

$$K = \begin{vmatrix} \begin{vmatrix} 490 & 401 \\ 401 & 367 \end{vmatrix} & (-1)\cdot\begin{vmatrix} 62 & 401 \\ 55 & 367 \end{vmatrix} & \begin{vmatrix} 62 & 490 \\ 55 & 401 \end{vmatrix} \\ (-1)\cdot\begin{vmatrix} 62 & 55 \\ 401 & 367 \end{vmatrix} & \begin{vmatrix} 9 & 55 \\ 55 & 367 \end{vmatrix} & (-1)\cdot\begin{vmatrix} 9 & 62 \\ 55 & 401 \end{vmatrix} \\ \begin{vmatrix} 62 & 55 \\ 490 & 401 \end{vmatrix} & (-1)\cdot\begin{vmatrix} 9 & 55 \\ 62 & 401 \end{vmatrix} & \begin{vmatrix} 9 & 62 \\ 62 & 490 \end{vmatrix} \end{vmatrix}$$

$$a = 490\cdot 367 - 401\cdot 401 \qquad b = (-1)\cdot(62\cdot 367 - 401\cdot 55) \qquad c = 62\cdot 401 - 490\cdot 55$$
$$d = (-1)\cdot(62\cdot 367 - 55\cdot 401) \qquad e = 9\cdot 367 - 55\cdot 55 \qquad f = (-1)\cdot(9\cdot 401 - 62\cdot 55)$$
$$g = 62\cdot 401 - 55\cdot 490 \qquad h = (-1)\cdot(9\cdot 401 - 55\cdot 62) \qquad i = 9\cdot 490 - 62\cdot 62$$

$$K = \begin{vmatrix} 19029 & -699 & -2088 \\ -699 & 278 & -199 \\ -2088 & -199 & 566 \end{vmatrix} = K'$$

Inverse $(X'X)^{-1}$

$$Inverse_{(X'X)} = (X'X)^{-1} = \frac{1}{Det_{(X'X)}}\cdot K'_{(X'X)} = \frac{1}{13083}\cdot\begin{vmatrix} 19029 & -699 & -2088 \\ -699 & 278 & -199 \\ -2088 & -199 & 566 \end{vmatrix}$$

(Noch nicht ausrechnen, weil sonst zu große Rundungsungenauigkeiten auftreten!)

b-Vektor

$$b = (X'X)^{-1}\cdot X'y = \frac{1}{13083}\cdot\begin{vmatrix} 19029 & -699 & -2088 \\ -699 & 278 & -199 \\ -2088 & -199 & 566 \end{vmatrix}\cdot\begin{vmatrix} 45 \\ 382 \\ 306 \end{vmatrix} = \begin{vmatrix} -3{,}7943 \\ 1{,}0584 \\ 0{,}2460 \end{vmatrix} = \begin{vmatrix} b_0 \\ b_1 \\ b_2 \end{vmatrix} = b$$

$$b'X'y = \begin{vmatrix} -3{,}7943 & 1{,}0584 & 0{,}2460 \end{vmatrix}\cdot\begin{vmatrix} 45 \\ 382 \\ 306 \end{vmatrix} = 308{,}8413$$

$n = 9 \quad \bar{y} = 5 \quad n\cdot\bar{y}^2 = 225$

$$QS_{tot} = y'y - n\,\bar{y}^2 = 317 - 225 = 92$$
$$QS_{det} = b'X'y - n\,\bar{y}^2 = 308{,}8413 - 225 = 83{,}8413$$
$$R^2 = \frac{QS_{det}}{QS_{tot}} = \frac{83{,}8413}{92} = 0{,}911$$

Prüfung des Multiplen Determinationskoeffizienten

H_0: $b_1 = 0$ und $b_2 = 0$ $\qquad$ H_1: $b_1 \neq 0$ und/oder $b_2 \neq 0$

$$F = \frac{n-k-1}{k} \cdot \frac{R^2}{(1-R^2)} = \frac{R^2/k}{(1-R^2)/(n-k-1)} = \frac{\left(\sum_{m=1}^{n} (\hat{y}_m - \bar{y})^2\right)/k}{\left(\sum_{m=1}^{n} (y_m - \hat{y}_m)^2\right)/(n-k-1)}$$

$n = 9$ $\qquad$ k = Anzahl unabhängige Variablen = 2

bzw.

$$F = \frac{(R_U^2 - R_E^2)/df_h}{(1-R_U^2)/df_e} = \frac{(0{,}911-0)/2}{(1-0{,}911)/6} = \frac{0{,}4555}{0{,}0148} = 30{,}78 \qquad F_{(0,95;2;6)} = 5{,}1433$$

R_U^2 Determinationskoeffizient des uneingeschränkten Modells
R_E^2 Determinationskoeffizient des eingeschränkten Modells
df_h Hypothesenfreiheitsgrade = Anzahl der Null gesetzten b-Gewichte
df_e Fehlerfreiheitsgrade = n – Anzahl der b-Gewichte inklusive b_0

Der empirische F-Wert (30,78) ist extremer als der kritische (5,1433), also signifikant, also H_1. Mit einer Irrtumswahrscheinlichkeit von 5 % kann behauptet werden, dass »Güte der Mannschaft« und/oder »Güte des Schiffs« einen signifikanten Beitrag zur Vorhersage des »Erfolgs der Mission« leisten.

b) Wie sieht es für Cap McKay mit dem Erfolg der Mission aus?

Regressionsgleichung:

$$\hat{y} = b_0 + b_1 \cdot x_1 + b_2 \cdot x_2$$
$$\hat{y} = -3{,}7858 + 1{,}058 \cdot x_1 + 0{,}245 \cdot x_2$$
$$\hat{y} = -3{,}7858 + 1{,}058 \cdot (10) + 0{,}245 \cdot (7) = -3{,}7858 + 10{,}58 + 1{,}715 = 8{,}5092$$

Das sieht doch ganz gut aus für den Erfolg der Mission …

c) Wie gut kann alleine mit GM eine Vorhersage auf EM getroffen werden? Leistet der Prädiktor GM einen (signifikanten) Beitrag zur Vorhersage des Kriteriums EM?

Berechnung über Einfachregression

$$R^2 = \frac{s_{\hat{Y}}^2}{s_Y^2} = \frac{\sum_{m=1}^{n} (\hat{y}_m - \bar{y})^2}{\sum_{m=1}^{n} (y_m - \bar{y})^2} = r_{XY}^2 \qquad \hat{y} = b_0 + b_1 \cdot x_1$$

$$b_1 = r_{XY} \cdot \frac{s_Y}{s_X} = \frac{s_{XY}}{s_X^2} = \frac{8}{6{,}988} = 1{,}145$$

$$b_0 = \bar{y} - b_1 \cdot \bar{x} = 5 - (1{,}145) \cdot 6{,}889 = 5 - 7{,}888 = -2{,}888$$

$$R^2 = r_{XY}^2 = (0{,}9466)^2 = 0{,}896 \qquad \hat{y} = -2{,}888 + 1{,}145 \cdot x$$

Berechnung mittels ALM

Reduzieren von X'X und X'y auf die relevanten Variablen

$$X'X = \begin{vmatrix} 9 & 62 \\ 62 & 490 \end{vmatrix} \qquad X'y = \begin{vmatrix} 45 \\ 382 \end{vmatrix}$$

Bilden von $(X'X)^{-1}$

Determinante: $Det = a \cdot d - b \cdot c = 9 \cdot 490 - 62 \cdot 62 = 566$

Kofaktorenmatrix und Inverse

$$K = \begin{vmatrix} 490 & -62 \\ -62 & 9 \end{vmatrix} = K' \qquad (X'X)^{-1} = \frac{1}{566} \cdot \begin{vmatrix} 490 & -62 \\ -62 & 9 \end{vmatrix}$$

b-Vektor

$$b = (X'X)^{-1} \cdot X'y = \quad \frac{1}{566} \cdot \begin{vmatrix} 490 & -62 \\ -62 & 9 \end{vmatrix} \cdot \begin{vmatrix} 17 \\ 43 \end{vmatrix} = \begin{vmatrix} -2{,}887 \\ 1{,}145 \end{vmatrix} = \begin{vmatrix} b_0 \\ b_1 \end{vmatrix} = b$$

$$b'X'y = \begin{vmatrix} -2{,}887 & 1{,}145 \end{vmatrix} \cdot \begin{vmatrix} 17 \\ 43 \end{vmatrix} = 307{,}475 \qquad n = 9 \quad \bar{y} = 5 \quad n \cdot \bar{y}^2 = 225$$

$$QS_{det} = b'X'y - n\bar{y}^2 = 307{,}475 - 225 = 82{,}475$$

$$R^2 = \frac{QS_{det}}{QS_{tot}} = \frac{82{,}475}{92} = 0{,}896$$

Prüfung des Multiplen Determinationskoeffizienten

H_0: $b_1 = 0$ $\qquad$ H_1: $b_1 \neq 0$

$$F = \frac{n-k-1}{k} \cdot \frac{R^2}{(1-R^2)} = \frac{R^2/k}{(1-R^2)/(n-k-1)} = \frac{\left(\sum_{m=1}^{n} (\hat{y}_m - \bar{y})^2\right)/k}{\left(\sum_{m=1}^{n} (y_m - \hat{y}_m)^2\right)/(n-k-1)}$$

$n = 9$ $\qquad$ k = Anzahl unabhängige Variablen = 1

bzw.

$$F = \frac{(R_U^2 - R_E^2)/df_h}{(1-R_U^2)/df_e} = \frac{(0{,}896-0)/1}{(1-0{,}896)/7} = \frac{0{,}896}{0{,}0149} = 60{,}13 \qquad F_{(0{,}95;1;7)} = 5{,}5914$$

Der empirische F-Wert (60,13) ist extremer als der kritische (5,5914), also signifikant, also H_1. Mit einer Irrtumswahrscheinlichkeit von 5 % kann behauptet werden, dass die »Güte der Mannschaft« einen signifikanten Beitrag zur Vorhersage des »Erfolgs der Mission« leistet.

d) Wie gut kann alleine mit GS eine Vorhersage auf EM getroffen werden? Leistet der Prädiktor GS einen (signifikanten) Beitrag zur Vorhersage des Kriteriums EM?

Berechnung über Einfachregression

$$R^2 = \frac{s_{\hat{Y}}^2}{s_Y^2} = \frac{\sum_{m=1}^{n} (\hat{y}_m - \bar{y})^2}{\sum_{m=1}^{n} (y_m - \bar{y})^2} = r_{XY}^2 \qquad \hat{y} = b_0 + b_1 \cdot x_1$$

$$b_1 = r_{XY} \cdot \frac{s_Y}{s_X} = \frac{s_{XY}}{s_X^2} = \frac{3{,}444}{3{,}4321} = 1{,}003$$

$$b_0 = \bar{y} - b_1 \cdot \bar{x} = 5 - (1{,}003) \cdot 6{,}111 = 5 - 6{,}129 = -1{,}129$$

$$R^2 = r_{XY}^2 = (0{,}5815)^2 = 0{,}338 \qquad \hat{y} = -1{,}129 + 1{,}003 \cdot x$$

Berechnung mittels ALM

Reduzieren von X'X und X'y auf die relevanten Variablen

$$X'X = \begin{vmatrix} 9 & 55 \\ 55 & 367 \end{vmatrix} \qquad X'y = \begin{vmatrix} 45 \\ 306 \end{vmatrix}$$

Bilden von $(X'X)^{-1}$

Determinante: $Det = a \cdot d - b \cdot c = 9 \cdot 367 - 55 \cdot 55 = 278$

Kofaktorenmatrix und Inverse

$$K = \begin{vmatrix} 367 & -55 \\ -55 & 9 \end{vmatrix} = K' \qquad (X'X)^{-1} = \frac{1}{278} \cdot \begin{vmatrix} 367 & -55 \\ -55 & 9 \end{vmatrix}$$

b-Vektor

$$b = (X'X)^{-1} \cdot X'y =$$

	$\begin{vmatrix} 45 \\ 306 \end{vmatrix}$
$\frac{1}{278} \cdot \begin{vmatrix} 367 & -55 \\ -55 & 9 \end{vmatrix}$	$\begin{vmatrix} -1{,}133 \\ 1{,}004 \end{vmatrix} = \begin{vmatrix} b_0 \\ b_2 \end{vmatrix} = b$

$$b'X'y = \begin{array}{c|c} & \begin{vmatrix}45\\306\end{vmatrix} \\ \hline \begin{vmatrix}-1{,}133 & 1{,}004\end{vmatrix} & 256{,}239 \end{array} \quad n = 9 \quad \bar{y} = 5 \quad n \cdot \bar{y}^2 = 225$$

$$QS_{det} = b'X'y - n\bar{y}^2 = 256{,}239 - 225 = 31{,}239$$

$$R^2 = \frac{QS_{det}}{QS_{tot}} = \frac{31{,}239}{92} = 0{,}340$$

Prüfung des Multiplen Determinationskoeffizienten

H_0: $b_2 = 0$ H_1: $b_2 \neq 0$

$$F = \frac{n-k-1}{k} \cdot \frac{R^2}{(1-R^2)} = \frac{R^2/k}{(1-R^2)/(n-k-1)} = \frac{\left(\sum_{m=1}^{n} (\hat{y}_m - \bar{y})^2\right)/k}{\left(\sum_{m=1}^{n} (y_m - \hat{y}_m)^2\right)/(n-k-1)}$$

$n = 9$ k = Anzahl unabhängige Variablen = 1

bzw.

$$F = \frac{(R_U^2 - R_E^2)/df_h}{(1-R_U^2)/df_e} = \frac{(0{,}338 - 0)/1}{(1-0{,}338)/7} = \frac{0{,}338}{0{,}0946} = 3{,}57 \qquad F_{(0{,}95;1;7)} = 5{,}5914$$

Der empirische F-Wert (3,57) ist nicht extremer als der kritische (5,5914), also nicht signifikant, also H_0. Es kann nicht behauptet werden, dass die »Güte des Schiffs« einen signifikanten Beitrag zur Vorhersage des »Erfolgs der Mission« leistet.

e) Erbringt die Hinzunahme von GS zusätzlich zu GM eine (signifikante) Verbesserung des Vorhersagemodells?

Zuerst Hypothesen:

H_0: b_1 = beliebig und $b_2 = 0$ H_1: b_1 = beliebig und $b_2 \neq 0$

$$F = \frac{(R_U^2 - R_E^2)/df_h}{(1-R_U^2)/df_e} = \frac{(0{,}911 - 0{,}896)/1}{(1-0{,}911)/6} = \frac{0{,}015}{0{,}0148} = 1{,}014 \qquad F_{(0{,}95;1;6)} = 5{,}9874$$

Der empirische F-Wert (1,014) ist nicht extremer als der kritische (5,9874), also nicht signifikant, also H_0. Es kann nicht behauptet werden, dass die Hinzunahme des Prädiktors GS zusätzlich zum Prädiktor GM eine signifikante Verbesserung des Modells erbringt.

f) Erbringt die Hinzunahme von GM zusätzlich zu GS eine (signifikante) Verbesserung des Vorhersagemodells?

Zuerst Hypothesen:

H_0: $b_1 = 0$ und b_2 = beliebig H_1: $b_1 \neq 0$ und b_2 = beliebig

$$F = \frac{(R_U^2 - R_E^2)/df_h}{(1-R_U^2)/df_e} = \frac{(0{,}911-0{,}338)/1}{(1-0{,}911)/6} = \frac{0{,}573}{0{,}0148} = 38{,}72 \qquad F_{(0{,}95;1;6)} = 5{,}9874$$

Der empirische F-Wert (38,72) ist extremer als der kritische (5,9874), also signifikant, also H_1. Mit einer Irrtumswahrscheinlichkeit von 5 % kann behauptet werden, dass die Hinzunahme des Prädiktors GM zusätzlich zum Prädiktor GS eine signifikante Verbesserung des Modells erbringt.

g) Berechnen Sie die Fehlerquadratsumme QS_e und den Standardschätzfehler $\hat{\sigma}_e$.

$$QS_e = QS_{tot} - QS_{det} = \sum_{m=1}^{n}(y_m - \hat{y}_m)^2 = 92 - 83{,}775 = 8{,}225$$

$$\hat{\sigma}_e = \sqrt{\frac{QS_e}{df_e}} = \sqrt{\frac{\sum_{m=1}^{n}(y_m-\hat{y}_m)^2}{n-k-1}} = \sqrt{\frac{8{,}225}{6}} = \sqrt{1{,}371} = 1{,}171$$

h) Berechnen Sie für EM, GM und GS die geschätzten Populations-Standardabweichungen $\hat{\sigma}$.

$$\hat{\sigma}_X = \sqrt{\frac{\sum_{m=1}^{n}(x_m-\bar{x})^2}{n-1}} = \sqrt{\frac{\sum_{m=1}^{n}x_m^2 - \frac{\left(\sum_{m=1}^{n}x\right)^2}{n}}{n-1}}$$

$$EM: \quad \hat{\sigma}_Y = \sqrt{\frac{317-\frac{45^2}{9}}{9-1}} = \sqrt{\frac{317-\frac{2025}{9}}{8}} = \sqrt{\frac{317-225}{8}} = \sqrt{\frac{92}{8}} = 3{,}39$$

$$GM: \quad \hat{\sigma}_{X_1} = \sqrt{\frac{490-\frac{62^2}{9}}{9-1}} = \sqrt{\frac{490-\frac{3844}{9}}{8}} = \sqrt{\frac{490-427{,}11}{8}} = \sqrt{\frac{62{,}89}{8}} = 2{,}80$$

$$GS: \quad \hat{\sigma}_{X_2} = \sqrt{\frac{367-\frac{55^2}{9}}{9-1}} = \sqrt{\frac{367-\frac{3025}{9}}{8}} = \sqrt{\frac{367-336{,}11}{8}} = \sqrt{\frac{30{,}89}{8}} = 1{,}96$$

i) Berechnen Sie die standardisierten Einflussgewichte β für GM und GS.

$$\beta_j = b_j \cdot \frac{\hat{\sigma}_{X_j}}{\hat{\sigma}_Y}$$

$$GM: \beta_{GM} = b_{1s} = 1{,}058 \cdot \frac{2{,}80}{3{,}39} = 0{,}874 \qquad GS: \beta_{GS} = b_{2s} = 0{,}245 \cdot \frac{1{,}96}{3{,}39} = 0{,}142$$

Die »Güte der Mannschaft« ist für den Erfolg einer Mission circa 6-mal bedeutsamer als die »Güte des Schiffs«.

j) Bilden Sie ein 95 %-Konfidenzintervall für den unter b) geschätzten Erfolgswert.
Allgemeine Formel: $\hat{y} - t_{\alpha/2} \cdot \hat{\sigma}_e \leq \hat{y} \leq \hat{y} + t_{\alpha/2} \cdot \hat{\sigma}_e \quad df = n\text{-Anzahl b's (inkl. } b_0)$

$\hat{y} = 9{,}237 \quad \hat{\sigma}_e = 1{,}171 \quad \alpha = 0{,}05 \quad t_{(\alpha/2=0{,}975;2)} = 2{,}4469$

Untergrenze: $9{,}237 - 2{,}4469 \cdot 1{,}171 = 9{,}237 - 2{,}865 = 6{,}372$

Obergrenze: $9{,}237 + 2{,}4469 \cdot 1{,}171 = 9{,}237 + 2{,}865 = 12{,}102$

Tabelle 136 Ergebnisse der multiplen Regressionsanalyse »Erfolgsmission«

Modell	R_U^2	R_E^2	b-Gewichte	beta-Gewichte	$df_{Zähler}$	F_{emp}	sig.
x_1 und x_2	0,911	0	b_0: -3,7858	β_1= 0,875	2	30,78	sig.
			b_1: 1,058	β_2= 0,142			
			b_2: 0,245				
nur x_1	0,896	0	b_0: -2,888		1	60,13	sig.
			b_1: 1,145				
nur x_2	0,338	0	b_0: -1,129		1	3,57	ns.
			b_2: 1,003				
x_2 zusätzlich zu x_1	0,911	0,896			1	1,014	n.s
x_1 zusätzlich zu x_2	0,911	0,338			1	38,72	sig.

2.45 Die Esel der Spartaner

Hier sollen Mittelwerte von zwei Gruppen verglichen werden. Das dafür zuständige Testverfahren ist der t-Test. Vor einem t-Test muss jedoch immer ein F-Test gerechnet werden.
Für den F-Test benötigt man die Varianzen, die man aus den Standardabweichungen errechnen kann:

$s^2_{Sparta} = s_{Sparta} \cdot s_{Sparta} = 1{,}5 \cdot 1{,}5 = 2{,}25 \qquad s^2_{Athen} = s_{Athen} \cdot s_{Athen} = 1{,}2 \cdot 1{,}2 = 1{,}44$

F-Test
Hypothesen:
H_0: Die Varianzen sind gleich (homogen). $\sigma_S^2 = \sigma_A^2$
H_1: Die Varianzen sind ungleich (heterogen). $\sigma_S^2 \neq \sigma_A^2$
Die Formeln:

$$\hat{\sigma}^2 = s^2 \cdot \frac{n}{n-1} \qquad \hat{\sigma}^2_{Sparta} = 2{,}25 \cdot \frac{50}{49} = 2{,}296 \qquad \hat{\sigma}^2_{Athen} = 1{,}44 \cdot \frac{42}{41} = 1{,}475$$

Beim F-Test wird immer die größere Varianz auf den Bruchstrich (in den Zähler) gesetzt, die kleinere Varianz unter den Bruchstrich (in den Nenner).

$$F = \frac{\hat{\sigma}_1^2}{\hat{\sigma}_2^2} = \frac{2{,}296}{1{,}475} = 1{,}557$$

Diesen empirischen F-Wert muss man nun mit dem kritischen F-Wert vergleichen. Dazu benötigt man Zähler- und Nenner-Freiheitsgrade. Im Zähler steht die Varianz der Spartaner mit $n = 50$; daraus folgt: $df_{\text{Zähler}} = 49$; im Nenner steht die Varianz der Athener mit $n = 42$; daraus folgt: $df_{\text{Nenner}} = 41$. Mit diesen beiden Freiheitsgraden geht man nun in Tabelle C.6 und schlägt dort für $\alpha = 0{,}05$ den kritischen F-Wert nach:

$$F_{(0{,}95;\,49;\,41)} = 1{,}66$$

Da der kritische F-Wert größer als der empirische F-Wert ist, handelt es sich um ein nicht signifikantes Ergebnis, man entscheidet sich also für H_0, d. h. die Varianzen sind gleich (homogen) und nicht unterschiedlich (heterogen).
Da die Varianzen homogen sind, muss der t-Test für homogene Varianzen herangezogen werden:

t-Test für homogene Varianzen

Die Frage war, ob die Spartaner tatsächlich **mehr** Esel haben als die Athener. Es handelt sich hierbei also um eine einseitige Hypothese (es wird nur nach einer Richtung gefragt, nämlich nach mehr).
Hypothesen:
H_0: Die Spartaner haben nicht mehr Esel als die Athener. $\mu_{Sparta} \leq \mu_{Athen}$
H_1: Die Spartaner haben mehr Esel als die Athener. $\mu_{Sparta} > \mu_{Athen}$

$$t = \frac{\bar{x}_1 - \bar{x}_2}{\hat{\sigma}_{\bar{X}_1 - \bar{X}_2}} \qquad \hat{\sigma}_{\bar{X}_1 - \bar{X}_2} = \sqrt{\frac{\hat{\sigma}_1^2 \cdot (n_1 - 1) + \hat{\sigma}_2^2 \cdot (n_2 - 1)}{(n_1 - 1) + (n_2 - 1)} \cdot \left(\frac{1}{n_1} + \frac{1}{n_2}\right)} \qquad df = n_1 + n_2 - 2$$

$$\hat{\sigma}_{\bar{X}_1 - \bar{X}_2} = \sqrt{\frac{2{,}296 \cdot 49 + 1{,}475 \cdot 41}{(50 - 1) + (42 - 1)} \cdot \left(\frac{1}{50} + \frac{1}{42}\right)} = \sqrt{\frac{172{,}979}{90} \cdot 0{,}044} = \sqrt{0{,}0846} = 0{,}291$$

$$t = \frac{4 - 3}{0{,}291} = \frac{1}{0{,}291} = 3{,}44 \qquad df = 90$$

Als kritischen t-Wert kann man in Tabelle C.1 ablesen (ab einem $n = 30$ geht die t-Verteilung in die Standardnormalverteilung über): $t_{(0{,}95;\,90)} = 1{,}65$.

Da der empirische t-Wert größer als der kritische t-Wert ist, handelt es sich um ein signifikantes Ergebnis, man entscheidet sich für H_1.
Unter Berücksichtigung einer Irrtumswahrscheinlichkeit von 5 % kann behauptet werden, dass die Spartaner überzufällig mehr Esel als die Athener haben.

2.46 McKay auf der Akademie

Es liegen Rangplätze vor. Für den Zusammenhang können verschiedene Korrelationsmaße berechnet werden, von denen hier nur die Spearman-Rangkorrelation dargestellt und durchgerechnet wird, da die anderen Korrelationstechniken bereits bei kleinen Stichproben sehr rechenintensiv werden.
Die Frage ist nun: Bestand ein Zusammenhang zwischen den Ergebnissen im schriftlichen und im praktischen Test? Wie viel Prozent erklärbare Varianz gab es? War dieser Zusammenhang statistisch signifikant?

Tabelle 137 Kandidaten und Rangplätze für den schriftlichen und den praktischen Test

Kandidat Nr.	Rangplatz schriftlich (x)	$(x-\bar{x})^2$	Rangplatz praktisch (y)	$(y-\bar{y})^2$	$(x-\bar{x})\cdot(y-\bar{y})$	x^2	y^2	$x \cdot y$
1	1.	16	8.	9	-12	1	64	8
2	2.	9	3.	4	6	4	9	6
3	3.	4	1.	16	8	9	1	3
4	4.	1	2.	9	3	16	4	8
5	5.	0	5.	0	0	25	25	25
6	6.	1	6.	1	1	36	36	36
7	7.	4	4.	1	-2	49	16	28
8	8.	9	9.	16	12	64	81	72
9	9.	16	7.	4	8	81	49	63
Summe	45	60	45	60	24	285	285	249

$$\bar{x} = \frac{\sum_{m=1}^{n} x_m}{n} = \frac{45}{9} = 5 \qquad \bar{y} = \frac{\sum_{m=1}^{n} y_m}{n} = \frac{45}{9} = 5$$

$$s_X^2 = \frac{\sum_{m=1}^{n} (x_m - \bar{x})^2}{n} = \frac{60}{9} = 6{,}67 \qquad s_Y^2 = \frac{\sum_{m=1}^{n} (y_m - \bar{y})^2}{n} = \frac{60}{9} = 6{,}67$$

$$s_X = \sqrt{s_X^2} = \sqrt{6{,}67} = 2{,}583 \qquad s_Y = \sqrt{s_Y^2} = \sqrt{6{,}67} = 2{,}583$$

$$s_{XY} = \frac{\sum_{m=1}^{n} (x_m - \bar{x})\cdot(y_m - \bar{y})}{n} = \frac{24}{9} = 2{,}67$$

$$r_{XY} = \frac{n \cdot \sum_{m=1}^{n} (x_m \cdot y_m) - \left(\sum_{m=1}^{n} x_m\right) \cdot \left(\sum_{m=1}^{n} y_m\right)}{\sqrt{\left[n \cdot \sum_{m=1}^{n} x_m^2 - \left(\sum_{m=1}^{n} x_m\right)^2\right] \cdot \left[n \cdot \sum_{m=1}^{n} y_m^2 - \left(\sum_{m=1}^{n} y_m\right)^2\right]}} = \frac{s_{XY}}{s_X \cdot s_Y} = \frac{2{,}67}{2{,}583 \cdot 2{,}583} = 0{,}4$$

$r_{XY}^2 = r \cdot r = 0{,}400 \cdot 0{,}400 = 0{,}160$ Erklärte Variation/Varianz: 16 %

Berechnung über andere Formel:

$$r_{XY} = \frac{9 \cdot 249 - 45 \cdot 45}{\sqrt{\left[9 \cdot 285 - 45^2\right] \cdot \left[9 \cdot 285 - 45^2\right]}} = \frac{2241 - 2025}{\sqrt{[2565 - 2025] \cdot [2565 - 2025]}}$$

$$r_{XY} = \frac{216}{\sqrt{540 \cdot 540}} = \frac{216}{540} = 0{,}400$$

Der Zusammenhang zwischen den Ergebnissen im schriftlichen und im praktischen Test beträgt $r = 0{,}40$; dies entspricht 16 % erklärbarer Varianz.

Prüfung auf statistische Bedeutsamkeit

Als Hypothesen schreibt man:

H_0: Es gibt keinen Zusammenhang zwischen den Ergebnissen im schriftlichen und im praktischen Test. $\rho = 0$

H_1: Es gibt einen Zusammenhang zwischen den Ergebnissen im schriftlichen und im praktischen Test. $\rho \neq 0$

Hier errechnet sich:

$$t = \frac{r \cdot \sqrt{n - 2}}{\sqrt{1 - r^2}} = \frac{0{,}4 \cdot \sqrt{7}}{\sqrt{1 - 0{,}16}} = \frac{0{,}4 \cdot 2{,}646}{0{,}917} = 1{,}154 \qquad df = 9 - 2 = 7$$

$t_{(0{,}975;7)} = 2{,}365$

Der empirische t-Wert ist nicht extremer als der kritische, also nicht signifikant, also H_0. Es kann nicht behauptet werden, dass es zwischen den Ergebnissen im schriftlichen und im praktischen Test einen statistisch bedeutsamen Zusammenhang gibt.

2.47 »Manchmal, aber nur manchmal ...«

$p(\text{Haue mögen}) = 0{,}02 \qquad p(\text{Haue nicht mögen}) = 0{,}98 \quad n = 10$

a) Diese Aufgabe sollte man »anders herum« rechnen. »Wenigstens eine Frau« hieße $k = 1, 2, 3, 4, 5, 6, 7, 8, 9, 10$; also eigentlich alles außer $k = 0$.

Wenn man jetzt die Wahrscheinlichkeit für $k = 0$ ausrechnet und diesen Wert dann von 1 abzieht, hat man die Lösung für diese Aufgabe.

Variante 1

$$p(\text{k=1}) = \binom{10}{1} \cdot 0{,}02^1 \cdot 0{,}98^{10-1} = 0{,}1667$$

$$p(\text{k=2}) = \binom{10}{2} \cdot 0{,}02^2 \cdot 0{,}98^{10-2} = 0{,}0153$$

$$p(\text{k=3}) = \binom{10}{3} \cdot 0{,}02^3 \cdot 0{,}98^{10-3} = 0{,}00083$$

$$p(\text{k=4}) = \binom{10}{4} \cdot 0{,}02^4 \cdot 0{,}98^{10-4} = 0{,}000029$$

$$p(\text{k=5}) = \binom{10}{5} \cdot 0{,}02^5 \cdot 0{,}98^{10-5} = 0{,}00000073$$

$p(\text{k = 6}) = \binom{10}{6} \cdot 0{,}02^6 \cdot 0{,}98^{10-6} = 0{,}000000012$; *spätestens ab hier werden die Zahlen so klein, dass es eigentlich sinnlos ist, weiter zu rechnen …*

$$p(\text{k=7}) = \binom{10}{7} \cdot 0{,}02^7 \cdot 0{,}98^{10-7} = 0{,}00000000014$$

$$p(\text{k=8}) = \binom{10}{8} \cdot 0{,}02^8 \cdot 0{,}98^{10-8} = 0{,}0000000000011$$

$$p(\text{k=9}) = \binom{10}{9} \cdot 0{,}02^9 \cdot 0{,}98^{10-9} = 0{,}000000000000005$$

$$p(\text{k=10}) = \binom{10}{10} \cdot 0{,}02^{10} \cdot 0{,}98^{10-10} = 0{,}00000000000000001$$

$$p(\text{k=1 bis 10}) = 0{,}1667 + 0{,}0153 + 0{,}00083 + (\ldots) = 0{,}1829 = 18{,}29\ \%$$

Variante 2

$$p(\text{k=1 bis 10}) = 1 - p(\text{k=0}) = 1 - \binom{10}{0} \cdot 0{,}02^0 \cdot 0{,}98^{10} = 1 - 0{,}8171 = 0{,}1829$$

b) $k = 0$

$$p(\text{k=0}) = \binom{10}{0} \cdot 0{,}02^0 \cdot 0{,}98^{10-0} = 0{,}8171 = 81{,}71\ \%$$

c) Die Wahrscheinlichkeit dafür, dass der »Typ was auf die Fresse verdient«, ist dem Liedtext (»immer, ja wirklich immer …«) nach 100 % bzw. $p = 1$.

2.48 Mensa und Essen

Generell gilt: $p = \frac{\textit{günstige Ereignisse}}{\textit{mögliche Ereignisse}}$

Wie wahrscheinlich ist es, dass …

a) die Nudeln nicht verkocht sind und somit gut schmecken?

$$p = \frac{45}{350} = 0{,}1286 = 12{,}86\ \%$$

b) Sie etwas Undefinierbares auf dem Teller haben?

$$p = \frac{70}{350} = 0{,}2 = 20\ \%$$

c) es entweder Schnitzel oder Nudeln gibt?

ODER bedeutet Additionstheorem, deswegen: $p = \frac{180}{350} + \frac{100}{350} = 0{,}8 = 80\ \%$

d) Sie 5 Tage lang hintereinander lecker essen?

$$p = \frac{180}{350} \cdot \frac{180}{350} \cdot \frac{180}{350} \cdot \frac{180}{350} \cdot \frac{180}{350} = 0{,}0360 = 3{,}6\ \%$$

e) es sich bei einem leckeren Essen um Schnitzel handelt?

$$p = \frac{100}{180} = 0{,}5555 = 55{,}55\ \%$$

2.49 Karaokebar

Die Darstellung der Lösung erfolgt in mehreren Schritten. Zuerst werden allgemeine Angaben aufgelistet, die sich aus der Aufgabenstellung ergeben. Daraufhin werden die Hypothesen für die Fragen a) bis d) dargestellt. Danach erfolgen die Berechnung der Quadratsummen einmal ohne, einmal mit Matrixalgebra. Danach erfolgen die Signifikanzprüfungen. Zum Schluss werden die Ergebnisse in einer Tafel der Varianzanalyse zusammengefasst.

Allgemeine Angaben

Faktor A (Geschlecht) hat $p = 2$ Stufen
Faktor B (Alkoholgehalt) hat $q = 3$ Stufen
Pro Zelle liegen die Werte von $n_{\text{Zelle}} = 3$ Personen vor.
Insgesamt liegen Werte von $n = 18$ Personen vor.

Hypothesen

a) Gibt es einen globalen Effekt, d. h. unterscheiden sich die sechs Zellen voneinander?

H_0: $\mu_1 = \mu_2 = \mu_3 = \mu_4 = \mu_5 = \mu_6$
$df_{zw} = p \cdot q - 1$=Anzahl Parameterrestriktionen (Gleichheitszeichen in der Nullhypothese) = 5

$df_{err} = df_{inn} = n - p \cdot q$ = Anzahl Vpn minus Anzahl Zellen = 18 - 6 = 12

b) Gibt es einen Haupteffekt für Faktor A (Geschlecht)? Unterscheiden sich die Mittelwerte der einzelnen Stufen (männlich, weiblich) voneinander?

H_0: $\mu_1 + \mu_2 + \mu_3 = \mu_4 + \mu_5 + \mu_6$ bzw. $\mu_1 + \mu_2 + \mu_3 - \mu_4 - \mu_5 - \mu_6 = 0$

$df_A = p - 1$ = Anzahl Parameterrestriktionen (Gleichheitszeichen in der Nullhypothese) = 1

$df_{err} = df_{inn} = n - p \cdot q$ = Anzahl Vpn minus Anzahl Zellen = 18 - 6 = 12

c) Gibt es einen Haupteffekt für Faktor B (Alkoholgehalt)? Unterscheiden sich die Mittelwerte der einzelnen Stufen (5 %, 15 %, 35 %) voneinander?

H_0: $\mu_1 + \mu_4 = \mu_2 + \mu_5 = \mu_3 + \mu_6$

Eigentlich sind dies zwei Nullhypothesen:

1. H_0: $\mu_1 + \mu_4 = (\mu_2 + \mu_3 + \mu_5 + \mu_6)/2$ bzw. $2\mu_1 - \mu_2 - \mu_3 + 2\mu_4 - \mu_5 - \mu_6 = 0$
2. H_0: $\mu_2 + \mu_5 = \mu_3 + \mu_6$ bzw. $0\mu_1 + \mu_2 - \mu_3 + 0\mu_4 + \mu_5 - \mu_6 = 0$

$df_B = q - 1$ = Anzahl Parameterrestriktionen (Gleichheitszeichen in der Nullhypothese) = 2

$df_{err} = df_{inn} = n - p \cdot q$ = Anzahl Vpn minus Anzahl Zellen = 18 - 6 = 12

d) Gibt es eine Wechselwirkung zwischen den Stufen von Faktor A und den Stufen von Faktor B?

Hier müssen beide Nullhypothesen gebildet werden:

1. H_0: $\mu_1 - (\mu_2 + \mu_3)/2 = \mu_4 - (\mu_5 + \mu_6)/2$ bzw. $2\mu_1 - \mu_2 - \mu_3 - 2\mu_4 + \mu_5 + \mu_6 = 0$
2. H_0: $\mu_2 - \mu_3 = \mu_5 - \mu_6$ bzw. $0\mu_1 + \mu_2 - \mu_3 + 0\mu_4 - \mu_5 + \mu_6 = 0$

$df_{AB} = (p - 1) \cdot (q - 1)$ = Anzahl Parameterrestriktionen (Gleichheitszeichen in der Nullhypothese) = 2

$df_{err} = df_{inn} = n - p \cdot q$ = Anzahl Vpn minus Anzahl Zellen = 18 - 6 = 12

Berechnung der Quadratsummen mit Summenzeichen

Hierzu werden einige Mittelwerte benötigt.

Tabelle 138 Anzahl Lieder nach Alkoholgehalt des ersten Getränks und Geschlecht

Mittelwerte		Faktor B: Alkoholgehalt			Zeilenmittelwerte
		5 % (b1)	15 % (b2)	35 % (b3)	
Faktor A:	männlich (a1)	$\bar{x}_{11} = 7$	$\bar{x}_{12} = 6$	$\bar{x}_{13} = 9$	$\bar{x}_{1\bullet} = 7{,}33$
Geschlecht	weiblich (a2)	$\bar{x}_{21} = 4$	$\bar{x}_{22} = 5$	$\bar{x}_{23} = 5$	$\bar{x}_{2\bullet} = 4{,}67$
Spaltenmittelwerte		$\bar{x}_{\bullet 1} = 5{,}5$	$\bar{x}_{\bullet 2} = 5{,}5$	$\bar{x}_{\bullet 3} = 7$	$\bar{x} = 6$

$$QS_{tot} = \sum_{k=1}^{q}\sum_{j=1}^{p}\sum_{m=1}^{n_{Zelle}}(x_{mjk}-\bar{x})^2$$

$$QS_{tot} = (6-6)^2+(6-6)^2+(9-6)^2+(8-6)^2+(4-6)^2+(6-6)^2+(9-6)^2+(11-6)^2+ (7-6)^2+(5-6)^2+(3-6)^2+(4-6)^2+(2-6)^2+(8-6)^2+(5-6)^2+(4-6)^2 (5-6)^2+(6-6)^2$$

$$QS_{tot} = 0+0+9+4+4+0+9+25+1+1+9+4+16+4+1+4+1+0 = 92$$

$$QS_{zw} = \sum_{k=1}^{q}\sum_{j=1}^{p}\sum_{m=1}^{n_{Zelle}}(\bar{x}_{jk}-\bar{x})^2 = n_{Zelle}\cdot\sum_{k=1}^{q}\sum_{j=1}^{p}(\bar{x}_{jk}-\bar{x})^2$$

$$QS_{zw} = 3\cdot\left[(7-6)^2+(6-6)^2+(9-6)^2+(4-6)^2+(5-6)^2+(5-6)^2\right]$$

$$QS_{zw} = 3\cdot[1+0+9+4+1+1] = 3\cdot 16 = 48$$

$$QS_{inn} = \sum_{k=1}^{q}\sum_{j=1}^{p}\sum_{m=1}^{n_{Zelle}}(x_{mjk}-\bar{x}_{jk})^2$$

$$QS_{inn} = (6-7)^2+(6-7)^2+(9-7)^2+(8-6)^2+(4-6)^2+(6-6)^2+(9-9)^2+(11-9)^2+ (7-9)^2+(5-4)^2+(3-4)^2+(4-4)^2+(2-5)^2+(8-5)^2+(5-5)^2+(4-5)^2 (5-5)^2+(6-5)^2$$

$$QS_{inn} = 1+1+4+4+4+0+0+4+4+1+1+0+9+9+0+1+0+1 = 44$$

$$QS_A = \sum_{k=1}^{q}\sum_{j=1}^{p}\sum_{m=1}^{n_{Zelle}}(\bar{x}_{j\bullet}-\bar{x})^2 = q\cdot n_{Zelle}\cdot\sum_{j=1}^{p}(\bar{x}_{j\bullet}-\bar{x})^2$$

$$QS_A = 3\cdot 3\cdot\left[(7{,}333-6)^2+(4{,}667-6)^2\right] = 9\cdot[1{,}778+1{,}778] = 9\cdot 3{,}555 = 32$$

$$QS_B = \sum_{k=1}^{q}\sum_{j=1}^{p}\sum_{m=1}^{n_{Zelle}}(\bar{x}_{\bullet k}-\bar{x})^2 = p\cdot n_{Zelle}\cdot\sum_{k=1}^{q}(\bar{x}_{\bullet k}-\bar{x})^2$$

$$QS_B = 2\cdot 3\cdot\left[(5{,}5-6)^2+(5{,}5-6)^2+(7-6)^2\right] = 6\cdot[0{,}25+0{,}25+1] = 6\cdot 1{,}5 = 9$$

$$QS_{AB} = \sum_{k=1}^{q}\sum_{j=1}^{p}\sum_{m=1}^{n_{Zelle}}(\bar{x}_{jk}-\bar{x}_{j\bullet}-\bar{x}_{\bullet k}+\bar{x})^2 = n_{Zelle}\cdot\sum_{k=1}^{q}\sum_{j=1}^{p}(\bar{x}_{jk}-\bar{x}_{j\bullet}-\bar{x}_{\bullet k}+\bar{x})^2$$

$$QS_{AB} = 3\cdot\left[(7-7{,}333-5{,}5+6)^2+(6-7{,}333-5{,}5+6)^2+(9-7{,}333-7+6)^2\right]+ 3\cdot\left[(4-4{,}667-5{,}5+6)^2+(5-4{,}667-5{,}5+6)^2+(5-4{,}667-7+6)^2\right]$$

$$QS_{AB} = 3\cdot[0{,}0279+0{,}6939+0{,}4449+0{,}0279+0{,}6939+0{,}4449] = 3\cdot 2{,}333$$

$$QS_{AB} = 7$$

Berechnung der Quadratsummen mit Matrixalgebra

Totale, determinierte und Fehlerquadratsumme

$$(X'X)^{-1} = \frac{1}{3}\cdot Einheitsmatrix \qquad X'y = \begin{vmatrix}21\\18\\27\\12\\15\\15\end{vmatrix} \qquad b = \begin{vmatrix}7\\6\\9\\4\\5\\5\end{vmatrix} \qquad y'y = 740 \qquad \bar{y} = 6$$

$$b'X'y = 696 \qquad \bar{y}^2 = 36 \rightarrow n\cdot\bar{y}^2 = 648$$

$$QS_{tot} = y'y - n\cdot\bar{y}^2 = 740 - 648 = 92$$
$$QS_{det} = QS_{zw} = b'X'y - n\cdot\bar{y}^2 = 696 - 648 = 48$$
$$QS_{err} = QS_{tot} - QS_{det} = QS_{inn} = 92 - 48 = 44$$

Kontrastmatrix und Quadratsumme für Faktor A (Geschlecht)

$$C = \begin{vmatrix} 1 & 1 & 1 & -1 & -1 & -1 \end{vmatrix} \quad Cb = 8 \quad \left(C\left(X'X\right)^{-1}C'\right)^{-1} = \frac{1}{2}$$

$$QS_A = Cb'\left(C\left(X'X\right)^{-1}C'\right)^{-1}Cb = 8\cdot\frac{1}{2}\cdot 8 = 32$$

Kontrastmatrix und Quadratsumme für Faktor B (Alkoholgehalt)

$$C = \begin{vmatrix} 2 & -1 & -1 & 2 & -1 & -1 \\ 0 & 1 & -1 & 0 & 1 & -1 \end{vmatrix} \quad Cb = \begin{vmatrix} -3 \\ -3 \end{vmatrix} \quad \left(C\left(X'X\right)^{-1}C'\right)^{-1} = 3\cdot\begin{vmatrix} \frac{1}{12} & 0 \\ 0 & \frac{1}{4} \end{vmatrix}$$

$$QS_B = Cb'\left(C\left(X'X\right)^{-1}C'\right)^{-1}Cb = \begin{vmatrix} -3 & -3 \end{vmatrix}\cdot 3\cdot\begin{vmatrix} \frac{1}{12} & 0 \\ 0 & \frac{1}{4} \end{vmatrix}\cdot\begin{vmatrix} -3 \\ -3 \end{vmatrix} = 9$$

Kontrastmatrix und Quadratsumme der Wechselwirkung zwischen Faktor A und B

$$C = \begin{vmatrix} 2 & -1 & -1 & -2 & 1 & 1 \\ 0 & 1 & -1 & 0 & -1 & 1 \end{vmatrix} \quad Cb = \begin{vmatrix} 1 \\ -3 \end{vmatrix} \quad \left(C\left(X'X\right)^{-1}C'\right)^{-1} = 3\cdot\begin{vmatrix} \frac{1}{12} & 0 \\ 0 & \frac{1}{4} \end{vmatrix}$$

$$QS_{AB} = Cb'\left(C\left(X'X\right)^{-1}C'\right)^{-1}Cb = \begin{vmatrix} 1 & -3 \end{vmatrix}\cdot 3\cdot\begin{vmatrix} \frac{1}{12} & 0 \\ 0 & \frac{1}{4} \end{vmatrix}\cdot\begin{vmatrix} 1 \\ -3 \end{vmatrix} = 7$$

Signifikanzprüfungen

a) Gibt es einen globalen Effekt, d. h. unterscheiden sich die sechs Zellen voneinander?

$$F = \frac{QS_{det} / df_{det}}{QS_{err} / df_{err}} = \frac{MQS_{zw}}{MQS_{inn}} = \frac{48/5}{44/12} = \frac{9{,}6}{3{,}667} = 2{,}618 \qquad F_{(0{,}95;5;12)} = 3{,}1059$$

Der empirische F-Wert (2,618) ist nicht extremer als der kritische (3,1059), also nicht signifikant, also H_0. Es kann nicht behauptet werden, dass sich die Mittelwerte der sechs Zellen voneinander unterscheiden.

b) Gibt es einen Haupteffekt für Faktor A (Geschlecht)? Unterscheiden sich die Mittelwerte der einzelnen Stufen (männlich, weiblich) voneinander?

$$F = \frac{QS_A / df_A}{QS_{err} / df_{err}} = \frac{MQS_A}{MQS_{inn}} = \frac{32/1}{44/12} = \frac{32}{3{,}667} = 8{,}727 \qquad F_{(0{,}95;1;12)} = 4{,}7472$$

Der empirische F-Wert (8,727) ist extremer als der kritische (4,7472), also signifikant, also H_1. Es gibt einen Haupteffekt für Faktor A.
Mit einer Irrtumswahrscheinlichkeit von 5 % kann behauptet werden, dass es Geschlechtsunterschiede bezüglich der Anzahl der gesungenen Lieder gibt.

c) Gibt es einen Haupteffekt für Faktor B (Alkoholgehalt)? Unterscheiden sich die Mittelwerte der einzelnen Stufen (5 %, 15 %, 35 %) voneinander?

$$F = \frac{QS_B / df_B}{QS_{err} / df_{err}} = \frac{MQS_B}{MQS_{inn}} = \frac{9/2}{44/12} = \frac{4{,}5}{3{,}667} = 1{,}227 \qquad F_{(0{,}95;2;12)} = 3{,}8853$$

Der empirische F-Wert (1,227) ist nicht extremer als der kritische (3,8853), also nicht signifikant, also H_0. Es gibt keinen Haupteffekt für Faktor B.
Es kann nicht behauptet werden, dass der Alkoholgehalt des ersten Getränkes Unterschiede bezüglich der Anzahl der gesungenen Lieder hervorruft.

d) Gibt es eine Wechselwirkung zwischen den Stufen von Faktor A und den Stufen von Faktor B?

$$F = \frac{QS_{AB} / df_{AB}}{QS_{err} / df_{err}} = \frac{MQS_{AB}}{MQS_{inn}} = \frac{7/2}{44/12} = \frac{3{,}5}{3{,}667} = 0{,}954 \qquad F_{(0{,}95;2;12)} = 3{,}8853$$

Der empirische F-Wert (0,954) ist nicht extremer als der kritische (3,8853), also nicht signifikant, also H_0. Es gibt keine Wechselwirkung zwischen den Faktoren A und B.

Tabelle 139 Tafel der Varianzanalyse »Karaoke-Bar«

Quelle der Variation	Quadratsumme	df	MQS	F_{emp}	sig.
Det	48	5	9,6	2,618	n. s.
Faktor A	32	1	32	8,727	sig.
Faktor B	9	2	4,5	1,227	n. s.
Wechselwirkung AB	7	2	3,5	0,954	n. s.
Fehler	44	12	3,667		
Total	92	17			

2.50 Lebensqualität von Patienten vor, während und nach der Therapie

Ordinalskalierte Daten, abhängige Stichproben → Friedman-Test/Rangvarianzanalyse nach Friedman

Hypothesen, Variante A

H_0: $\eta_1 = \eta_2 = \eta_3$

H_{1a}: $\eta_1 \neq (\eta_2 + \eta_3)/2$ $\quad 2\eta_1 - \eta_2 - \eta_3 \neq 0$

H_{1b}: $\eta_2 \neq \eta_3$ $\quad \eta_2 - \eta_3 \neq 0$

Hypothesen, Variante B

H_0: $\eta_i = \eta_j$ für alle Paare (i, j), i ≠ j

H_1: $\eta_i \neq \eta_j$ für mindestens ein Paar (i, j), i ≠ j

Der Friedman-Test arbeitet mit Rangplätzen. Zuerst müssen daher die Rohwerte pro Person über die Messzeitpunkte hinweg in Rangplätze transformiert werden. Anschließend werden Rangplatzsummen pro Messzeitpunkt gebildet.

Tabelle 140 Rangplätze zur Lebensqualität von n = 5 Patienten zu drei Messzeitpunkten

Vpn	Lebensqualität (Faktor A) vor Therapie (a1)	während Therapie (a2)	nach Therapie (a3)
1	1.	2.	3.
2	2.	3.	1.
3	2.	3.	1.
4	3.	2.	1.
5	2.	3.	1.
Rangsummen RS_j	10	13	7

p = Anzahl Faktorstufen = 3

$n = 5$

Friedman-Test

Prüfgröße K für den exakten Test

$$K = \sum_{j=1}^{p} \left(RS_{\bullet j} - \frac{n \cdot (p+1)}{2} \right)^2$$

$$K = \left(10 - \frac{5 \cdot 4}{2}\right)^2 + \left(13 - \frac{5 \cdot 4}{2}\right)^2 + \left(7 - \frac{5 \cdot 4}{2}\right)^2 = 0^2 + 3^2 + (-3)^2 = 0 + 9 + 9 = 18$$

Für die Prüfgröße K kann z. B. in den Online-Materialien (Linkliste, Kap. 14) von Eid et al. (2017) die exakte Wahrscheinlichkeit nachgeschlagen werden.

Prüfgröße Q für den approximativen Test

$$Q = \frac{12 \cdot \sum_{j=1}^{p} RS_{\bullet j}^2}{p \cdot n \cdot (p+1)} - 3 \cdot n \cdot (p+1) \quad oder \quad Q = \frac{12 \cdot K}{p \cdot n \cdot (p+1)} \; (falls\ K\ berechnet\ wurde)$$

$$Q = \frac{12 \cdot (10^2 + 13^2 + 7^2)}{3 \cdot 5 \cdot 4} - 3 \cdot 5 \cdot 4$$

$$Q = \frac{12 \cdot (100 + 169 + 49)}{60} - 60 = \frac{12 \cdot 318}{60} - 60 = 63{,}6 - 60 = 3{,}6$$

$$df = p - 1 = 2$$

Q ist approximativ Chi^2-verteilt. Kritischer Chi^2-Wert = 5,99. Der empirische Wert ist kleiner als der kritische, also nicht signifikant, also H_0. Es kann nicht behauptet werden, dass sich die Lebensqualität der Patienten über den Verlauf der Therapie hinweg verändert hat.

2.51 Burn-out-Prophylaxe

Hier handelt es sich um eine zweifaktorielle Varianzanalyse mit Messwiederholung auf einem Faktor. Zur Berechnung werden einige Mittelwerte benötigt.
Und selbstverständlich müssen auch noch Hypothesen gebildet werden.
Die Darstellung der Lösung erfolgt in mehreren Schritten. Zuerst werden allgemeine Angaben aufgelistet, die sich aus der Aufgabenstellung ergeben. Daraufhin werden die Hypothesen für die Fragen a) bis c) dargestellt. Danach erfolgt die Berechnung der Quadratsummen. Im Anschluss erfolgen die Signifikanzprüfungen. Abschliessend werden die Ergebnisse in einer Tafel der Varianzanalyse zusammengefasst.

Allgemeine Angaben

Faktor A (Geschlecht) hat $p = 2$ Stufen
Faktor B (Messzeitpunkte) hat $q = 3$ Stufen
Pro Zelle liegen die Werte von $n_{Zelle} = 3$ Personen vor.
Insgesamt liegen je drei Werte von $n = 6$ Personen vor.

Hypothesen

a) Gibt es einen Haupteffekt für Faktor A (Geschlecht)? Unterscheiden sich die Mittelwerte der einzelnen Stufen (weiblich/männlich) voneinander?

H_0: $\mu_{a1} = \mu_{a2}$
$df_A = p - 1$ = Anzahl Parameterrestriktionen (Gleichheitszeichen in der Nullhypothese) = 1

b) Gibt es einen Haupteffekt für Faktor B (Messzeitpunkte)? Unterscheiden sich die Mittelwerte der einzelnen Stufen (Beginn, nach Woche 3, Ende) voneinander?

H_0: $\mu_{b1} = \mu_{b2} = \mu_{b3}$

$df_B = q - 1$ = Anzahl Parameterrestriktionen (Gleichheitszeichen in der Nullhypothese) = 2

c) Gibt es eine Wechselwirkung zwischen den Stufen von Faktor A und den Stufen von Faktor B?

Hier wird es mit den Hypothesen schon so aufwendig, dass nur eine Texthypothese aufgestellt wird.

H_0: Es gibt keine Wechselwirkung zwischen den Stufen der Faktoren A und B.

$df_{AB} = (p - 1) \cdot (q - 1) = 2$

Tabelle 141 Roh- und Mittelwerte Burn-out-Status von sechs Sozialarbeiterinnen zu drei Messzeitpunkten unterteilt nach Geschlecht

Faktor A: Geschlecht	**Faktor B: Messzeitpunkte** Beginn (b1)	nach Woche 3 (b2)	Ende (b3)	**Personmittelwerte**
weiblich (a1)	9	8	4	$\bar{x}_{m=1}=7$
	7	5	0	$\bar{x}_{m=2}=4$
	8	5	2	$\bar{x}_{m=3}=5$
	$\bar{x}_{j=1;k=1}=8$	$\bar{x}_{j=1;k=2}=6$	$\bar{x}_{j=1;k=3}=2$	$\bar{x}_{j=1}=5{,}333$
männlich (a2)	9	5	4	$\bar{x}_{m=4}=6$
	9	6	6	$\bar{x}_{m=5}=7$
	6	4	2	$\bar{x}_{m=6}=4$
	$\bar{x}_{j=2;k=1}=8$	$\bar{x}_{j=2;k=2}=5$	$\bar{x}_{j=2;k=3}=4$	$\bar{x}_{j=2}=5{,}667$
Bedingungsmittelwerte	$\bar{x}_{k=1}=8$	$\bar{x}_{k=2}=5{,}5$	$\bar{x}_{k=3}=3$	$\bar{x}=5{,}5$

$$QS_A = q \cdot n_{Zelle} \cdot \sum_{j=1}^{p} (\bar{x}_{\bullet j \bullet} - \bar{x})^2 = 3 \cdot 3 \cdot \left[(5{,}33 - 5{,}5)^2 + (5{,}67 - 5{,}5)^2\right]$$

$$QS_A = 9 \cdot [0{,}0278 + 0{,}0278] = 9 \cdot 0{,}0556 = 0{,}5$$

$$QS_B = p \cdot n_{Zelle} \cdot \sum_{k=1}^{q} (\bar{x}_{\bullet\bullet k} - \bar{x})^2 = 2 \cdot 3 \cdot \left[(8 - 5{,}5)^2 + (5{,}5 - 5{,}5)^2 + (3 - 5{,}5)^2\right]$$

$$QS_B = 6 \cdot [6{,}25 + 0 + 6{,}25] = 6 \cdot 12{,}5 = 75$$

$$QS_{AB} = n_{Zelle} \cdot \sum_{k=1}^{q} \sum_{j=1}^{p} (\bar{x}_{\bullet jk} - \bar{x}_{\bullet j \bullet} - \bar{x}_{\bullet \bullet k} + \bar{x})^2$$

$$3 \cdot \left[(8 - 5{,}333 - 8 + 5{,}5)^2 + (6 - 5{,}333 - 5{,}5 + 5{,}5)^2 + (2 - 5{,}333 - 3 + 5{,}5)^2\right] +$$

$$3 \cdot \left[(8 - 5{,}667 - 8 + 5{,}5)^2 + (5 - 5{,}667 - 5{,}5 + 5{,}5)^2 + (4 - 5{,}667 - 3 + 5{,}5)^2\right]$$

$$QS_{AB} = 3 \cdot [0{,}0279 + 0{,}4445 + 0{,}6944 + 0{,}0279 + 0{,}4445 + 0{,}6944]$$

$$QS_{AB} = 3 \cdot 2{,}333 = 7$$

$$QS_{P\_in\_A} = \sum_{k=1}^{q} \sum_{j=1}^{p} \sum_{m=1}^{n_{Zelle}} (\bar{x}_{mj \bullet} - \bar{x}_{\bullet j \bullet})^2 = q \cdot \sum_{m=1}^{n_{Zelle}} (\bar{x}_{mj \bullet} - \bar{x}_{\bullet j \bullet})^2$$

$$QS_{P\_in\_A} = 3 \cdot \left[(7-5{,}333)^2 + (4-5{,}333)^2 + (5-5{,}333)^2 + (6-5{,}667)^2 + (7-5{,}667)^2 + (4-5{,}667)^2\right]$$

$$QS_{P\_in\_A} = 3 \cdot \left[2{,}779 + 1{,}777 + 0{,}111 + 0{,}111 + 1{,}777 + 2{,}779\right] = 3 \cdot 9{,}333 = 28$$

$$df_{P\_in\_A} = p \cdot (n_{Zelle} - 1) = 2 \cdot 2 = 4$$

$$QS_{Res} = \sum_{k=1}^{q} \sum_{j=1}^{p} \sum_{m=1}^{n_{Zelle}} (x_{mjk} - \bar{x}_{\bullet jk} - \bar{x}_{mj \bullet} + \bar{x}_{\bullet j \bullet})^2$$

$$QS_{Res} = (9\text{-}8\text{-}7+5{,}333) + (8\text{-}6\text{-}7+5{,}333) + (4\text{-}2\text{-}7+5{,}333) + (7\text{-}8\text{-}4+5{,}333) +$$

$$(5\text{-}6\text{-}4+5{,}333) + (0\text{-}2\text{-}4+5{,}333) + (8\text{-}8\text{-}5+5{,}333) + (5\text{-}6\text{-}5+5{,}333) +$$

$$(2\text{-}2\text{-}5+5{,}333) + (9\text{-}8\text{-}6+5{,}667) + (5\text{-}5\text{-}6+5{,}667) + (4\text{-}4\text{-}6+5{,}667) +$$

$$(9\text{-}8\text{-}7+5{,}667) + (6\text{-}5\text{-}7+5{,}667) + (6\text{-}4\text{-}7+5{,}667) + (6\text{-}8\text{-}4+5{,}667) +$$

$$(4\text{-}5\text{-}4+5{,}667) + (2\text{-}4\text{-}4+5{,}667)$$

$$QS_{Res} = 0{,}445 + 0{,}111 + 0{,}111 + 0{,}111 + 0{,}111 + 0{,}445 + 0{,}111 + 0{,}445 + 0{,}111 + 0{,}445 +$$

$$0{,}111 + 0{,}111 + 0{,}111 + 0{,}111 + 0{,}445 + 0{,}111 + 0{,}445 + 0{,}111$$

$$QS_{Res} = 4$$

$$df_{Res} = p \cdot (q-1) \cdot (n_{Zelle} - 1) = 2 \cdot 2 \cdot 2 = 8$$

Puh, das ist eine aufwendige Rechnerei. Kann man sich das Ganze einfacher machen? Ja, indem man ein Statistikprogramm verwendet und nicht alles per Hand rechnet …

Signifikanzprüfung

a) Burn-out-Status nach Geschlecht

$$F_A = \frac{QS_A / df_A}{QS_{P\_in\_A} / df_{P\_in\_A}} = \frac{MQS_A}{MQS_{P\_in\_A}} = \frac{0{,}5}{7} = 0{,}071 \qquad F_{(0{,}95;1;4)} = 7{,}7086$$

Der empirische F-Wert (0,071) ist nicht extremer als der kritische (7,7086), also nicht signifikant, also H_0. Es kann nicht behauptet werden, dass sich die Stufen des Faktors A bezüglich des Burn-out-Status voneinander unterscheiden (Frauen und Männer unterscheiden sich bezüglich des Burn-out-Status nicht voneinander).

b) Burn-out-Status nach Messzeitpunkten

$$F_B = \frac{QS_B / df_B}{QS_{Res} / df_{Res}} = \frac{MQS_B}{MQS_{Res}} = \frac{37{,}5}{0{,}5} = 75 \qquad F_{(0{,}95;2;8)} = 4{,}4590$$

Der empirische F-Wert (75) ist extremer als der kritische (4,4590), also signifikant, also H_1. Mit einer Irrtumswahrscheinlichkeit von 5 % kann behauptet werden, dass sich die Stufen des Faktors B bezüglich des Burn-out-Status voneinander unterscheiden (der Burn-out-Status verändert sich über die Messzeitpunkte hinweg).

c) Wechselwirkung Geschlecht und Messzeitpunkte

$$F_{AB} = \frac{QS_{AB} / df_{AB}}{QS_{Res} / df_{Res}} = \frac{MQS_{AB}}{MQS_{Res}} = \frac{3{,}5}{0{,}5} = 7 \qquad F_{(0{,}95;2;8)} = 4{,}4590$$

Der empirische F-Wert (7) ist extremer als der kritische (4,4590), also signifikant, also H_1. Unter Berücksichtigung eines Alpha-Fehlers von 5 % kann behauptet werden, dass es eine Wechselwirkung zwischen den Stufen der Faktoren A und B gibt.

Tabelle 142 Tafel der Varianzanalyse

Quelle der Variation	QS	df	MQS	F	sig.
Faktor A	0,5	1	0,5	0,071	n. s.
Personen innerhalb A	28	4	7		
Faktor B	75	2	37,5	75	sig.
Wechselwirkung AB	7	2	3,5	7	sig.
Residuum	4	8	0,5		
Total	114,5	17			

2.52 Assessment-Center

Um die Aufgabe zu lösen, müssen z-Werte berechnet werden. Für die z-Werte können dann Prozentränge nachgeschlagen werden (Tabelle C.1).

$$z = \frac{x_m - \bar{x}}{s} \qquad \bar{x} = 87 \qquad s = 9{,}2$$

1. Kandidat: $z = \frac{66 - 87}{9{,}2} = -2{,}28$

2. Kandidat: $z = \frac{120 - 87}{9{,}2} = 3{,}59$

3. Kandidat: $z = \frac{84 - 87}{9{,}2} = -0{,}33$

4. Kandidat: $z = \frac{93 - 87}{9{,}2} = 0{,}65$

5. Kandidat: $z = \frac{89 - 87}{9{,}2} = 0{,}22$

6. Kandidat: $z = \frac{96 - 87}{9{,}2} = 0{,}98$

7. Kandidat: $z = \frac{99 - 87}{9{,}2} = 1{,}3$

Mit den z-Werten geht man nun in die Tabelle C.1 und liest die Fläche der z-Werte der Kandidaten ab. Anschließend multipliziert man jede Fläche mit 100, um Prozentzahlen miteinander vergleichen zu können.

Tabelle 143 z-Werte im Assessment-Center (AC)

Kandidat	1	2	3	4	5	6	7
Erreichte Punktzahl	66	120	84	93	89	96	99
z-Wert	-2,28	3,59	-0,33	0,65	0,22	0,98	1,3
Fläche	0,0113	0,9998	0,3707	0,7422	0,5871	0,8365	0,9032
Prozentrang	1,13	99,98	37,07	74,22	58,71	83,65	90,32
2. Runde ?	nein	ja	nein	nein	nein	nein	ja

Demnach sollten Sie die Kandidaten 2 und 7 in die 2. Runde des AC einladen.

2.53 Palzenkekse

Hier sollen beobachtete Werte (tatsächlicher Verkauf in Holtzhausen a. E.) mit erwarteten/theoretischen Werten (was hätte in Holtzhausen verkauft werden sollen) verglichen werden. Das hierfür zuständige Testverfahren ist der Chi²-Test.

H_0: Der Verkauf in Holtzhausen a. E. entspricht dem Verkauf in der BuReDeu.

H_1: Der Verkauf in Holtzhausen a. E. entspricht dem Verkauf in der BuReDeu nicht.

Die Formel für den Chi²-Test lautet:

$$\chi^2 = \sum_{i=1}^{p} \sum_{j=1}^{k} \frac{(n_{ij} - e_{ij})^2}{e_{ij}}$$

Die Schwierigkeit liegt eigentlich nur darin, wie man die erwarteten Werte ausrechnet. Gewöhnlich geschieht dies über die Randsummen. Hier liegen jedoch weitere Informationen vor, nämlich die Prozentzahlen des Verkaufs in der BuReDeu. Diese Prozentzahlen sollte man verwenden, um die erwarteten Werte für Holtzhausen a. E. auszurechnen. Das heißt, die Randsummen werden nicht benötigt und daher auch nicht in der Tabelle aufgelistet.

Tabelle 144 Beobachtete Verkaufswerte der Palzenkekse

	Form		
Geschmack	**rund**	**quadratisch**	**dreieckig**
Schoko	50	100	30
Kokos	80	30	10
Butter	70	20	110

500 Päckchen Kekse wurden insgesamt verkauft. Für die Kategorie Kokos-quadratisch hätte man nach den Angaben für die BuReDeu 12 % erwartet. 12 % von 500 sind 60 Päckchen (1 % = 5 Päckchen). Tabelle 145 listet die erwarteten Werte auf.

Tabelle 145 Erwartete Verkaufswerte der Palzenkekse

	Form		
Geschmack	**rund**	**quadratisch**	**dreieckig**
Schoko	50	75	25
Kokos	125	60	15
Butter	25	65	60

Nun wird ganz normal in die Formel eingesetzt:

$$\chi^2 = \sum_{j=1}^{k} \frac{(n_j - e_j)^2}{e_j}$$

$$\chi^2 = \frac{(50-50)^2}{50} + \frac{(100-75)^2}{75} + \frac{(30-25)^2}{25} + \frac{(80-125)^2}{125} + \frac{(30-60)^2}{60} + \frac{(10-15)^2}{15} + \frac{(70-25)^2}{25} + \frac{(20-65)^2}{65} + \frac{(110-60)^2}{60}$$

$$= \frac{0}{50} + \frac{625}{75} + \frac{25}{25} + \frac{2025}{125} + \frac{900}{60} + \frac{25}{15} + \frac{2025}{25} + \frac{2025}{65} + \frac{2500}{60}$$

$$= 0 + 8{,}333 + 1 + 16{,}2 + 15 + 1{,}667 + 81 + 31{,}154 + 41{,}667$$

$$\chi^2 = 196{,}021$$

Dieses empirische Chi² muss nun mit einem kritischen Chi²-Wert verglichen werden. Um das kritische Chi² aus der Tabelle ablesen zu können, benötigt man die Freiheitsgrade. Da hier nicht über die Randsummen geschätzt wurde, berechnen sich die Freiheitsgrade als df = Anzahl Kategorien - 1 = 9 - 1 = 8.
Als kritischen Chi²-Wert liest man nun für $\alpha = 0{,}05$ und $df = 8$ aus Tabelle C.4 den Wert 15,507 ab.

Da der empirische Chi²-Wert größer als der kritische Chi²-Wert ist, hat man ein signifikantes Ergebnis, d. h. die Verkaufszahlen in Holtzhausen a. E. entsprechen nicht den Verkaufszahlen in der BuReDeu.

2.54 Sich unersetzlich fühlen und austauschbar sein

$p(\textit{sich unersetzlich fühlen}) = 0{,}8 \qquad p(\textit{sich ersetzlich fühlen}) = 0{,}2$
$p(\textit{austauschbar sein}) = 0{,}625 \qquad p(\textit{nicht austauschbar sein}) = 0{,}375$

a) $p(\textit{sich unersetzlich fühlen UND austauschbar sein}) = 0{,}8 \cdot 0{,}625 = 0{,}5$
Hier wird das Multiplikationstheorem angewendet: Sind günstige Ereignisse durch ein UND verknüpft, werden die Einzelwahrscheinlichkeiten miteinander multipliziert!

b) $p(\textit{sich ersetzlich fühlen UND nicht austauschbar sein}) = 0{,}2 \cdot 0{,}375 = 0{,}075$
Wieder wird das Multiplikationstheorem angewendet: Sind günstige Ereignisse durch ein UND verknüpft, werden die Einzelwahrscheinlichkeiten miteinander multipliziert!

c) $n = 10$; $k = 8, 9, 10$;

$p(\textit{sich unersetzlich fühlen UND nicht austauschbar sein}) = 0{,}8 \cdot 0{,}375 = 0{,}3$
Um die gefragte Einzelwahrscheinlichkeit auszurechnen wird wieder das Multiplikationstheorem angewendet: Sind günstige Ereignisse durch ein UND verknüpft, werden die Einzelwahrscheinlichkeiten miteinander multipliziert!
Im Anschluss daran wendet man dann die Binomialformel an:

$$p(k) = \binom{n}{k} \cdot p^k \cdot q^{n-k} = \frac{n!}{k! \cdot (n-k)!} \cdot p^k \cdot q^{n-k}$$

Binomialformel jeweils für jedes k ausrechnen, zum Schluss die einzelnen Werte addieren.

$$p(k{=}8) = \binom{10}{8} \cdot 0{,}3^8 \cdot 0{,}7^2 = \frac{10!}{8! \cdot 2!} \cdot 0{,}00006561 \cdot 0{,}49 = 0{,}0014$$

$$p(k{=}9) = \binom{10}{9} \cdot 0{,}3^9 \cdot 0{,}7^1 = \frac{10!}{9! \cdot 1!} \cdot 0{,}00001968 \cdot 0{,}7 = 0{,}0001$$

$$p(k{=}10) = \binom{10}{10} \cdot 0{,}3^{10} \cdot 0{,}7^0 = \frac{10!}{10! \cdot 0!} \cdot 0{,}0000059 \cdot 1 = 0{,}0000059$$

$$p(k{=}8,\,9,\,10) = 0{,}0014 + 0{,}0001 + 0{,}0000059 = 0{,}0015059$$

Die Wahrscheinlichkeit dafür, dass sich per Zufall von $n = 10$ Personen mindestens 8 für unersetzlich halten und auch nur schwer austauschbar sind, beträgt 0,15 %.

2.55 Brille tragen und Geschlecht

a) Beobachtete Häufigkeiten

Tabelle 146 Häufigkeiten in der Vierfeldertafel nach Aufgabenstellung

		Geschlecht		
		weiblich	**männlich**	**gesamt**
Brillenträger	**ja**	a=40	b=70	110
	nein	c=60	d=30	90
	gesamt	100	100	200

b) Stochastisch voneinander unabhängig bedeutet, dass sich die beiden Merkmale nicht gegenseitig beeinflussen. Die Zellenhäufigkeiten entsprechen dem Produkt der Einzelwahrscheinlichkeiten mit der Gesamtanzahl.

Tabelle 147 Häufigkeiten in der Vierfeldertafel bei stochastischer Unabhängigkeit von Geschlecht und Brillenträger

		Geschlecht		
Stochastisch unabhängig		**weiblich**	**männlich**	**gesamt**
Brillenträger	**ja**	a=55	b=55	110
	nein	c=45	d=45	90
	gesamt	100	100	200

c) Wenn zwei Merkmale vollständig zusammenhängen, bedeutet das, dass das Auftreten des einen Merkmals mit dem Auftreten des anderen Merkmals einhergeht.

Tabelle 148 Häufigkeiten in der Vierfeldertafel bei stochastischer Abhängigkeit von Geschlecht und Brillenträger unter Berücksichtigung der Randsummen

		Geschlecht		
Stochastisch abhängig		**weiblich**	**männlich**	**gesamt**
Brillenträger	**ja**	a=100	b=10	110
	nein	c=0	d=90	90
	gesamt	100	100	200

d) Als Zusammenhangsmaß für nominalskalierte Variablen soll hier die Phi-Korrelation berechnet werden.

Phi-Korrelation

$$\hat{\phi} = \frac{n_{11} \cdot n_{22} - n_{12} \cdot n_{21}}{\sqrt{(n_{11}+n_{21}) \cdot (n_{12}+n_{22}) \cdot (n_{11}+n_{12}) \cdot (n_{21}+n_{22})}}$$

$$\hat{\phi} = \frac{40 \cdot 30 - 70 \cdot 60}{\sqrt{(40+60) \cdot (70+30) \cdot (40+70) \cdot (60+30)}} = \frac{1200\text{-}4200}{\sqrt{100 \cdot 100 \cdot 110 \cdot 90}} = \frac{-3000}{\sqrt{99000000}}$$

$$\hat{\phi} = \frac{-3000}{9949{,}87} = -0{,}302$$

Zusätzlich muss bei der Phi-Korrelation noch ein maximaler Phi-Wert (Phi_{max}) berechnet werden. Dazu werden die Zahlen innerhalb der Tabelle so umgestellt, dass ein maximaler Zusammenhang resultiert. Diese Zahlen stehen in Tabelle 148.

$$\hat{\phi}_{max} = \frac{100 \cdot 90 - 10 \cdot 0}{\sqrt{99000000}} = \frac{9000}{9949{,}87} = 0{,}905$$

Aus Phi und Phi_{max} wird dann der korrigierte Phi-Wert Phi_{korrig} errechnet.

$$\hat{\phi}_{korrig} = \frac{\hat{\phi}}{\hat{\phi}_{max}} = \frac{-0{,}302}{0{,}905} = -0{,}334$$

Es besteht ein schwacher bis mittlerer Zusammenhang zwischen den Variablen »Brillenträger« und »Geschlecht«.
Zur Prüfung auf Signifikanz wird ein Chi^2-Test herangezogen.

Chi^2-Test

Hypothesen

H_0: Es existiert kein Zusammenhang zwischen den Merkmalen »Brillenträger« und »Geschlecht«

H_1: Es existiert ein Zusammenhang zwischen den Merkmalen »Brillenträger« und »Geschlecht«

Für eine Vierfelder-Tafel existiert eine spezielle Formel:

$$\chi^2 = \frac{n \cdot (b \cdot c - a \cdot d)^2}{(a+b) \cdot (c+d) \cdot (a+c) \cdot (b+d)} = \frac{200 \cdot (70 \cdot 60 - 40 \cdot 30)^2}{110 \cdot 90 \cdot 100 \cdot 100} = \frac{200 \cdot (3000)^2}{99000000}$$

$$= \frac{200 \cdot 9000000}{99000000} = 18{,}182$$

Hierbei kennzeichnen a, b, c und d die einzelnen Felder der Tafel.
Werden – wie hier – die Randsummen berücksichtigt, hat man nur einen Freiheitsgrad $df = 1$. Als kritischen Chi^2-Wert findet man in Tabelle C.4 $\chi^2_{(0{,}95;1)} = 3{,}841$. Der empirisch ermittelte Chi^2-Wert liegt darüber, die Hypothese H_1 kann vorläufig angenommen werden.

Unter Berücksichtigung eines Alpha-Fehlers von 5 % kann behauptet werden, dass es einen Zusammenhang zwischen Geschlecht und dem Tragen einer Brille gibt.

2.56 EDV-Fortbildungen und Umgang mit dem PC

a) Intervallskalierte Daten weisen auf eine Produkt-Moment-Korrelation hin. Zur Berechnung sei: x = Anzahl besuchter Fortbildungen, y = Fähigkeit im Umgang mit PC.

$$\bar{x} = \frac{\sum_{m=1}^{n} x_m}{n} = \frac{26}{10} = 2{,}6 \qquad \bar{y} = \frac{\sum_{m=1}^{n} y_m}{n} = \frac{44}{10} = 4{,}4$$

$$s_X^2 = \frac{\sum_{m=1}^{n} (x_m - \bar{x})^2}{n} = \frac{32{,}4}{10} = 3{,}24 \qquad s_Y^2 = \frac{\sum_{m=1}^{n} (y_m - \bar{y})^2}{n} = \frac{52{,}4}{10} = 5{,}24$$

$$s_X = \sqrt{s_X^2} = \sqrt{3{,}24} = 1{,}8 \qquad s_Y = \sqrt{s_Y^2} = \sqrt{5{,}24} = 2{,}289$$

$$s_{XY} = \frac{\sum_{m=1}^{n} (x_m - \bar{x}) \cdot (y_m - \bar{y})}{n} = \frac{33{,}6}{10} = 3{,}36$$

Tabelle 149 Werte für die Berechnung der Produkt-Moment-Korrelation

	x	$(x-\bar{x})^2$	y	$(y-\bar{y})^2$	$(x-\bar{x})\cdot(y-\bar{y})$	x^2	y^2	$x\cdot y$
	0	6,76	4	0,16	1,04	0	16	0
	4	1,96	7	6,76	3,64	16	49	28
	6	11,56	9	21,16	15,64	36	81	54
	2	0,36	3	1,96	0,84	4	9	6
	2	0,36	4	0,16	0,24	4	16	8
	3	0,16	5	0,36	0,24	9	25	15
	1	2,56	2	5,76	3,84	1	4	2
	1	2,56	3	1,96	2,24	1	9	3
	5	5,76	6	2,56	3,84	25	36	30
	2	0,36	1	11,56	2,04	4	1	2
Summe	26	32,4	44	52,4	33,6	100	246	148

$$r_{XY} = \frac{s_{XY}}{s_X \cdot s_Y} = \frac{3{,}36}{1{,}8 \cdot 2{,}289} = 0{,}815 \qquad r^2_{XY} = r \cdot r = 0{,}815 \cdot 0{,}815 = 0{,}664$$

$r^2_{XY} \cdot 100\ \% \rightarrow 66{,}4\ \%$ erklärte Variation/Varianz

Berechnung über andere Formel:

$$r_{XY} = \frac{s_{XY}}{s_X \cdot s_Y} = \frac{n \cdot \sum_{m=1}^{n} (x_m \cdot y_m) - \left(\sum_{m=1}^{n} x_m\right) \cdot \left(\sum_{m=1}^{n} y_m\right)}{\sqrt{\left[n \cdot \sum_{m=1}^{n} x_m^2 - \left(\sum_{m=1}^{n} x_m\right)^2\right] \cdot \left[n \cdot \sum_{m=1}^{n} y_m^2 - \left(\sum_{m=1}^{n} y_m\right)^2\right]}}$$

$$r_{XY} = \frac{10 \cdot 148 - 26 \cdot 44}{\sqrt{[10 \cdot 100 - 26^2] \cdot [10 \cdot 246 - 44^2]}} = \frac{1480 - 1144}{\sqrt{[1000 - 676] \cdot [2460 - 1936]}}$$

$$r_{XY} = \frac{336}{\sqrt{324 \cdot 524}} = \frac{336}{412{,}039} = 0{,}815$$

Ja, es besteht ein hoher positiver Zusammenhang zwischen den Variablen »Anzahl besuchter Fortbildungen« und »Fähigkeit im Umgang mit PC«. Die gemeinsame Varianz beträgt 66,4 %.

b) Ist dieser Zusammenhang statistisch bedeutsam?
Um zu überprüfen, ob die ausgerechnete Korrelation tatsächlich von Bedeutung ist, berechnet man den t-Test für Korrelationen.

$$t = \frac{r \cdot \sqrt{n - 2}}{\sqrt{1 - r^2}} \qquad df = n - 2$$

Als Hypothesen schreibt man:
H_0: Es gibt keinen Zusammenhang zwischen »Fähigkeit im Umgang mit PC« und der »Anzahl besuchter Fortbildungen«. $\rho = 0$
H_1: Es gibt einen Zusammenhang zwischen »Fähigkeit im Umgang mit PC« und der »Anzahl besuchter Fortbildungen«. $\rho \neq 0$
Hier errechnet sich:

$$t = \frac{r \cdot \sqrt{n - 2}}{\sqrt{1 - r^2}} = \frac{0{,}815 \cdot \sqrt{8}}{\sqrt{1 - 0{,}664}} = \frac{0{,}815 \cdot 2{,}828}{0{,}580} = 3{,}974 \qquad df = 10 - 2 = 8$$

Kritischer t-Wert: $t_{(0{,}975;8)} = 2{,}306$.

Der empirische t-Wert (3,974) ist extremer als der kritische (2,306), also signifikant, also H_1. Mit einer Irrtumswahrscheinlichkeit von 5 % kann behauptet werden, dass es – bezogen auf die Population – einen Zusammenhang zwischen »Anzahl besuchter Fortbildungen« und »Fähigkeit im Umgang mit PC« gibt.

c) Berechnen Sie bitte für Männer und Frauen getrennt jeweils Mittelwert, Varianz, Standardabweichung für »Fähigkeit im Umgang mit PC«.

Tabelle 150 Hilfstabelle für »Fähigkeit im Umgang mit PC«, getrennt für Frauen und Männer

Frauen			**Männer**		
x	$(x-\bar{x})^2$	x^2	x	$(x-\bar{x})^2$	x^2
4	0,36	16	9	23,04	81
7	5,76	49	3	1,44	9
5	0,16	25	4	0,04	16
6	1,96	36	2	4,84	4
1	12,96	1	3	1,44	9
Σ=23	21,2	127	21	30,8	119

Frauen

$$\bar{x} = \frac{\sum_{m=1}^{n} x_m}{n} = \frac{36}{5} = 7{,}2$$

$$s_X^2 = \frac{\sum_{m=1}^{n} (x_m - \bar{x})^2}{n} = \frac{38{,}8}{5} = 7{,}76$$

$$s_X = \sqrt{s_X^2} = \sqrt{7{,}76} = 2{,}786$$

Männer

$$\bar{x} = \frac{\sum_{m=1}^{n} x_m}{n} = \frac{40}{7} = 5{,}714$$

$$s_X^2 = \frac{\sum_{m=1}^{n} (x_m - \bar{x})^2}{n} = \frac{61{,}73}{7} = 8{,}776$$

$$s_X = \sqrt{s_X^2} = \sqrt{8{,}776} = 2{,}962$$

Berechnung der Varianz über andere Formel:

Frauen

$$s_X^2 = \frac{\sum_{m=1}^{n} x^2 - \frac{\left(\sum_{m=1}^{n} x_m\right)^2}{n}}{n} = \frac{127 - \frac{23^2}{5}}{5}$$

$$s_X^2 = \frac{127 - 105{,}8}{5} = \frac{21{,}2}{5} = 4{,}24$$

Männer

$$s_X^2 = \frac{\sum_{m=1}^{n} x^2 - \frac{\left(\sum_{m=1}^{n} x_m\right)^2}{n}}{n} = \frac{119 - \frac{21^2}{5}}{5}$$

$$s_X^2 = \frac{119 - 88{,}2}{5} = \frac{30{,}8}{5} = 6{,}16$$

d) Welchen Prozentrang erzielt ein Mann bezogen auf seine Gruppe mit einem Wert von 6 für »Fähigkeit im Umgang mit PC«?

Um den Prozentrang zu ermitteln, muss zuerst der z-Wert berechnet werden. Mittels des z-Werts kann dann in Tabelle C.1 der Prozentrang nachgeschlagen werden.

$$z = \frac{x_m - \bar{x}}{s} = \frac{6 - 4,2}{2,482} = 0,725 \qquad PR = 76,73$$

Ein Mann mit einem Wert von 6 für »Fähigkeit im Umgang mit PC« erzielt einen Prozentrang von $PR = 76,73$.

e) Welchen Prozentrang erzielt eine Frau bezogen auf ihre Gruppe mit einem Wert von 6 für »Fähigkeit im Umgang mit PC«?

Um den Prozentrang zu ermitteln, muss zuerst der z-Wert berechnet werden. Mittels des z-Werts kann dann in Tabelle C.1 der Prozentrang nachgeschlagen werden.

$$z = \frac{x_m - \bar{x}}{s} = \frac{6 - 4,6}{2,059} = 0,680 \qquad PR = 75,17$$

Eine Frau mit einem Wert von 6 für »Fähigkeit im Umgang mit PC« erzielt einen Prozentrang von $PR = 75,17$.

f) Unterscheiden sich die Varianzen für »Fähigkeit im Umgang mit PC« von Frauen und Männern?

Der nötige Test, um die Varianzen von zwei Gruppen zu vergleichen, ist der F-Test.
Hypothesen:
H_0: Die Varianzen sind gleich (homogen). $\sigma_F^2 = \sigma_M^2$
H_1: Die Varianzen sind ungleich (heterogen). $\sigma_F^2 \neq \sigma_M^2$

Die Formeln:

$$\hat{\sigma}^2 = s^2 \cdot \frac{n}{n - 1} \qquad \hat{\sigma}^2_{Frauen} = 4,24 \cdot \frac{5}{4} = 5,3 \qquad \hat{\sigma}^2_{Männer} = 6,16 \cdot \frac{5}{4} = 7,7$$

Beim F-Test wird immer die größere Varianz auf den Bruchstrich (in den Zähler) gesetzt, die kleinere Varianz unter den Bruchstrich (in den Nenner).

$$F = \frac{\hat{\sigma}_1^2}{\hat{\sigma}_2^2} = \frac{7,7}{5,3} = 1,453$$

Diesen empirischen F-Wert muss man nun mit dem kritischen F-Wert vergleichen. Dazu benötigt man Zähler- und Nenner-Freiheitsgrade. Im Zähler steht die Varianz der Männer mit $n = 5$, daraus folgt dann $df_{Zähler} = 4$; im Nenner steht die Varianz der Frauen mit $n = 5$, daraus folgt dann $df_{Nenner} = 4$.
Mit diesen beiden Freiheitsgraden geht man nun in Tabelle C.6 und schlägt dort für $\alpha = 0,10$ (zweiseitig) den kritischen F-Wert nach: $F_{(0,95;\,4;\,4)} = 6,3882$.

Da der empirische F-Wert kleiner als der kritische F-Wert ist, handelt es sich nicht um ein signifikantes Ergebnis, man entscheidet sich also für H_0, d. h. die Varianzen sind gleich (homogen).

Es kann nicht behauptet werden, dass sich die Varianzen von Frauen und Männern unterscheiden.

g) Unterscheiden sich Frauen und Männer statistisch bedeutsam bezüglich der Werte für »Fähigkeit im Umgang mit PC«?

Hier geht es um einen Mittelwertevergleich. Da die Varianzen homogen sind (vgl. Teilaufgabe f), muss hier ein t-Test für unabhängige Stichproben und homogene Varianzen gerechnet werden.

Hypothesen:

H_0: Männer und Frauen unterscheiden sich hinsichtlich der »Fähigkeit im Umgang mit PC« nicht voneinander. $\mu_F = \mu_M$

H_1: Männer und Frauen unterscheiden sich hinsichtlich der »Fähigkeit im Umgang mit PC« voneinander. $\mu_F \neq \mu_M$

$$t = \frac{\bar{x}_1 - \bar{x}_2}{\hat{\sigma}_{\bar{X}_1 - \bar{X}_2}} \qquad \hat{\sigma}_{\bar{X}_1 - \bar{X}_2} = \sqrt{\frac{\hat{\sigma}_1^2 \cdot (n_1 - 1) + \hat{\sigma}_2^2 \cdot (n_2 - 1)}{(n_1 - 1) + (n_2 - 1)} \cdot \left(\frac{1}{n_1} + \frac{1}{n_2}\right)} \qquad df = n_1 + n_2 - 2$$

$$\hat{\sigma}_{\bar{X}_1 - \bar{X}_2} = \sqrt{\frac{9{,}7 \cdot 4 + 10{,}239 \cdot 6}{(5-1)+(7-1)} \cdot \left(\frac{1}{5} + \frac{1}{7}\right)} = \sqrt{\frac{38{,}8 + 61{,}434}{10} \cdot 0{,}343} = \sqrt{3{,}438} = 1{,}854$$

$$t = \frac{4{,}6 - 4{,}2}{1{,}612} = \frac{0{,}4}{1{,}612} = 0{,}248 \qquad df = 8$$

Als kritischen t-Wert kann man in Tabelle C.2 ablesen: $t_{(0{,}975;\,10)} = 2{,}306$.

Der empirische t-Wert ist nicht extremer als der kritische t-Wert, also nicht signifikant. Man entscheidet sich für die H_0. Es besteht kein signifikanter Unterschied. Männer und Frauen unterscheiden sich nicht signifikant voneinander hinsichtlich der Fähigkeit im Umgang mit dem PC.

2.57 Arbeitszufriedenheit: Honeymoon oder Hangover?

a) Leistungsmotivation, ordinalskaliert

Ordinalskalierte Daten, abhängige Stichproben → Friedman-Test/Rangvarianzanalyse nach Friedman

Hypothesen, Variante A

H_0: $\eta_1 = \eta_2 = \eta_3$

H_{1a}: $\eta_1 \neq (\eta_2 + \eta_3)/2$ $\qquad 2\eta_1 - \eta_2 - \eta_3 \neq 0$

H_{1b}: $\eta_2 \neq \eta_3$ $\qquad \eta_2 - \eta_3 \neq 0$

Hypothesen, Variante B

H_0: $\eta_i = \eta_j$ für alle Paare (i, j), $i \neq j$

H_1: $\eta_i \neq \eta_j$ für mindestens ein Paar (i, j), $i \neq j$

Der Friedman-Test arbeitet mit Rangplätzen. Zuerst müssen daher die Rohwerte pro Person über die Messzeitpunkte hinweg in Rangplätze transformiert werden. Anschließend werden Rangplatzsummen pro Messzeitpunkt gebildet.

Tabelle 151 Rangplätze zur Leistungsmotivation von $n = 5$ High Potentials zu drei Messzeitpunkten

	Leistungsmotivation (Faktor A)		
Vpn	**Anfang (a_1)**	**nach 3 Monaten (a_2)**	**nach 6 Monaten (a_3)**
1	3.	1.	2.
2	3.	1.	2.
3	2.	1.	3.
4	3.	2.	1.
5	3.	1.	2.
Rangsummen RS_j	14	6	10

p = Anzahl Faktorstufen = 3
$n = 5$

Friedman-Test

Prüfgröße K für den exakten Test

$$K = \sum_{j=1}^{p} \left(RS_{\bullet j} - \frac{n \cdot (p+1)}{2} \right)^2$$

$$K = \left(14 - \frac{5 \cdot 4}{2}\right)^2 + \left(6 - \frac{5 \cdot 4}{2}\right)^2 + \left(10 - \frac{5 \cdot 4}{2}\right)^2 = 4^2 + (-4)^2 + 0^2 = 16 + 16 + 0 = 32$$

Für die Prüfgröße K kann z. B. in den Online-Materialien (Linkliste, Kap. 14) von Eid et al. (2017) die exakte Wahrscheinlichkeit nachgeschlagen werden.
Prüfgröße Q für den approximativen Test

$$Q = \frac{12 \cdot \sum_{j=1}^{p} RS_{\bullet j}^2}{p \cdot n \cdot (p+1)} - 3 \cdot n \cdot (p+1) \quad oder \quad Q = \frac{12 \cdot K}{p \cdot n \cdot (p+1)} \; (falls\ K\ berechnet\ wurde)$$

$$Q = \frac{12 \cdot (14^2 + 6^2 + 10^2)}{3 \cdot 5 \cdot 4} - 3 \cdot 5 \cdot 4 = \frac{12 \cdot (196 + 36 + 100)}{60} - 60 = \frac{12 \cdot 332}{60} - 60$$

$$Q = 66{,}4 - 60 = 6{,}4 \qquad df = p - 1 = 2$$

Q ist approximativ Chi^2-verteilt. Kritischer Chi^2-Wert = 5,99. Der empirische Wert ist extremer als der kritische, also signifikant, also H_1. Mit einer Irrtumswahrscheinlichkeit von 5 % kann behauptet werden, dass sich die Leistungsmotivation der Personen über den Untersuchungszeitraum hinweg verändert hat.

b) Leistungsmotivation, intervallskaliert

Intervallskalierte Daten, abhängige Stichproben → Varianzanalyse mit Messwiederholung

Gibt es einen Haupteffekt für Faktor A (Messzeitpunkte)? Unterscheiden sich die Mittelwerte der einzelnen Stufen (Anfang, nach 3 Monaten, nach 6 Monaten) voneinander?

Hypothesen

H_0: $\mu_{a1} = \mu_{a2} = \mu_{a3}$

$df_A = p - 1$ = Anzahl Parameterrestriktionen (Gleichheitszeichen in der Nullhypothese) = 2

Berechnung der Quadratsummen mit Summenzeichen

Da hier jetzt einige Mittelwerte benötigt werden, wird die Tabelle erst einmal erweitert.

Tabelle 152 Roh- und Mittelwerte zur Leistungsmotivation von $n = 5$ High Potentials zu drei Messzeitpunkten

Vpn	Leistungsmotivation (Faktor A) Anfang (a1)	nach 3 Monaten (a2)	nach 6 Monaten (a3)	Personenmittelwert $\bar{x}_{m\cdot}$
1	9	4	5	6
2	9	4	8	7
3	9	7	14	10
4	10	9	5	8
5	8	1	3	4
Bedingungsmittelwert $\bar{x}_{\cdot j}$	9	5	7	$\bar{x}=7$

$$QS_{tot} = \sum_{j=1}^{p} \sum_{m=1}^{n_j} (x_{mj} - \bar{x})^2$$

$$QS_{tot} = (9-7)^2+(9-7)^2+(9-7)^2+(10-7)^2+(8-7)^2+(4-7)^2+(4-7)^2+(7-7)^2+(9-7)^2+(1-7)^2+(5-7)^2+(8-7)^2+(14-7)^2+(5-7)^2+(3-7)^2$$

$$QS_{tot} = 4+4+4+9+1+9+9+0+4+36+4+1+49+4+16 = 154$$

$$QS_{zwP} = \sum_{j=1}^{p}\sum_{m=1}^{n_j}(\bar{x}_{m\bullet}-\bar{x})^2$$

$$QS_{zwP} = (6-7)^2+(6-7)^2+(6-7)^2+(7-7)^2+(7-7)^2+(7-7)^2+(10-7)^2+(10-7)^2+ (10-7)^2+(8-7)^2+(8-7)^2+(8-7)^2+(4-7)^2+(4-7)^2+(4-7)^2$$

$$QS_{zwP} = 1+1+1+0+0+0+9+9+9+1+1+1+9+9+9 = 60$$

$$QS_{zwA} = \sum_{j=1}^{p}\sum_{m=1}^{n_j}(\bar{x}_{\bullet j}-\bar{x})^2$$

$$QS_{zwA} = (9-7)^2+(9-7)^2+(9-7)^2+(9-7)^2+(9-7)^2+(5-7)^2+(5-7)^2+(5-7)^2+ (5-7)^2+(5-7)^2+(7-7)^2+(7-7)^2+(7-7)^2+(7-7)^2+(7-7)^2$$

$$QS_{zwA} = 4+4+4+4+4+4+4+4+4+4+0+0+0+0+0 = 40$$

$$QS_{Res} = \sum_{j=1}^{p}\sum_{m=1}^{n_j}(x_{mj}-\bar{x}_{\bullet j}-\bar{x}_{m\bullet}+\bar{x})^2$$

$$QS_{Res} = (9-9-6+7)^2+(4-5-6+7)^2+(5-7-6+7)^2+(9-9-7+7)^2+(4-5-7+7)^2+ (8-7-7+7)^2+(9-9-10+7)^2+(7-5-10+7)^2+(14-7-10+7)^2+ (10-9-8+7)^2+(9-5-8+7)^2+(5-7-8+7)^2+(8-9-4+7)^2+ (1-5-4+7)^2+(3-7-4+7)^2$$

$$QS_{Res} = 1+0+1+0+1+1+9+1+16+0+9+9+4+1+1 = 54$$

$$df_{Res} = (p-1)\cdot(n_{Zelle}-1) = 2\cdot 4 = 8$$

Signifikanzprüfung

$$F = \frac{MQS_{zwA}}{MQS_{Res}} = \frac{20}{6{,}75} = 2{,}96 \qquad F_{(0{,}95;2;8)} = 4{,}4590$$

Der empirische F-Wert (2,96) ist nicht extremer als der kritische (4,4590), also nicht signifikant, also H_0. Es kann nicht behauptet werden, dass sich die Leistungsmotivation über die Messzeitpunkte hinweg verändert.

$$\hat{\eta}^2 = \frac{QS_{zwA}}{QS_{tot}} = \frac{40}{154} = 0{,}26 \qquad \hat{\eta}_P^2 = \frac{QS_{zwA}}{QS_{zwA}+QS_{Res}} = \frac{40}{40+54} = 0{,}43$$

Tabelle 153 Tafel der Varianzanalyse

Quelle der Variation	QS	df	MQS	F	p	$\hat{\eta}^2$	$\hat{\eta}_p^2$
Faktor A	40	2	20	2,96	>0,05	0,26	0,43
Person	60	4	15				
Residuum	54	8	6,75				
Total	154	14	11				

2.58 Die Notwendigkeit, in den Urlaub fahren zu müssen

Hier handelt es sich um eine zweifaktorielle Varianzanalyse mit Messwiederholung auf einem Faktor. Zur Berechnung werden einige Mittelwerte benötigt.
Und selbstverständlich müssen auch noch Hypothesen gebildet werden.
Die Darstellung der Lösung erfolgt in mehreren Schritten. Zuerst werden allgemeine Angaben aufgelistet, die sich aus der Aufgabenstellung ergeben. Daraufhin werden die Hypothesen für die Fragen a) bis c) dargestellt. Danach erfolgt die Berechnung der Quadratsummen. Anschließend erfolgen die Signifikanzprüfungen. Zum Schluss werden die Ergebnisse in einer Tafel der Varianzanalyse zusammengefasst.

Allgemeine Angaben

Faktor A (Dauer Studium) hat $p = 3$ Stufen
Faktor B (Messzeitpunkte) hat $q = 3$ Stufen
Pro Zelle liegen die Werte von $n_{\text{Zelle}} = 4$ Personen vor.
Insgesamt liegen je drei Werte von $n = 12$ Personen vor.

Hypothesen

a) Gibt es einen Haupteffekt für Faktor A (Dauer Studium)? Unterscheiden sich die Mittelwerte der einzelnen Stufen (Erstsemester, Viertsemester, Siebtsemester) voneinander?

H_0: $\mu_{a1} = \mu_{a2} = \mu_{a3}$
$df_A = p - 1$ = Anzahl Parameterrestriktionen (Gleichheitszeichen in der Nullhypothese) = 2

b) Gibt es einen Haupteffekt für Faktor B (Messzeitpunkte)? Unterscheiden sich die Mittelwerte der einzelnen Stufen (Beginn, Mitte, kurz vor Prüfungen) voneinander?

H_0: $\mu_{b1} = \mu_{b2} = \mu_{b3}$
$df_B = q - 1$ = Anzahl Parameterrestriktionen (Gleichheitszeichen in der Nullhypothese) = 2

c) Gibt es eine Wechselwirkung zwischen den Stufen von Faktor A und den Stufen von Faktor B?

Hier wird es mit den Hypothesen schon so aufwendig, dass nur eine Texthypothese aufgestellt wird.
H_0: Es gibt keine Wechselwirkung zwischen den Stufen der Faktoren A und B.
$df_{AB} = (p - 1) \cdot (q - 1) = 4$

Tabelle 154 Roh- und Mittelwerte Urlaubsnotwendigkeit von 12 Studierenden zu drei Messzeitpunkten unterteilt nach Dauer des Studiums

Faktor A: Dauer Studium	Faktor B: Messzeitpunkte Beginn Semester (b1)	Mitte Semester (b2)	kurz vor der Prüfungszeit (b3)	Personmittelwerte
1. Semester (a1)	2	4	9	$\bar{x}_{m=1}=5$
	1	4	10	$\bar{x}_{m=2}=5$
	3	6	9	$\bar{x}_{m=3}=6$
	2	5	8	$\bar{x}_{m=4}=5$
	$\bar{x}_{j=1;k=1}=2$	$\bar{x}_{j=1;k=2}=4{,}75$	$\bar{x}_{j=1;k=3}=9$	$\bar{x}_{j=1}=5{,}25$
4. Semester (a2)	5	6	7	$\bar{x}_{m=5}=6$
	4	7	7	$\bar{x}_{m=6}=6$
	6	7	8	$\bar{x}_{m=7}=7$
	4	6	8	$\bar{x}_{m=8}=6$
	$\bar{x}_{j=2;k=1}=4{,}75$	$\bar{x}_{j=2;k=2}=6{,}5$	$\bar{x}_{j=2;k=3}=7{,}5$	$\bar{x}_{j=2}=6{,}25$
7. Semester (a3)	5	6	7	$\bar{x}_{m=9}=6$
	4	7	7	$\bar{x}_{m=10}=6$
	7	6	8	$\bar{x}_{m=11}=7$
	5	8	8	$\bar{x}_{m=12}=7$
	$\bar{x}_{j=3;k=1}=5{,}25$	$\bar{x}_{j=3;k=2}=6{,}75$	$\bar{x}_{j=3;k=3}=7{,}5$	$\bar{x}_{j=3}=6{,}5$
Bedingungsmittelwerte	$\bar{x}_{k=1}=4$	$\bar{x}_{k=2}=6$	$\bar{x}_{k=3}=8$	$\bar{x}=6$

$$QS_A = q \cdot n_{Zelle} \cdot \sum_{j=1}^{p} (\bar{x}_{\bullet j \bullet} - \bar{x})^2$$

$$QS_A = 3 \cdot 4 \cdot \left[(5{,}25-6)^2 + (6{,}25-6)^2 + (6{,}5-6)^2\right] = 12 \cdot [0{,}5625 + 0{,}0625 + 0{,}25]$$

$$QS_A = 12 \cdot 0{,}875 = 10{,}5$$

$$QS_B = p \cdot n_{Zelle} \cdot \sum_{k=1}^{q} (\bar{x}_{\bullet\bullet k} - \bar{x})^2$$

$$QS_B = 3 \cdot 4 \cdot \left[(4-6)^2 + (6-6)^2 + (8-6)^2\right] = 12 \cdot [4+0+4] = 12 \cdot 8$$

$$QS_B = 96$$

$$QS_{AB} = n_{Zelle} \cdot \sum_{k=1}^{q} \sum_{j=1}^{p} (\bar{x}_{\bullet jk} - \bar{x}_{\bullet j \bullet} - \bar{x}_{\bullet\bullet k} + \bar{x})^2$$

$$\begin{aligned} QS_{AB} = {} & 4 \cdot \left[(2\text{-}5{,}25\text{-}4\text{+}6)^2 + (4{,}75\text{-}5{,}25\text{-}6\text{+}6)^2 + (9\text{-}5{,}25\text{-}8\text{+}6)^2\right] + \\ & 4 \cdot \left[(4{,}75\text{-}6{,}25\text{-}4\text{+}6)^2 + (6{,}5\text{-}6{,}25\text{-}6\text{+}6)^2 + (7{,}5\text{-}6{,}25\text{-}8\text{+}6)^2\right] + \\ & 4 \cdot \left[(5{,}25\text{-}6{,}5\text{-}4\text{+}6)^2 + (6{,}75\text{-}6{,}5\text{-}6\text{+}6)^2 + (7{,}5\text{-}6{,}5\text{-}8\text{+}6)^2\right] \end{aligned}$$

$$QS_{AB} = 4 \cdot [1{,}5625\text{+}0{,}25\text{+}3{,}0625\text{+}0{,}25\text{+}0{,}0625\text{+}0{,}5625\text{+}0{,}5625\text{+}0{,}0625\text{+}1]$$

$$QS_{AB} = 4 \cdot 7{,}375 = 29{,}5$$

$$QS_{P\_in\_A} = \sum_{k=1}^{q} \sum_{j=1}^{p} \sum_{m=1}^{n_{Zelle}} (\bar{x}_{mj\bullet} - \bar{x}_{\bullet j \bullet})^2 = q \cdot \sum_{j=1}^{p} \sum_{m=1}^{n_{Zelle}} (\bar{x}_{mj\bullet} - \bar{x}_{\bullet j \bullet})^2$$

$$\begin{aligned} QS_{P\_in\_A} = {} & 3 \cdot \left[(5\text{-}5{,}25)^2 + (5\text{-}5{,}25)^2 + (6\text{-}5{,}25)^2 + (5\text{-}5{,}25)^2 + (6\text{-}6{,}25)^2 + (6\text{-}6{,}25)^2\right] + \\ & 3 \cdot \left[(7\text{-}6{,}25)^2 + (6\text{-}6{,}25)^2 + (6\text{-}6{,}5)^2 + (6\text{-}6{,}5)^2 + (7\text{-}6{,}5)^2 + (7\text{-}6{,}5)^2\right] \end{aligned}$$

$$\begin{aligned} QS_{P\_in\_A} = {} & 3 \cdot \left[0{,}0625\text{+}0{,}0625\text{+}0{,}5625\text{+}0{,}0625\text{+}0{,}0625\text{+}0{,}0625\text{+}0{,}5625\text{+}0{,}0625\right] + \\ & 3 \cdot \left[0{,}25\text{+}0{,}25\text{+}0{,}25\text{+}0{,}25\right] \end{aligned}$$

$$QS_{P\_in\_A} = 3 \cdot 2{,}5 = 7{,}5$$

$$df_{P\_in\_A} = p \cdot (n_{Zelle} - 1) = 3 \cdot 3 = 9$$

$$QS_{Res} = \sum_{k=1}^{q} \sum_{j=1}^{p} \sum_{m=1}^{n_{Zelle}} (x_{mjk} - \bar{x}_{\bullet jk} - \bar{x}_{mj\bullet} + \bar{x}_{\bullet j \bullet})^2$$

$$\begin{aligned} QS_{Res} = {} & (2\text{-}2\text{-}5\text{+}5{,}25)^2 + (1\text{-}2\text{-}5\text{+}5{,}25)^2 + (3\text{-}2\text{-}6\text{+}5{,}25)^2 + (2\text{-}2\text{-}5\text{+}5{,}25)^2 + \\ & (4\text{-}4{,}75\text{-}5\text{+}5{,}25)^2 + (4\text{-}4{,}75\text{-}5\text{+}5{,}25)^2 + (6\text{-}4{,}75\text{-}6\text{+}5{,}25)^2 + (5\text{-}4{,}75\text{-}5\text{+}5{,}25)^2 + \\ & (9\text{-}9\text{-}5\text{+}5{,}25)^2 + (10\text{-}9\text{-}5\text{+}5{,}25)^2 + (9\text{-}9\text{-}6\text{+}5{,}25)^2 + (8\text{-}9\text{-}5\text{+}5{,}25)^2 + \\ & (5\text{-}4{,}75\text{-}6\text{+}6{,}25)^2 + (4\text{-}4{,}75\text{-}6\text{+}6{,}25)^2 + (6\text{-}4{,}75\text{-}7\text{+}6{,}25)^2 + (4\text{-}4{,}75\text{-}6\text{+}6{,}25)^2 + \\ & (6\text{-}6{,}5\text{-}6\text{+}6{,}25)^2 + (7\text{-}6{,}5\text{-}6\text{+}6{,}25)^2 + (7\text{-}6{,}5\text{-}7\text{+}6{,}25)^2 + (6\text{-}6{,}5\text{-}6\text{+}6{,}25)^2 + \\ & (7\text{-}7{,}5\text{-}6\text{+}6{,}25)^2 + (7\text{-}7{,}5\text{-}6\text{+}6{,}25)^2 + (8\text{-}7{,}5\text{-}7\text{+}6{,}25)^2 + (8\text{-}7{,}5\text{-}6\text{+}6{,}25)^2 + \\ & (5\text{-}5{,}25\text{-}6\text{+}6{,}5)^2 + (4\text{-}5{,}25\text{-}6\text{+}6{,}5)^2 + (7\text{-}5{,}25\text{-}7\text{+}6{,}5)^2 + (5\text{-}5{,}25\text{-}7\text{+}6{,}5)^2 + \\ & (6\text{-}6{,}75\text{-}6\text{+}6{,}5)^2 + (7\text{-}6{,}75\text{-}6\text{+}6{,}5)^2 + (6\text{-}6{,}75\text{-}7\text{+}6{,}5)^2 + (8\text{-}6{,}75\text{-}7\text{+}6{,}5)^2 + \\ & (7\text{-}7{,}5\text{-}6\text{+}6{,}5)^2 + (7\text{-}7{,}5\text{-}6\text{+}6{,}5)^2 + (8\text{-}7{,}5\text{-}7\text{+}6{,}5)^2 + (8\text{-}7{,}5\text{-}7\text{+}6{,}5)^2 \end{aligned}$$

$$\begin{aligned} QS_{Res} = {} & 0{,}0625\text{+}0{,}5625\text{+}0{,}0625\text{+}0{,}0625\text{+}0{,}25\text{+}0{,}25\text{+}0{,}25\text{+}0{,}25\text{+}0{,}0625\text{+}1{,}5625\text{+} \\ & 0{,}5625\text{+}0{,}5625\text{+}0{,}25\text{+}0{,}25\text{+}0{,}25\text{+}0{,}25\text{+}0{,}0625\text{+}0{,}5625\text{+}0{,}0625\text{+}0{,}0625\text{+} \\ & 0{,}0625\text{+}0{,}0625\text{+}0{,}0625\text{+}0{,}5625\text{+}0{,}0625\text{+}0{,}5625\text{+}1{,}5625\text{+}0{,}5625\text{+} \\ & 0{,}0625\text{+}0{,}5625\text{+}1{,}5625\text{+}0{,}5625\text{+}0\text{+}0\text{+}0\text{+}0 \end{aligned}$$

$$QS_{Res} = 12{,}5$$

$$df_{Res} = p \cdot (q-1) \cdot (n_{Zelle} - 1) = 3 \cdot 2 \cdot 3 = 18$$

Puh, das ist eine aufwendige Rechnerei. Kann man sich das Ganze einfacher machen? Ja, indem man ein Statistikprogramm verwendet und nicht alles per Hand rechnet …

Signifikanzprüfung

a) Dauer des Studiums

$$F_A = \frac{QS_A / df_A}{QS_{P\_in\_A} / df_{P\_in\_A}} = \frac{MQS_A}{MQS_{P\_in\_A}} = \frac{5{,}25}{0{,}833} = 6{,}3025 \qquad F_{(0{,}95;2;9)} = 4{,}2565$$

Der empirische F-Wert (6,3025) ist extremer als der kritische (4,2565), also signifikant, also H_1. Mit einer Irrtumswahrscheinlichkeit von 5 % kann behauptet werden, dass sich die Stufen des Faktors A bezüglich der Urlaubsnotwendigkeit voneinander unterscheiden.

b) Messzeitpunkte

$$F_B = \frac{QS_B / df_B}{QS_{Res} / df_{Res}} = \frac{MQS_B}{MQS_{Res}} = \frac{48}{0{,}694} = 69{,}1643 \qquad F_{(0,95;2;18)} = 3{,}5546$$

Der empirische F-Wert (69,1643) ist extremer als der kritische (3,5546), also signifikant, also H_1. Mit einer Irrtumswahrscheinlichkeit von 5 % kann behauptet werden, dass sich die Stufen des Faktors B bezüglich der Urlaubsnotwendigkeit voneinander unterscheiden.

c) Wechselwirkung

$$F_{AB} = \frac{QS_{AB} / df_{AB}}{QS_{Res} / df_{Res}} = \frac{MQS_{AB}}{MQS_{Res}} = \frac{7{,}375}{0{,}694} = 10{,}6268 \qquad F_{(0,95;4;18)} = 2{,}9277$$

Der empirische F-Wert (10,6268) ist extremer als der kritische (2,9277), also signifikant, also H_1. Mit einer Irrtumswahrscheinlichkeit von 5 % kann behauptet werden, dass es eine Wechselwirkung zwischen den Stufen der Faktoren A und B gibt.

Tabelle 155 Tafel der Varianzanalyse

Quelle der Variation	QS	df	MQS	F	Sig.
Faktor A	10,5	2	5,25	6,3025	sig.
Personen innerhalb A	7,5	9	0,833		
Faktor B	96	2	48	69,1643	sig.
Wechselwirkung AB	29,5	4	7,375	10,6268	sig.
Residuum	12,5	18	0,694		
Total	156	35			

2.59 Die multifunktionale Gemüsereibe (2)

a) Hat sich die Kaufbereitschaft von vorher zu nachher statistisch bedeutsam verändert?

Abhängige Stichprobe; nominalskalierte Werte in Form einer Vierfelder-Tafel:
→ McNemar-Test

Ungerichtete Fragestellung → Ungerichtete Hypothesen

Hypothesen:
$H_0: \pi_{12} = \pi_{21} \qquad H_1: \pi_{12} \neq \pi_{21}$

$$\chi^2 = \frac{(n_{12}-n_{21})^2}{n_{12}+n_{21}} = \frac{(35-25)^2}{35+25} = \frac{100}{60} = 1{,}67 \qquad \chi^2_{(0{,}95;1)} = 3{,}841$$

Der empirische Chi²-Wert (1,67) ist nicht extremer als der kritische (3,841), daher erfolgt eine Entscheidung für die H_0. Es kann nicht behauptet werden, dass sich die Kaufbereitschaft nach zweistündigem Konsum einer Dauerwerbesendung verändert hat.

b) Hat sich die Kaufbereitschaft von Hausfrauen vor und nach Konsum einer zweistündigen Dauerwerbesendung verändert?

Abhängige Stichprobe; nominalskalierte Werte in Form einer Vierfelder-Tafel:
→ McNemar-Test
Ungerichtete Fragestellung → Ungerichtete Hypothesen

Hypothesen:
$H_0: \pi_{12} = \pi_{21} \qquad H_1: \pi_{12} \neq \pi_{21}$

$$\chi^2 = \frac{(n_{12}-n_{21})^2}{n_{12}+n_{21}} = \frac{(25-5)^2}{25+5} = \frac{400}{30} = 13{,}33 \qquad \chi^2_{(0{,}95;1)} = 3{,}841$$

Der empirische Chi²-Wert (13,33) ist extremer als der kritische (3,841). Es folgt eine Entscheidung zugunsten der H_1. Mit einer Irrtumswahrscheinlichkeit von 5 % kann behauptet werden, dass sich die Kaufbereitschaft von Hausfrauen nach zweistündigem Konsum einer Dauerwerbesendung verändert hat.

c) Hat sich die Kaufbereitschaft von Hausmännern vor und nach Konsum einer zweistündigen Dauerwerbesendung verändert?

Abhängige Stichprobe; nominalskalierte Werte in Form einer Vierfelder-Tafel:
→ McNemar-Test
Ungerichtete Fragestellung → Ungerichtete Hypothesen

Hypothesen:
$H_0: \pi_{12} = \pi_{21} \qquad H_1: \pi_{12} \neq \pi_{21}$

$$\chi^2 = \frac{(n_{12}-n_{21})^2}{n_{12}+n_{21}} = \frac{(10-20)^2}{10+20} = \frac{100}{30} = 3{,}33 \qquad \chi^2_{(0{,}95;1)} = 3{,}841$$

Der empirische Chi²-Wert (3,33) ist nicht extremer als der kritische (3,841). Es folgt eine Entscheidung zugunsten der H_0. Es kann nicht behauptet werden, dass sich die Kaufbereitschaft von Hausmännern nach zweistündigem Konsum einer Dauerwerbesendung verändert hat.

2.60 Kritische Differenz

a) Bitte berechnen Sie den Standardmessfehler *SMF* (S_ε)!
Der Standardmessfehler (*SMF*, S_ε) ist definiert als

$$SMF = S_x \cdot \sqrt{1 - \text{Reliabilität}} = 15 \cdot \sqrt{1 - 0{,}95} = 15 \cdot \sqrt{0{,}05} = 3{,}354$$

b) Bitte berechnen Sie die kritische Differenz (95 %)!
Die kritische Differenz ($Diff_{krit}$) ist definiert als

$$Diff_{krit} = z_{\alpha/2} \cdot S_x \cdot \sqrt{(1\text{-Reliabilität}_{\text{Test 1}}) + (1\text{-Reliabilität}_{\text{Test 2}})}$$

Über den z-Wert in der Formel kann die Größe der kritischen Differenz verändert werden (z. B. 90 %, 95 %).
Für eine 95 % kritische Differenz wird der z-Wert $z = 1{,}96$ verwendet.

$$Diff_{krit} = 1{,}96 \cdot 15 \cdot \sqrt{(1\text{-}0{,}95) + (1\text{-}0{,}95)} = 29{,}4 \cdot \sqrt{0{,}10} = 9{,}297$$

c) Bitte überlegen Sie, wie weiter vorgegangen werden sollte!
Für weitere Überlegungen wird die kritische Differenz der empirischen Differenz, d. h. der Differenz der beiden Testwerte, gegenübergestellt.

$$Diff_{emp} = 95 - 85 = 10$$

Da die empirische Differenz größer ist als die kritische Differenz, sollten die unterschiedlichen Testergebnisse nicht auf mangelnde Zuverlässigkeit/Genauigkeit zurückgeführt werden; falls es keine offenkundigen und einfachen Erklärungen (z. B. mangelnde Motivation, Müdigkeit oder ähnliches) gibt, sollte der kleine Jakob bitte dringend medizinisch untersucht werden!

2.61 Disney-Filme und Stereotype

Eine unvollständige Tafel der Varianzanalyse mit zwei Faktoren A und B lässt sich relativ schnell ausfüllen, wenn man einige Regeln beachtet:
Für die Quadratsummen gilt:

$$QS_{total} = QS_{det} + QS_{err} \quad bzw. \quad QS_{total} = QS_{zw} + QS_{inn}$$
$$QS_{det} = QS_A + QS_B + QS_{AB} \quad bzw. \quad QS_{zw} = QS_A + QS_B + QS_{AB}$$

QS_{det}, QS_A und QS_B sind bereits gegeben. Weil sich die determinierte Quadratsumme QS_{det} aus QS_A, QS_B und QS_{AB} zusammensetzt, muss hier gelten: $QS_{AB} = 20$.

QS_{total} setzt sich zusammen aus QS_{det} und QS_{err}. Naja, 120 + 48 = 168 (= Qs_{total}).

Für die Freiheitsgrade gilt:

$$df_{total} = n - 1 = df_{det} + df_{err} \quad bzw. \quad df_{total} = df_{zw} + df_{inn}$$
$$df_A = Anzahl\ Stufen\ A - 1 \quad bzw. \quad df_B = Anzahl\ Stufen\ B - 1$$
$$df_{AB} = df_A \cdot df_B \qquad df_{det} = df_A + df_B + df_{AB}$$

Laut Aufgabenstellung hat Faktor A drei Stufen, d. h. $df_A = 2$; Faktor B hat zwei Stufen, d. h. $df_B = 1$; für die Wechselwirkung AB ergibt sich damit:

$$df_{AB} = df_A \cdot df_B = 2 \cdot 1 = 2$$

Und für determinierte/Modell ergibt sich $df_{det} = 2 + 1 + 2 = 5$.
Die Freiheitsgrade für Fehler sind bereits gegeben ($df_{err} = 8$); für die totalen Freiheitsgrade ergibt sich damit: $df_{total} = 5 + 8 = 13$.

Nachdem nun alle Quadratsummen und Freiheitsgrade bestimmt sind, geht es an die Berechnung der empirischen F-Werte.
Bei einer zweifaktoriellen Varianzanalyse sind vier grundlegende Fragestellungen bzw. Hypothesen zu unterscheiden:

a) Unterscheiden sich die Zellenmittelwerte insgesamt voneinander? (Relevant: QS_{det}, df_{det})

$$F_{det} = \frac{QS_{det} / df_{det}}{QS_{err} / df_{err}} = \frac{MQS_{det}}{MQS_{err}} = \frac{120/5}{48/8} = \frac{24}{6} = 4 \qquad F_{(0,95;5;8)} = 3{,}6875$$

b) Gibt es Unterschiede zwischen den Stufen des Faktors A? (Relevant: QS_A, df_A)

$$F_A = \frac{QS_A / df_A}{QS_{err} / df_{err}} = \frac{MQS_A}{MQS_{err}} = \frac{84/2}{48/8} = \frac{42}{6} = 7 \qquad F_{(0,95;2;8)} = 4{,}4590$$

c) Gibt es Unterschiede zwischen den Stufen des Faktors B? (Relevant: QS_B, df_B)

$$F_B = \frac{QS_B / df_B}{QS_{err} / df_{err}} = \frac{MQS_B}{MQS_{err}} = \frac{16/1}{48/8} = \frac{16}{6} = 2{,}667 \qquad F_{(0,95;1;8)} = 5{,}3177$$

d) Gibt es eine Wechselwirkung zwischen den Faktoren A und B? (Relevant: QS_{AB}, df_{AB})

$$F_{AB} = \frac{QS_{AB} / df_{AB}}{QS_{err} / df_{err}} = \frac{MQS_{AB}}{MQS_{err}} = \frac{20/2}{48/8} = \frac{10}{6} = 1{,}667 \qquad F_{(0,95;2;8)} = 4{,}4590$$

Tabelle 156 Tafel der Varianzanalyse »Disney Stereotype«

Quelle der Variation	Quadratsumme	Freiheitsgrade	F_{emp}	sig.
Faktor A	84	2	7	sig.
Faktor B	16	1	2,67	n. s.
Wechselwirkung AB	20	2	1,67	n. s.
determinierte/Modell	120	5	4	sig.
Fehler	48	8		
Total	168	13		

2.62 Neurotizismus bei Ehepartnern

Da es sich hier um abhängige Stichproben handelt (es werden schließlich Paare gebildet) und intervallskalierte Daten vorliegen, handelt es sich hier um einen t-Test für abhängige Stichproben.
Formeln:

$$t_{\bar{x}_D} = \frac{\bar{x}_D}{\hat{\sigma}_{\bar{x}_D}} \qquad \hat{\sigma}_{\bar{x}_D} = \frac{\hat{\sigma}_D}{\sqrt{n}} \qquad \hat{\sigma}_D = \sqrt{\frac{\sum_{m=1}^{n}(d_m - \bar{x}_D)^2}{n-1}} = \sqrt{\frac{\sum_{m=1}^{n} d_m^2 - \frac{\left(\sum_{m=1}^{n} d_m\right)^2}{n}}{n-1}}$$

Tabelle 157 Differenz und quadrierte Differenz der Neurotizismus-Werte von acht Ehepaaren

Ehefrau	Ehemann	*d* (Differenz)	$(d_m - \bar{x}_D)^2$	d^2
15	6	9	47,266	81
7	8	-1	9,766	1
11	10	1	1,266	1
14	12	2	0,016	4
16	5	11	78,766	121
9	13	-4	37,516	16
10	9	1	1,266	1
12	14	-2	17,016	4
Summe		17	192,878	229

Hypothesen:

H_0: Die Neurotizismuswerte der Ehepartner unterscheiden sich nicht voneinander. $\Delta = 0$

H_1: Die Neurotizismuswerte der Ehepartner unterscheiden sich voneinander. $\Delta \neq 0$

$$\bar{x}_D = \frac{17}{8} = 2{,}125 \qquad \hat{\sigma}_D = \sqrt{\frac{\sum_{m=1}^{n}(d_m - \bar{x}_D)^2}{n-1}} = \sqrt{\frac{192{,}878}{8-1}} = \sqrt{27{,}554} = 5{,}249$$

Berechnung über andere Formel:

$$\hat{\sigma}_D = \sqrt{\frac{\sum_{m=1}^{n} d_m^2 - \frac{\left(\sum_{m=1}^{n} d_m\right)^2}{n}}{n-1}} = \sqrt{\frac{229 - \frac{17^2}{8}}{8-1}} = \sqrt{\frac{229 - 36{,}125}{7}} = 5{,}249$$

$$\hat{\sigma}_{\bar{X}_D} = \frac{\hat{\sigma}_D}{\sqrt{n}} = \frac{5{,}249}{\sqrt{8}} = 1{,}856$$

$$t = \frac{2{,}125}{1{,}856} = 1{,}145 \qquad df = 8 - 1 = 7$$

Die Tabelle ist einseitig ausgerichtet, doch die Hypothesen sind zweiseitig. So schaut man in der Tabelle bei einer Fläche von 0,975 und 7 Freiheitsgraden nach dem kritischen t-Wert: $t_{(0{,}975;7)} = 2{,}3646$.

Der empirische t-Wert ist nicht extremer als der kritische, also nicht signifikant, also H_0. Es kann nicht behauptet werden, dass sich die Neurotizismuswerte von Ehepartnern unterscheiden.

2.63 Neulich auf der Pferderennbahn (2)

Für die Berechnung Multipler Regressionsanalysen existieren verschiedene Methoden, von denen zwei hier dargestellt werden sollen: Spezifische Formeln für zwei Prädiktoren sowie die Berechnung anhand des Allgemeinen Linearen Modells (ALM). Zum Schluss werden die verschiedenen Ergebnisse in einer Tabelle zusammengefasst. Es sei vorweggenommen, dass verschiedene Rechenmethoden aufgrund von Rundungsungenauigkeiten zu leicht verschiedenen Ergebnissen führen.

a) Kann man über WP und SJ (signifikant) auf GP schätzen? Wie gut ist so ein Schätzmodell?

Berechnung über spezifische Formeln

$$R^2 = \frac{s_{\hat{Y}}^2}{s_Y^2} = \frac{\sum_{m=1}^{n} (\hat{y}_m - \bar{y})^2}{\sum_{m=1}^{n} (y_m - \bar{y})^2} \qquad \hat{y} = b_0 + b_1 \cdot x_1 + b_2 \cdot x_2$$

$$b_1 = b_{1s} \cdot \frac{s_Y}{s_{X_1}} \qquad b_{1s} = \frac{r_{YX_1} - r_{YX_2} \cdot r_{X_1X_2}}{1 - r_{X_1X_2}^2} \qquad b_2 = b_{2s} \cdot \frac{s_Y}{s_{X_2}} \qquad b_{2s} = \frac{r_{YX_2} - r_{YX_1} \cdot r_{X_1X_2}}{1 - r_{X_1X_2}^2}$$

$$b_0 = \bar{y} - b_1 \cdot \bar{x}_1 - b_2 \cdot \bar{x}_2$$

Deskriptive Kennwerte

$\bar{y} = 17$ $\quad \bar{x}_1 = 7$ $\quad \bar{x}_2 = 3$

$s_y^2 = 2{,}667$ $\quad s_{x_1}^2 = 2{,}889$ $\quad s_{x_2}^2 = 1{,}111$

$s_y = 1{,}633$ $\quad s_{x_1} = 1{,}700$ $\quad s_{x_2} = 1{,}054$

$$b_{1s} = \frac{0{,}6405 - (0{,}7746) \cdot (0{,}2481)}{1 - (0{,}2481)^2} = 0{,}4777 \qquad b_1 = 0{,}4777 \cdot \frac{1{,}633}{1{,}700} = 0{,}459$$

$$b_{2s} = \frac{0{,}7746 - (0{,}6405) \cdot (0{,}2481)}{1 - (0{,}2481)^2} = 0{,}6561 \qquad b_2 = 0{,}6561 \cdot \frac{1{,}633}{1{,}054} = 1{,}016$$

$$b_0 = 17 - (0{,}459) \cdot 7 - (1{,}016) \cdot 3 = 17 - 3{,}213 - 3{,}048 = 10{,}739$$

$$\hat{y} = 10{,}739 + 0{,}459 \cdot x_1 + 1{,}016 \cdot x_2$$

$$R^2 = \frac{19{,}531}{24} = 0{,}814$$

Tabelle 158 Werte zur Berechnung von R^2

GP (y)	$(y - \bar{y})^2$	$\hat{y}$	$(\hat{y} - \bar{y})^2$	$(y - \hat{y})^2$	WP (x_1)	SJ (x_2)
15	4,000	15,525	2,176	0,276	6	2
20	9,000	18,475	2,176	2,326	8	4
15	4,000	14,607	5,726	0,154	4	2
19	4,000	19,393	5,726	0,154	10	4
16	1,000	17,000	0,000	1,000	7	3
17	0,000	16,902	0,010	0,010	9	2
18	1,000	18,573	2,474	0,328	6	5
17	0,000	16,541	0,211	0,211	6	3
16	1,000	15,984	1,032	0,000	7	2
Summe	24,000	153	19,531	4,459		

Tabelle 159 Produkt-Moment-Korrelationen (Kovarianzen)

	x_1	x_2
y	0,6405 (1,778)	0,7746 (1,333)
x_1		-0,2481 (0,444)

Berechnung mittels ALM

Formeln:

$$b = (X'X)^{-1} \cdot X'y \qquad QS_{tot} = y'y - n \cdot \bar{y}^2 \qquad QS_{det} = b'X'y - n \cdot \bar{y}^2 \qquad R^2 = \frac{QS_{det}}{QS_{tot}}$$

$$y = \begin{vmatrix} 15 \\ 20 \\ 15 \\ 19 \\ 16 \\ 17 \\ 18 \\ 17 \\ 16 \end{vmatrix} \qquad X = \begin{vmatrix} 1 & 6 & 2 \\ 1 & 8 & 4 \\ 1 & 4 & 2 \\ 1 & 10 & 4 \\ 1 & 7 & 3 \\ 1 & 9 & 2 \\ 1 & 6 & 5 \\ 1 & 6 & 3 \\ 1 & 7 & 2 \end{vmatrix} \qquad X'X = \begin{vmatrix} 9 & 63 & 27 \\ 63 & 467 & 193 \\ 27 & 193 & 91 \end{vmatrix} \qquad X'y = \begin{vmatrix} 153 \\ 1087 \\ 471 \end{vmatrix}$$

$$y'y = 2625$$

Determinante von X'X

$$\begin{matrix} 9 & 63 & 27 \\ 63 & 467 & 193 \\ 27 & 193 & 91 \\ 9 & 63 & 27 \\ 63 & 467 & 193 \end{matrix} \rightarrow \begin{array}{ll} = 27 \cdot 467 \cdot 27 \cdot (-1) & = -340443 \\ = 9 \cdot 193 \cdot 193 \cdot (-1) & = -335241 \\ = 63 \cdot 63 \cdot 91 \cdot (-1) & = -361179 \\ \hline = 9 \cdot 467 \cdot 91 \cdot (+1) & = 382473 \\ = 63 \cdot 193 \cdot 27 \cdot (+1) & = 328293 \\ = 27 \cdot 63 \cdot 193 \cdot (+1) & = 328293 \end{array}$$

$$Det = -340443 - 335241 - 361179 + 382473 + 328293 + 328293 = 2196$$

Kofaktorenmatrix K

$$K = \begin{vmatrix} a & b & c \\ d & e & f \\ g & h & i \end{vmatrix}$$

$$K = \begin{vmatrix} \begin{vmatrix}467 & 193\\193 & 91\end{vmatrix} & (-1)\cdot\begin{vmatrix}63 & 193\\27 & 91\end{vmatrix} & \begin{vmatrix}63 & 467\\27 & 193\end{vmatrix} \\ (-1)\cdot\begin{vmatrix}63 & 27\\193 & 91\end{vmatrix} & \begin{vmatrix}9 & 27\\27 & 91\end{vmatrix} & (-1)\cdot\begin{vmatrix}9 & 63\\27 & 193\end{vmatrix} \\ \begin{vmatrix}63 & 27\\467 & 193\end{vmatrix} & (-1)\cdot\begin{vmatrix}9 & 27\\63 & 193\end{vmatrix} & \begin{vmatrix}9 & 63\\63 & 467\end{vmatrix} \end{vmatrix}$$

$a = 467\cdot 91 - 193\cdot 193$ $\quad b = (-1)\cdot(63\cdot 91 - 193\cdot 27)$ $\quad c = 63\cdot 193 - 467\cdot 27$

$d = (-1)\cdot(63\cdot 91 - 27\cdot 193)$ $\quad e = 9\cdot 91 - 27\cdot 27$ $\quad f = (-1)\cdot(9\cdot 193 - 63\cdot 27)$

$g = 63\cdot 193 - 27\cdot 467$ $\quad h = (-1)\cdot(9\cdot 193 - 27\cdot 63)$ $\quad i = 9\cdot 467 - 63\cdot 63$

$$K = \begin{vmatrix} 5248 & -522 & -450 \\ -522 & 90 & -36 \\ -450 & -36 & 234 \end{vmatrix} = K'$$

Inverse (X'X)[-1]

$$Inverse_{(X'X)} = (X'X)^{-1} = \frac{1}{Det_{(X'X)}}\cdot K'_{(X'X)} = \frac{1}{2196}\cdot\begin{vmatrix} 5248 & -522 & -450 \\ -522 & 90 & -36 \\ -450 & -36 & 234 \end{vmatrix}$$

(Noch nicht ausrechnen, weil sonst zu große Rundungsungenauigkeiten auftreten!)

b-Vektor

$$b = (X'X)^{-1}\cdot X'y =$$

$$\begin{array}{c|c} & \begin{vmatrix}153\\1087\\471\end{vmatrix} \\ \hline \frac{1}{2196}\cdot\begin{vmatrix} 5248 & -522 & -450 \\ -522 & 90 & -36 \\ -450 & -36 & 234 \end{vmatrix} & \begin{vmatrix}10{,}738\\0{,}459\\1{,}016\end{vmatrix} = \begin{vmatrix}b_0\\b_1\\b_2\end{vmatrix} = b \end{array}$$

$$b'X'y =$$

$$\begin{array}{c|c} & \begin{vmatrix}153\\1087\\471\end{vmatrix} \\ \hline \begin{vmatrix}10{,}738 & 0{,}459 & 1{,}016\end{vmatrix} & 2620{,}383 \end{array}$$

$n = 9 \quad \bar{y} = 17 \quad n\cdot\bar{y}^2 = 2601$

$$QS_{tot} = y'y - n\,\bar{y}^2 = 2625 - 2601 = 24$$

$$QS_{det} = b'X'y - n\,\bar{y}^2 = 2620{,}383 - 2601 = 19{,}383$$

$$R^2 = \frac{QS_{det}}{QS_{tot}} = \frac{19{,}383}{24} = 0{,}808$$

Prüfung des Multiplen Determinationskoeffizienten

H_0: $b_1 = 0$ und $b_2 = 0$ $\qquad$ H_1: $b_1 \neq 0$ und/oder $b_2 \neq 0$

$$F = \frac{n-k-1}{k} \cdot \frac{R^2}{(1-R^2)} = \frac{R^2/k}{(1-R^2)/(n-k-1)} = \frac{\left(\sum_{m=1}^{n} (\hat{y}_m - \bar{y})^2\right)/k}{\left(\sum_{m=1}^{n} (y_m - \hat{y}_m)^2\right)/(n-k-1)}$$

$n = 9$ $\quad k$ = Anzahl unabhängige Variablen = 2

bzw.

$$F = \frac{(R_U^2 - R_E^2)/df_h}{(1-R_U^2)/df_e} = \frac{(0{,}814-0)/2}{(1-0{,}814)/6} = \frac{0{,}407}{0{,}031} = 13{,}13 \qquad F_{(0{,}95;2;6)} = 5{,}1433$$

R_U^2 Determinationskoeffizient des uneingeschränkten Modells
R_E^2 Determinationskoeffizient des eingeschränkten Modells
df_h Hypothesenfreiheitsgrade = Anzahl der Null gesetzten b-Gewichte
df_e Fehlerfreiheitsgrade = n - Anzahl der b-Gewichte inklusive b_0

Der empirische F-Wert (13,13) ist extremer als der kritische (5,1433), also signifikant, also H_1. Mit einer Irrtumswahrscheinlichkeit von 5 % kann behauptet werden, dass die Prädiktoren »Wuchs Pferd« (WP) und »Selbstsicherheit Jockey« (SJ) einen Beitrag zur Vorhersage des Kriteriums »Geschwindigkeit Pferd« (GP) leisten.

b) Für das nächste Rennen wird ein Pferd vorgeführt, dessen Wuchs Sie mit 8 bewerten und dessen Jockey eine geringe Selbstsicherheit von 1 ausstrahlt. Bitte schätzen Sie die Geschwindigkeit y.

Regressionsgleichung:

$$\hat{y} = b_0 + b_1 \cdot x_1 + b_2 \cdot x_2$$
$$\hat{y} = 10{,}739 + 0{,}459 \cdot x_1 + 1{,}016 \cdot x_2$$
$$\hat{y} = 10{,}739 + 0{,}459 \cdot (8) + 1{,}016 \cdot (1) = 10{,}739 + 3{,}672 + 1{,}016 = 15{,}427$$

Das wäre ja vergleichsweise schnell …

c) Wie gut kann alleine mit WP eine Vorhersage auf GP getroffen werden? Leistet der Prädiktor WP einen (signifikanten) Beitrag zur Vorhersage des Kriteriums GP?

Berechnung über Einfachregression

$$R^2 = \frac{s_{\hat{Y}}^2}{s_Y^2} = \frac{\sum_{m=1}^{n} (\hat{y}_m - \bar{y})^2}{\sum_{m=1}^{n} (y_m - \bar{y})^2} = r_{XY}^2 \qquad \hat{y} = b_0 + b_1 \cdot x_1$$

$$b_1 = r_{XY} \cdot \frac{s_Y}{s_X} = \frac{s_{XY}}{s_X^2} = \frac{1{,}778}{2{,}889} = 0{,}615$$

$$b_0 = \bar{y} - b_1 \cdot \bar{x} = 17 - (0{,}615) \cdot 7 = 17 - 4{,}305 = 12{,}695$$

$$R^2 = r_{XY}^2 = (0{,}6405)^2 = 0{,}410 \qquad \hat{y} = 12{,}695 + 0{,}615 \cdot x$$

Berechnung mittels ALM

Reduzieren von X'X und X'y auf die relevanten Variablen

$$X'X = \begin{vmatrix} 9 & 63 \\ 63 & 467 \end{vmatrix} \qquad X'y = \begin{vmatrix} 153 \\ 1087 \end{vmatrix}$$

Bilden von $(X'X)^{-1}$

Determinante: $Det = a \cdot d - b \cdot c = 9 \cdot 467 - 63 \cdot 63 = 234$

Kofaktorenmatrix und Inverse

$$K = \begin{vmatrix} 467 & -63 \\ -63 & 9 \end{vmatrix} = K' \qquad (X'X)^{-1} = \frac{1}{234} \cdot \begin{vmatrix} 467 & -63 \\ -63 & 9 \end{vmatrix}$$

b-Vektor

	$\begin{vmatrix} 153 \\ 1087 \end{vmatrix}$
$b = (X'X)^{-1} \cdot X'y = \frac{1}{234} \cdot \begin{vmatrix} 467 & -63 \\ -63 & 9 \end{vmatrix}$	$\begin{vmatrix} 12{,}692 \\ 0{,}615 \end{vmatrix} = \begin{vmatrix} b_0 \\ b_1 \end{vmatrix} = b$

	$\begin{vmatrix} 153 \\ 1087 \end{vmatrix}$
$b'X'y = \begin{vmatrix} 12{,}692 & 0{,}615 \end{vmatrix}$	2610,381

$n = 9 \quad \bar{y} = 17 \quad n \cdot \bar{y}^2 = 2601$

$$QS_{det} = b'X'y - n\bar{y}^2 = 2610{,}381 - 2601 = 9{,}381$$

$$R^2 = \frac{QS_{det}}{QS_{tot}} = \frac{9{,}381}{24} = 0{,}391$$

Prüfung des Multiplen Determinationskoeffizienten

H_0: $b_1 = 0$ $\qquad$ H_1: $b_1 \neq 0$

$$F = \frac{n-k-1}{k} \cdot \frac{R^2}{(1-R^2)} = \frac{R^2/k}{(1-R^2)/(n-k-1)} = \frac{\left(\sum_{m=1}^{n} (\hat{y}_m - \bar{y})^2\right)/k}{\left(\sum_{m=1}^{n} (y_m - \hat{y}_m)^2\right)/(n-k-1)}$$

$n = 9$ $\qquad$ k = Anzahl unabhängige Variablen = 1

bzw.

$$F = \frac{(R_U^2 - R_E^2)/df_h}{(1-R_U^2)/df_e} = \frac{(0{,}410 - 0)/1}{(1-0{,}410)/7} = \frac{0{,}410}{0{,}0829} = 4{,}95 \qquad F_{(0{,}95;1;7)} = 5{,}5914$$

Der empirische F-Wert (4,95) ist nicht extremer als der kritische (5,5914), also nicht signifikant, also H_0. Es kann nicht behauptet werden, dass »Wuchs Pferd« einen signifikanten Beitrag zur Vorhersage der »Geschwindigkeit Pferd« leistet.

d) Wie gut kann alleine mit SJ eine Vorhersage auf GP getroffen werden? Leistet der Prädiktor SJ einen (signifikanten) Beitrag zur Vorhersage des Kriteriums GP?

Berechnung über Einfachregression

$$R^2 = \frac{s_{\hat{Y}}^2}{s_Y^2} = \frac{\sum_{m=1}^{n} (\hat{y}_m - \bar{y})^2}{\sum_{m=1}^{n} (y_m - \bar{y})^2} = r_{XY}^2 \qquad \hat{y} = b_0 + b_1 \cdot x_1$$

$$b_1 = r_{XY} \cdot \frac{s_Y}{s_X} = \frac{s_{XY}}{s_X^2} = \frac{1{,}333}{1{,}111} = 1{,}2$$

$$b_0 = \bar{y} - b_1 \cdot \bar{x} = 17 - (1{,}2) \cdot 3 = 17 - 3{,}6 = 13{,}4$$

$$R^2 = r_{XY}^2 = (0{,}7746)^2 = 0{,}6 \qquad \hat{y} = 13{,}4 + 1{,}2 \cdot x$$

Berechnung mittels ALM

Reduzieren von X'X und X'y auf die relevanten Variablen

$$X'X = \begin{vmatrix} 8 & 40 \\ 40 & 252 \end{vmatrix} \qquad X'y = \begin{vmatrix} 26 \\ 128 \end{vmatrix}$$

Bilden von $(X'X)^{-1}$

Determinante: $Det = a \cdot d - b \cdot c = 9 \cdot 91 - 27 \cdot 27 = 90$

Kofaktorenmatrix und Inverse

$$K = \begin{vmatrix} 252 & -40 \\ -40 & 8 \end{vmatrix} = K' \qquad (X'X)^{-1} = \frac{1}{416} \cdot \begin{vmatrix} 252 & -40 \\ -40 & 8 \end{vmatrix}$$

b-Vektor

$$b = (X'X)^{-1} \cdot X'y = \frac{1}{90} \cdot \begin{vmatrix} 91 & -27 \\ -27 & 9 \end{vmatrix} \cdot \begin{vmatrix} 153 \\ 471 \end{vmatrix} = \begin{vmatrix} 13{,}4 \\ 1{,}2 \end{vmatrix} = \begin{vmatrix} b_0 \\ b_2 \end{vmatrix} = b$$

$$b'X'y = \begin{vmatrix} 13{,}4 & 1{,}2 \end{vmatrix} \cdot \begin{vmatrix} 153 \\ 471 \end{vmatrix} = 2615{,}4 \qquad n = 9 \quad \bar{y} = 17 \quad n \cdot \bar{y}^2 = 2601$$

$$QS_{det} = b'X'y - n\bar{y}^2 = 2615{,}4 - 2601 = 14{,}4$$

$$R^2 = \frac{QS_{det}}{QS_{tot}} = \frac{14{,}4}{24} = 0{,}6$$

Prüfung des Multiplen Determinationskoeffizienten

H_0: $b_2 = 0$ $\qquad$ H_1: $b_2 \neq 0$

$$F = \frac{n-k-1}{k} \cdot \frac{R^2}{(1-R^2)} = \frac{R^2/k}{(1-R^2)/(n-k-1)} = \frac{\left(\sum_{m=1}^{n} (\hat{y}_m - \bar{y})^2\right)/k}{\left(\sum_{m=1}^{n} (y_m - \hat{y}_m)^2\right)/(n-k-1)}$$

$n = 9$ $\qquad$ k = Anzahl unabhängige Variablen = 1

bzw.

$$F = \frac{(R_U^2 - R_E^2)/df_h}{(1-R_U^2)/df_e} = \frac{(0{,}6-0)/1}{(1-0{,}6)/7} = \frac{0{,}6}{0{,}0571} = 10{,}51 \qquad F_{(0{,}95;1;7)} = 5{,}5914$$

Der empirische F-Wert (10,51) ist extremer als der kritische (5,5914), also signifikant, also H_1. Mit einer Irrtumswahrscheinlichkeit von 5 % kann behauptet werden, dass »Selbstsicherheit Jockey« einen signifikanten Beitrag zur Vorhersage der »Geschwindigkeit Pferd« leistet.

e) Erbringt die Hinzunahme von SJ zusätzlich zu WP eine (signifikante) Verbesserung des Vorhersagemodells?

Zuerst Hypothesen:

H_0: b_1 = beliebig und $b_2 = 0$ $\qquad$ H_1: b_1 = beliebig und $b_2 \neq 0$

$$F = \frac{(R_U^2 - R_E^2)/df_h}{(1-R_U^2)/df_e} = \frac{(0{,}814-0{,}410)/1}{(1-0{,}814)/6} = \frac{0{,}404}{0{,}031} = 13{,}03 \qquad F_{(0{,}95;1;6)} = 5{,}9874$$

Der empirische F-Wert (13,03) ist extremer als der kritische (5,9874), also signifikant, also H_1. Mit einer Irrtumswahrscheinlichkeit von 5 % kann behauptet werden, dass die Hinzunahme des Prädiktors SJ zusätzlich zum Prädiktor WP eine signifikante Verbesserung des Modells erbringt.

f) Erbringt die Hinzunahme von WP zusätzlich zu SJ eine (signifikante) Verbesserung des Vorhersagemodells?

Zuerst Hypothesen:

H_0: $b_1 = 0$ und b_2 =beliebig $\qquad$ H_1: $b_1 \neq 0$ und b_2 = beliebig

$$F = \frac{(R_U^2 - R_E^2)/df_h}{(1-R_U^2)/df_e} = \frac{(0{,}814-0{,}6)/1}{(1-0{,}814)/6} = \frac{0{,}214}{0{,}031} = 6{,}90 \qquad F_{(0{,}95;1;6)} = 5{,}9874$$

Der empirische F-Wert (6,90) ist extremer als der kritische (5,9874), also signifikant, also H_1. Mit einer Irrtumswahrscheinlichkeit von 5 % kann behauptet werden, dass die Hinzunahme des Prädiktors WP zusätzlich zum Prädiktor SJ eine signifikante Verbesserung des Modells erbringt.

g) Berechnen Sie die Fehlerquadratsumme QS_e und den Standardschätzfehler $\hat{\sigma}_e$.

$$QS_e = QS_{tot} - QS_{det} = \sum_{m=1}^{n} (y_m - \hat{y}_m)^2 = 24 - 19{,}531 = 4{,}469$$

$$\hat{\sigma}_e = \sqrt{\frac{QS_e}{df_e}} = \sqrt{\frac{\sum_{m=1}^{n} (y_m - \hat{y}_m)^2}{n-k-1}} = \sqrt{\frac{4{,}469}{6}} = \sqrt{0{,}745} = 0{,}863$$

h) Berechnen Sie für GP, WP und SJ die geschätzten Populations-Standardabweichungen $\hat{\sigma}$.

$$\hat{\sigma}_X = \sqrt{\frac{\sum_{m=1}^{n} (x_m - \bar{x})^2}{n-1}} = \sqrt{\frac{\sum_{m=1}^{n} x_m^2 - \frac{\left(\sum_{m=1}^{n} x\right)^2}{n}}{n-1}}$$

$$GP: \quad \hat{\sigma}_Y = \sqrt{\frac{2625 - \frac{153^2}{9}}{9-1}} = \sqrt{\frac{2625 - \frac{23409}{9}}{8}} = \sqrt{\frac{2625 - 2601}{8}} = \sqrt{\frac{24}{8}} = 1{,}732$$

$$WP: \quad \hat{\sigma}_{X_1} = \sqrt{\frac{467 - \frac{63^2}{9}}{9-1}} = \sqrt{\frac{467 - \frac{3969}{9}}{8}} = \sqrt{\frac{467 - 441}{8}} = \sqrt{\frac{26}{8}} = 1{,}803$$

$$SJ: \quad \hat{\sigma}_{X_2} = \sqrt{\frac{91 - \frac{27^2}{9}}{9-1}} = \sqrt{\frac{91 - \frac{729}{9}}{8}} = \sqrt{\frac{91 - 81}{8}} = \sqrt{\frac{10}{8}} = 1{,}118$$

i) Berechnen Sie die standardisierten Einflussgewichte β für WP und SJ.

$$\beta_j = b_j \cdot \frac{\hat{\sigma}_{X_j}}{\hat{\sigma}_Y}$$

$$\text{WP}: \beta_{\text{WP}} = b_{1s} = 0{,}459 \cdot \frac{1{,}803}{1{,}732} = 0{,}478 \qquad SJ: \beta_{SJ} = b_{2s} = 1{,}016 \cdot \frac{1{,}118}{1{,}732} = 0{,}656$$

j) Bilden Sie für den unter b) geschätzten GP-Wert ein 95 %-Konfidenzintervall!
Allgemeine Formel: $\hat{y} - t_{\alpha/2} \cdot \hat{\sigma}_e \leq \hat{y} \leq \hat{y} + t_{\alpha/2} \cdot \hat{\sigma}_e \quad df = n$-Anzahl b's (inkl. b_0)

$$\hat{y} = 15{,}427 \qquad \hat{\sigma}_e = 0{,}863 \qquad \alpha = 0{,}05 \qquad t_{(\alpha/2=0{,}975;6)} = 2{,}4469$$

Untergrenze: $15{,}427 - 2{,}4469 \cdot 0{,}863 = 15{,}427 - 2{,}112 = 13{,}315$

Obergrenze: $15{,}427 + 2{,}4469 \cdot 0{,}863 = 15{,}427 + 2{,}112 = 17{,}539$

Tabelle 160 Ergebnisse der multiplen Regressionsanalyse »Neulich auf der Pferderennbahn (2)«

Modell	R^2_U	R^2_E	b-Gewichte	beta-Gewichte	$df_{Zähler}$	F_{emp}	sig.
x_1 und x_2	0,814	0	b_0: 10,739	β_1= 0,478	2	13,13	sig.
			b_1: 0,459	β_2= 0,656			
			b_2: 1,016				
nur x_1	0,410	0	b_0: 12,695		1	4,95	n. s.
			b_1: 0,615				
nur x_2	0,6	0	b_0: 13,4		1	10,51	sig.
			b_2: 1,2				
x_2 zusätzlich zu x_1	0,814	0,410			1	13,03	sig.
x_1 zusätzlich zu x_2	0,814	0,6			1	6,90	sig.

2.64 Taschenrechner

Die Darstellung der Lösung erfolgt in mehreren Schritten. Zuerst werden allgemeine Angaben aufgelistet, die sich aus der Aufgabenstellung ergeben. Daraufhin werden die Hypothesen für die Fragen a) bis d) dargestellt. Danach erfolgt die Berechnung der Quadratsummen einmal ohne, einmal mit Matrixalgebra. Danach erfolgen die Signifikanzprüfungen. Zum Schluss werden die Ergebnisse in einer Tafel der Varianzanalyse zusammengefasst.

Allgemeine Angaben

Faktor A (Alterskategorie) hat $p = 2$ Stufen
Faktor B (Taschenrechnermodell) hat $q = 3$ Stufen
Pro Zelle liegen die Werte von $n_{\text{Zelle}} = 3$ Personen vor.
Insgesamt liegen Werte von $n = 18$ Personen vor.

Hypothesen

a) Gibt es einen globalen Effekt, d. h. unterscheiden sich die sechs Zellen voneinander?

H_0: $\mu_1 = \mu_2 = \mu_3 = \mu_4 = \mu_5 = \mu_6$

$df_{zw} = p \cdot q - 1$ = Anzahl Parameterrestriktionen (Gleichheitszeichen in der Nullhypothese) = 5

$df_{err} = df_{inn} = n - p \cdot q$ = Anzahl Vpn minus Anzahl Zellen = 18 - 6 = 12

b) Gibt es einen Haupteffekt für Faktor A (Alterskategorie)? Unterscheiden sich die Mittelwerte der einzelnen Stufen (Greise, Jungspunde) voneinander?

H_0: $\mu_1 + \mu_2 + \mu_3 = \mu_4 + \mu_5 + \mu_6$ bzw. $\mu_1 + \mu_2 + \mu_3 - \mu_4 - \mu_5 - \mu_6 = 0$

$df_A = p - 1$ = Anzahl Parameterrestriktionen (Gleichheitszeichen in der Nullhypothese) = 1

$df_{err} = df_{inn} = n - p \cdot q$ = Anzahl Vpn minus Anzahl Zellen = 18 - 6 = 12

c) Gibt es einen Haupteffekt für Faktor B (Taschenrechnermodell)? Unterscheiden sich die Mittelwerte der einzelnen Stufen (Stastik 5000, Stastik 2000, Stastik 0815) voneinander?

H_0: $\mu_1 + \mu_4 = \mu_2 + \mu_5 = \mu_3 + \mu_6$

Eigentlich sind dies zwei Nullhypothesen:

1. H_0: $\mu_1 + \mu_4 = (\mu_2 + \mu_3 + \mu_5 + \mu_6)/2$ bzw. $2\mu_1 - \mu_2 - \mu_3 + 2\mu_4 - \mu_5 - \mu_6 = 0$
2. H_0: $\mu_2 + \mu_5 = \mu_3 + \mu_6$ bzw. $0\mu_1 + \mu_2 - \mu_3 + 0\mu_4 + \mu_5 - \mu_6 = 0$

$df_B = q - 1$ = Anzahl Parameterrestriktionen (Gleichheitszeichen in der Nullhypothese) = 2

$df_{err} = df_{inn} = n - p \cdot q$ = Anzahl Vpn minus Anzahl Zellen = 18 - 6 = 12

d) Gibt es eine Wechselwirkung zwischen den Stufen von Faktor A und den Stufen von Faktor B?

Hier müssen beide Nullhypothesen gebildet werden:

1. H_0: $\mu_1 - (\mu_2 + \mu_3)/2 = \mu_4 - (\mu_5 + \mu_6)/2$ bzw. $2\mu_1 - \mu_2 - \mu_3 - 2\mu_4 + \mu_5 + \mu_6 = 0$
2. H_0: $\mu_2 - \mu_3 = \mu_5 - \mu_6$ bzw. $0\mu_1 + \mu_2 - \mu_3 + 0\mu_4 - \mu_5 + \mu_6 = 0$

$df_{AB} = (p - 1) \cdot (q - 1)$ = Anzahl Parameterrestriktionen (Gleichheitszeichen in der Nullhypothese) = 2

$df_{err} = df_{inn} = n - p \cdot q$ = Anzahl Vpn minus Anzahl Zellen = 18 - 6 = 12

Berechnung der Quadratsummen mit Summenzeichen

Hierzu werden einige Mittelwerte benötigt:

Tabelle 161 Alterskategorie und Taschenrechnermodell

Mittelwerte		Faktor B: Taschenrechnermodell			Zeilen-mittelwerte
		Stastik 5000 (b1)	Stastik 2000 (b2)	Stastik 0815 (b3)	
Faktor A:	Greise (a1)	$\bar{x}_{11}=12$	$\bar{x}_{12}=17$	$\bar{x}_{13}=19$	$\bar{x}_{1.} = 16$
Alters-kategorie	Jungspunde (a2)	$\bar{x}_{21}=13$	$\bar{x}_{22}=15$	$\bar{x}_{23}=17$	$\bar{x}_{2.} = 15$
Spaltenmittelwerte		$\bar{x}_{.1}=12{,}5$	$\bar{x}_{.2}=16$	$\bar{x}_{.3}=18{,}8$	$\bar{x}=15{,}5$

$$QS_{tot} = \sum_{k=1}^{q}\sum_{j=1}^{p}\sum_{m=1}^{n_{Zelle}}(x_{mjk}-\bar{x})^2$$

$$QS_{tot} = (10-15{,}5)^2+(12-15{,}5)^2+(14-15{,}5)^2+(17-15{,}5)^2+(18-15{,}5)^2+(16-15{,}5)^2+$$
$$(18-15{,}5)^2+(20-15{,}5)^2+(19-15{,}5)^2+(16-15{,}5)^2+(12-15{,}5)^2+(11-15{,}5)^2+$$
$$(17-15{,}5)^2+(15-15{,}5)^2+(13-15{,}5)^2+(21-15{,}5)^2+(12-15{,}5)^2+(18-15{,}5)^2$$

$$QS_{tot} = 30{,}25+12{,}25+2{,}25+2{,}25+6{,}25+0{,}25+6{,}25+20{,}25+12{,}25+$$
$$0{,}25+12{,}25+20{,}25+2{,}25+0{,}25+6{,}25+30{,}25+12{,}25+6{,}25$$

$$QS_{tot} = 182{,}50$$

$$QS_{zw} = \sum_{k=1}^{q}\sum_{j=1}^{p}\sum_{m=1}^{n_{Zelle}}(\bar{x}_{jk}-\bar{x})^2 = n_{Zelle}\cdot\sum_{k=1}^{q}\sum_{j=1}^{p}(\bar{x}_{jk}-\bar{x})^2$$

$$QS_{zw} = 3\cdot\left[(12-15{,}5)^2+(17-15{,}5)^2+(19-15{,}5)^2+(13-15{,}5)^2+(15-15{,}5)^2+(17-15{,}5)^2\right]$$

$$QS_{zw} = 3\cdot\left[12{,}25+2{,}25+12{,}25+6{,}25+0{,}25+2{,}25\right] = 3\cdot 35{,}5 = 106{,}5$$

$$QS_{inn} = \sum_{k=1}^{q}\sum_{j=1}^{p}\sum_{m=1}^{n_{Zelle}}(x_{mjk}-\bar{x}_{jk})^2$$

$$QS_{inn} = (10-12)^2+(12-12)^2+(14-12)^2+(17-17)^2+(18-17)^2+(16-17)^2+$$
$$(18-19)^2+(20-19)^2+(19-19)^2+(16-13)^2+(12-13)^2+(11-13)^2+$$
$$(17-15)^2+(15-15)^2+(13-15)^2+(21-17)^2(12-17)^2+(18-17)^2$$

$$QS_{inn} = 4+0+4+0+1+1+1+1+0+9+1+4+4+0+4+16+25+1 = 76$$

$$QS_A = \sum_{k=1}^{q}\sum_{j=1}^{p}\sum_{m=1}^{n_{Zelle}}(\bar{x}_{j\bullet}-\bar{x})^2 = q\cdot n_{Zelle}\cdot\sum_{j=1}^{p}(\bar{x}_{j\bullet}-\bar{x})^2$$

$$QS_A = 3\cdot 3\cdot\left[(16-15{,}5)^2+(15-15{,}5)^2\right] = 9\cdot\left[0{,}25+0{,}25\right] = 9\cdot 0{,}5 = 4{,}5$$

$$QS_B = \sum_{k=1}^{q}\sum_{j=1}^{p}\sum_{m=1}^{n_{Zelle}}(\bar{x}_{\bullet k}-\bar{x})^2 = p\cdot n_{Zelle}\cdot\sum_{k=1}^{q}(\bar{x}_{\bullet k}-\bar{x})^2$$

$$QS_B = 2\cdot 3\cdot\left[(12{,}5-15{,}5)^2+(16-15{,}5)^2+(18-15{,}5)^2\right] = 6\cdot\left[9+0{,}25+6{,}25\right] = 6\cdot 15{,}5 = 93$$

$$QS_{AB} = \sum_{k=1}^{q}\sum_{j=1}^{p}\sum_{m=1}^{n_{Zelle}}(\bar{x}_{jk}-\bar{x}_{j\bullet}-\bar{x}_{\bullet k}+\bar{x})^2 = n_{Zelle}\cdot\sum_{k=1}^{q}\sum_{j=1}^{p}(\bar{x}_{jk}-\bar{x}_{j\bullet}-\bar{x}_{\bullet k}+\bar{x})^2$$

$$QS_{AB} = 3\cdot\left[(12-16-12{,}5+15{,}5)^2+(17-16-16+15{,}5)^2+(19-16-18+15{,}5)^2\right]+$$
$$3\cdot\left[(13-15-12{,}5+15{,}5)^2+(15-15-16+15{,}5)^2+(17-15-18+15{,}5)^2\right]$$

$$QS_{AB} = 3\cdot\left[1+0{,}25+0{,}25+1+0{,}25+0{,}25\right] = 3\cdot 3 = 9$$

Berechnung der Quadratsummen mit Matrixalgebra

Totale, determinierte und Fehlerquadratsumme

$$(X'X)^{-1} = \frac{1}{3}\cdot Einheitsmatrix \qquad X'y = \begin{vmatrix}36\\51\\57\\39\\45\\51\end{vmatrix} \qquad b = \begin{vmatrix}12\\17\\19\\13\\15\\17\end{vmatrix} \qquad y'y = 4507 \qquad \bar{y} = 15{,}5$$

$$b'X'y = 4431 \qquad \bar{y}^2 = 240{,}25 \;\rightarrow\; n\cdot\bar{y}^2 = 4324{,}5$$

$$QS_{tot} = y'y - n\cdot\bar{y}^2 = 4507 - 4324{,}5 = 182{,}5$$
$$QS_{det} = QS_{zw} = b'X'y - n\cdot\bar{y}^2 = 4431 - 4324{,}5 = 106{,}5$$
$$QS_{err} = QS_{tot} - QS_{det} = QS_{inn} = 182{,}5 - 106{,}5 = 76$$

Kontrastmatrix und Quadratsumme für Faktor A (Alterskategorie)

$$C = \begin{vmatrix} 1 & 1 & 1 & -1 & -1 & -1 \end{vmatrix} \quad Cb = 3 \quad \left(C\left(X'X\right)^{-1}C'\right)^{-1} = \frac{1}{2}$$

$$QS_A = Cb'\left(C\left(X'X\right)^{-1}C'\right)^{-1}Cb = 3\cdot\frac{1}{2}\cdot 3 = 4{,}5$$

Kontrastmatrix und Quadratsumme für Faktor B (Taschenrechnermodell)

$$C = \begin{vmatrix} 2 & -1 & -1 & 2 & -1 & -1 \\ 0 & 1 & -1 & 0 & 1 & -1 \end{vmatrix} \quad Cb = \begin{vmatrix} -18 \\ -4 \end{vmatrix} \quad \left(C\left(X'X\right)^{-1}C'\right)^{-1} = 3\cdot\begin{vmatrix} \frac{1}{12} & 0 \\ 0 & \frac{1}{4} \end{vmatrix}$$

$$QS_B = Cb'\left(C\left(X'X\right)^{-1}C'\right)^{-1}Cb = \begin{vmatrix} -18 & -4 \end{vmatrix}\cdot 3\cdot\begin{vmatrix} \frac{1}{12} & 0 \\ 0 & \frac{1}{4} \end{vmatrix}\cdot\begin{vmatrix} -18 \\ -4 \end{vmatrix} = 93$$

Kontrastmatrix und Quadratsumme der Wechselwirkung zwischen Faktor A und B

$$C = \begin{vmatrix} 2 & -1 & -1 & -2 & 1 & 1 \\ 0 & 1 & -1 & 0 & -1 & 1 \end{vmatrix} \quad Cb = \begin{vmatrix} -6 \\ 0 \end{vmatrix} \quad \left(C\left(X'X\right)^{-1}C'\right)^{-1} = 3\cdot\begin{vmatrix} \frac{1}{12} & 0 \\ 0 & \frac{1}{4} \end{vmatrix}$$

$$QS_{AB} = Cb'\left(C\left(X'X\right)^{-1}C'\right)^{-1}Cb = \begin{vmatrix} -6 & 0 \end{vmatrix}\cdot 3\cdot\begin{vmatrix} \frac{1}{12} & 0 \\ 0 & \frac{1}{4} \end{vmatrix}\cdot\begin{vmatrix} -6 \\ 0 \end{vmatrix} = 9$$

Signifikanzprüfungen

a) Gibt es einen globalen Effekt, d. h. unterscheiden sich die sechs Zellen voneinander?

$$F = \frac{QS_{det}/df_{det}}{QS_{err}/df_{err}} = \frac{MQS_{zw}}{MQS_{inn}} = \frac{106{,}5/5}{76/12} = \frac{21{,}3}{6{,}333} = 3{,}363 \qquad F_{(0{,}95;5;12)} = 3{,}1059$$

Der empirische F-Wert (3,363) ist extremer als der kritische (3,1059), also signifikant, also H_1. Mit einer Irrtumswahrscheinlichkeit von 5 % kann behauptet werden, dass sich die Mittelwerte der sechs Zellen voneinander unterscheiden.

b) Gibt es einen Haupteffekt für Faktor A (Alterskategorie)? Unterscheiden sich die Mittelwerte der einzelnen Stufen (Greise, Jungspunde) voneinander?

$$F = \frac{QS_A / df_A}{QS_{err} / df_{err}} = \frac{MQS_A}{MQS_{inn}} = \frac{4{,}5/1}{76/12} = \frac{4{,}5}{6{,}333} = 0{,}711 \qquad F_{(0{,}95;1;12)} = 4{,}7472$$

Der empirische F-Wert (0,711) ist nicht extremer als der kritische (4,7472), also nicht signifikant, also H_0. Es gibt keinen Haupteffekt für Faktor A. Greise und Jungspunde unterscheiden sich bezüglich der Punktzahlen in einer Methodenklausur nicht voneinander.

c) Gibt es einen Haupteffekt für Faktor B (Taschenrechnermodell)? Unterscheiden sich die Mittelwerte der einzelnen Stufen (Stastik 5000, Stastik 2000, Stastik 0815) voneinander?

$$F = \frac{QS_B / df_B}{QS_{err} / df_{err}} = \frac{MQS_B}{MQS_{inn}} = \frac{93/2}{76/12} = \frac{46{,}5}{6{,}333} = 7{,}342 \qquad F_{(0{,}95;2;12)} = 3{,}8853$$

Der empirische F-Wert (7,342) ist extremer als der kritische (3,8853), also signifikant, also H_1. Es gibt einen Haupteffekt für Faktor B.
Mit einer Irrtumswahrscheinlichkeit von 5 % kann behauptet werden, dass sich die Mittelwerte der Stufen des Faktors B unterscheiden. Je nach verwendetem Taschenrechnermodell werden unterschiedlich viele Punkte in einer Methodenklausur erzielt.

d) Gibt es eine Wechselwirkung zwischen den Stufen von Faktor A und den Stufen von Faktor B?

$$F = \frac{QS_{AB} / df_{AB}}{QS_{err} / df_{err}} = \frac{MQS_{AB}}{MQS_{inn}} = \frac{9/2}{76/12} = \frac{4{,}5}{6{,}333} = 0{,}711 \qquad F_{(0{,}95;2;12)} = 3{,}8853$$

Der empirische F-Wert (0,711) ist nicht extremer als der kritische (3,8853), also nicht signifikant, also H_0. Es gibt keine Wechselwirkung zwischen den Faktoren A und B.

Tabelle 162 Tafel der Varianzanalyse »Taschenrechner«

Quelle der Variation	Quadratsumme	df	MQS	F_{emp}	sig.
Det	106,5	5	21,3	3,363	sig.
Faktor A	4,5	1	4,5	0,711	n. s.
Faktor B	93	2	46,5	7,342	sig.
Wechselwirkung AB	9	2	4,5	0,711	n. s.
Fehler	76	12	6,333		
Total	182,5	17			

2.65 Planet Stastik I (2)

Für die Berechnung Multipler Regressionsanalysen existieren verschiedene Methoden, von denen zwei hier dargestellt werden sollen: Spezifische Formeln für zwei Prädiktoren sowie die Berechnung anhand des Allgemeinen Linearen Modells (ALM). Zum Schluss werden die verschiedenen Ergebnisse in einer Tabelle zusammengefasst. Es sei vorweggenommen, dass verschiedene Rechenmethoden aufgrund von Rundungsungenauigkeiten zu leicht verschiedenen Ergebnissen führen.

a) Kann man über »Einstellung gegenüber Psychologen« (EP) und »Medikamentenkonsum« (MK) (signifikant) auf »Allgemeine Lebenszufriedenheit« (ALZ) schätzen? Wie gut ist so ein Schätzmodell?

Berechnung über spezifische Formeln

$$R^2 = \frac{s_{\hat{Y}}^2}{s_Y^2} = \frac{\sum_{m=1}^{n}(\hat{y}_m - \bar{y})^2}{\sum_{m=1}^{n}(y_m - \bar{y})^2} \qquad \hat{y} = b_0 + b_1 \cdot x_1 + b_2 \cdot x_2$$

$$b_1 = b_{1s} \cdot \frac{s_Y}{s_{X_1}} \quad b_{1s} = \frac{r_{YX_1} - r_{YX_2} \cdot r_{X_1X_2}}{1 - r_{X_1X_2}^2} \qquad b_2 = b_{2s} \cdot \frac{s_Y}{s_{X_2}} \quad b_{2s} = \frac{r_{YX_2} - r_{YX_1} \cdot r_{X_1X_2}}{1 - r_{X_1X_2}^2}$$

$$b_0 = \bar{y} - b_1 \cdot \bar{x}_1 - b_2 \cdot \bar{x}_2$$

Deskriptive Kennwerte

$$\bar{y} = 9{,}4 \qquad \bar{x}_1 = 10{,}9 \qquad \bar{x}_2 = 7{,}8$$

$$s_y^2 = 25{,}04 \qquad s_{x_1}^2 = 22{,}69 \qquad s_{x_1}^2 = 45{,}16$$

$$s_y = 5{,}004 \qquad s_{x_1} = 4{,}763 \qquad s_{x_1} = 6{,}72$$

$$b_{1s} = \frac{0{,}941 - (-0{,}806) \cdot (-0{,}819)}{1 - (-0{,}819)^2} = 0{,}853 \qquad b_1 = 0{,}853 \cdot \frac{5{,}004}{4{,}763} = 0{,}896$$

$$b_{2s} = \frac{-0{,}806 - (0{,}941) \cdot (-0{,}819)}{1 - (-0{,}819)^2} = -0{,}107 \qquad b_2 = -0{,}107 \cdot \frac{5{,}004}{6{,}72} = -0{,}080$$

$$b_0 = 9{,}4 - 0{,}896 \cdot 10{,}9 - (-0{,}080) \cdot 7{,}8 = 9{,}4 - 9{,}7664 + 0{,}624 = 0{,}258$$

$$\hat{y} = 0{,}258 + 0{,}896 \cdot x_1 - 0{,}080 \cdot x_2$$

$$R^2 = \frac{222{,}638}{250{,}4} = 0{,}889$$

Tabelle 163 Werte zur Berechnung von R^2

ALZ (y)	$(y-\bar{y})^2$	$\hat{y}$	$(\hat{y}-\bar{y})^2$	$(y-\hat{y})^2$	EP (x_1)	MK (x_2)
15	31,36	17,122	59,629	4,503	19	2
16	43,56	12,322	8,538	13,528	14	6
9	0,16	9,794	0,155	0,630	11	4
5	19,36	7,042	5,560	4,170	9	16
2	54,76	1,506	62,315	0,244	3	18
4	29,16	3,218	38,217	0,612	5	19
6	11,56	6,866	6,421	0,750	8	7
9	0,16	8,978	0,178	0,000	10	3
11	2,56	11,746	5,504	0,557	13	2
17	57,76	15,41	36,120	2,528	17	1
Summe	250,4	94,004	222,638	27,521		

Tabelle 164 Produkt-Moment-Korrelationen (Kovarianzen)

	x_1	x_2
y	0,941 (22,44)	-0,806 (-27,12)
x_1		-0,819 (-26,22)

Berechnung mittels ALM

Formeln:

$$b = (X'X)^{-1} \cdot X'y \qquad QS_{tot} = y'y - n \cdot \bar{y}^2 \qquad QS_{det} = b'X'y - n \cdot \bar{y}^2 \qquad R^2 = \frac{QS_{det}}{QS_{tot}}$$

Die Berechnung der einzelnen Bestimmungsstücke gestaltet sich etwas aufwendig …

$$y = \begin{vmatrix} 15 \\ 16 \\ 9 \\ 5 \\ 2 \\ 4 \\ 6 \\ 9 \\ 11 \\ 17 \end{vmatrix} \quad X = \begin{vmatrix} 1 & 19 & 2 \\ 1 & 14 & 6 \\ 1 & 11 & 4 \\ 1 & 9 & 16 \\ 1 & 3 & 18 \\ 1 & 5 & 19 \\ 1 & 8 & 7 \\ 1 & 10 & 3 \\ 1 & 13 & 2 \\ 1 & 17 & 1 \end{vmatrix} \quad X'X = \begin{vmatrix} 10 & 109 & 78 \\ 109 & 1415 & 588 \\ 78 & 588 & 1060 \end{vmatrix} \quad X'y = \begin{vmatrix} 94 \\ 1249 \\ 462 \end{vmatrix}$$

$$y'y = 1134$$

Determinante von X'X

$$\begin{matrix} 10 & 109 & 78 \\ 109 & 1415 & 588 \\ 78 & 588 & 1060 \\ 10 & 109 & 78 \\ 109 & 1415 & 588 \end{matrix} \rightarrow \begin{array}{ll} = 78 \cdot 1415 \cdot 78 \cdot (-1) & = -8608860 \\ = 10 \cdot 588 \cdot 588 \cdot (-1) & = -3457440 \\ = 109 \cdot 109 \cdot 1060 \cdot (-1) & = -12593860 \\ \hline = 10 \cdot 1415 \cdot 1060 \cdot (+1) & = 14999000 \\ = 109 \cdot 588 \cdot 78 \cdot (+1) & = 4999176 \\ = 78 \cdot 109 \cdot 588 \cdot (+1) & = 4999176 \end{array}$$

$$Det = -8608860 - 3457440 - 12593860 + 14999000 + 4999176 + 4999176 = 337192$$

Kofaktorenmatrix

$$K = \begin{vmatrix} a & b & c \\ d & e & f \\ g & h & i \end{vmatrix}$$

$$K = \begin{vmatrix} \begin{vmatrix} 1415 & 588 \\ 588 & 1060 \end{vmatrix} & (-1) \cdot \begin{vmatrix} 109 & 588 \\ 78 & 1060 \end{vmatrix} & \begin{vmatrix} 109 & 1415 \\ 78 & 588 \end{vmatrix} \\ (-1) \cdot \begin{vmatrix} 109 & 78 \\ 588 & 1060 \end{vmatrix} & \begin{vmatrix} 10 & 78 \\ 78 & 1060 \end{vmatrix} & (-1) \cdot \begin{vmatrix} 10 & 109 \\ 78 & 588 \end{vmatrix} \\ \begin{vmatrix} 109 & 78 \\ 1415 & 588 \end{vmatrix} & (-1) \cdot \begin{vmatrix} 10 & 78 \\ 109 & 588 \end{vmatrix} & \begin{vmatrix} 10 & 109 \\ 109 & 1415 \end{vmatrix} \end{vmatrix}$$

$a = 1415 \cdot 1060 - 588 \cdot 588 \quad b = (-1) \cdot (109 \cdot 1060 - 588 \cdot 78) \quad c = 109 \cdot 588 - 1415 \cdot 78$

$d = (-1) \cdot (109 \cdot 1060 - 78 \cdot 588) \quad e = 10 \cdot 1060 - 78 \cdot 78 \quad f = (-1) \cdot (10 \cdot 588 - 109 \cdot 78)$

$g = 109 \cdot 588 - 78 \cdot 1415 \quad h = (-1) \cdot (10 \cdot 588 - 78 \cdot 109) \quad i = 10 \cdot 1415 - 109 \cdot 109$

$$K = \begin{vmatrix} 1154156 & -69676 & -46278 \\ -69676 & 4516 & 2622 \\ -46278 & 2622 & 2269 \end{vmatrix} = K'$$

Inverse $(X'X)^{-1}$

$$Inverse_{(X'X)} = (X'X)^{-1} = \frac{1}{Det_{(X'X)}} \cdot K'_{(X'X)} = \frac{1}{337192} \cdot \begin{vmatrix} 1154156 & -69676 & -46278 \\ -69676 & 4516 & 2622 \\ -46278 & 2622 & 2269 \end{vmatrix}$$

(Noch nicht ausrechnen, weil sonst zu große Rundungsungenauigkeiten auftreten!)

b-Vektor

$$b = (X'X)^{-1} \cdot X'y = \quad \frac{1}{337192} \cdot \begin{vmatrix} 1154156 & -69676 & -46278 \\ -69676 & 4516 & 2622 \\ -46278 & 2622 & 2269 \end{vmatrix} \cdot \begin{vmatrix} 94 \\ 1249 \\ 462 \end{vmatrix} = \begin{vmatrix} 0{,}252 \\ 0{,}896 \\ -0{,}080 \end{vmatrix} = \begin{vmatrix} b_0 \\ b_1 \\ b_2 \end{vmatrix} = b$$

$$b'X'y = \begin{vmatrix} 0{,}252 & 0{,}896 & -0{,}080 \end{vmatrix} \cdot \begin{vmatrix} 94 \\ 1249 \\ 462 \end{vmatrix} = 1105{,}832 \qquad n = 10 \quad \bar{y} = 9{,}4 \quad n \cdot \bar{y}^2 = 883{,}6$$

$$QS_{tot} = y'y - n\bar{y}^2 = 1134 - 883{,}6 = 250{,}4$$
$$QS_{det} = b'X'y - n\bar{y}^2 = 1105{,}832 - 883{,}6 = 222{,}232$$
$$R^2 = \frac{QS_{det}}{QS_{tot}} = \frac{222{,}232}{250{,}4} = 0{,}8875$$

Prüfung des Multiplen Determinationskoeffizienten

H_0: $b_1 = 0$ und $b_2 = 0$ $\qquad$ H_1: $b_1 \neq 0$ und/oder $b_2 \neq 0$

$$F = \frac{n-k-1}{k} \cdot \frac{R^2}{(1-R^2)} = \frac{R^2/k}{(1-R^2)/(n-k-1)} = \frac{\left(\sum_{m=1}^{n} (\hat{y}_m - \bar{y})^2\right)/k}{\left(\sum_{m=1}^{n} (y_m - \hat{y}_m)^2\right)/(n-k-1)}$$

$n = 10$ $\qquad$ k = Anzahl unabhängige Variablen = 2

bzw.

$$F = \frac{(R_U^2 - R_E^2)/df_h}{(1-R_U^2)/df_e} = \frac{(0{,}889-0)/2}{(1-0{,}889)/7} = \frac{0{,}4445}{0{,}0159} = 27{,}96 \qquad F_{(0{,}95;2;7)} = 4{,}7374$$

R_U^2 Determinationskoeffizient des uneingeschränkten Modells
R_E^2 Determinationskoeffizient des eingeschränkten Modells
df_h Hypothesenfreiheitsgrade = Anzahl der Null gesetzten b-Gewichte
df_e Fehlerfreiheitsgrade = n - Anzahl der b-Gewichte inklusive b_0

Der empirische F-Wert (27,96) ist extremer als der kritische (4,7374), also signifikant, also H_1. Mit einer Irrtumswahrscheinlichkeit von 5 % kann behauptet werden, dass »Einstellung gegenüber Psychologen« und/oder »Medikamentenkonsum« einen signifikanten Beitrag zur Vorhersage der »Allgemeinen Lebenszufriedenheit« leisten.

b) Eine Person hat folgende Werte: »Einstellung gegenüber Psychologen« EP = 12 und »Medikamentenkonsum« MK = 8. Was für ein Wert für die »Allgemeine Lebenszufriedenheit« (ALZ) kann geschätzt werden?

Regressionsgleichung:

$$\hat{y} = b_0 + b_1 \cdot x_1 + b_2 \cdot x_2$$
$$\hat{y} = 0{,}258 + 0{,}896 \cdot x_1 - 0{,}080 \cdot x_2$$
$$\hat{y} = 0{,}258 + 0{,}896 \cdot 12 - 0{,}080 \cdot 8 = 0{,}258 + 10{,}752 - 0{,}640 = 11{,}65$$

Na ja, ginge doch als Wert für ALZ!

c) Wie gut kann alleine mit EP eine Vorhersage auf ALZ getroffen werden? Leistet der Prädiktor EP einen (signifikanten) Beitrag zur Vorhersage des Kriteriums ALZ?

Berechnung über Einfachregression

$$R^2 = \frac{s^2_{\hat{Y}}}{s^2_Y} = \frac{\sum_{m=1}^{n} (\hat{y}_m - \bar{y})^2}{\sum_{m=1}^{n} (y_m - \bar{y})^2} = r^2_{XY} \qquad \hat{y} = b_0 + b_1 \cdot x_1$$

$$b_1 = r_{XY} \cdot \frac{s_Y}{s_X} = \frac{s_{XY}}{s^2_X} = \frac{22{,}44}{22{,}69} = 0{,}989$$

$$b_0 = \bar{y} - b_1 \cdot \bar{x} = 9{,}4 - 0{,}989 \cdot 10{,}9 = 9{,}4 - 10{,}780 = -1{,}38$$

$$R^2 = r^2_{XY} = 0{,}941_2 = 0{,}8855 \qquad \hat{y} = -1{,}38 + 0{,}989 \cdot x$$

Berechnung mittels ALM

Reduzieren von X'X und X'y auf die relevanten Variablen

$$X'X = \begin{vmatrix} 10 & 109 \\ 109 & 1415 \end{vmatrix} \qquad X'y = \begin{vmatrix} 94 \\ 1249 \end{vmatrix}$$

Bilden von $(X'X)^{-1}$

Determinante: $Det = a \cdot d - b \cdot c = 10 \cdot 1415 - 109 \cdot 109 = 2269$

Kofaktorenmatrix und Inverse

$$K = \begin{vmatrix} 1415 & -109 \\ -109 & 10 \end{vmatrix} = K' \qquad (X'X)^{-1} = \frac{1}{2269} \cdot \begin{vmatrix} 1415 & -109 \\ -109 & 10 \end{vmatrix}$$

b-Vektor

$$b = (X'X)^{-1} \cdot X'y = \frac{1}{2269} \cdot \begin{vmatrix} 1415 & -109 \\ -109 & 10 \end{vmatrix} \cdot \begin{vmatrix} 94 \\ 1249 \end{vmatrix} = \begin{vmatrix} -1{,}380 \\ 0{,}989 \end{vmatrix} = \begin{vmatrix} b_0 \\ b_1 \end{vmatrix} = b$$

$$b'X'y = \begin{vmatrix} -1{,}380 & 0{,}989 \end{vmatrix} \cdot \begin{vmatrix} 94 \\ 1249 \end{vmatrix} = 1105{,}541 \qquad n = 10 \quad \bar{y} = 9{,}4 \quad n \cdot \bar{y}^2 = 883{,}6$$

$$QS_{det} = b'X'y - n\bar{y}^2 = 1105{,}541 - 883{,}6 = 221{,}941$$

$$R^2 = \frac{QS_{det}}{QS_{tot}} = \frac{221{,}941}{250{,}4} = 0{,}886$$

Prüfung des Multiplen Determinationskoeffizienten

H_0: $b_1 = 0$ $\qquad$ H_1: $b_1 \neq 0$

$$F = \frac{n-k-1}{k} \cdot \frac{R^2}{(1-R^2)} = \frac{R^2/k}{(1-R^2)/(n-k-1)} = \frac{\left(\sum_{m=1}^{n} (\hat{y}_m - \bar{y})^2\right)/k}{\left(\sum_{m=1}^{n} (y_m - \hat{y}_m)^2\right)/(n-k-1)}$$

$n = 10$ $\qquad$ k = Anzahl unabhängige Variablen = 1

bzw.

$$F = \frac{(R_U^2 - R_E^2)/df_h}{(1-R_U^2)/df_e} = \frac{(0{,}8855-0)/1}{(1-0{,}8855)/8} = \frac{0{,}8855}{0{,}0143} = 61{,}923 \qquad F_{(0{,}95;1;8)} = 5{,}3177$$

Der empirische F-Wert (61,923) ist extremer als der kritische (5,3177), also signifikant, also H_1. Mit einer Irrtumswahrscheinlichkeit von 5 % kann behauptet werden, dass »Einstellung gegenüber Psychologen« einen signifikanten Beitrag zur Vorhersage der »Allgemeinen Lebenszufriedenheit« leistet.

d) Wie gut kann alleine mit MK eine Vorhersage auf ALZ getroffen werden? Leistet der Prädiktor MK einen (signifikanten) Beitrag zur Vorhersage des Kriteriums ALZ?

Berechnung über Einfachregression

$$R^2 = \frac{s_{\hat{Y}}^2}{s_Y^2} = \frac{\sum_{m=1}^{n}(\hat{y}_m - \bar{y})^2}{\sum_{m=1}^{n}(y_m - \bar{y})^2} = r_{XY}^2 \qquad \hat{y} = b_0 + b_1 \cdot x_1$$

$$b_1 = r_{XY} \cdot \frac{s_Y}{s_X} = \frac{s_{XY}}{s_X^2} = \frac{-27{,}12}{45{,}16} = -0{,}601$$

$$b_0 = \bar{y} - b_1 \cdot \bar{x} = 9{,}4 - (-0{,}601) \cdot 7{,}8 = 9{,}4 + 4{,}688 = 14{,}088$$

$$R^2 = r_{XY}^2 = (-0{,}806)^2 = 0{,}6496 \qquad \hat{y} = 14{,}088 - 0{,}601 \cdot x$$

Berechnung mittels ALM

Reduzieren von X'X und X'y auf die relevanten Variablen

$$X'X = \begin{vmatrix} 10 & 78 \\ 78 & 1060 \end{vmatrix} \qquad X'y = \begin{vmatrix} 94 \\ 462 \end{vmatrix}$$

Bilden von $(X'X)^{-1}$

Determinante: $Det = a \cdot d - b \cdot c = 10 \cdot 1060 - 78 \cdot 78 = 4516$

Kofaktorenmatrix und Inverse

$$K = \begin{vmatrix} 1060 & -78 \\ -78 & 10 \end{vmatrix} = K' \qquad (X'X)^{-1} = \frac{1}{4516} \cdot \begin{vmatrix} 1060 & -78 \\ -78 & 10 \end{vmatrix}$$

b-Vektor

$$b = (X'X)^{-1} \cdot X'y = \frac{1}{2269} \cdot \begin{vmatrix} 1415 & -109 \\ -109 & 10 \end{vmatrix} \cdot \begin{vmatrix} 94 \\ 462 \end{vmatrix} = \begin{vmatrix} 14{,}084 \\ -0{,}601 \end{vmatrix} = \begin{vmatrix} b_0 \\ b_2 \end{vmatrix} = b$$

$$b'X'y = \begin{vmatrix} 14{,}084 & -0{,}601 \end{vmatrix} \cdot \begin{vmatrix} 94 \\ 462 \end{vmatrix} = 1046{,}234 \qquad n = 10 \quad \bar{y} = 9{,}4 \quad n \cdot \bar{y}^2 = 883{,}6$$

$$QS_{det} = b'X'y - n\bar{y}^2 = 1046{,}234 - 883{,}6 = 162{,}634$$

$$R^2 = \frac{QS_{det}}{QS_{tot}} = \frac{162{,}634}{250{,}4} = 0{,}649$$

Prüfung des Multiplen Determinationskoeffizienten

H_0: $b_1 = 0$ $\qquad$ H_1: $b_1 \neq 0$

$$F=\frac{n-k-1}{k}\cdot\frac{R^2}{(1-R^2)}=\frac{R^2/k}{(1-R^2)/(n-k-1)}=\frac{\left(\sum_{m=1}^{n}(\hat{y}_m-\bar{y})^2\right)/k}{\left(\sum_{m=1}^{n}(y_m-\hat{y}_m)^2\right)/(n-k-1)}$$

$n=10$ k = Anzahl unabhängige Variablen = 1

bzw.

$$F=\frac{(R_U^2-R_E^2)/df_h}{(1-R_U^2)/df_e}=\frac{(0{,}6496-0)/1}{(1-0{,}6496)/8}=\frac{0{,}6496}{0{,}0438}=14{,}831 \qquad F_{(0,95;1;8)}=5{,}3177$$

Der empirische F-Wert (14,831) ist extremer als der kritische (5,3177), also signifikant, also H_1. Mit einer Irrtumswahrscheinlichkeit von 5 % kann behauptet werden, dass »Medikamentenkonsum« einen signifikanten Beitrag zur Vorhersage der »Allgemeinen Lebenszufriedenheit« leistet.

e) Erbringt die Hinzunahme von MK zusätzlich zu EP eine (signifikante) Verbesserung des Vorhersagemodells?

Zuerst Hypothesen:

H_0: b_1 = beliebig und $b_2 = 0$ H_1: b_1 = beliebig und $b_2 \neq 0$

$$F=\frac{(R_U^2-R_E^2)/df_h}{(1-R_U^2)/df_e}=\frac{(0{,}889-0{,}8855)/1}{(1-0{,}889)/7}=\frac{0{,}0035}{0{,}0159}=0{,}220 \qquad F_{(0,95;1;7)}=5{,}5914$$

Der empirische F-Wert (0,220) ist nicht extremer als der kritische (5,5914), also nicht signifikant, also H_0. Es kann nicht behauptet werden, dass die Hinzunahme des Prädiktors MK zusätzlich zum Prädiktor EP eine signifikante Verbesserung des Modells erbringt.

f) Erbringt die Hinzunahme von EP zusätzlich zu MK eine (signifikante) Verbesserung des Vorhersagemodells?

Zuerst Hypothesen:

H_0: $b_1 = 0$ und b_2 = beliebig H_1: $b_1 \neq 0$ und b_2 = beliebig

$$F=\frac{(R_U^2-R_E^2)/df_h}{(1-R_U^2)/df_e}=\frac{(0{,}889-0{,}6496)/1}{(1-0{,}889)/7}=\frac{0{,}2394}{0{,}0159}=15{,}057 \qquad F_{(0,95;1;7)}=5{,}5914$$

Der empirische F-Wert (15,057) ist extremer als der kritische (5,5914), also signifikant, also H_1. Mit einer Irrtumswahrscheinlichkeit von 5 % kann behauptet werden, dass die Hinzunahme des Prädiktors EP zusätzlich zum Prädiktor MK eine signifikante Verbesserung des Modells erbringt.

g) Berechnen Sie die Fehlerquadratsumme QS_e und den Standardschätzfehler $\hat{\sigma}_e$.

$$QS_e = QS_{tot} - QS_{det} = \sum_{m=1}^{n} (y_m - \hat{y}_m)^2 = 250{,}4 - 222{,}638 = 27{,}762$$

$$\hat{\sigma}_e = \sqrt{\frac{QS_e}{df_e}} = \sqrt{\frac{\sum_{m=1}^{n} (y_m - \hat{y}_m)^2}{n-k-1}} = \sqrt{\frac{27{,}762}{7}} = \sqrt{3{,}966} = 1{,}991$$

h) Berechnen Sie für ALZ, EP und MK die geschätzten Populations-Standardabweichungen $\hat{\sigma}$.

$$\hat{\sigma}_X = \sqrt{\frac{\sum_{m=1}^{n} (x_m - \bar{x})^2}{n-1}} = \sqrt{\frac{\sum_{m=1}^{n} x_m^2 - \frac{\left(\sum_{m=1}^{n} x\right)^2}{n}}{n-1}}$$

$$ALZ: \quad \hat{\sigma}_Y = \sqrt{\frac{1134 - \frac{94^2}{10}}{10-1}} = \sqrt{\frac{1134 - \frac{8836}{10}}{9}} = \sqrt{\frac{1134 - 883{,}6}{9}} = \sqrt{\frac{250{,}4}{9}} = 5{,}27$$

$$EP: \quad \hat{\sigma}_{X_1} = \sqrt{\frac{1415 - \frac{109^2}{10}}{10-1}} = \sqrt{\frac{1415 - \frac{11881}{10}}{9}} = \sqrt{\frac{1415 - 1188{,}1}{9}} = \sqrt{\frac{226{,}9}{9}} = 5{,}02$$

$$MK: \quad \hat{\sigma}_{X_2} = \sqrt{\frac{1060 - \frac{78^2}{10}}{10-1}} = \sqrt{\frac{1060 - \frac{6084}{10}}{9}} = \sqrt{\frac{1060 - 608{,}4}{9}} = \sqrt{\frac{451{,}6}{9}} = 7{,}08$$

i) Berechnen Sie die standardisierten Einflussgewichte β für EP und MK.

$$\beta_j = b_j \cdot \frac{\hat{\sigma}_{X_j}}{\hat{\sigma}_Y}$$

$$EP: \ \beta_{EP} = b_{1s} = 0{,}896 \cdot \frac{5{,}02}{5{,}27} = 0{,}853 \qquad MK: \ \beta_{MK} = b_{2s} = -0{,}080 \cdot \frac{7{,}08}{5{,}27} = -0{,}107$$

Der Einfluss des Prädiktors »Einstellung gegenüber Psychologen« ist circa achtmal so groß wie der Einfluss des Prädiktors »Medikamentenkonsum«.

j) Erstellen Sie für den unter b) geschätzten Wert für ALZ ein 95 %- Konfidenzintervall!

Allgemeine Formel: $\hat{y} - t_{\alpha/2} \cdot \hat{\sigma}_e \leq \hat{y} \leq \hat{y} + t_{\alpha/2} \cdot \hat{\sigma}_e \qquad df = n$-Anzahl b's (inkl. b_0)

$\hat{y} = 11{,}65 \qquad \hat{\sigma}_e = 1{,}991 \qquad \alpha = 0{,}05 \qquad t_{(\alpha/2=0{,}975;7)} = 2{,}3646$

Untergrenze: $11{,}65 - 2{,}3646 \cdot 1{,}991 = 11{,}65 - 4{,}708 = 6{,}942$

Obergrenze: $11{,}65 + 2{,}3646 \cdot 1{,}991 = 11{,}65 + 4{,}708 = 16{,}358$

Tabelle 165 Ergebnisse der multiplen Regressionsanalyse »Planet Stastik I (2)«

Modell	R_U^2	R_E^2	b-Gewichte	beta-Gewichte	$df_{Zähler}$	F_{emp}	sig.
x_1 und x_2	0,889	0	b_0: 0,258	$\beta_1 = 0{,}853$	2	27,96	sig.
			b_1: 0,896	$\beta_2 = -0{,}107$			
			b_2: -0,080				
nur x_1	0,8855	0	b_0: -1,380		1	61,92	sig.
			b_1: 0,989				
nur x_2	0,6496	0	b_0: 14,088		1	14,83	sig.
			b_2: -0,601				
x_2 zusätzlich zu x_1	0,889	0,8855			1	0,220	n. s.
x_1 zusätzlich zu x_2	0,889	0,6496			1	15,06	sig.

2.66 Opferrituale

Eine unvollständige Tafel der Varianzanalyse mit zwei Faktoren A und B lässt sich relativ schnell ausfüllen, wenn man einige Regeln beachtet:
Für die Quadratsummen gilt:

$$QS_{total} = QS_{det} + QS_{err} \quad bzw. \quad QS_{total} = QS_{zw} + QS_{inn}$$
$$QS_{det} = QS_A + QS_B + QS_{AB} \quad bzw. \quad QS_{zw} = QS_A + QS_B + QS_{AB}$$

Bis auf QS_{total} und QS_B sind die Quadratsummen bereits gegeben.

$$QS_{total} = QS_{det} + QS_{err} = 599{,}4 + 66{,}6 = 666$$
$$QS_{det} = QS_A + QS_B + QS_{AB} \rightarrow QS_B = 66{,}6 - 13{,}32 - 26{,}64 = 26{,}64$$

Für die Freiheitsgrade gilt:

$$df_{total} = n - 1 = df_{det} + df_{err} \quad bzw. \quad df_{total} = df_{zw} + df_{inn}$$
$$df_A = Anzahl\ Stufen\ A - 1 \quad bzw. \quad df_B = Anzahl\ Stufen\ B - 1$$
$$df_{AB} = df_A \cdot df_B \quad df_{det} = df_A + df_B + df_{AB}$$

Faktor A: Zwei Stufen → $df_A = 1$
Faktor B: Drei Stufen → $df_B = 2$

$$df_{AB} = df_A \cdot df_B = 1 \cdot 2 = 2 \quad df_{det} = 1 + 2 + 2 = 5$$
$$df_{total} = 306 - 1 = 305 \quad df_{err} = 300$$

Nachdem nun alle Quadratsummen und Freiheitsgrade bestimmt sind, geht es an die Berechnung der empirischen F-Werte.
Bei einer zweifaktoriellen Varianzanalyse sind vier grundlegende Fragestellungen bzw. Hypothesen zu unterscheiden:

a) Unterscheiden sich die Zellenmittelwerte insgesamt voneinander? (Relevant: QS_{det}, df_{det})

$$F_{det} = \frac{QS_{det} / df_{det}}{QS_{err} / df_{err}} = \frac{66{,}6/5}{559{,}4/300} = 6{,}667 \qquad F_{(0{,}95;5;300)} = 2{,}244$$

b) Gibt es Unterschiede zwischen den Stufen des Faktors A? (Relevant: QS_A, df_A)

$$F_A = \frac{QS_A / df_A}{QS_{err} / df_{err}} = \frac{13{,}32/1}{599{,}4/300} = 6{,}667 \qquad F_{(0{,}95;1;300)} = 3{,}873$$

c) Gibt es Unterschiede zwischen den Stufen des Faktors B? (Relevant: QS_B, df_B)

$$F_B = \frac{QS_B / df_B}{QS_{err} / df_{err}} = \frac{26{,}64/2}{599{,}4/300} = 6{,}667 \qquad F_{(0{,}95;2;300)} = 3{,}026$$

d) Gibt es eine Wechselwirkung zwischen den Faktoren A und B? (Relevant: QS_{AB}, df_{AB})

$$F_{AB} = \frac{QS_{AB} / df_{AB}}{QS_{err} / df_{err}} = \frac{26{,}64/2}{599{,}4/300} = 6{,}667 \qquad F_{(0{,}95;2;300)} = 3{,}026$$

Tabelle 166 Tafel der Varianzanalyse »Opferrituale«

Quelle der Variation	Quadrat-summe	Freiheits-grade	F_{emp}	F_{krit}	sig.
Faktor A	13,32	1	6,667	3,873	sig.
Faktor B	26,64	2	6,667	3,026	sig.
Wechselwirkung AB	26,64	2	6,667	3,026	sig.
determinierte/Modell	66,6	5	6,667	2,244	sig.
Fehler	599,4	300			
Total	666	305			

2.67 Antiaggressionstraining (AAT)

a) Berechnen Sie jeweils Mittelwert, Varianz und Standardabweichung für die Ärgerkontrollwerte getrennt nach Anbieter!

TBL

$$\bar{x} = \frac{\sum_{m=1}^{n} x_m}{n} = \frac{144}{8} = 18$$

GWN

$$\bar{x} = \frac{\sum_{m=1}^{n} x_m}{n} = \frac{192}{8} = 24$$

TBL

$$s_X^2 = \frac{\sum_{m=1}^{n} (x_m - \bar{x})^2}{n} = \frac{324}{8} = 40{,}5$$

$$s_X = \sqrt{s_X^2} = \sqrt{40{,}5} = 6{,}364$$

GWN

$$s_X^2 = \frac{\sum_{m=1}^{n} (x_m - \bar{x})^2}{n} = \frac{60}{8} = 7{,}5$$

$$s_X = \sqrt{s_X^2} = \sqrt{7{,}5} = 2{,}739$$

Berechnung der Varianz über andere Formel:

TBL

$$s_X^2 = \frac{\sum_{m=1}^{n} x^2 - \frac{\left(\sum_{m=1}^{n} x_m\right)^2}{n}}{n} = \frac{2916 - \frac{144^2}{8}}{8}$$

$$s_X^2 = \frac{2916 - 2592}{8} = \frac{324}{8} = 40{,}5$$

GWN

$$s_X^2 = \frac{\sum_{m=1}^{n} x^2 - \frac{\left(\sum_{m=1}^{n} x_m\right)^2}{n}}{n} = \frac{4668 - \frac{192^2}{8}}{8}$$

$$s_X^2 = \frac{4668 - 4608}{8} = \frac{60}{8} = 7{,}5$$

Tabelle 167 Hilfstabelle für »Ärgerkontrollwerte«, getrennt für TBL und GWN

TBL			**GWN**		
x	$(x-\bar{x})^2$	x^2	x	$(x-\bar{x})^2$	x^2
13	25	169	19	25	361
30	144	900	22	4	484
17	1	289	24	0	576
9	81	81	23	1	529
25	49	625	26	4	676
20	4	400	27	9	729
16	4	256	28	16	784
14	16	196	23	1	529
Σ=144	324	2916	192	60	4668

b) Bestimmen Sie für die Werte der Jugendlichen, die bei Anbieter TBL das AAT absolviert haben, den Median und die Interquartilbereiche!

Der erste Schritt besteht darin, die Werte zu sortieren. Nach dem Sortieren wird die Liste in vier Bereiche unterteilt, wobei jeder Bereich 25 % (d. h. hier jeweils zwei) der Werte enthält. Dann müssen noch Ober- bzw. Untergrenzen festgelegt werden, sodass die Bereiche direkt aufeinanderfolgen. Klingt viel komplizierter, als es eigentlich ist!

Tabelle 168 Sortierte Werte zur Ärgerkontrolle, TBL

»The brave Lamb«	9	13	14	16	17	20	25	30
Interquartilbereiche	IQB_1		IQB_2		IQB_3		IQB_4	
	9–13,5		13,5–16,5		16,5–22,5		22,5–30	

c) Bestimmen Sie für die Werte der Jugendlichen, die bei Anbieter GWN das AAT absolviert haben, den Median und die Interquartilbereiche!

Tabelle 169 Sortierte Werte zur Ärgerkontrolle, GWN

»Geschubst wird nicht!«	19	22	23	23	24	26	27	28
Interquartilbereiche	IQB_1		IQB_2		IQB_3		IQB_4	
	19–22,5		22,5–23,5		23,5–26,5		26,5–28	

d) Stellen Sie die Werte der Jugendlichen getrennt nach Anbieter in einem einfachen Box-Whisker-Plot gegenüber!

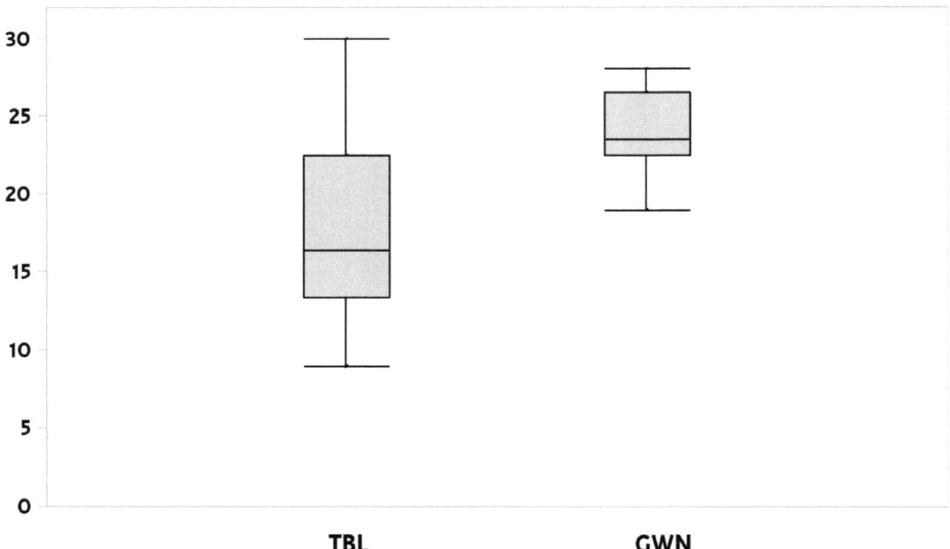

Abbildung 7 Einfacher Box-Whisker-Plot für die Ärgerkontrollwerte getrennt nach Anbieter

e) Bitte überlegen Sie, ob Paul einen der Anbieter bevorzugen sollte!
Auf alle Fälle sollte Paul den Anbieter GWN bevorzugen.

2.68 »Schlafen, schlafen, vielleicht auch träumen ...«

a) Bitte prüfen Sie mittels des Kolmogorov-Smirnov-Tests auf Normalverteilung. Kritische Differenz nach Tabelle A.6a: 0,189 ($\alpha = 10$ %, zweiseitig).
Die größte Differenz (0,141; vgl. Tab. 170) ist kleiner als der kritische Wert, daher hat man kein signifikantes Ergebnis. Die Verteilung der eigenen Daten weicht nicht von einer Normalverteilung ab.

Tabelle 170 Übersicht für den Kolmogorov-Smirnov-Test

Wert (obere Kategorie-grenze) c_j	Absolute Häufigkeit n_j	Empirische Verteilungs-funktion $F(c_j)$	z-Wert	Theoretische Verteilungs-funktion $\Phi_0(c_j)$	Differenz D_j	Differenz $D_{j'}$
15	3	0,0750	-1,46	0,0721	0,0029	0,0721
20	4	0,1750	-1,04	0,1492	0,0258	0,0742
25	5	0,3000	-0,62	0,2676	0,0324	0,0926
30	6	0,4500	-0,19	0,4247	0,0253	0,1247
35	7	0,6250	0,23	0,5910	0,0340	0,1410
40	5	0,7500	0,65	0,7422	0,0078	0,1172
45	3	0,8250	1,07	0,8577	-0,0327	0,1077
50	4	0,9250	1,50	0,9332	-0,0082	0,1082
55	3	1,0000	1,92	0,9726	0,0274	0,0476

b) Bitte prüfen Sie mittels des Chi²-Tests auf Normalverteilung.

Tabelle 171 Übersicht, um auf Normalverteilung zu prüfen

Wert (obere Kategorie-grenze) c_j	Absolute Häufigkeit n_j	Empirische Verteilungs-funktion $F(c_j)$	z-Wert	Theoretische Verteilungs-funktion $\Phi_0(c_j)$	Erwartete Häufigkeit für das Intervall
15	3	0,0750	-1,46	0,0721	2,884
20	4	0,1750	-1,04	0,1492	3,084
25	5	0,3000	-0,62	0,2676	4,736
30	6	0,4500	-0,19	0,4247	6,284
35	7	0,6250	0,23	0,5910	6,652
40	5	0,7500	0,65	0,7422	6,048
45	3	0,8250	1,07	0,8577	4,620
50	4	0,9250	1,50	0,9332	3,020
55	3	1,0000	1,92	0,9726	2,672

$$\chi^2 = \sum_{j=1}^{k} \frac{(n_j - e_j)^2}{e_j}$$

$$\chi^2 = \frac{(3-2{,}884)^2}{2{,}884} + \frac{(4-3{,}084)^2}{3{,}084} + \frac{(5-4{,}736)^2}{4{,}736} + \frac{(6-6{,}284)^2}{6{,}284} + \frac{(7-6{,}652)^2}{6{,}652} + \frac{(5-6{,}048)^2}{6{,}048} + \frac{(3-4{,}620)^2}{4{,}620} + \frac{(4-3{,}020)^2}{3{,}020} + \frac{(3-2{,}672)^2}{2{,}672}$$

$$= 0{,}0047+0{,}2721+0{,}0147+0{,}0128+0{,}0182+0{,}1816+0{,}5681+0{,}3180+0{,}0403$$

$$\chi^2 = 1{,}4305$$

$$df = k - 3 = 9 - 3 = 6$$

Kritischer Chi²-Wert = 12,592 ($\alpha = 5$ %) bzw. 10,645 ($\alpha = 10$ %)

Der empirische Wert ist kleiner als der kritische, also nicht signifikant, also H_0. Die Verteilung der Daten weicht nicht von einer Normalverteilung ab.

2.69 Pädagogischer Ansatz des Kindergartens und Schuleignung (1)

Es handelt sich um unabhängige Stichproben und nichtnormalverteilte, aber nach Größe sortierbare Daten → Mann-Whitney-U-Test.
Ungerichtete Fragestellung, daher auch ungerichtete (zweiseitige) Hypothesen.

Hypothesen:

H_0: Die Rangplätze sind gleich verteilt, d. h. hinsichtlich der Schuleignung unterscheiden sich die beiden Konzepte nicht voneinander. $\eta_1 = \eta_2$

H_1: Die Rangplätze sind gleich verteilt, d. h. hinsichtlich der Schuleignung unterscheiden sich die beiden Konzepte voneinander. $\eta_1 \neq \eta_2$

Der U-Test rechnet mit Rangdaten, d. h. die Punktwerte müssen zuerst in Rangplätze umgewandelt werden!

Tabelle 172 Rangplätze der Ergebnisse im Schuleignungstest und pädagogischer Ansatz im Kindergarten

A	17	13	14	9	6	5	12	16	15	11	8	10
B	M	M	M	M	M	M	M	S	S	S	S	S
C	1.	5.	4.	9.	11.	12.	6.	2.	3.	7.	10.	8.

M = M(ontessori), S = S(ituationsansatz)

In die Berechnung der u-Werte fließen die Rangplatzsummen (rs) ein.

$n_{\text{Montessori}} = 7$ $rs_{\text{Montessori}} = 48$ $n_{\text{Situationsansatz}} = 5$ $rs_{\text{Situationsansatz}} = 30$

$$u_1 = n_1 \cdot n_2 + \frac{n_1 \cdot (n_1 + 1)}{2} - rs_1 \quad \text{bzw.} \quad u_2 = n_1 \cdot n_2 + \frac{n_2 \cdot (n_2 + 1)}{2} - rs_2$$

$$u_1 = 7 \cdot 5 + \frac{7 \cdot (7 + 1)}{2} - 48 \qquad u_2 = 7 \cdot 5 + \frac{5 \cdot (5 + 1)}{2} - 30$$

$$u_1 = 35 + 28 - 48 = 15 \qquad u_2 = 35 + 15 - 30 = 20$$

Mit dem kleineren Wert geht man nun in Tabelle C.7, dort kann als Überschreitungswahrscheinlichkeit abgelesen werden: $p(u = 15) = 0{,}378$. Da die dort angegebenen Überschreitungswahrscheinlichkeiten einseitig sind, hier aber zweiseitige (ungerichtete) Hypothesen vorliegen, muss die Überschreitungswahrscheinlichkeit noch verdoppelt werden.
Von Signifikanz kann gesprochen werden, wenn die Überschreitungswahrscheinlichkeit kleiner als 0,05 (kleiner als 5 %) ist. Das ist hier nicht der Fall, also nicht signifikant, also H_0. Es kann nicht behauptet werden, dass sich die beiden Kindergarten-Konzepte hinsichtlich der Schuleignung voneinander unterscheiden!

2.70 Zeig mir deinen Kühlschrank – und ich sage dir, wer du bist!

Hier sollen die Mittelwerte von vier Gruppen miteinander verglichen werden. Das Verfahren der Wahl ist die Varianzanalyse. Eine Varianzanalyse kann auf mehrere Arten berechnet werden, von denen hier zwei Methoden vorgestellt werden sollen: Zuerst erfolgt die Berechnung mittels Summenzeichen, im Anschluss die Berechnung mittels des Allgemeinen Linearen Modells (ALM).
Abgesehen von der Berechnung besteht die größte Schwierigkeit bei Varianzanalysen in der Erstellung der (Alternativ-) Hypothesen, da in der Regel zu jeder Nullhypothese mehrere zusammengehörige Alternativhypothesen gebildet werden können.

Hypothesen, Variante A:
H_0: $\mu_1 = \mu_2 = \mu_3 = \mu_4$
H_{1a}: $\mu_1 \neq (\mu_2 + \mu_3 + \mu_4)/3$ $\qquad 3\mu_1 - \mu_2 - \mu_3 - \mu_4 \neq 0$
H_{1b}: $\mu_2 \neq (\mu_3 + \mu_4)/2$ $\qquad 2\mu_2 - \mu_3 - \mu_4 \neq 0$
H_{1c}: $\mu_3 \neq \mu_4$ $\qquad \mu_3 - \mu_4 \neq 0$
Hypothesen, Variante B:
H_0: $\mu_i = \mu_j$ für alle Paare (i, j), $i \neq j$
H_1: $\mu_i \neq \mu_j$ für mindestens ein Paar (i, j), $i \neq j$

$p = 4$ Bedingungen/Stufen des Faktors $\qquad n_{Zelle} = 4$

$$\bar{x} = \frac{64}{16} = 4$$

Tabelle 173 Offenheitswerte von n = 16 Personen in Abhängigkeit des Essverhaltens

	Essverhalten			
	Fleischesser (p=1)	**Vegetarier (p=2)**	**Veganer (p=3)**	**Frutarier (p=4)**
Offenheit	8	3	4	2
	9	1	8	0
	6	2	5	1
	5	2	7	1
	$\sum_{m=1}^{n} x_m = 28$ $\bar{x}_1 = 7$	$\sum_{m=1}^{n} x_m = 8$ $\bar{x}_2 = 2$	$\sum_{m=1}^{n} x_m = 24$ $\bar{x}_3 = 6$	$\sum_{m=1}^{n} x_m = 4$ $\bar{x}_4 = 1$

Berechnung mittels Summenzeichen

$$QS_{tot} = \sum_{j=1}^{p} \sum_{m=1}^{n_j} (x_{mj} - \bar{x})^2$$

$$QS_{tot} = (8-4)^2+(9-4)^2+(6-4)^2+(5-4)^2+(3-4)^2+(1-4)^2+(2-4)^2+(2-4)^2+ (4-4)^2+(8-4)^2+(5-4)^2+(7-4)^2+(2-4)^2+(0-4)^2+(1-4)^2+(1-4)^2$$

$$QS_{tot} = 16+25+4+1+1+9+4+4+0+16+1+9+4+16+9+9 = 128$$

$$QS_{zw} = \sum_{j=1}^{p} \sum_{m=1}^{n_j} (\bar{x}_j - \bar{x})^2$$

$$QS_{zw} = (7-4)^2+(7-4)^2+(7-4)^2+(7-4)^2+(2-4)^2+(2-4)^2+(2-4)^2+(2-4)^2+ (6-4)^2+(6-4)^2+(6-4)^2+(6-4)^2+(1-4)^2+(1-4)^2+(1-4)^2+(1-4)^2$$

$$QS_{zw} = 9+9+9+9+4+4+4+4+4+4+4+4+9+9+9+9 = 104$$

$$QS_{inn} = \sum_{j=1}^{p} \sum_{m=1}^{n_j} (x_{mj} - \bar{x}_j)^2$$

$$QS_{inn} = (8-7)^2+(9-7)^2+(6-7)^2+(5-7)^2+(3-2)^2+(1-2)^2+(2-2)^2+(2-2)^2+ (4-6)^2+(8-6)^2+(5-6)^2+(7-6)^2+(2-1)^2+(0-1)^2+(1-1)^2+(1-1)^2$$

$$QS_{inn} = 1+4+1+4+1+1+0+0+4+4+1+1+1+1+0+0 = 24$$

Berechnung mittels ALM

Totale, determinierte und Fehlerquadratsumme

$$(X'X)^{-1} = \frac{1}{4} \cdot Einheitsmatrix \qquad X'y = \begin{vmatrix} 28 \\ 8 \\ 24 \\ 4 \end{vmatrix} \qquad b = \begin{vmatrix} 7 \\ 2 \\ 6 \\ 1 \end{vmatrix}$$

$$y'y = 384 \qquad \bar{y} = 4 \qquad b'X'y = 360 \qquad \bar{y}^2 = 16 \rightarrow n \cdot \bar{y}^2 = 256$$

$$QS_{tot} = y'y - n \cdot \bar{y}^2 = 384 - 256 = 128$$
$$QS_{det} = QS_{zw} = b'X'y - n \cdot \bar{y}^2 = 360 - 256 = 104$$
$$QS_{err} = QS_{inn} = QS_{tot} - QS_{zw} = 128 - 104 = 24$$
$$\text{Effektgröße } \hat{\eta}^2 = \frac{QS_{zw}}{QS_{tot}} = \frac{104}{128} = 0{,}8125$$
$$df_{zw} = p - 1 = 4 - 1 = 3 \qquad df_{inn} = n - p = 16 - 4 = 12$$
$$MQS_{zw} = \frac{QS_{zw}}{df_{zw}} = \frac{104}{3} = 34{,}67 \qquad MQS_{inn} = \frac{QS_{inn}}{df_{inn}} = \frac{24}{12} = 2$$
$$F = \frac{MQS_{zw}}{MQS_{inn}} = \frac{34{,}67}{2} = 17{,}335 \qquad F_{(0{,}95;3;12)} = 3{,}49$$

Der empirische F-Wert (17,335) ist extremer als der kritische (3,49), also signifikant, also H_1. Unter Berücksichtigung einer Irrtumswahrscheinlichkeit von 5 % kann behauptet werden, dass sich die Offenheit in Abhängigkeit vom Essverhalten unterscheidet.

Tabelle 174 Tafel der Varianzanalyse

Quelle der Variation	QS	df	MQS	F	p	$\hat{\eta}^2$
Faktor A (zwischen)	104	3	34,67	17,335	<0,05	0,8125
Fehler (innerhalb)	24	12	2			
Total	128	15				

2.71 Lucy Liu vs. Kate Winslet

Da es sich hier um abhängige Stichproben handelt (jede Person muss schließlich zwei Bewertungen abgeben) und intervallskalierte Daten vorliegen, handelt es sich um einen t-Test für abhängige Stichproben.
Formeln:

$$t_{\bar{X}_D} = \frac{\bar{x}_D}{\hat{\sigma}_{\bar{X}_D}} \qquad \hat{\sigma}_{\bar{X}_D} = \frac{\hat{\sigma}_D}{\sqrt{n}} \qquad \hat{\sigma}_D = \sqrt{\frac{\sum_{m=1}^{n} (d_m - \bar{x}_D)^2}{n-1}} = \sqrt{\frac{\sum_{m=1}^{n} d_m^2 - \frac{\left(\sum_{m=1}^{n} d_m\right)^2}{n}}{n-1}}$$

Da hier geprüft werden soll, ob Kate Winslet amerikanischer eingeschätzt wird als Lucy Liu, werden die Differenzen der Messwerte hier folgendermaßen gebildet:
Differenz = $\text{Wert}_{\text{Kate Winslet}}$ - $\text{Wert}_{\text{Lucy Liu}}$

Tabelle 175 Differenz und quadrierte Differenz der Bewertungen von elf Personen

Lucy Liu	Kate Winslet	d (Differenz)	$(d_m - \bar{x}_D)^2$	d^2
5	6	1	0	1
4	4	0	1	0
3	5	2	1	4
1	4	3	4	9
1	5	4	9	16
4	2	-2	9	4
4	5	1	0	1
4	4	0	1	0
2	3	1	0	1
3	3	0	1	0
5	6	1	0	1
Summe		11	26	37

Hypothesen

H_0: Kate Winslet wird nicht als amerikanischer eingeschätzt als Lucy Liu. $\Delta \leq 0$

H_1: Kate Winslet wird als amerikanischer eingeschätzt als Lucy Liu. $\Delta > 0$

$$\bar{x}_D = \frac{11}{11} = 1 \qquad \hat{\sigma}_D = \sqrt{\frac{\sum_{m=1}^{n}(d_m - \bar{x}_D)^2}{n-1}} = \sqrt{\frac{26}{11-1}} = \sqrt{2{,}6} = 1{,}612$$

Berechnung über andere Formel:

$$\hat{\sigma}_D = \sqrt{\frac{\sum_{m=1}^{n} d_m^2 - \frac{\left(\sum_{m=1}^{n} d_m\right)^2}{n}}{n-1}} = \sqrt{\frac{37 - \frac{11^2}{11}}{11-1}} = \sqrt{\frac{37-11}{10}} = 1{,}612$$

$$\hat{\sigma}_{\bar{X}_D} = \frac{\hat{\sigma}_D}{\sqrt{n}} = \frac{1{,}612}{\sqrt{11}} = 0{,}486$$

$$t = \frac{1}{0{,}486} = 2{,}058 \qquad df = n-1 = 10$$

Die Tabelle ist einseitig ausgerichtet, ebenso die Hypothesen. Also schaut man in der Tabelle bei einer Fläche von 0,95 und 10 Freiheitsgraden nach dem kritischen t-Wert: $t_{(0,95;10)} = 1{,}8125$.
Der empirische t-Wert ist extremer als der kritische, also signifikant, also H_1. Unter Berücksichtigung einer Irrtumswahrscheinlichkeit von 5 % kann behauptet werden, dass Kate Winslet als amerikanischer eingeschätzt wird als Lucy Liu …

2.72 Ein gutes Gewissen ist ein sanftes Ruhekissen

Gerechnet werden soll eine multiple Regressionsanalyse. Selbstverständlich gibt es verschiedene Wege, dies zu tun. Da hier aber bereits Zwischenergebnisse in Form von Matrizen angegeben sind, werden die Lösungsschritte bevorzugt auf Basis des Allgemeinen Linearen Modells (ALM) dargestellt.

$$\bar{y} = 6 \quad X'y = \begin{vmatrix} 30 \\ 83 \\ 107 \end{vmatrix} \quad X'X = \begin{vmatrix} 5 & 15 & 20 \\ 15 & 51 & 68 \\ 20 & 68 & 98 \end{vmatrix} \quad Det = 220 \quad K' = \begin{vmatrix} 374 & -110 & 0 \\ -110 & 90 & -40 \\ 0 & -40 & 30 \end{vmatrix}$$

Zusätzlich zu den bereits gegebenen Zwischenergebnissen empfiehlt es sich, noch den Term $y'y$ vorab zu ermitteln.

$$y'y = \sum_{m=1}^{n} y_m^2 = 7^2 + 8^2 + 4^2 + 5^2 + 6^2 = 49+64+16+25+36 = 190$$

a) Bitte ermitteln Sie den b-Vektor.

$$Inverse_{(X'X)} = (X'X)^{-1} = \frac{1}{Det_{(X'X)}} \cdot K'_{(X'X)} = \frac{1}{220} \cdot \begin{vmatrix} 374 & -110 & 0 \\ -110 & 90 & -40 \\ 0 & -40 & 30 \end{vmatrix}$$

$$b = (X'X)^{-1} \cdot X'y = \frac{1}{220} \cdot \begin{vmatrix} 374 & -110 & 0 \\ -110 & 90 & -40 \\ 0 & -40 & 30 \end{vmatrix} \cdot \begin{vmatrix} 30 \\ 83 \\ 107 \end{vmatrix} = \begin{vmatrix} 9{,}50 \\ -0{,}50 \\ -0{,}50 \end{vmatrix} = \begin{vmatrix} b_0 \\ b_1 \\ b_2 \end{vmatrix} = b$$

b) Bitte berechnen Sie die geschätzten Populations-Standardabweichungen $\hat{\sigma}$ für y, x_1 und x_2.

$$\hat{\sigma}_X = \sqrt{\frac{\sum_{m=1}^{n}(x_m - \bar{x})^2}{n-1}} = \sqrt{\frac{\sum_{m=1}^{n} x_m^2 - \frac{\left(\sum_{m=1}^{n} x\right)^2}{n}}{n-1}}$$

$$\hat{\sigma}_Y = \sqrt{\frac{190 - \frac{30^2}{5}}{5-1}} = \sqrt{\frac{190 - \frac{900}{5}}{4}} = \sqrt{\frac{190-180}{4}} = \sqrt{\frac{10}{4}} = 1{,}581$$

$$\hat{\sigma}_{X_1} = \sqrt{\frac{51 - \frac{15^2}{5}}{5-1}} = \sqrt{\frac{51 - \frac{225}{5}}{4}} = \sqrt{\frac{51-45}{4}} = \sqrt{\frac{6}{4}} = 1{,}225$$

$$\hat{\sigma}_{X_2} = \sqrt{\frac{98 - \frac{20^2}{5}}{5-1}} = \sqrt{\frac{98 - \frac{400}{5}}{4}} = \sqrt{\frac{98-80}{4}} = \sqrt{\frac{18}{4}} = 2{,}121$$

c) Bitte wandeln Sie die ermittelten b-Gewichte b_1 und b_2 in standardisierte beta-Gewichte β_1 und β_2 um.

$$\beta_j = b_j \cdot \frac{\hat{\sigma}_{X_j}}{\hat{\sigma}_Y}$$

$$\beta_1 = b_{1s} = -0{,}50 \cdot \frac{1{,}225}{1{,}581} = -0{,}387 \qquad \beta_2 = b_{2s} = -0{,}50 \cdot \frac{2{,}121}{1{,}581} = -0{,}671$$

d) Bitte ermitteln Sie die totale Quadratsumme QS_{tot}.

$$QS_{total} = y'y - n\bar{y}^2 = 190 - 5 \cdot 6^2 = 190 - 5 \cdot 36 = 190 - 180 = 10$$

e) Bitte ermitteln Sie die determinierte Quadratsumme QS_{det}.

$$b'X'y = \begin{array}{c|c} & \begin{vmatrix} 30 \\ 83 \\ 107 \end{vmatrix} \\ \hline \begin{vmatrix} 9{,}50 & -0{,}50 & -0{,}50 \end{vmatrix} & 190 \end{array} \qquad n = 5 \quad \bar{y} = 6 \quad n \cdot \bar{y}^2 = 180$$

$$QS_{det} = b'X'y - n\bar{y}^2 = 190 - 5 \cdot 6^2 = 190 - 180 = 10$$

f) Bitte ermitteln Sie die Fehlerquadratsumme QS_{error}.

$$QS_{error} = QS_{total} - QS_{det} = 190 - 190 = 0$$

g) Bitte ermitteln Sie die Güte des Regressionsmodells, ausgedrückt als Multipler Determinationskoeffizient R^2.

$$R^2 = \frac{QS_{det}}{QS_{total}} = \frac{190}{190} = 1$$

2.73 Qualitätssicherung: Lehrevaluation

Um Partialkorrelationen zu berechnen, existieren eigene Formeln:

$$r_{XY \bullet Z} = \frac{r_{XY} - r_{XZ} \cdot r_{YZ}}{\sqrt{1 - r_{XZ}^2} \cdot \sqrt{1 - r_{YZ}^2}}$$

$$r_{X_1X_2} = 0{,}6 \quad r_{X_1X_3} = 0{,}7 \quad r_{X_2X_3} = 0{,}3$$

Na dann:

$$r_{XY \bullet Z} = \frac{0{,}6 - 0{,}7 \cdot 0{,}3}{\sqrt{1-0{,}49} \cdot \sqrt{1-0{,}09}} = \frac{0{,}6 - 0{,}21}{\sqrt{0{,}51} \cdot \sqrt{0{,}91}} = \frac{0{,}39}{0{,}714 \cdot 0{,}954} = 0{,}573$$

Aha, anscheinend spielt die Attraktivität des Dozenten keine allzu große Rolle (vgl. Coladarci & Kornfield, 2007)!

2.74 Pädagogischer Ansatz des Kindergartens und Schuleignung (2)

Für die Punkte des Schuleignungstests kann von einem Ordinalskalenniveau ausgegangen werden. Da hier drei Gruppen miteinander verglichen werden sollen, bietet sich der Kruskal-Wallis-Test an. Dazu müssen die Punkte in Rangplätze umgewandelt werden. Anschließend werden Rangplatzsummen pro Gruppe (Ansatz des Kindergartens) berechnet.

$$H = \frac{12}{n \cdot (n+1)} \cdot \sum_{j=1}^{p} \frac{RS_j^2}{n_j} - 3 \cdot (n+1)$$

Hypothesen:

H_0: Die verschiedenen Ansätze unterscheiden sich hinsichtlich der Schuleignung nicht.

H_1: Die verschiedenen Ansätze unterscheiden sich hinsichtlich der Schuleignung.

H_0: $\eta_i = \eta_j$ für alle Paare (i, j), $i \neq j$

H_1: $\eta_i \neq \eta_j$ für mindestens ein Paar (i, j), $i \neq j$

Tabelle 176 Rangplätze Schuleignung

Montessori		Situationsansatz		Waldorf	
Punkte	**Rang**	**Punkte**	**Rang**	**Punkte**	**Rang**
12	8,5.	15	5,5.	4	17.
3	18.	18	1,5.	7	15.
11	11.	9	13.	12	8,5.
15	5,5.	17	3.	5	16.
13	7.	11	11.	18	1,5.
11	11.	16	4.	8	14.

Rangplatzsummen

$RS_{\text{Montessori}} = 61; RS^2 = 3721$

$RS_{\text{Situationsansatz}} = 38; RS^2 = 1444$

$RS_{\text{Waldorf}} = 72; RS^2 = 5184$

$$H = \frac{12}{18 \cdot 19} \cdot \left(\frac{3721}{6} + \frac{1444}{6} + \frac{5184}{6} \right) - 3 \cdot 19 = \frac{12}{342} \cdot \left(\frac{10349}{6} \right) - 57$$

$$H = \frac{12}{342} \cdot 1724{,}833 - 57 = 60{,}520 - 57 = 3{,}520$$

$$df = 3 - 1 = 2$$

Verbundränge

1.5, 1.5; $K = 2^3 - 2 = 6$

5.5, 5.5; $K = 2^3 - 2 = 6$

8.5, 8.5; $K = 2^3 - 2 = 6$

11, 11, 11; $K = 3^3 - 3 = 24$

$$Korrekturfaktor = 1 - \frac{\sum_{j=1}^{k} K_j}{n^3 - n} = 1 - \frac{6+6+6+24}{18^3 - 18} = 1 - \frac{42}{5814} = 0{,}9928$$

$$H_{korrig} = \frac{H}{Korrekturfaktor} = \frac{3{,}520}{0{,}9928} = 3{,}546$$

H ist approximativ Chi²-verteilt. Als kritischer Wert kann in Tabelle C.4 abgelesen werden: $H_{(0{,}95;2)} = 5{,}991$. Der (korrigierte) H-Wert ist nicht extremer als der kritische H-Wert, also nicht signifikant, es folgt eine Entscheidung für H_0. Es kann nicht behauptet werden, dass sich die verschiedenen Ansätze der Kindergärten hinsichtlich der Schuleignung unterscheiden.

2.75 Arbeitssicherheit

a) Darstellung der Mittelwerte als Abbildung

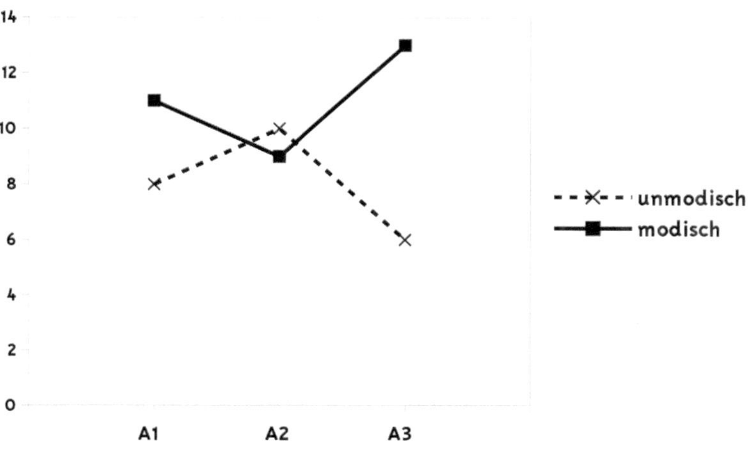

Abbildung 8 Graphische Darstellung der Effekte

b) Vermutete Effekte
Ist mit einem Haupteffekt für Faktor A zu rechnen? Nein! 19 = 19 = 19
Ist mit einem Haupteffekt für Faktor B zu rechnen? Ja! 24 ≠ 33

c) Leiten Sie aus den Ergebnissen (b) der Studie Vorschläge ab, worauf bei der Anschaffung neuer Rettungsgurte zu achten ist! Das Modell ist egal; Hauptsache der Gurt ist modisch!

2.76 Milchmischgetränke

In dieser Aufgabe geht es um den Vergleich von beobachteten mit erwarteten Häufigkeiten. Das hierfür zuständige Testverfahren ist ein Chi²-Test.
H_0: Die beobachteten Verkaufszahlen entsprechen den erwarteten Verkaufszahlen.
H_1: Die beobachteten Verkaufszahlen entsprechen nicht den erwarteten Verkaufszahlen.
Die Formel für den Chi²-Test lautet:

$$\chi^2 = \sum_{j=1}^{k} \frac{(n_j - \varepsilon)^2}{\varepsilon_j}$$

Da es bisher noch keine Angaben zu den Vorlieben gab, wurde erwartet, dass jede Geschmacksrichtung gleich häufig verkauft wird. Insgesamt wurden 80 Milchmischgetränke verkauft, d. h. es wurde erwartet, dass jede Sorte 20-mal verkauft wird.

Tabelle 177 Beobachtete und erwartete Verkaufszahlen HHM

Sorte	Papaya	Erdnuss	Sweet Chilli	Gurke
beobachtete Verkaufszahlen	35	18	5	22
erwartete Verkaufszahlen	20	20	20	20

$$\chi^2 = \frac{(35-20)^2}{20}+\frac{(18-20)^2}{20}+\frac{(5-20)^2}{20}+\frac{(22-20)^2}{20} = \frac{15^2+(-2)^2+(-15)^2+2^2}{20}$$
$$= \frac{225+4+225+4}{20} = \frac{458}{20} = 22{,}9$$

Nun fehlt noch ein kritischer Chi²-Wert. Die hierfür nötigen Freiheitsgrade berechnen sich als df = Anzahl Kategorien - 1 = 4 - 1 = 3.
Als kritischen Chi²-Wert liest man nun für $\alpha = 0{,}05$ und $df = 3$ aus Tabelle C.4 den Wert 7,8147 ab.
Da der empirische Chi²-Wert größer als der kritische Chi²-Wert ist, hat man ein signifikantes Ergebnis, d. h. unter Berücksichtigung einer Irrtumswahrscheinlichkeit von 5 % kann behauptet werden, dass die beobachteten Verkaufszahlen nicht den erwarteten Verkaufszahlen entsprechen.

2.77 Kundenzufriedenheit

Für die Bearbeitung dieser Aufgabe muss man sich vergegenwärtigen, wie Quadratsummen und Freiheitsgrade zerlegt werden können.

$$QS_{error} = QS_{total} - QS_{det} = 316 - 210 = 106$$
$$QS_{det} = QS_A + QS_B + QS_{AB} \rightarrow QS_{AB} = QS_{det} - QS_A - QS_B = 210 - 48 - 18 = 144$$

Faktor A: Drei Stufen → $df_A = 2$
Faktor B: Zwei Stufen → $df_B = 1$

$$df_{det} = df_A + df_B + df_{AB} = 5$$
$$df_{total} = df_{det} + df_{error} = 5 + 12 = 17$$

$$F_A = \frac{QS_A / df_A}{QS_{error} / df_{error}} = \frac{48/2}{106/12} = \frac{24}{8{,}833} = 2{,}717 \qquad F_{(0,95;2;12)} = 3{,}8853$$

$$F_B = \frac{QS_B / df_B}{QS_{error} / df_{error}} = \frac{18/1}{106/12} = \frac{18}{8{,}833} = 2{,}038 \qquad F_{(0,95;1;12)} = 4{,}7472$$

$$F_{AB} = \frac{QS_{AB} / df_{AB}}{QS_{error} / df_{error}} = \frac{144/2}{106/12} = \frac{72}{8{,}833} = 8{,}151 \qquad F_{(0,95;2;12)} = 3{,}8853$$

$$F_{det} = \frac{QS_{det} / df_{det}}{QS_{error} / df_{error}} = \frac{210/5}{106/12} = \frac{42}{8{,}833} = 4{,}755 \qquad F_{(0,95;5;12)} = 3{,}1059$$

Tabelle 178 Tafel der Varianzanalyse »Kundenzufriedenheit«

Quelle der Variation	Quadratsumme	Freiheitsgrade	F	sig.
Faktor A	48	2	2,717	n. s.
Faktor B	18	1	2,038	n. s.
Wechselwirkung AB	144	2	8,15	sig.
determinierte/Modell	210	5	4,755	sig.
Fehler	106	12		
Total	316	17		

2.78 Aufstand im Jugendamt!

Um Mittelwerte von zwei Gruppen zu vergleichen, wird der t-Test verwendet. Hier handelt es sich um unabhängige Stichproben.
Zuerst sollte man aufschreiben, was einem alles gegeben wurde:

Stadtteiljugendamt G: $n_G = 7$ $\bar{x}_G = 30$ $s_G = 2$ → $s_G^2 = 4$
Stadtteiljugendamt E: $n_E = 5$ $\bar{x}_E = 25$ $s_E = 4$ → $s_E^2 = 16$

Der t-Test für unabhängige Stichproben existiert in zwei Varianten: a) für homogene (gleiche) Varianzen und b) für heterogene (ungleiche) Varianzen. Um zu ermitteln, welche der beiden t-Test-Varianten die angemessene ist, muss zuerst ein F-Test durchgeführt werden. Einzige Ausnahme: Wenn ausdrücklich etwas über die Varianzhomogenität bzw. -heterogenität in der Aufgabe ausgesagt wurde!

F-Test (Varianzenvergleich)
Hypothesen:
H_0: Die Varianzen sind gleich (homogen). $\sigma_G^2 = \sigma_E^2$
H_1: Die Varianzen sind ungleich (heterogen). $\sigma_G^2 \neq \sigma_E^2$
Die Formeln:

$$\hat{\sigma}^2 = s^2 \cdot \frac{n}{n-1} \qquad \hat{\sigma}_G^2 = 4 \cdot \frac{7}{6} = 4{,}667 \qquad \hat{\sigma}_E^2 = 16 \cdot \frac{5}{4} = 20$$

Beim F-Test wird immer die größere Varianz auf den Bruchstrich (in den Zähler) gesetzt, die kleinere Varianz unter den Bruchstrich (in den Nenner).

$$F = \frac{\hat{\sigma}_1^2}{\hat{\sigma}_2^2} = \frac{20}{4{,}667} = 4{,}285$$

Diesen empirischen F-Wert muss man nun mit dem kritischen F-Wert vergleichen. Dazu benötigt man Zähler- und Nenner-Freiheitsgrade. Im Zähler steht die Varianz des Stadtteiljugendamts E mit $n = 5$ → $df_{\text{Zähler}} = 4$; im Nenner steht die Varianz des Stadtteiljugendamts G mit $n = 7$ → $df_{\text{Nenner}} = 6$. Mit diesen beiden Freiheitsgraden geht man nun in Tabelle C.6 und schlägt dort für $\alpha = 0{,}05$ den kritischen F-Wert nach:

$$F_{(0{,}95;\,df_1=4,\,df_2=6)} = 4{,}5337$$

Da der empirische F-Wert nicht größer als der kritische F-Wert ist, handelt es sich nicht um ein signifikantes Ergebnis, man entscheidet sich also für H_0, d. h. die Varianzen sind gleich (homogen).
Da die Varianzen homogen sind, muss der t-Test für homogene Varianzen herangezogen werden:

t-Test für unabhängige Stichproben und homogene Varianzen

Hypothesen:

H_0: Die Sozialarbeiterinnen des Stadtteiljugendamts G bearbeiten durchschnittlich nicht mehr Fälle als die Sozialarbeiterinnen des Stadtteiljugendamts E. $\mu_G \leq \mu_E$

H_1: Die Sozialarbeiterinnen des Stadtteiljugendamts G bearbeiten durchschnittlich mehr Fälle als die Sozialarbeiterinnen des Stadtteiljugendamts E. $\mu_G > \mu_E$

$$t = \frac{\bar{x}_1 - \bar{x}_2}{\hat{\sigma}_{\bar{X}_1 - \bar{X}_2}} \qquad \hat{\sigma}_{\bar{X}_1 - \bar{X}_2} = \sqrt{\frac{\hat{\sigma}_1^2 \cdot (n_1 - 1) + \hat{\sigma}_2^2 \cdot (n_2 - 1)}{(n_1 - 1) + (n_2 - 1)} \cdot \left(\frac{1}{n_1} + \frac{1}{n_2}\right)} \qquad df = n_1 + n_2 - 2$$

$$\hat{\sigma}_{\bar{X}_1 - \bar{X}_2} = \sqrt{\frac{4{,}667 \cdot 6 + 20 \cdot 4}{(7 - 1) + (5 - 1)} \cdot \left(\frac{1}{7} + \frac{1}{5}\right)} = \sqrt{\frac{108}{10} \cdot \frac{12}{35}} = \sqrt{3{,}703} = 1{,}924$$

$$t = \frac{30 - 25}{1{,}924} = \frac{5}{1{,}924} = 2{,}600 \qquad df = 10$$

Als kritischen t-Wert kann man in Tabelle C.2 ablesen: $t_{(0{,}95;10)} = 1{,}8125$.
Der empirische t-Wert ist extremer als der kritische, also signifikant, also H_1. Unter Berücksichtigung einer Irrtumswahrscheinlichkeit von 5 % kann behauptet werden, dass die Sozialarbeiterinnen des Stadtteiljugendamts G. in F. durchschnittlich mehr Fälle zu bearbeiten haben als die Sozialarbeiterinnen des Stadtteiljugendamts E.

2.79 Oh je, Mensa!

Für die Berechnung Multipler Regressionsanalysen existieren verschiedene Methoden, von denen zwei hier dargestellt werden sollen: Spezifische Formeln für zwei

Prädiktoren sowie die Berechnung anhand des Allgemeinen Linearen Modells (ALM). Zum Schluss werden die verschiedenen Ergebnisse in einer Tabelle zusammengefasst. Es sei vorweggenommen, dass verschiedene Rechenmethoden aufgrund von Rundungsungenauigkeiten zu leicht verschiedenen Ergebnissen führen.

a) Kann man über die »Anzahl der Karohemden« (AK, x_1) und die »Anzahl der sozialen Kontakte« (ASK, x_2) (signifikant) auf das »Einstiegsgehalt« (EG, y) schätzen? Wie gut ist so ein Schätzmodell?

Berechnung über spezifische Formeln

$$R^2 = \frac{s_{\hat{Y}}^2}{s_Y^2} = \frac{\sum_{m=1}^{n} (\hat{y}_m - \bar{y})^2}{\sum_{m=1}^{n} (y_m - \bar{y})^2} \qquad \hat{y} = b_0 + b_1 \cdot x_1 + b_2 \cdot x_2$$

$$b_1 = b_{1s} \cdot \frac{s_Y}{s_{X_1}} \qquad b_{1s} = \frac{r_{YX_1} - r_{YX_2} \cdot r_{X_1X_2}}{1 - r_{X_1X_2}^2} \qquad b_2 = b_{2s} \cdot \frac{s_Y}{s_{X_2}} \qquad b_{2s} = \frac{r_{YX_2} - r_{YX_1} \cdot r_{X_1X_2}}{1 - r_{X_1X_2}^2}$$

$$b_0 = \bar{y} - b_1 \cdot \bar{x}_1 - b_2 \cdot \bar{x}_2$$

Tabelle 179 Werte zur Berechnung von R^2

EG (y)	$(y-\bar{y})^2$	$\hat{y}$	$(\hat{y}-\bar{y})^2$	$(y-\hat{y})^2$	AK (x_1)	ASK (x_2)
2	1,563	3,193	0,003	1,423	3	1
4	0,563	3,518	0,072	0,232	6	5
3	0,063	2,877	0,139	0,015	0	6
1	5,063	3,094	0,024	4,385	2	9
5	3,063	3,304	0,003	2,876	4	5
3	0,063	2,980	0,073	0,000	1	2
4	0,563	4,159	0,826	0,025	12	4
4	0,563	2,879	0,138	1,257	0	8
Summe	11,500	26,004	1,278	10,214		

Tabelle 180 Produkt-Moment-Korrelationen (Kovarianzen)

	x_1	x_2
y	0,3344 (1,50)	-0,0818 (-0,25)
x_1		-0,2490 (-2,375)

Deskriptive Kennwerte

$\bar{y} = 3{,}25 \qquad \bar{x}_1 = 3{,}5 \qquad \bar{x}_2 = 5$

$s_y^2 = 1{,}4375 \qquad s_{x_1}^2 = 14 \qquad s_{x_2}^2 = 6{,}5$

$s_y = 1{,}199 \qquad s_{x_1} = 3{,}7417 \qquad s_{x_2} = 2{,}5495$

$$b_{1s} = \frac{0{,}3344 - (-0{,}0818)\cdot(-0{,}249)}{1 - (-0{,}249)^2} = 0{,}335 \qquad b_1 = 0{,}335 \cdot \frac{1{,}199}{3{,}747} = 0{,}107$$

$$b_{2s} = \frac{-0{,}0818 - (0{,}3344)\cdot(-0{,}249)}{1 - (-0{,}249)^2} = 0{,}002 \qquad b_2 = 0{,}002 \cdot \frac{1{,}199}{2{,}5495} = 0{,}001$$

$$b_0 = 3{,}25 - (0{,}107)\cdot 3{,}5 - (0{,}001)\cdot 5 = 3{,}25 - 0{,}3745 - 0{,}005 = 2{,}871$$

$$\hat{y} = 2{,}871 + 0{,}107 \cdot x_1 + 0{,}001 \cdot x_2$$

$$R^2 = \frac{1{,}278}{11{,}5} = 0{,}111$$

Berechnung mittels ALM

Formeln:

$$b = (X'X)^{-1} \cdot X'y \qquad QS_{tot} = y'y - n \cdot \bar{y}^2 \qquad QS_{det} = b'X'y - n \cdot \bar{y}^2 \qquad R^2 = \frac{QS_{det}}{QS_{tot}}$$

$$y = \begin{vmatrix} 2 \\ 4 \\ 3 \\ 1 \\ 5 \\ 3 \\ 4 \\ 4 \end{vmatrix} \qquad X = \begin{vmatrix} 1 & 3 & 1 \\ 1 & 6 & 5 \\ 1 & 0 & 6 \\ 1 & 2 & 9 \\ 1 & 4 & 5 \\ 1 & 1 & 2 \\ 1 & 12 & 4 \\ 1 & 0 & 8 \end{vmatrix} \qquad X'X = \begin{vmatrix} 8 & 28 & 40 \\ 28 & 210 & 121 \\ 40 & 121 & 252 \end{vmatrix} \qquad X'y = \begin{vmatrix} 26 \\ 103 \\ 128 \end{vmatrix}$$

$$y'y = 96$$

Determinante von X'X

$$\begin{matrix} 8 & 28 & 40 \\ 28 & 210 & 121 \\ 40 & 121 & 252 \\ 8 & 28 & 40 \\ 28 & 210 & 121 \end{matrix} \rightarrow \begin{array}{ll} = 40 \cdot 210 \cdot 40 \cdot (-1) & = -336000 \\ = 8 \cdot 121 \cdot 121 \cdot (-1) & = -117128 \\ = 28 \cdot 28 \cdot 252 \cdot (-1) & = -197568 \\ \hline = 8 \cdot 210 \cdot 252 \cdot (+1) & = 423360 \\ = 28 \cdot 121 \cdot 40 \cdot (+1) & = 135520 \\ = 40 \cdot 28 \cdot 121 \cdot (+1) & = 135520 \end{array}$$

$$Det = -336000 - 117128 - 197568 + 423360 + 135520 + 135520 = 43704$$

Kofaktorenmatrix K

$$K = \begin{vmatrix} a & b & c \\ d & e & f \\ g & h & i \end{vmatrix}$$

$$K = \begin{vmatrix} \begin{vmatrix} 210 & 121 \\ 121 & 252 \end{vmatrix} & (-1) \cdot \begin{vmatrix} 28 & 121 \\ 40 & 252 \end{vmatrix} & \begin{vmatrix} 28 & 210 \\ 40 & 121 \end{vmatrix} \\ (-1) \cdot \begin{vmatrix} 28 & 40 \\ 121 & 252 \end{vmatrix} & \begin{vmatrix} 8 & 40 \\ 40 & 252 \end{vmatrix} & (-1) \cdot \begin{vmatrix} 8 & 28 \\ 40 & 121 \end{vmatrix} \\ \begin{vmatrix} 28 & 40 \\ 210 & 121 \end{vmatrix} & (-1) \cdot \begin{vmatrix} 8 & 40 \\ 28 & 121 \end{vmatrix} & \begin{vmatrix} 8 & 28 \\ 28 & 210 \end{vmatrix} \end{vmatrix}$$

$a = 210 \cdot 252 - 121 \cdot 121$ $\quad b = (-1) \cdot (28 \cdot 252 - 121 \cdot 40)$ $\quad c = 28 \cdot 121 - 210 \cdot 40$

$d = (-1) \cdot (28 \cdot 252 - 40 \cdot 121)$ $\quad e = 8 \cdot 252 - 40 \cdot 40$ $\quad f = (-1) \cdot (8 \cdot 121 - 28 \cdot 40)$

$g = 28 \cdot 121 - 40 \cdot 210$ $\quad h = (-1) \cdot (8 \cdot 121 - 40 \cdot 28)$ $\quad i = 8 \cdot 210 - 28 \cdot 28$

$$K = \begin{vmatrix} 38279 & -2216 & -5012 \\ -2216 & 416 & 152 \\ -5012 & 152 & 896 \end{vmatrix} = K'$$

Inverse (X'X)[-1]

$$Inverse_{(X'X)} = (X'X)^{-1} = \frac{1}{Det_{(X'X)}} \cdot K'_{(X'X)} = \frac{1}{43704} \cdot \begin{vmatrix} 38279 & -2216 & -5012 \\ -2216 & 416 & 152 \\ -5012 & 152 & 896 \end{vmatrix}$$

(Noch nicht ausrechnen, weil sonst zu große Rundungsungenauigkeiten auftreten!)

b-Vektor

$$b = (X'X)^{-1} \cdot X'y = \begin{array}{c|c} & \begin{vmatrix} 26 \\ 103 \\ 128 \end{vmatrix} \\ \hline \frac{1}{43704} \cdot \begin{vmatrix} 38279 & -2216 & -5012 \\ -2216 & 416 & 152 \\ -5012 & 152 & 896 \end{vmatrix} & \begin{vmatrix} 2{,}871 \\ 0{,}107 \\ 0{,}001 \end{vmatrix} = \begin{vmatrix} b_0 \\ b_1 \\ b_2 \end{vmatrix} = b \end{array}$$

$$b'X'y = \begin{array}{c|c} & \begin{vmatrix}26\\103\\128\end{vmatrix} \\ \hline |2{,}871 \quad 0{,}107 \quad 0{,}001| & 85{,}795 \end{array} \qquad n = 8 \quad \bar{y} = 3{,}25 \quad n\cdot\bar{y}^2 = 84{,}5$$

$$QS_{tot} = y'y - n\bar{y}^2 = 96 - 84{,}5 = 11{,}5$$
$$QS_{det} = b'X'y - n\bar{y}^2 = 85{,}795 - 84{,}5 = 1{,}295$$
$$R^2 = \frac{QS_{det}}{QS_{tot}} = \frac{1{,}295}{11{,}5} = 0{,}113$$

Prüfung des Multiplen Determinationskoeffizienten

H_0: $b_1 = 0$ und $b_2 = 0$ H_1: $b_1 \neq 0$ und/oder $b_2 \neq 0$

$$F = \frac{n-k-1}{k}\cdot\frac{R^2}{(1-R^2)} = \frac{R^2/k}{(1-R^2)/(n-k-1)} = \frac{\left(\sum_{m=1}^{n}(\hat{y}_m - \bar{y})^2\right)/k}{\left(\sum_{m=1}^{n}(y_m - \hat{y}_m)^2\right)/(n-k-1)}$$

$n = 8$ k = Anzahl unabhängige Variablen = 2

bzw.

$$F = \frac{(R_U^2 - R_E^2)/df_h}{(1-R_U^2)/df_e} = \frac{(0{,}111-0)/2}{(1-0{,}111)/5} = \frac{0{,}0555}{0{,}1778} = 0{,}312 \qquad F_{(0,95;2;5)} = 5{,}7861$$

R_U^2 Determinationskoeffizient des uneingeschränkten Modells
R_E^2 Determinationskoeffizient des eingeschränkten Modells
df_h Hypothesenfreiheitsgrade = Anzahl der Null gesetzten b-Gewichte
df_e Fehlerfreiheitsgrade = n - Anzahl der b-Gewichte inklusive b_0

Der empirische F-Wert (0,312) ist nicht extremer als der kritische (5,7861), also nicht signifikant, also H_0. Es kann nicht behauptet werden, dass »Anzahl der Karohemden« und/oder »Anzahl der sozialen Kontakte« einen signifikanten Beitrag zur Vorhersage des »Einstiegsgehalts« leisten.

b) Eine Person hat folgende Werte: »Anzahl der Karohemden« AK = 10 und »Anzahl der sozialen Kontakte« ASK = 2. Was für ein Wert für EG kann geschätzt werden?

Regressionsgleichung:

$$\hat{y} = b_0 + b_1\cdot x_1 + b_2\cdot x_2$$
$$\hat{y} = 2{,}871 + 0{,}107\cdot x_1 + 0{,}001\cdot x_2$$
$$\hat{y} = 2{,}871 + 0{,}107\cdot(10) + 0{,}001\cdot(2) = 2{,}871 + 1{,}07 + 0{,}002 = 3{,}943$$

Tja, was soll man dazu sagen? Als Einstiegsgehalt wahrlich nicht schlecht!

c) Wie gut kann alleine mit AK eine Vorhersage auf EG getroffen werden? Leistet der Prädiktor AK einen (signifikanten) Beitrag zur Vorhersage des Kriteriums EG?

Berechnung über Einfachregression

$$R^2 = \frac{s_{\hat{Y}}^2}{s_Y^2} = \frac{\sum_{m=1}^{n}(\hat{y}_m - \bar{y})^2}{\sum_{m=1}^{n}(y_m - \bar{y})^2} = r_{XY}^2 \qquad \hat{y} = b_0 + b_1 \cdot x_1$$

$$b_1 = r_{XY} \cdot \frac{s_Y}{s_X} = \frac{s_{XY}}{s_X^2} = \frac{1,5}{14} = 0,107$$

$$b_0 = \bar{y} - b_1 \cdot \bar{x} = 3,25 - (0,107) \cdot 3,5 = 3,25 - 0,3745 = 2,8755$$

$$R^2 = r_{XY}^2 = (0,3344)^2 = 0,111 \qquad \hat{y} = 2,8755 + 0,107 \cdot x$$

Berechnung mittels ALM

Reduzieren von X'X und X'y auf die relevanten Variablen

$$X'X = \begin{vmatrix} 8 & 28 \\ 28 & 210 \end{vmatrix} \qquad X'y = \begin{vmatrix} 26 \\ 103 \end{vmatrix}$$

Bilden von $(X'X)^{-1}$

Determinante: $Det = a \cdot d - b \cdot c = 8 \cdot 210 - 28 \cdot 28 = 896$

Kofaktorenmatrix und Inverse

$$K = \begin{vmatrix} 210 & -28 \\ -28 & 8 \end{vmatrix} = K' \qquad (X'X)^{-1} = \frac{1}{896} \cdot \begin{vmatrix} 210 & -28 \\ -28 & 8 \end{vmatrix}$$

b-Vektor

$$b = (X'X)^{-1} \cdot X'y = \frac{1}{896} \cdot \begin{vmatrix} 210 & -28 \\ -28 & 8 \end{vmatrix} \cdot \begin{vmatrix} 26 \\ 103 \end{vmatrix} = \begin{vmatrix} 2,875 \\ 0,107 \end{vmatrix} = \begin{vmatrix} b_0 \\ b_1 \end{vmatrix} = b$$

$$b'X'y = \begin{vmatrix} 2,875 & 0,107 \end{vmatrix} \cdot \begin{vmatrix} 26 \\ 103 \end{vmatrix} = 85,771 \qquad n = 8 \quad \bar{y} = 3,25 \quad n \cdot \bar{y}^2 = 84,5$$

$$QS_{det} = b'X'y - n\bar{y}^2 = 85,771 - 84,5 = 1,271$$

$$R^2 = \frac{QS_{det}}{QS_{tot}} = \frac{1,271}{11,5} = 0,111$$

Prüfung des Multiplen Determinationskoeffizienten

H_0: $b_1 = 0$ H_1: $b_1 \neq 0$

$$F = \frac{n-k-1}{k} \cdot \frac{R^2}{(1-R^2)} = \frac{R^2/k}{(1-R^2)/(n-k-1)} = \frac{\left(\sum_{m=1}^{n} (\hat{y}_m - \bar{y})^2\right)/k}{\left(\sum_{m=1}^{n} (y_m - \hat{y}_m)^2\right)/(n-k-1)}$$

$n = 8$ k = Anzahl unabhängige Variablen = 1

bzw.

$$F = \frac{(R_U^2 - R_E^2)/df_h}{(1-R_U^2)/df_e} = \frac{(0{,}111-0)/1}{(1-0{,}111)/6} = \frac{0{,}111}{0{,}1482} = 0{,}749 \qquad F_{(0,95;1;6)} = 5{,}9874$$

Der empirische F-Wert (0,749) ist nicht extremer als der kritische (5,9874), also nicht signifikant, also H_0. Es kann nicht behauptet werden, dass die »Anzahl der Karohemden« einen signifikanten Beitrag zur Vorhersage des »Einstiegsgehalts« leistet.

d) Wie gut kann alleine mit ASK eine Vorhersage auf EG getroffen werden? Leistet der Prädiktor ASK einen (signifikanten) Beitrag zur Vorhersage des Kriteriums EG?

Berechnung über Einfachregression

$$R^2 = \frac{s_{\hat{Y}}^2}{s_Y^2} = \frac{\sum_{m=1}^{n} (\hat{y}_m - \bar{y})^2}{\sum_{m=1}^{n} (y_m - \bar{y})^2} = r_{XY}^2 \qquad \hat{y} = b_0 + b_1 \cdot x_1$$

$$b_1 = r_{XY} \cdot \frac{s_Y}{s_X} = \frac{s_{XY}}{s_X^2} = \frac{-0{,}25}{6{,}5} = -0{,}038$$

$$b_0 = \bar{y} - b_1 \cdot \bar{x} = 3{,}25 - (-0{,}038) \cdot 5 = 3{,}25 + 0{,}19 = 3{,}44$$

$$R^2 = r_{XY}^2 = (-0{,}0818)^2 = 0{,}007 \qquad \hat{y} = 3{,}44 - 0{,}038 \cdot x$$

Berechnung mittels ALM

Reduzieren von X'X und X'y auf die relevanten Variablen

$$X'X = \begin{vmatrix} 8 & 40 \\ 40 & 252 \end{vmatrix} \qquad X'y = \begin{vmatrix} 26 \\ 128 \end{vmatrix}$$

Bilden von $(X'X)^{-1}$

Determinante: $Det = a \cdot d - b \cdot c = 8 \cdot 252 - 40 \cdot 40 = 416$

Kofaktorenmatrix und Inverse

$$K = \begin{vmatrix} 252 & -40 \\ -40 & 8 \end{vmatrix} = K' \qquad (X'X)^{-1} = \frac{1}{416} \cdot \begin{vmatrix} 252 & -40 \\ -40 & 8 \end{vmatrix}$$

b-Vektor

$$b = (X'X)^{-1} \cdot X'y = \frac{1}{416} \cdot \begin{vmatrix} 252 & -40 \\ -40 & 8 \end{vmatrix} \cdot \begin{vmatrix} 26 \\ 128 \end{vmatrix} = \begin{vmatrix} 3{,}44 \\ -0{,}038 \end{vmatrix} = \begin{vmatrix} b_0 \\ b_2 \end{vmatrix} = b$$

$$b'X'y = \begin{vmatrix} 3{,}44 & -0{,}038 \end{vmatrix} \cdot \begin{vmatrix} 26 \\ 128 \end{vmatrix} = 84{,}576 \qquad n = 8 \quad \bar{y} = 3{,}25 \quad n \cdot \bar{y}^2 = 84{,}5$$

$$QS_{det} = b'X'y - n\bar{y}^2 = 84{,}576 - 84{,}5 = 0{,}076$$

$$R^2 = \frac{QS_{det}}{QS_{tot}} = \frac{0{,}076}{11{,}5} = 0{,}007$$

Prüfung des Multiplen Determinationskoeffizienten

H_0: $b_2 = 0$ H_1: $b_2 \neq 0$

$$F = \frac{n-k-1}{k} \cdot \frac{R^2}{(1-R^2)} = \frac{R^2/k}{(1-R^2)/(n-k-1)} = \frac{\left(\sum_{m=1}^{n} (\hat{y}_m - \bar{y})^2\right)/k}{\left(\sum_{m=1}^{n} (y_m - \hat{y}_m)^2\right)/(n-k-1)}$$

$n = 8$ k = Anzahl unabhängige Variablen = 1

bzw.

$$F = \frac{(R_U^2 - R_E^2)/df_h}{(1-R_U^2)/df_e} = \frac{(0{,}007 - 0)/1}{(1-0{,}007)/6} = \frac{0{,}007}{0{,}1655} = 0{,}042 \qquad F_{(0{,}95;1;6)} = 5{,}9874$$

Der empirische F-Wert (0,042) ist nicht extremer als der kritische (5,9874), also nicht signifikant, also H_0. Es kann nicht behauptet werden, dass die »Anzahl der sozialen Kontakte« einen signifikanten Beitrag zur Vorhersage des »Einstiegsgehalts« leistet.

e) Erbringt die Hinzunahme von ASK zusätzlich zu AK eine (signifikante) Verbesserung des Vorhersagemodells?

Zuerst Hypothesen:

H_0: b_1 = beliebig und $b_2 = 0$ H_1: b_1 = beliebig und $b_2 \neq 0$

$$F = \frac{(R_U^2 - R_E^2)/df_h}{(1-R_U^2)/df_e} = \frac{(0{,}111 - 0{,}111)/1}{(1-0{,}111)/5} = \frac{0}{0{,}1778} = 0 \qquad F_{(0{,}95;1;5)} = 6{,}6079$$

Der empirische F-Wert (0) ist nicht extremer als der kritische (6,6079), also nicht signifikant, also H_0. Es kann nicht behauptet werden, dass die Hinzunahme des Prädiktors ASK zusätzlich zum Prädiktor AK eine signifikante Verbesserung des Modells erbringt.

f) Erbringt die Hinzunahme von AK zusätzlich zu ASK eine (signifikante) Verbesserung des Vorhersagemodells?

Zuerst Hypothesen:

H_0: $b_1 = 0$ und b_2 = beliebig $\qquad$ H_1: $b_1 \neq 0$ und b_2 = beliebig

$$F = \frac{(R_U^2 - R_E^2)/df_h}{(1-R_U^2)/df_e} = \frac{(0{,}111-0{,}007)/1}{(1-0{,}111)/5} = \frac{0{,}104}{0{,}1778} = 0{,}585 \qquad F_{(0{,}95;1;5)} = 6{,}6079$$

Der empirische F-Wert (0,585) ist nicht extremer als der kritische (6,6079), also nicht signifikant, also H_0. Es kann nicht behauptet werden, dass die Hinzunahme von AK zusätzlich zu ASK eine Verbesserung des Vorhersagemodells erbringt.

g) Berechnen Sie die Fehlerquadratsumme QS_e und den Standardschätzfehler $\hat{\sigma}_e$.

$$QS_e = QS_{tot} - QS_{det} = \sum_{m=1}^{n} (y_m - \hat{y}_m)^2 = 11{,}5 - 1{,}295 = 10{,}205$$

$$\hat{\sigma}_e = \sqrt{\frac{QS_e}{df_e}} = \sqrt{\frac{\sum_{m=1}^{n} (y_m - \hat{y}_m)^2}{n-k-1}} = \sqrt{\frac{10{,}205}{5}} = \sqrt{2{,}041} = 1{,}429$$

h) Berechnen Sie für EG, AK und ASK die geschätzten Populations-Standardabweichungen $\hat{\sigma}$.

$$\hat{\sigma}_X = \sqrt{\frac{\sum_{m=1}^{n} (x_m - \bar{x})^2}{n-1}} = \sqrt{\frac{\sum_{m=1}^{n} x_m^2 - \frac{\left(\sum_{m=1}^{n} x\right)^2}{n}}{n-1}}$$

$$EM: \quad \hat{\sigma}_Y = \sqrt{\frac{317 - \frac{45^2}{9}}{9-1}} = \sqrt{\frac{317 - \frac{2025}{9}}{8}} = \sqrt{\frac{317-225}{8}} = \sqrt{\frac{92}{8}} = 3{,}39$$

$$GM: \quad \hat{\sigma}_{X_1} = \sqrt{\frac{490 - \frac{62^2}{9}}{9-1}} = \sqrt{\frac{490 - \frac{3844}{9}}{8}} = \sqrt{\frac{490-427{,}11}{8}} = \sqrt{\frac{62{,}89}{8}} = 2{,}80$$

$$GS: \quad \hat{\sigma}_{X_2} = \sqrt{\frac{367 - \frac{55^2}{9}}{9-1}} = \sqrt{\frac{367 - \frac{3025}{9}}{8}} = \sqrt{\frac{367-336{,}11}{8}} = \sqrt{\frac{30{,}89}{8}} = 1{,}96$$

i) Berechnen Sie die standardisierten Einflussgewichte β für AK und ASK.

$$\beta_j = b_j \cdot \frac{\hat{\sigma}_{X_j}}{\hat{\sigma}_Y}$$

$$AK: \beta_{AK} = b_{1_s} = 0{,}107 \cdot \frac{4}{1{,}282} = 0{,}334 \qquad ASK: \beta_{ASK} = b_{2_s} = 0{,}001 \cdot \frac{2{,}726}{1{,}282} = 0{,}002$$

Die »Anzahl der Karohemden« wäre für das »Einstiegsgehalt« wesentlich bedeutsamer als die »Anzahl der sozialen Kontakte«, gäbe es bei dieser Aufgabe irgendwelche signifikanten Ergebnisse …

j) Erstellen Sie für den unter b) geschätzten Wert für EG ein 95%-Konfidenzintervall!

Allgemeine Formel: $\hat{y} - t_{\alpha/2} \cdot \hat{\sigma}_e \leq \hat{y} \leq \hat{y} + t_{\alpha/2} \cdot \hat{\sigma}_e \qquad df = n$-Anzahl b's (inkl. b_0)

$\hat{y} = 3{,}88 \qquad \hat{\sigma}_e = 1{,}429 \qquad \alpha = 0{,}05 \qquad t_{(\alpha/2=0{,}975;5)} = 2{,}5706$

Untergrenze: $3{,}88 - 2{,}5706 \cdot 1{,}429 = 3{,}88 - 3{,}674 = 0{,}206$

Obergrenze: $3{,}88 + 2{,}5706 \cdot 1{,}429 = 3{,}88 + 3{,}674 = 7{,}554$

Tabelle 181 Ergebnisse der multiplen Regressionsanalyse »Oh je, Mensa«

Modell	R^2_U	R^2_E	b-Gewichte	beta-Gewichte	$df_{Zähler}$	F_{emp}	sig.
x_1 und x_2	0,111	0	b_0: 2,871	β_1= 0,335	2	0,312	n. s.
			b_1: 0,107	β_2= 0,002			
			b_2: 0,001				
nur x_1	0,111	0	b_0: 2,8755		1	0,749	n. s.
			b_1: 0,107				
nur x_2	0,007	0	b_0: 3,44		1	0,042	n. s.
			b_2: -0,038				
x_2 zusätzlich zu x_1	0,111	0,111			1	0,0	n. s.
x_1 zusätzlich zu x_2	0,111	0,007			1	0,585	n. s.

2.80 Faktorenanalyse, allgemein

a) Berechnen Sie bitte eine Matrix R als Produkt von $A \cdot A'$.

$$\begin{array}{c|c} & \begin{vmatrix} 0{,}80 & 0{,}90 & 0{,}20 & 0{,}30 \\ 0{,}40 & 0{,}20 & 0{,}90 & 0{,}80 \end{vmatrix} = A' \\ \hline A = \begin{vmatrix} 0{,}80 & 0{,}40 \\ 0{,}90 & 0{,}20 \\ 0{,}20 & 0{,}90 \\ 0{,}30 & 0{,}80 \end{vmatrix} & \begin{vmatrix} 0{,}80 & 0{,}80 & 0{,}52 & 0{,}56 \\ 0{,}80 & 0{,}85 & 0{,}36 & 0{,}43 \\ 0{,}52 & 0{,}36 & 0{,}85 & 0{,}78 \\ 0{,}56 & 0{,}43 & 0{,}78 & 0{,}73 \end{vmatrix} = AA' \end{array}$$

b) Berechnen Sie bitte die Eigenwerte der beiden Faktoren I und II.

F I: $0{,}80^2 + 0{,}90^2 + 0{,}20^2 + 0{,}30^2 = 0{,}64 + 0{,}81 + 0{,}04 + 0{,}09 = 1{,}58$

F II: $0{,}40^2 + 0{,}20^2 + 0{,}90^2 + 0{,}80^2 = 0{,}16 + 0{,}04 + 0{,}81 + 0{,}64 = 1{,}65$

c) Eine Faktorenanalyse über einen Fragebogen mit 15 Items erbrachte folgenden Eigenwerte-Verlauf (Scree-Plot, vgl. Abb. 9).

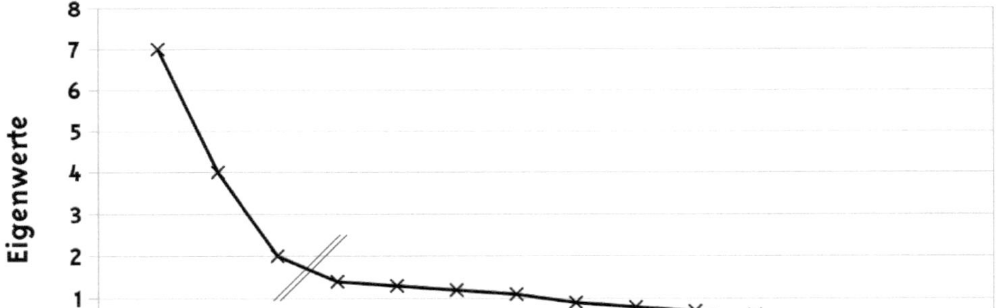

Abbildung 9 Eigenwerteverlauf

Wie viele Faktoren wären nach dem Kaiser-Kriterium zu extrahieren?
Sieben Faktoren haben einen Eigenwert größer als 1.
Wie viele Faktoren wären nach dem Scree-Kriterium zu extrahieren?
Der Knick befindet sich bei Faktor 4; da nur Faktoren VOR dem Knick Beachtung finden sollten, wären hier nach dem Scree-Kriterium drei Faktoren zu extrahieren.

2.81 Psychische Beanspruchung

Mittels der Formel für z-Werte können die jeweiligen z-Werte berechnet werden.

$$z = \frac{x_i - \bar{x}}{s}$$

$$\text{A: } z = \frac{53-63}{5} = -2 \qquad \text{B: } z = \frac{75-63}{5} = 2{,}4 \qquad \text{C: } z = \frac{66-63}{5} = 0{,}6$$

$$\text{D: } z = \frac{68-63}{5} = 1 \qquad \text{E: } z = \frac{49-63}{5} = -2{,}8 \qquad \text{F: } z = \frac{59-63}{5} = -0{,}8$$

$$\text{G: } z = \frac{71-63}{5} = 1{,}6$$

Mit den z-Werten geht man nun in die Tabelle C.1 und liest die Fläche für den jeweiligen Mitarbeiter ab. Anschließend multipliziert man jede Fläche mit 100, um Prozentzahlen miteinander vergleichen zu können.

Tabelle 182 z-Werte, Prozentrang und Interpretation des Tests über psychische Beanspruchung

Mitarbeiter	**A**	**B**	**C**	**D**	**E**	**F**	**G**
Punktzahl	53	75	66	68	49	59	71
z-Wert	-2	2,4	0,6	1	-2,8	-0,8	1,6
Fläche	0,0228	0,9918	0,7257	0,8413	0,0026	0,2119	0,9452
Prozentrang	2,28	99,18	72,57	84,13	0,26	21,19	94,52
Training?	nein	ja	nein	ja	nein	nein	ja

Demnach sollten drei der untersuchten Personen ein Stressbewältigungsseminar und Zeitmanagement-Training absolvieren.

2.82 Viele Köche verderben den Brei

Der Übersichtlichkeit halber wird zuerst eine Vierfelder-Tafel aufgebaut:

Tabelle 183 Vierfeldertafel »Viele Köche verderben den Brei«

		Anzahl Köche		
		wenige	**viele**	**gesamt**
Qualität des Essens	**gut**	3	2	5
	schlecht	2	4	6
	gesamt	5	6	11

Aus Tabelle 183 folgt:

$$p(\textit{wenige Köche}) = \frac{5}{11} \qquad p(\textit{viele Köche}) = \frac{5}{11}$$

$$p(\textit{schlechtes Essen}) = \frac{6}{11} \qquad p(\textit{gutes Essen}) = \frac{6}{11}$$

a) Wie groß ist – bei Annahme stochastischer Unabhängigkeit – die Wahrscheinlichkeit dafür, dass in einem Restaurant wenige Köche arbeiten und die Qualität des Essens schlecht ist?

Stochastisch unabhängig bedeutet, dass auf Basis der Einzelwahrscheinlichkeiten die Gesamtwahrscheinlichkeit berechnet werden soll, also:

$$p(\textit{wenige Köche UND schlechtes Essen}) =$$

$$p(\textit{wenige Köche}) \cdot p(\textit{schlechtes Essen}) = \frac{5}{11} \cdot \frac{6}{11} = \frac{30}{121} = 0{,}248$$

b) Gibt es tatsächlich einen Zusammenhang zwischen der Anzahl der Köche und der Qualität des Essens? Lässt sich der in der Aussage »Viele Köche verderben den Brei« vermutete Zusammenhang statistisch untermauern (zweiseitig)? Prüfen Sie mit einem $\alpha = 5\,\%$!

Die beiden Merkmale »Anzahl Köche« und »Qualität des Essens« sind hier nominalskaliert. Von den möglichen Zusammenhangsmaßen für eine Vierfeldertafel werden hier zwei berechnet: Phi-Korrelation und Yules Q.

Phi-Korrelation

$$\hat{\phi} = \frac{n_{11} \cdot n_{22} - n_{12} \cdot n_{21}}{\sqrt{(n_{11} + n_{21}) \cdot (n_{12} + n_{22}) \cdot (n_{11} + n_{12}) \cdot (n_{21} + n_{22})}}$$

$$\hat{\phi} = \frac{3 \cdot 4 - 2 \cdot 2}{\sqrt{(3+2) \cdot (2+4) \cdot (3+2) \cdot (2+4)}} = \frac{12 - 4}{\sqrt{5 \cdot 6 \cdot 5 \cdot 6}} = \frac{8}{\sqrt{900}} = \frac{8}{30} = -0{,}267$$

Zusätzlich muss bei der Phi-Korrelation noch ein maximaler Phi-Wert (Phi_{max}) berechnet werden. Dazu werden die Zahlen innerhalb der Tabelle so umgestellt, dass ein maximaler Zusammenhang resultiert.

In welcher Zeile (gesamt) steht die höhere Zahl? Zeile Essen schlecht.

In welcher Spalte (gesamt) steht die höhere Zahl? Spalte Köche viele.

Am Schnittpunkt (Essen schlecht / Köche viele) wird nun die maximale Zahl eingetragen (hier: 6).

Die übrigen Zahlen in der Tabelle ergeben sich.

Tabelle 184 Umgestellte Rohwerte zur Berechnung des maximalen Phi-Wertes Phi_{max}

		Anzahl Köche		
		wenige	**viele**	**gesamt**
Qualität des Essens	**gut**	5	0	5
	schlecht	0	6	6
	gesamt	5	6	11

$$\hat{\phi} = \frac{n_{11} \cdot n_{22} - n_{12} \cdot n_{21}}{\sqrt{(n_{11}+n_{21}) \cdot (n_{12}+n_{22}) \cdot (n_{11}+n_{12}) \cdot (n_{21}+n_{22})}}$$

$$\hat{\phi}_{max} = \frac{5 \cdot 6 - 0 \cdot 0}{\sqrt{900}} = \frac{30}{30} = 1$$

Aus Phi und Phi_{max} wird dann der korrigierte Phi-Wert Phi_{korr} errechnet.

$$\hat{\phi}_{korr} = \frac{\hat{\phi}}{\hat{\phi}_{max}} = \frac{0{,}267}{1} = 0{,}267$$

Es besteht ein schwacher bis mittlerer Zusammenhang zwischen den Variablen »Qualität des Essens« und »Anzahl Köche«.

Yules Q

$$Q = \frac{n_{11} \cdot n_{22} - n_{12} \cdot n_{21}}{n_{11} \cdot n_{22} + n_{12} \cdot n_{21}} = \frac{3 \cdot 4 - 2 \cdot 2}{2 \cdot 4 + 2 \cdot 2} = \frac{12\text{-}4}{12+4} = \frac{8}{16} = 0{,}5$$

Es besteht ein mittlerer positiver Zusammenhang zwischen »Qualität des Essens« und »Anzahl Köche«. Bezogen auf die Vierfeldertafel kann tendenziell gesagt werden, dass sich das Sprichwort zu bestätigten scheint.

Chi²-Test

Ob der Zusammenhang statistisch bedeutsam ist, berechnet man mit einem Chi²-Test (χ^2-Test).
Hypothesen:

H_0: Es besteht kein Zusammenhang zwischen »Anzahl Köche« und »Qualität des Essens«. $\rho = 0$

H_1: Es besteht ein Zusammenhang zwischen »Anzahl Köche« und »Qualität des Essens«. $\rho \neq 0$

Erwartete Werte: $e_{ij} = n \cdot \frac{n_{i\bullet}}{n} \cdot \frac{n_{\bullet j}}{n} = \frac{n_{i\bullet} \cdot n_{\bullet j}}{n}$

Werden in einer Vierfeldertafel die erwarteten Häufigkeiten über die Randsummen berechnet, muss lediglich ein Wert berechnet werden. Die übrigen ergeben sich dann.

Erwarteter Wert für Essen schlecht / Köche wenige: $e_{11} = \frac{5 \cdot 5}{11} = 2{,}27$

Tabelle 185 Erwartete Werte

		Anzahl Köche		
		wenige	**viele**	**gesamt**
Qualität des Essens	**gut**	2,27	2,73	5
	schlecht	2,73	3,27	6
	gesamt	5	6	11

$$\chi^2 = \sum_{i=1}^{2} \sum_{j=1}^{2} \frac{(n_{ij} - e_{ij})^2}{e_{ij}} = \frac{(3-2{,}27)^2}{2{,}27} + \frac{(2-2{,}73)^2}{2{,}273} + \frac{(2-2{,}73)^2}{2{,}73} + \frac{(4-3{,}27)^2}{3{,}27}$$
$$\chi^2 = 0{,}235 + 0{,}195 + 0{,}195 + 0{,}163 = 0{,}788$$

Werden – wie hier – die Randsummen berücksichtigt, hat man nur einen Freiheitsgrad $df = 1$. Als kritischen Chi²-Wert findet man in Tabelle C.4 $\chi^2_{(0{,}95;1)} = 3{,}841$. Der empirisch ermittelte Chi²-Wert liegt darunter, man behält die Nullhypothese bei. Der beobachtete Zusammenhang zwischen »Qualität des Essens« und »Anzahl Köche« ist nicht signifikant. Es kann nicht behauptet werden, dass es einen Zusammenhang zwischen »Qualität des Essens« und »Anzahl Köche« gibt.

Für eine Vierfelder-Tafel existiert noch eine spezielle Formel:

$$\chi^2 = \frac{n \cdot (b \cdot c - a \cdot d)^2}{(a+b) \cdot (c+d) \cdot (a+c) \cdot (b+d)} = \frac{11 \cdot (2 \cdot 2 - 3 \cdot 4)^2}{5 \cdot 6 \cdot 5 \cdot 6}$$
$$\chi^2 = \frac{11 \cdot (-8)^2}{900} = \frac{11 \cdot 64}{900} = \frac{704}{900} = 0{,}782$$

Hierbei kennzeichnen a, b, c und d die einzelnen Felder der Tafel.
Bis auf Rundungsungenauigkeiten ist dies das gleiche Ergebnis.

2.83 Im Silbersack

a) Besteht überhaupt ein signifikanter Unterschied in der durchschnittlichen Anzahl an Telefonnummern zwischen Matrosen und Landratten?

Klingt nach einer Überprüfung von Mittelwerten bei zwei Gruppen (Matrosen vs. Landratten). Das dafür zuständige Testverfahren ist der t-Test. Da es sich um unabhängige Stichproben handelt, muss zuerst ein F-Test für die Prüfung auf Varianzhomogenität bzw. -heterogenität durchgeführt werden.

F-Test

Hypothesen:

H_0: Die Varianzen sind gleich (homogen). $\sigma_M^2 = \sigma_L^2$

H_1: Die Varianzen sind ungleich (heterogen). $\sigma_M^2 \neq \sigma_L^2$

Die Formeln:

$$\hat{\sigma}^2 = s^2 \cdot \frac{n}{n-1} \qquad \hat{\sigma}^2_{Matrosen} = 1{,}4 \cdot 1{,}4 \cdot \frac{51}{50} = 2{,}00 \qquad \hat{\sigma}^2_{Landratten} = 1{,}1 \cdot 1{,}1 \cdot \frac{63}{62} = 1{,}23$$

Beim F-Test wird immer die größere Varianz auf den Bruchstrich (in den Zähler) gesetzt, die kleinere Varianz unter den Bruchstrich (in den Nenner).

$$F = \frac{\hat{\sigma}_1^2}{\hat{\sigma}_2^2} = \frac{2{,}00}{1{,}23} = 1{,}63$$

Diesen empirischen F-Wert muss man nun mit dem kritischen F-Wert vergleichen. Dazu benötigt man Zähler- und Nenner-Freiheitsgrade. Im Zähler steht die Varianz der Matrosen mit $n = 51$, daraus folgt: $df_{\text{Zähler}} = 50$; im Nenner steht die Varianz der Landratten mit $n = 63$, daraus folgt $df_{\text{Nenner}} = 62$. Mit diesen beiden Freiheitsgraden geht man nun in Tabelle C.6 und schlägt dort für $\alpha = 0{,}10$ (zweiseitig) den kritischen F-Wert nach: $F_{(0{,}95;50;62)} = 1{,}56$.

Da der empirische F-Wert größer als der kritische F-Wert ist, handelt es sich um ein signifikantes Ergebnis, man entscheidet sich also für H_1, d. h. die Varianzen sind nicht gleich (homogen), sondern unterschiedlich (heterogen).
Da die Varianzen heterogen sind, muss der t-Test für heterogene Varianzen herangezogen werden:

t-Test für heterogene Varianzen

Hypothesen:

H_0: Matrosen und Landratten bekommen im Durchschnitt gleich viele Telefonnummern. $\mu_M = \mu_L$

H_1: Matrosen und Landratten bekommen im Durchschnitt unterschiedlich viele Telefonnummern. $\mu_M \neq \mu_L$

$$t = \frac{\bar{x}_1 - \bar{x}_2}{\sqrt{\frac{\hat{\sigma}_1^2}{n_1} + \frac{\hat{\sigma}_2^2}{n_2}}} = \frac{5-3}{\sqrt{\frac{2{,}00}{51} + \frac{1{,}23}{63}}} = \frac{2}{\sqrt{0{,}039 + 0{,}020}} = \frac{2}{\sqrt{0{,}059}} = \frac{2}{0{,}243} = 8{,}23$$

Dieser empirische t-Wert muss nun mit einem kritischen t-Wert verglichen werden. Um den kritischen t-Wert aus Tabelle C.2 ablesen zu können, benötigt man die Freiheitsgrade:

$$df_{korr} = \frac{\left(\frac{\hat{\sigma}_1^2}{n_1}+\frac{\hat{\sigma}_2^2}{n_2}\right)^2}{\frac{\left(\frac{\hat{\sigma}_1^2}{n_1}\right)^2}{n_1 - 1}+\frac{\left(\frac{\hat{\sigma}_2^2}{n_2}\right)^2}{n_2 - 1}} = \frac{\left(\frac{2{,}00}{51}+\frac{1{,}23}{63}\right)^2}{\frac{\left(\frac{2{,}00}{51}\right)^2}{51 - 1}+\frac{\left(\frac{1{,}23}{63}\right)^2}{63 - 1}} = \frac{0{,}059^2}{\frac{0{,}039^2}{50}+\frac{0{,}020^2}{62}} = 94{,}59$$

Als kritischen t-Wert liest man bei $\alpha = 0{,}05$, zweiseitig, folgenden Wert ab:

$$t_{(0{,}975;\, 94{,}59)} \approx 1{,}96$$

Da der empirische t-Wert größer als der kritische t-Wert ist, handelt es sich um ein signifikantes Ergebnis, man entscheidet sich für H_1.
Mit einer Irrtumswahrscheinlichkeit von 5 % kann behauptet werden, dass sich Matrosen und Landratten in der durchschnittlichen Anzahl ihnen gegebener Telefonnummern unterscheiden. Dem Anschein nach haben Matrosen größeren Erfolg …☺

b) Paule glaubt weiterhin, an der Anzahl seiner gespielten Lieblingslieder auf die Menge an Freibier (in Gläsern) schließen zu können.

Tabelle 186 Paules Lieblingslieder und Freibier

Anzahl der gespielten Lieblingslieder	3	7	6	1	9	7	4	2	3
Menge an Freibier (in Gläsern)	1	5	1,5	2	4	2,5	6	1	1

Was für ein Zusammenhang besteht zwischen den beiden Variablen? Ist der Zusammenhang signifikant? Gehen Sie davon aus, dass beide Variablen mindestens intervallskaliert sind.
Zusammenhang meint Korrelation; bei intervallskalierten Variablen heißt das (Pearson-) Produkt-Moment-Korrelation.
Um die Formel anwenden zu können, benötigen wir einige Summen (Tab. 187).

Na dann:

$$s_X^2 = \frac{\sum_{m=1}^{n}(x_m - \bar{x})^2}{n} = \frac{58{,}0}{9} = 6{,}44 \qquad s_Y^2 = \frac{\sum_{m=1}^{n}(y_m - \bar{y})^2}{n} = \frac{28{,}5}{9} = 3{,}17$$

$$s_X = \sqrt{s_X^2} = \sqrt{6{,}44} = 2{,}54 \qquad s_Y = \sqrt{s_Y^2} = \sqrt{3{,}17} = 1{,}78$$

$$s_{XY} = \frac{\sum_{m=1}^{n} (x_m - \bar{x}) \cdot (y_m - \bar{y})}{n} = \frac{19,5}{9} = 2,17$$

Tabelle 187 Berechnung der Formelelemente der Produkt-Moment-Korrelation »Im Silbersack«

Anzahl Lieder (x)	Freibiere (y)	$(x-\bar{x})^2$	$(y-\bar{y})^2$	$(x-\bar{x})\cdot(y-\bar{y})$	x^2	y^2	$x \cdot y$
3	1	2,789	2,789	2,789	9	1	3
7	5	5,429	5,429	5,429	49	25	35
6	1,5	1,769	1,369	-1,556	36	2,25	9
1	2	13,469	0,449	2,459	1	4	2
9	4	18,749	1,769	5,759	81	16	36
7	2,5	5,429	0,029	-0,396	49	6,25	17,5
4	6	0,449	11,089	-2,231	16	36	24
2	1	7,129	2,789	4,459	4	1	2
3	1	2,789	2,789	2,789	9	1	3
Σ=42	24	58,0	28,50	19,50	254	92,5	131,5

$$r_{XY} = \frac{s_{XY}}{s_X \cdot s_Y} = \frac{n \cdot \sum_{m=1}^{n} (x_m \cdot y_m) - \left(\sum_{m=1}^{n} x_i\right) \cdot \left(\sum_{m=1}^{n} y_i\right)}{\sqrt{\left[n \cdot \sum_{m=1}^{n} x_m^2 - \left(\sum_{m=1}^{n} x_m\right)^2\right] \cdot \left[n \cdot \sum_{m=1}^{n} y_m^2 - \left(\sum_{m=1}^{n} y_m\right)^2\right]}}$$

$$r_{XY} = \frac{s_{XY}}{s_X \cdot s_Y} = \frac{2,17}{2,54 \cdot 1,78} = \frac{2,17}{4,52} = 0,48$$

$r_{XY}^2 = r \cdot r = 0,48 \cdot 0,48 = 0,23$ $\quad r_{XY}^2 \cdot 100\,\% \rightarrow 23\,\%$ erklärte Variation/Varianz

$$r_{XY} = \frac{9 \cdot 131,5 - 42 \cdot 24}{\sqrt{[9 \cdot 254 - 42^2] \cdot [9 \cdot 92,5 - 24^2]}} = \frac{1183,5\text{-}1008}{\sqrt{[2286\text{-}1764] \cdot [832,5\text{-}576]}}$$

$$r_{XY} = \frac{175,5}{\sqrt{[522] \cdot [256,5]}} = \frac{175,5}{365,91} = 0,48$$

Es besteht ein mittlerer positiver Zusammenhang zwischen der Anzahl an gespielten Lieblingsliedern und der Anzahl an Freibieren.

Zur Prüfung auf Signifikanz wird der t-Test für Korrelationen durchgeführt.
Hypothesen:

H_0: Es besteht kein statistisch bedeutsamer Zusammenhang zwischen der Anzahl an Lieblingsliedern und der Anzahl an Freibieren. $\rho = 0$

H_1: Es besteht ein statistisch bedeutsamer Zusammenhang zwischen der Anzahl an Lieblingsliedern und der Anzahl an Freibieren. $\rho \neq 0$

$$t = \frac{r \cdot \sqrt{n-2}}{\sqrt{1-r^2}} \qquad df = n-2$$

$$t = \frac{0{,}48 \cdot \sqrt{9-2}}{\sqrt{1-0{,}23}} = \frac{0{,}48 \cdot \sqrt{7}}{\sqrt{0{,}23}} = \frac{1{,}270}{0{,}877} = 1{,}448 \qquad df = 9-2 = 7$$

In Tabelle C.2 kann der kritische t-Wert nachgeschlagen werden: $t_{(0{,}975;\,7)} = 2{,}365$.

Der empirische t-Wert ist nicht extremer als der kritische, also nicht signifikant, also H_0. Es kann nicht behauptet werden, dass es einen statistisch bedeutsamen Zusammenhang zwischen der Anzahl an gespielten Lieblingsliedern und der Anzahl an Freibieren gibt.

2.84 Interviewereffekte

Da kein Intervallskalenniveau angenommen werden kann, die Werte aber durchaus nach größer/kleiner unterschieden werden können, wird ein Ordinalskalenniveau angenommen. Daraus folgt, dass die Werte zuerst in Rangplätze transformiert werden müssen. Um die Rangplätze von mehr als zwei Gruppen zu vergleichen, kann der Kruskal-Wallis-H-Test verwendet werden.

$$H = \frac{12}{n \cdot (n+1)} \cdot \sum_{j=1}^{p} \frac{RS_j^2}{n_j} - 3 \cdot (n+1)$$

Hypothesen:
H_0: Die Interviewer unterscheiden sich hinsichtlich der Bewertung nicht
H_1: Die Interviewer unterscheiden sich hinsichtlich der Bewertung
H_0: $\eta_i = \eta_j$ für alle Paare (i, j), $i \neq j$
H_1: $\eta_i \neq \eta_j$ für mindestens ein Paar (i, j), $i \neq j$

Tabelle 188 Rohwerte und Rangplätze der Interviewer

Interviewer 1		Interviewer 2		Interviewer 3	
Punkte	**Rang**	**Punkte**	**Rang**	**Punkte**	**Rang**
24	4,5.	10	17.	22	7.
12	15.	16	13.	21	8.
19	10.	17	12.	26	2.
20	9.	18	11.	23	6.
24	4,5.	15	14.	11	16.
29	1.	9	18.	25	3.

Rangplatzsummen

$RS_{\text{Interviewer 1}} = 44; RS^2 = 1936$

$RS_{\text{Interviewer 2}} = 85; RS^2 = 7225$

$RS_{\text{Interviewer 3}} = 42; RS^2 = 1764$

$$H = \frac{12}{18 \cdot 19} \cdot \left(\frac{1936}{6} + \frac{7225}{6} + \frac{1764}{6} \right) - 3 \cdot 19 = \frac{12}{342} \cdot 1820{,}833 - 57 = 63{,}889 - 57 = 6{,}889$$

$$df = 3 - 1 = 2$$

H ist approximativ Chi^2-verteilt.
Als kritischer Wert kann in Tabelle C.4 abgelesen werden: $H_{(0,95;2)} = 5{,}991$.

Der empirische H-Wert ist extremer als der kritische H-Wert, also signifikant, es folgt eine Entscheidung für H_1.
Mit einer Irrtumswahrscheinlichkeit von 5 % kann behauptet werden, dass sich die Rangplätze der drei Interviewer statistisch bedeutsam voneinander unterscheiden. Das spricht dann doch für Interviewereffekte …

2.85 Metzger, Dreher und Frisöre

a) Besteht für die gesamte Stichprobe ein Zusammenhang zwischen »Motivation« und »Fehltagen«?

Die Tabelle der Rohwerte wird zuerst um einige Spalten erweitert.

Tabelle 189 Hilfstabelle zur Berechnung der Formeln

m	x_m	y_m	$(x_m-\bar{x})$	$(y_m-\bar{y})$	$(x_m-\bar{x})^2$	$(y_m-\bar{y})^2$	$(x_m-\bar{x})\cdot(y_m-\bar{y})$
1	3	2	-1,83	-2,08	3,36	4,34	3,82
1	2	3	-2,83	-1,08	8,03	1,17	3,07
1	3	1	-1,83	-3,08	3,36	9,51	5,65
1	2	1	-2,83	-3,08	8,03	9,51	8,74
2	5	4	0,17	-0,08	0,03	0,01	-0,01
2	4	3	-0,83	-1,08	0,69	1,17	0,90
2	6	3	1,17	-1,08	1,36	1,17	-1,26
2	4	4	-0,83	-0,08	0,69	0,01	0,07
3	7	8	2,17	3,92	4,69	15,34	8,49
3	6	7	1,17	2,92	1,36	8,51	3,40
3	8	6	3,17	1,92	10,03	3,67	6,07
3	8	7	3,17	2,92	10,03	8,51	9,24
Summe	58	49			51,67	62,92	48,17

Hiermit können jetzt die Mittelwerte und Standardabweichungen von x und y berechnet werden sowie die Kovarianz.

$$\bar{x} = \frac{\sum_{m=1}^{n} x_m}{n} = \frac{58}{12} = 4,83 \qquad s_X = \sqrt{\frac{\sum_{m=1}^{n} (x_m-\bar{x})^2}{n}} = \sqrt{\frac{51,67}{12}} = \sqrt{4,31} = 2,08$$

$$\bar{y} = \frac{\sum_{m=1}^{n} y_m}{n} = \frac{49}{12} = 4,08 \qquad s_Y = \sqrt{\frac{\sum_{m=1}^{n} (y_m-\bar{y})^2}{n}} = \sqrt{\frac{62,92}{12}} = \sqrt{5,24} = 2,29$$

$$s_{XY} = \frac{\sum_{m=1}^{n} (x_m-\bar{x})\cdot(y_m-\bar{y})}{n} = \frac{48,17}{12} = 4,01 \qquad r_{XY} = \frac{s_{XY}}{s_X \cdot s_Y} = \frac{4,01}{2,08\cdot 2,29} = 0,84$$

b) Ist dieser Zusammenhang signifikant?

Da in der Frage keine Richtung angegeben wird, werden hier ungerichtete Hypothesen erstellt:

H_0: Es gibt keinen Zusammenhang zwischen »Motivation« und »Fehltagen«. $\rho = 0$

H_1: Es gibt einen Zusammenhang zwischen »Motivation« und »Fehltagen«. $\rho \neq 0$

t-Test für Korrelationen

$$t = \frac{r \cdot \sqrt{n - 2}}{\sqrt{1 - r^2}} = \frac{0{,}84 \cdot \sqrt{12\text{-}2}}{\sqrt{1\text{-}0{,}7056}} = \frac{0{,}84 \cdot 3{,}16}{0{,}54} = 4{,}92 \qquad df = 12\text{-}2 = 10$$

$$t_{(0{,}95\,;\,10;\,zweiseitig)} = 2{,}2281$$

Der aus den Stichprobendaten ermittelte t-Wert ist extremer als der kritische t-Wert, daher handelt es sich um ein signifikantes Ergebnis; die Entscheidung fällt zugunsten der H_1 aus.

Mit einer Irrtumswahrscheinlichkeit von 5 % kann behauptet werden, dass es einen Zusammenhang zwischen »Motivation« und »Fehltagen« gibt.

c) Berechnen Sie eine Einfachregression von »Motivation« (x) auf »Fehltage« (y).
Die allgemeine Regressionsgleichung (im Rahmen der Einfachregression) lautet:

$$\hat{y}_m = b_0 + b_1 \cdot x_m$$

Die b-Gewichte berechnen sich als:

$$b_1 = r_{XY} \cdot \frac{s_Y}{s_X} = \frac{s_{XY}}{s_X^2} = 0{,}84 \cdot \frac{2{,}29}{2{,}08} = \frac{4{,}01}{4{,}31} = 0{,}93$$

$$b_0 = \bar{y} - b_1 \cdot \bar{x} = 4{,}08 - 0{,}93 \cdot 4{,}83 = -0{,}41$$

Die Regressionsgleichung lautet:

$$\hat{y}_m = -0{,}41 + 0{,}93 \cdot x_m$$

d) Berechnen Sie für jede Berufsschulklasse einzeln die Einfachregression!
Zur Berechnung werden die Mittelwerte, Standardabweichungen und Kovarianzen pro Berufsschulklasse benötigt.

Gruppe 1, Metzger: $\bar{x}_1 = 2{,}5$; $s_{X_1} = 0{,}5$; $\bar{y}_1 = 1{,}75$; $s_{Y_1} = 0{,}83$; $s_{XY_1} = -0{,}125$

Gruppe 2, Dreher: $\bar{x}_2 = 4{,}75$; $s_{X_2} = 0{,}83$; $\bar{y}_2 = 3{,}5$; $s_{Y_2} = 0{,}5$; $s_{XY_2} = -0{,}125$

Gruppe 3: Frisöre: $\bar{x}_3 = 7{,}25$; $s_{X_3} = 0{,}83$; $\bar{y}_3 = 7$; $s_{Y_3} = 0{,}71$; $s_{XY_3} = -0{,}25$

Jetzt werden b_0 und b_1 für jede Gruppe berechnet.
Gruppe 1, Metzger:

$$b_1 = \frac{s_{XY}}{s_X^2} = \frac{-0{,}125}{0{,}5^2} = -0{,}5 \qquad b_0 = \bar{y} - b_1 \cdot \bar{x} = 1{,}75 - (-0{,}5) \cdot 2{,}5 = 1{,}75 + 1{,}25 = 3$$

Gruppe 2, Dreher:

$$b_1 = \frac{s_{XY}}{s_X^2} = \frac{-0{,}125}{0{,}83^2} = -0{,}18 \qquad b_0 = \bar{y} - b_1 \cdot \bar{x} = 3{,}5 - (-0{,}18) \cdot 4{,}75 = 3{,}5 + 0{,}86 = 4{,}36$$

Gruppe 3, Frisöre:

$$b_1 = \frac{s_{XY}}{s_X^2} = \frac{-0{,}25}{0{,}83^2} = -0{,}36 \qquad b_0 = \bar{y} - b_1 \cdot \bar{x} = 7 - (-0{,}36) \cdot 7{,}25 = 7 + 2{,}61 = 9{,}61$$

e) Bitte erstellen Sie ein Streudiagramm mit den Achsen »Motivation« (x) und »Fehltage« (y) und zeichnen Sie die Regressionsgerade für die Gesamtstichprobe ein!

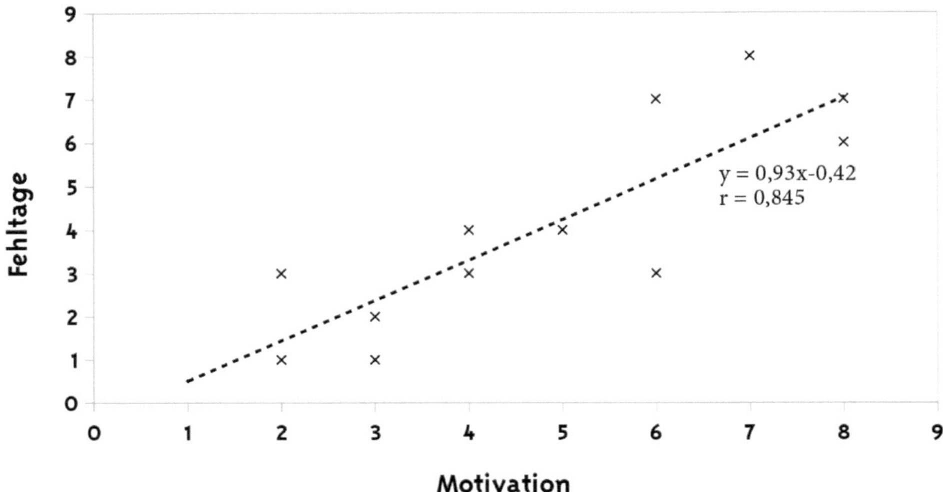

Abbildung 10 Streudiagramm der Gesamtstichprobe, Regressionsgerade

f) Zeichnen Sie die drei berechneten Regressionsgeraden der einzelnen Berufsschulklassen in das Streudiagramm ein!

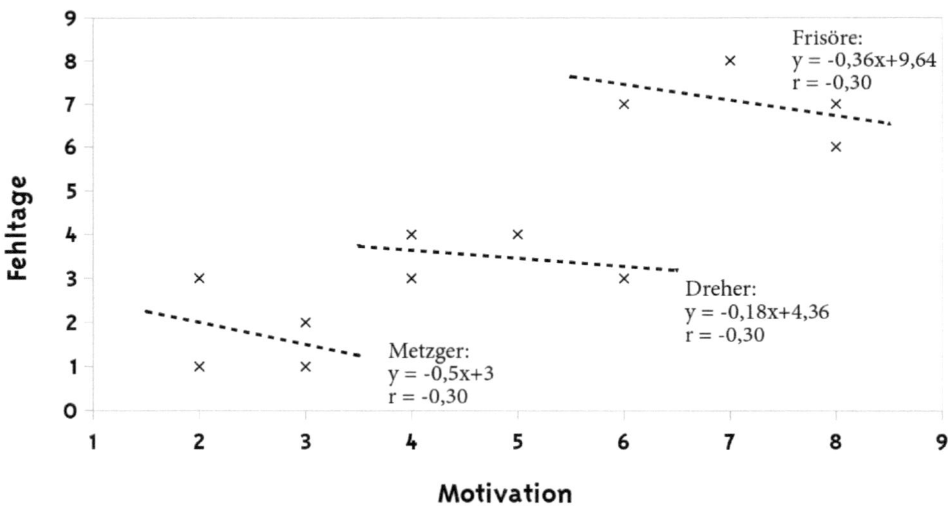

Abbildung 11 Streudiagramm und Regressionsgeraden, getrennt nach Berufsschulklasse

g) Berechnen Sie die geschätzte Populationsvarianz der Gruppenmittelwerte für die Variable »Fehltage«!

$$\hat{\sigma}^2_{\bar{Y}} = \frac{\sum_{i=1}^{n_{Level\text{-}2}} (\bar{y}_i - \bar{y})^2}{n_{Level\text{-}2} - 1} = \frac{(1{,}75 - 4{,}08)^2 + (3{,}5 - 4{,}08)^2 + (7 - 4{,}08)^2}{3\text{-}1} = \frac{5{,}43+0{,}34+8{,}53}{2}$$

$$\hat{\sigma}^2_{\bar{Y}} = \frac{14{,}3}{2} = 7{,}15$$

h) Berechnen Sie die geschätzte Level-1-Varianz für die Variable »Fehltage«!

$$\hat{\sigma}^2_{Level\text{-}1} = \frac{\sum_{i=1}^{n_{Level\text{-}2}} \sum_{m=1}^{n_{Level\text{-}1}} (y_{mi} - \bar{y}_i)^2}{(n_{Level\text{-}1} - 1) \cdot n_{Level\text{-}2}}$$

$$\hat{\sigma}^2_{Level\text{-}1} = \frac{(2\text{-}1{,}75)^2 + (3\text{-}1{,}75)^2 + (1\text{-}1{,}75)^2 + (1\text{-}1{,}75)^2}{(4\text{-}1)\cdot 3} + \frac{(4\text{-}3{,}5)^2 + (3\text{-}3{,}5)^2 + (3\text{-}3{,}5)^2 + (4\text{-}3{,}5)^2}{(4\text{-}1)\cdot 3} + \frac{(8\text{-}7)^2 + (7\text{-}7)^2 + (6\text{-}7)^2 + (7\text{-}7)^2}{(4\text{-}1)\cdot 3}$$

$$\hat{\sigma}^2_{Level\text{-}1} = \frac{0{,}0625+1{,}5625+0{,}5625+0{,}5625}{9} + \frac{0{,}25+0{,}25+0{,}25+0{,}25}{9} + \frac{1+0+1+0}{9}$$

$$\hat{\sigma}^2_{Level\text{-}1} = \frac{2{,}75}{9} + \frac{1}{9} + \frac{2}{9} = 0{,}64$$

i) Berechnen Sie die geschätzte Level-2-Varianz für die Variable »Fehltage«!

$$\hat{\sigma}^2_{Level\text{-}2} = \hat{\sigma}^2_{\bar{Y}} - \frac{\hat{\sigma}^2_{Level\text{-}1}}{n_{Level\text{-}1}} = 7{,}15 - \frac{0{,}64}{4} = 6{,}99$$

j) Berechnen Sie die erwartungstreu geschätzte Intraklassen-Korrelation!

$$\hat{\rho} = \frac{\hat{\sigma}^2_{Level\text{-}2}}{\hat{\sigma}^2_{Level\text{-}2} + \hat{\sigma}^2_{Level\text{-}1}} = \frac{6{,}99}{6{,}99 + 0{,}64} = \frac{6{,}99}{7{,}63} = 0{,}92$$

2.86 Umzugsbereitschaft und Attraktivität des Praktikumsplatzes

a) Besteht für die gesamte Stichprobe ein Zusammenhang zwischen »Umzugsbereitschaft« und »Attraktivität des Praktikumsplatzes«?

Die Tabelle der Rohwerte wird zuerst um einige Spalten erweitert (vgl. Tab. 190).

Tabelle 190 Hilfstabelle zum Berechnen der Formeln

m	x_m	y_m	$(x_m-\bar{x})$	$(y_m-\bar{y})$	$(x_m-\bar{x})^2$	$(y_m-\bar{y})^2$	$(x_m-\bar{x})\cdot(y_m-\bar{y})$
1	2	9	-4,00	3,00	16,00	9,00	-12,00
1	4	10	-2,00	4,00	4,00	16,00	-8,00
1	3	8	-3,00	2,00	9,00	4,00	-6,00
1	3	7	-3,00	1,00	9,00	1,00	-3,00
1	6	10	0,00	4,00	0,00	16,00	0,00
2	7	7	1,00	1,00	1,00	1,00	1,00
2	5	6	-1,00	0,00	1,00	0,00	0,00
2	8	6	2,00	0,00	4,00	0,00	0,00
2	4	5	-2,00	-1,00	4,00	1,00	2,00
2	6	5	0,00	-1,00	0,00	1,00	0,00
3	6	1	0,00	-5,00	0,00	25,00	0,00
3	8	3	2,00	-3,00	4,00	9,00	-6,00
3	9	3	3,00	-3,00	9,00	9,00	-9,00
3	9	4	3,00	-2,00	9,00	4,00	-6,00
3	10	6	4,00	0,00	16,00	0,00	0,00
Summe	90	90	0	0	86	96	-47

Mit den Werten aus Tabelle 190 können die Mittelwerte und Standardabweichungen von x und y berechnet werden sowie die Kovarianz.
Daran anschließend wird die Produkt-Moment-Korrelation berechnet.

$$\bar{x} = \frac{\sum_{m=1}^{n} x_m}{n} = \frac{90}{15} = 6 \qquad s_X = \sqrt{\frac{\sum_{m=1}^{n}(x_m-\bar{x})^2}{n}} = \sqrt{\frac{86}{15}} = \sqrt{5{,}73} = 2{,}39$$

$$\bar{y} = \frac{\sum_{m=1}^{n} y_m}{n} = \frac{90}{15} = 6 \qquad s_Y = \sqrt{\frac{\sum_{m=1}^{n}(y_m-\bar{y})^2}{n}} = \sqrt{\frac{96}{15}} = \sqrt{6{,}4} = 2{,}53$$

$$s_{XY} = \frac{\sum_{m=1}^{n}(x_m-\bar{x})\cdot(y_m-\bar{y})}{n} = \frac{-47}{15} = -3{,}13 \qquad r_{XY} = \frac{s_{XY}}{s_X \cdot s_Y} = \frac{-3{,}13}{2{,}39\cdot 2{,}53} = -0{,}52$$

b) Ist dieser Zusammenhang signifikant?
Da in der Frage keine Richtung angegeben wird, werden hier ungerichtete Hypothesen erstellt:

H_0: Es gibt keinen Zusammenhang zwischen »Umzugsbereitschaft« und »Attraktivität des Praktikumsplatzes«. $\rho = 0$

H_1: Es gibt einen Zusammenhang zwischen »Umzugsbereitschaft« und »Attraktivität des Praktikumsplatzes«. $\rho \neq 0$

t-Test für Korrelationen

$$t = \frac{r \cdot \sqrt{n-2}}{\sqrt{1-r^2}} = \frac{-0{,}52 \cdot \sqrt{15-2}}{\sqrt{1-0{,}2704}} = \frac{-0{,}52 \cdot 3{,}61}{0{,}85} = 2{,}21 \qquad df = 15-2 = 13$$

$$t_{(0{,}95\,;\,13\,;\,zweiseitig)} = 2{,}1604$$

Der aus den Stichprobendaten ermittelte t-Wert ist extremer als der kritische t-Wert, daher handelt es sich um ein signifikantes Ergebnis; die Entscheidung fällt zugunsten der H_1 aus.
Mit einer Irrtumswahrscheinlichkeit von 5 % kann behauptet werden, dass es einen Zusammenhang zwischen »Attraktivität des Praktikumsplatzes« und »Umzugsbereitschaft« der Studierenden gibt. Des Weiteren kann festgehalten werden, dass es sich um einen negativen Zusammenhang handelt. Je höher die Attraktivität des Praktikumsplatzes, desto geringer die Umzugsbereitschaft bzw. umgekehrt.

c) Berechnen Sie eine Einfachregression von »Attraktivität des Praktikumsplatzes« (x) auf »Umzugsbereitschaft« (y).
Die allgemeine Regressionsgleichung (im Rahmen der Einfachregression) lautet:

$$\hat{y}_m = b_0 + b_1 \cdot x_m$$

Die b-Gewichte berechnen sich als:

$$b_1 = r_{XY} \cdot \frac{s_Y}{s_X} = \frac{s_{XY}}{s_X^2} = -0{,}52 \cdot \frac{2{,}53}{2{,}39} = \frac{-1{,}32}{2{,}39} = -0{,}55$$

$$b_0 = \bar{y} - b_1 \cdot \bar{x} = 6 - (-0{,}55) \cdot 6 = 9{,}3$$

Die Regressionsgleichung lautet:

$$\hat{y}_m = 9{,}3 - 0{,}55 \cdot x_m$$

d) Berechnen Sie für jede Stadtgröße einzeln die Einfachregression!
Zur Berechnung werden die Mittelwerte, Standardabweichungen und Kovarianzen pro Stadtgröße benötigt.

Gruppe 1, Metropole:

$\bar{x}_1 = 3{,}6;\ s_{X_1} = 1{,}36;\ \bar{y}_1 = 8{,}8;\ s_{Y_1} = 1{,}17;\ s_{XY_1} = 0{,}92$

Gruppe 2, mittelgroße Stadt:

$\bar{x}_2 = 6;\ s_{X_2} = 1{,}41;\ \bar{y}_2 = 5{,}8;\ s_{Y_2} = 0{,}75;\ s_{XY_2} = 0{,}6$

Gruppe 3, Kleinstadt:

$\bar{x}_3 = 8{,}4;\ s_{X_3} = 1{,}36;\ \bar{y}_3 = 3{,}4;\ s_{Y_3} = 1{,}62;\ s_{XY_3} = 2{,}04$

Jetzt werden b_0 und b_1 für jede Gruppe berechnet.

Gruppe 1, Metropole:

$$b_1 = \frac{s_{XY}}{s_X^2} = \frac{0{,}92}{1{,}36^2} = 0{,}5 \quad b_0 = \bar{y} - b_1 \cdot \bar{x} = 8{,}8 - (0{,}5) \cdot 3{,}6 = 8{,}8 - 1{,}8 = 7$$

Gruppe 2, mittelgroße Stadt:

$$b_1 = \frac{s_{XY}}{s_X^2} = \frac{0{,}6}{1{,}41^2} = 0{,}3 \quad b_0 = \bar{y} - b_1 \cdot \bar{x} = 5{,}8 - (0{,}3) \cdot 6 = 5{,}8 - 1{,}8 = 4$$

Gruppe 3, Kleinstadt:

$$b_1 = \frac{s_{XY}}{s_X^2} = \frac{2{,}04}{1{,}36^2} = 1{,}1 \quad b_0 = \bar{y} - b_1 \cdot \bar{x} = 3{,}4 - (1{,}1) \cdot 8{,}4 = 3{,}4 - 9{,}24 = -5{,}84$$

e) Bitte erstellen Sie ein Streudiagramm mit den Achsen »Attraktivität des Praktikumsplatzes« (x) und »Umzugsbereitschaft« (y). Zeichnen Sie die Regressionsgerade für die Gesamtstichprobe ein!

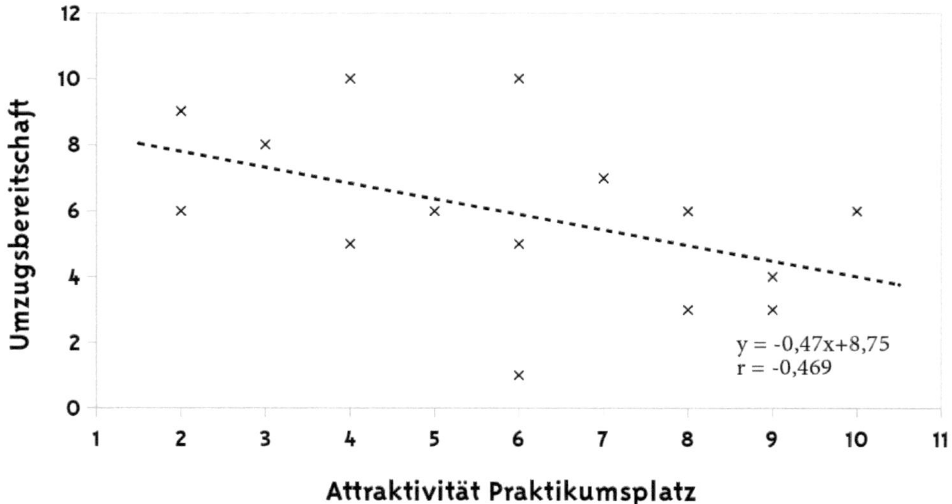

Abbildung 12 Streudiagramm Gesamtstichprobe und Regressionsgerade

f) Zeichnen Sie die Regressionsgeraden je nach Stadtgröße in das Streudiagramm ein!

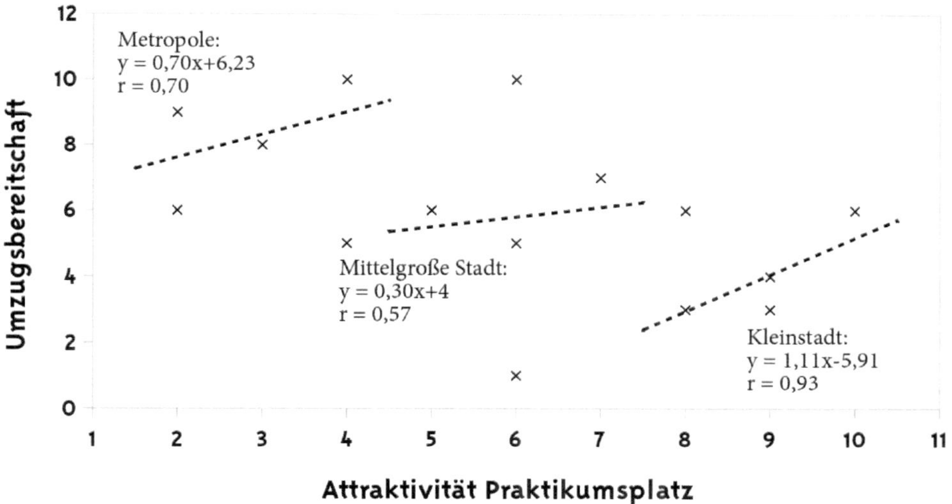

Abbildung 13 Streudiagramm und Regressionsgeraden nach Stadtgröße

g) Berechnen Sie die geschätzte Populationsvarianz der Gruppenmittelwerte für die Variable »Umzugsbereitschaft«!

$$\hat{\sigma}^2_{\bar{Y}} = \frac{\sum_{i=1}^{n_{Level\text{-}2}} (\bar{y}_i - \bar{y})^2}{n_{Level\text{-}2} - 1} = \frac{(8{,}8-6)^2 + (5{,}8-6)^2 + (3{,}4-6)^2}{3-1} = \frac{7{,}84+0{,}04+6{,}76}{2}$$

$$\hat{\sigma}^2_{\bar{Y}} = \frac{14{,}64}{2} = 7{,}32$$

h) Berechnen Sie die geschätzte Level-1-Varianz für die Variable »Umzugsbereitschaft«!

$$\hat{\sigma}^2_{Level\text{-}1} = \frac{\sum_{i=1}^{n_{Level\text{-}2}} \sum_{m=1}^{n_{Level\text{-}1}} (y_{mi} - \bar{y}_i)^2}{(n_{Level\text{-}1} - 1) \cdot n_{Level\text{-}2}}$$

$$\hat{\sigma}^2_{Level\text{-}1} = \frac{(9-8{,}8)^2 + (10-8{,}8)^2 + (8-8{,}8)^2 + (7-8{,}8)^2 + (10-8{,}8)^2}{(5-1) \cdot 3} + \frac{(7-5{,}8)^2 + (6-5{,}8)^2 + (6-5{,}8)^2 + (5-5{,}8)^2 + (5-5{,}8)^2}{(5-1) \cdot 3} + \frac{(1-3{,}4)^2 + (3-3{,}4)^2 + (3-3{,}4)^2 + (4-3{,}4)^2 + (6-3{,}4)^2}{(5-1) \cdot 3}$$

$$\hat{\sigma}^2_{Level\text{-}1} = \frac{0{,}04+1{,}44+0{,}64+3{,}24+1{,}44}{12} + \frac{1{,}44+0{,}04+0{,}04+0{,}64+0{,}64}{12} + \frac{5{,}76+0{,}16+0{,}16+0{,}36+6{,}76}{12}$$

$$\hat{\sigma}^2_{Level\text{-}1} = \frac{6{,}8}{12} + \frac{2{,}8}{12} + \frac{13{,}2}{12} = \frac{22{,}8}{12} = 0{,}64$$

i) Berechnen Sie die geschätzte Level-2-Varianz für die Variable »Umzugsbereitschaft«!

$$\hat{\sigma}^2_{Level\text{-}2} = \hat{\sigma}^2_{\bar{Y}} - \frac{\hat{\sigma}^2_{Level\text{-}1}}{n_{Level\text{-}1}} = 7{,}32 - \frac{1{,}9}{5} = 6{,}94$$

j) Berechnen Sie die erwartungstreu geschätzte Intraklassen-Korrelation!

$$\hat{\rho} = \frac{\hat{\sigma}^2_{Level\text{-}2}}{\hat{\sigma}^2_{Level\text{-}2} + \hat{\sigma}^2_{Level\text{-}1}} = \frac{6{,}94}{6{,}94+1{,}9} = \frac{6{,}94}{8{,}84} = 0{,}79$$

Die Intraklassen-Korrelation ist sehr hoch, was dahingehend interpretiert werden kann, dass sich die Einheiten innerhalb einer Level-2-Einheit sehr ähnlich sind; die Umzugsbereitschaft innerhalb einer Gruppe ist sich jeweils ziemlich ähnlich.

Literatur

Zitierte Literatur

Boswell, W. R., Shipp, A. J., Payne, S. C. & Culbertson, S. S. (2009). Changes in newcomer job satisfaction over time: examining the pattern of honeymoons and hangovers. Journal of Applied Psychology, 94(4), 844–858.

Coladarci, T. & Kornfield, I. (2007). RateMyProfessors.com versus formal in-class student evaluations of teaching. Practical Assessment, Research and Evaluation, 12(6), 1–15.

Devos, T. & Ma, D. S. (2008). Is Kate Winslet more American than Lucy Liu? The impact of construal processes on the implicit ascription of a national identity. British Journal of Social Psychology, 47, 191–215.

Die Ärzte (2000). Manchmal haben Frauen … Auf: Runter mit den Spendierhosen, Unsichtbarer! [CD]. Berlin: Hot Action Records.

Die toten Hosen (1996). Zehn kleine Jägermeister. Auf: Opium für das Volk [CD]. Düsseldorf: JKP GmbH & Co. KG.

Edwin Hawkins Singers (1969). Oh Happy Day. Auf: Let Us Go Into the House of the Lord [LP]. Oakland: Pavilion Records.

Eid, M., Gollwitzer, M. & Schmitt, M. (2016). Formelsammlung Statistik und Forschungsmethoden. Weinheim: Beltz.

Eid, M., Gollwitzer, M. & Schmitt, M. (2017). Statistik und Forschungsmethoden (5. Aufl.). Weinheim: Beltz.

Fettes Brot (2005). Emanuela. Auf: Am Wasser gebaut. [CD]. Barmstedt: Fettes Brot Schallplatten GmbH.

Loman, J. G. B., Müller, B. C. N., Oude Groote Beverborg, A., van Baaren, R. B., & Buijzen, M. (2018). Self-persuasion in media messages: Reducing alcohol consumption among students with open-ended questions. Journal of Experimental Psychology: applied, 24(1), 81–91.

Towbin, M. A., Haddock, S. A., Zimmerman, T. S., Lund, L. K., Tanner, L. R. (2003). Images of Gender, Race, Age, and Sexual Orientation in Disney Feature-Length Animated Films. Journal of Feminist Family Therapy, 15(4), 19–44.

Yuan, Z., Barnes, C. M., Li, Y. (2018). Bad Behavior Keeps You Up at Night: Counterproductive Work Behaviors and Insomnia. Journal of Applied Psychology, 103(4), 383–398.

Zweigenhaft, R. L. (2008). A Do Re Mi Encore – A Closer Look at the Personality Correlates of Music Preferences. Journal of Individual Differences, 29(1), 45–55.

Weiterführende Literatur

Backhaus, K., Erichson, B., Plinke, W. & Weiber, R. (2008). Multivariate Analysemethoden. Eine anwendungsorientierte Einführung (12. Aufl.). Berlin: Springer.

Bortz, J. & Schuster, C. (2010). Statistik für Human- und Sozialwissenschaftler (7. Aufl.). Berlin: Springer.

Guilford, J. P. (1954). Psychometric Methods (2nd ed.). New York: McGraw-Hill.

Jöreskog, K. G. & Sörbom, D. (1989). Lisrel 7. A Guide to the Program and Applications (2nd ed.). Chicago: SPSS Inc.

Lehmann, G. (2002). Statistik. Einführung in die mathematischen Grundlagen für Psychologen, Wirtschafts- und Sozialwissenschaftler. Heidelberg: Spektrum.

Mittenecker, E. (1970). Planung und statistische Auswertung von Experimenten (8. Aufl.). Wien: Franz Deuticke.

Moosbrugger, H. & Klutky, N. (1987). Regressions- und Varianzanalysen auf der Basis des Allgemeinen Linearen Modells. Bern: Huber.

Mould, R. F. (1995). Introductory Medical Statistics (3rd ed.). Bristol and Philadelphia: Institute of Physics Publishing.

Pospeschill, M. (2006). Statistische Methoden. Strukturen, Grundlagen, Anwendungen in Psychologie und Sozialwissenschaften. München: Elsevier.

Sachs, L. (1993). Statistische Methoden. Planung und Auswertung (7. Aufl.). Berlin: Springer.

Schermelleh-Engel, K., Moosbrugger, H. & Müller, H. (2003). Evaluating the Fit of Structural Equation Models: Tests of Significance and Descriptive Goodness-of-Fit Measures. Methods of Psychological Research Online, 8(2), 23–74.

Siegel, S. (2001). Nichtparametrische statistische Methoden (5. Aufl.). Eschborn: Dietmar Klotz.

Zöfel, P. (2003). Statistik für Psychologen im Klartext. München: Pearson Studium.

Anhang

A Griechische Buchstaben

Α, α	alpha	a	Β, β	beta	b
Γ, γ	gamma	g	Δ, δ	delta	d
Ε, ε	epsilon	e	Ζ, ζ	zeta	z
Η, η	eta	ä	Θ, θ	theta	th
Ι, ι	iota	i	Κ, κ	kappa	k
Λ, λ	lambda	l	Μ, μ	my	m
Ν, ν	ny	n	Ξ, ξ	xi	x
Ο, ο	omikron	o (kurz)	Π, π	pi	p
Ρ, ρ	rho	r	Σ, σ	sigma	s
Τ, τ	tau	t	Υ, υ	ypsilon	y
Φ, φ	phi	ph	Χ, χ	chi	ch
Ψ, ψ	psi	ps	Ω, ω	omega	o (lang)

B Formelsammlung

Binomialverteilung

$$p = \binom{n}{k} \cdot p^k \cdot q^{n-k} = \frac{n!}{k! \cdot (n-k)!} \cdot p^k \cdot q^{n-k}$$

Chi²-Test, χ^2-Test

Allgemein

$$\chi^2 = \sum_{j=1}^{k} \frac{(n_j - \varepsilon_j)^2}{\varepsilon_j}$$

Vierfelder

$$\chi^2 = \sum_{i=1}^{2} \sum_{j=1}^{2} \frac{(n_{ij} - e_{ij})^2}{e_{ij}} = \frac{n \cdot (b \cdot c - a \cdot d)^2}{(a+b) \cdot (c+d) \cdot (a+c) \cdot (b+d)}$$

Einfachregression

Allgemeine Schätzgleichung

$$\hat{Y} = b_0 + b_1 \cdot X$$

b-Gewichte

$$b_1 = r_{XY} \cdot \frac{s_Y}{s_X} = \frac{s_{XY}}{s_X^2} = \frac{n \cdot \sum_{m=1}^{n} x_m \cdot y_m - \sum_{m=1}^{n} x_m \cdot \sum_{m=1}^{n} y_m}{n \cdot \sum_{m=1}^{n} x_m^2 - \left(\sum_{m=1}^{n} x_m \right)^2}$$

$$b_0 = \bar{y} - b_1 \cdot \bar{x}$$

Konfidenzintervall

$$\hat{y}_0 \pm t_{\left(1-\frac{\alpha}{2};n-2\right)} \cdot \hat{\sigma}_{\hat{Y}_0} \qquad \hat{\sigma}_{\hat{Y}_0} = \hat{\sigma}_\varepsilon \cdot \sqrt{1 + \frac{1}{n} + \frac{(x_0 - \bar{x})^2}{n \cdot s_X^2}} \qquad \hat{\sigma}_\varepsilon = \sqrt{\frac{\sum_{m=1}^{n} (y_m - \hat{y}_m)^2}{n-2}}$$

Exzess

$$Ex = \frac{\sum_{m=1}^{n} (x_m - \bar{x})^4}{n \cdot s_X^4} - 3$$

F-Test

$$F = \frac{\hat{\sigma}_1^2}{\hat{\sigma}_2^2} \qquad \hat{\sigma}^2 = s^2 \cdot \frac{n}{n-1}$$

Fisher-Yates-Test

$$p = \frac{(n_{11}+n_{12})! \cdot (n_{21}+n_{22})! \cdot (n_{11}+n_{21})! \cdot (n_{12}+n_{22})!}{n! \cdot n_{11}! \cdot n_{12}! \cdot n_{21}! \cdot n_{22}!}$$

Hierarchisch Lineare Modelle

Populationsvarianz der Gruppenmittelwerte (geschätzt)

$$\hat{\sigma}_{\bar{Y}}^2 = \frac{\sum_{i=1}^{n_{Level\text{-}2}} (\bar{y}_i - \bar{y})^2}{n_{Level\text{-}2} - 1}$$

Level-1-Varianz (geschätzt)

$$\hat{\sigma}_{Level\text{-}1}^2 = \frac{\sum_{i=1}^{n_{Level\text{-}2}} \sum_{m=1}^{n_{Level\text{-}1}} (y_{mi} - \bar{y}_i)^2}{(n_{Level\text{-}1} - 1) \cdot n_{Level\text{-}2}}$$

Level-2-Varianz (geschätzt)

$$\hat{\sigma}_{Level\text{-}2}^2 = \hat{\sigma}_{\bar{Y}}^2 - \frac{\hat{\sigma}_{Level\text{-}1}^2}{n_{Level\text{-}1}}$$

Intraklassen-Korrelation (erwartungstreu geschätzt)

$$\hat{\rho} = \frac{\hat{\sigma}_{Level\text{-}2}^2}{\hat{\sigma}_{Level\text{-}2}^2 + \hat{\sigma}_{Level\text{-}1}^2}$$

Kruskal-Wallis-H-Test

$$H = \frac{12}{n\cdot(n+1)}\cdot\sum_{j=1}^{p}\frac{RS_j^2}{n_j} - 3\cdot(n+1) \qquad df = k - 1$$

$$Korrekturfaktor = 1 - \frac{\sum_{j=1}^{k} K_j}{n^3 - n}$$

Kolmogorov-Smirnov-Test

$$D_{max} = max\left|F(x) - \Phi(x)\right|$$

Kovarianz

$$s_{XY} = \frac{\sum_{m=1}^{n}(x_m - \bar{x})\cdot(y_m - \bar{y})}{n}$$

McDonalds Omega

$$\omega = \frac{\left(\sum_{i=1}^{p}\lambda_i\right)^2}{\left(\sum_{i=1}^{p}\lambda_i\right)^2 + \sum_{i=1}^{p} Var(\varepsilon_i)}$$

Mittelwert

$$\bar{x} = \frac{\sum_{m=1}^{n} x_m}{n}$$

McNemar-Test

$$\chi^2 = \frac{(n_{12} - n_{21})^2}{n_{12} + n_{21}}$$

Multiple Regression (zwei Prädiktoren)

Allgemeine Schätzgleichung

$$\hat{y} = b_0 + b_1\cdot x_1 + b_2\cdot x_2$$

Multipler Determinationskoeffizient

$$R^2 = \frac{s_{\hat{Y}}^2}{s_Y^2} = \frac{\sum_{m=1}^{n}(\hat{y}_m - \bar{y})^2}{\sum_{m=1}^{n}(y_m - \bar{y})^2}$$

b-Gewichte, standardisiert

$$b_{1s} = \frac{r_{YX_1} - r_{YX_2}\cdot r_{X_1X_2}}{1 - r_{X_1X_2}^2} \qquad b_{2s} = \frac{r_{YX_2} - r_{YX_1}\cdot r_{X_1X_2}}{1 - r_{X_1X_2}^2}$$

b-Gewichte, unstandardisiert

$$b_1 = b_{1s} \cdot \frac{s_Y}{s_{X_1}} \qquad b_2 = b_{2s} \cdot \frac{s_Y}{s_{X_2}}$$

$$b_0 = \bar{y} - b_1 \cdot \bar{x}_1 - b_2 \cdot \bar{x}_2$$

Allgemeines Lineares Modell

$$b = (X'X)^{-1} \cdot X'y$$

$$QS_{tot} = y'y - n \cdot \bar{y}^2 \qquad QS_{det} = b'X'y - n \cdot \bar{y}^2$$

$$R^2 = \frac{QS_{det}}{QS_{tot}}$$

Konfidenzintervall

$$\hat{y} - t_{\alpha/2} \cdot \hat{\sigma}_e \leq \hat{y} \leq \hat{y} + t_{\alpha/2} \cdot \hat{\sigma}_e$$

Partialkorrelation

$$r_{XY \cdot Z} = \frac{r_{XY} - r_{XZ} \cdot r_{YZ}}{\sqrt{1 - r_{XZ}^2} \cdot \sqrt{1 - r_{YZ}^2}}$$

Phi-Korrelation

$$\hat{\phi} = \frac{n_{11} \cdot n_{22} - n_{12} \cdot n_{21}}{\sqrt{(n_{11} + n_{21}) \cdot (n_{12} + n_{22}) \cdot (n_{11} + n_{12}) \cdot (n_{21} + n_{22})}}$$

Produkt-Moment-Korrelation (Pearson-Korrelation)

$$r_{XY} = \frac{s_{XY}}{s_X \cdot s_Y} = \frac{n \cdot \sum_{m=1}^{n} (x_m \cdot y_m) - \left(\sum_{m=1}^{n} x_i\right) \cdot \left(\sum_{m=1}^{n} y_i\right)}{\sqrt{\left[n \cdot \sum_{m=1}^{n} x_m^2 - \left(\sum_{m=1}^{n} x_m\right)^2\right] \cdot \left[n \cdot \sum_{m=1}^{n} y_m^2 - \left(\sum_{m=1}^{n} y_m\right)^2\right]}}$$

Schiefe

$$Sch = \frac{\sum_{m=1}^{n} (x_m - \bar{x})^3}{n \cdot s_X^3}$$

t-Test für abhängige Stichproben

$$t_{\bar{X}_D} = \frac{\bar{x}_D}{\hat{\sigma}_{\bar{X}_D}} \qquad \hat{\sigma}_{\bar{X}_D} = \frac{\hat{\sigma}_D}{\sqrt{n}} \qquad \hat{\sigma}_D = \sqrt{\frac{\sum_{m=1}^{n} (d_m - \bar{x}_D)^2}{n-1}} = \sqrt{\frac{\sum_{m=1}^{n} d_m^2 - \frac{\left(\sum_{m=1}^{n} d_m\right)^2}{n}}{n-1}}$$

t-Test für Korrelationen

$$t = \frac{r \cdot \sqrt{n-2}}{\sqrt{1 - r^2}} \qquad df = n-2$$

t-Test für unabhängige Stichproben

a) homogene Varianzen

$$t = \frac{\bar{x}_1 - \bar{x}_2}{\hat{\sigma}_{\bar{X}_1 - \bar{X}_2}} \qquad \hat{\sigma}_{\bar{X}_1 - \bar{X}_2} = \sqrt{\frac{\hat{\sigma}_1^2 \cdot (n_1 - 1) + \hat{\sigma}_2^2 \cdot (n_2 - 1)}{(n_1 - 1) + (n_2 - 1)} \cdot \left(\frac{1}{n_1} + \frac{1}{n_2}\right)} \qquad df = n_1 + n_2 - 2$$

b) heterogene Varianzen

$$t = \frac{\bar{x}_1 - \bar{x}_2}{\sqrt{\frac{\hat{\sigma}_1^2}{n_1} + \frac{\hat{\sigma}_2^2}{n_2}}} \qquad df_{korr} = \frac{\left(\frac{\hat{\sigma}_1^2}{n_1} + \frac{\hat{\sigma}_2^2}{n_2}\right)^2}{\frac{\left(\frac{\hat{\sigma}_1^2}{n_1}\right)^2}{n_1 - 1} + \frac{\left(\frac{\hat{\sigma}_2^2}{n_2}\right)^2}{n_2 - 1}} = \frac{\left(\frac{\hat{\sigma}_1^2}{n_1} + \frac{\hat{\sigma}_2^2}{n_2}\right)^2}{\frac{\hat{\sigma}_1^4}{n_1^2 \cdot (n_1 - 1)} + \frac{\hat{\sigma}_2^4}{n_2^2 \cdot (n_2 - 1)}}$$

Varianzanalyse

unifaktoriell, ohne Messwiederholung

$$QS_{total} = \sum_{j=1}^{p} \sum_{m=1}^{n_j} (x_{mj} - \bar{x})^2$$

$$QS_{zw} = \sum_{j=1}^{p} \sum_{m=1}^{n_j} (\bar{x}_j - \bar{x})^2$$

$$QS_{inn} = \sum_{j=1}^{p} \sum_{m=1}^{n_j} (x_{mj} - \bar{x}_j)^2$$

Allgemeines Lineares Modell

$$QS_{total} = y'y - n \cdot \bar{y}^2$$

$$QS_{det} = QS_{zw} = b'X'y - n \cdot \bar{y}^2$$

$$QS_{err} = QS_{inn} = QS_{total} - QS_{det}$$

$$QS_h = Cb' \left(C \left(X'X\right)^{-1} C'\right)^{-1} Cb$$

b = Zellenmittelwertevektor

C = Contrastmatrix = Umsetzung der mathematischen Hypothesen

Effektgröße

$$\hat{\eta}^2 = \frac{QS_{zw}}{QS_{total}}$$

unifaktoriell, mit Messwiederholung

$$QS_{total} = \sum_{j=1}^{p} \sum_{m=1}^{n_j} (x_{mj} - \bar{x})^2$$

$$QS_{zwP} = \sum_{j=1}^{p} \sum_{m=1}^{n} (\bar{x}_{m\cdot} - \bar{x})^2$$

$$QS_{zwA} = \sum_{j=1}^{p} \sum_{m=1}^{n} (\bar{x}_{\cdot j} - \bar{x})^2$$

$$QS_{Res} = \sum_{j=1}^{p} \sum_{m=1}^{n_j} \left(x_{mj} - \bar{x}_{\bullet j} - \bar{x}_{m\bullet} + \bar{x} \right)^2$$

zweifaktoriell, ohne Messwiederholung

$$QS_{tot} = \sum_{k=1}^{q} \sum_{j=1}^{p} \sum_{m=1}^{n_{Zelle}} \left(x_{mjk} - \bar{x} \right)^2$$

$$QS_{zw} = \sum_{k=1}^{q} \sum_{j=1}^{p} \sum_{m=1}^{n_{Zelle}} \left(\bar{x}_{jk} - \bar{x} \right)^2 = n_{Zelle} \cdot \sum_{k=1}^{q} \sum_{j=1}^{p} \left(\bar{x}_{jk} - \bar{x} \right)^2$$

$$QS_{inn} = \sum_{k=1}^{q} \sum_{j=1}^{p} \sum_{m=1}^{n_{Zelle}} \left(x_{mjk} - \bar{x}_{jk} \right)^2$$

$$QS_A = \sum_{k=1}^{q} \sum_{j=1}^{p} \sum_{m=1}^{n_{Zelle}} \left(\bar{x}_{j\bullet} - \bar{x} \right)^2 = q \cdot n_{Zelle} \cdot \sum_{j=1}^{p} \left(\bar{x}_{j\bullet} - \bar{x} \right)^2$$

$$QS_B = \sum_{k=1}^{q} \sum_{j=1}^{p} \sum_{m=1}^{n_{Zelle}} \left(\bar{x}_{\bullet k} - \bar{x} \right)^2 = p \cdot n_{Zelle} \cdot \sum_{k=1}^{q} \left(\bar{x}_{\bullet k} - \bar{x} \right)^2$$

$$QS_{AB} = \sum_{k=1}^{q} \sum_{j=1}^{p} \sum_{m=1}^{n_{Zelle}} \left(\bar{x}_{jk} - \bar{x}_{j\bullet} - \bar{x}_{\bullet k} + \bar{x} \right)^2 = n_{Zelle} \cdot \sum_{k=1}^{q} \sum_{j=1}^{p} \left(\bar{x}_{jk} - \bar{x}_{j\bullet} - \bar{x}_{\bullet k} + \bar{x} \right)^2$$

zweifaktoriell, mit Messwiederholung auf einem Faktor

$$QS_A = q \cdot n_{Zelle} \cdot \sum_{j=1}^{p} \left(\bar{x}_{\bullet j \bullet} - \bar{x} \right)^2$$

$$QS_B = p \cdot n_{Zelle} \cdot \sum_{k=1}^{q} \left(\bar{x}_{\bullet\bullet k} - \bar{x} \right)^2$$

$$QS_{AB} = n_{Zelle} \cdot \sum_{k=1}^{q} \sum_{j=1}^{p} \left(\bar{x}_{\bullet jk} - \bar{x}_{\bullet j \bullet} - \bar{x}_{\bullet\bullet k} + \bar{x} \right)^2$$

$$QS_{P\_in\_A} = \sum_{k=1}^{q} \sum_{j=1}^{p} \sum_{m=1}^{n_{Zelle}} \left(\bar{x}_{mj\bullet} - \bar{x}_{\bullet j \bullet} \right)^2 = q \cdot \sum_{j=1}^{p} \sum_{m=1}^{n_{Zelle}} \left(\bar{x}_{mj\bullet} - \bar{x}_{\bullet j \bullet} \right)^2$$

$$QS_{Res} = \sum_{k=1}^{q} \sum_{j=1}^{p} \sum_{m=1}^{n_{Zelle}} \left(x_{mjk} - \bar{x}_{\bullet jk} - \bar{x}_{mj\bullet} + \bar{x}_{\bullet j \bullet} \right)^2$$

U-Test

$$u_1 = n_1 \cdot n_2 + \frac{n_1 \cdot (n_1 + 1)}{2} - rs_1 \quad \text{bzw.} \quad u_2 = n_1 \cdot n_2 + \frac{n_2 \cdot (n_2 + 1)}{2} - rs_2$$

Varianz

$$s_X^2 = \frac{\sum_{m=1}^{n} \left(x_m - \bar{x} \right)^2}{n} = \frac{\sum_{m=1}^{n} x^2 - \frac{\left(\sum_{m=1}^{n} x_m \right)^2}{n}}{n}$$

Yules Q

$$Q = \frac{n_{11} \cdot n_{22} - n_{12} \cdot n_{21}}{n_{11} \cdot n_{22} + n_{12} \cdot n_{21}}$$

z-Werte

$$z = \frac{x_i - \bar{x}}{S}$$

C Tabellen kritischer Werte

C.1 Standardnormalverteilung

Tabelle C.1 Ausgewählte Werte der Verteilungsfunktion F(z) = P(Z ≤ z) der Standardnormalverteilung

z	0,00	0,01	0,02	0,03	0,04	0,05	0,06	0,07	0,08	0,09
0,0	0,5000	0,5040	0,5080	0,5120	0,5160	0,5199	0,5239	0,5279	0,5319	0,5359
0,1	0,5398	0,5438	0,5478	0,5517	0,5557	0,5596	0,5636	0,5675	0,5714	0,5753
0,2	0,5793	0,5832	0,5871	0,5910	0,5948	0,5987	0,6026	0,6064	0,6103	0,6141
0,3	0,6179	0,6217	0,6255	0,6293	0,6331	0,6368	0,6406	0,6443	0,6480	0,6517
0,4	0,6554	0,6591	0,6628	0,6664	0,6700	0,6736	0,6772	0,6808	0,6844	0,6879
0,5	0,6915	0,6950	0,6985	0,7019	0,7054	0,7088	0,7123	0,7157	0,7190	0,7224
0,6	0,7257	0,7291	0,7324	0,7357	0,7389	0,7422	0,7454	0,7486	0,7517	0,7549
0,7	0,7580	0,7611	0,7642	0,7673	0,7704	0,7734	0,7764	0,7794	0,7823	0,7852
0,8	0,7881	0,7910	0,7939	0,7967	0,7995	0,8023	0,8051	0,8078	0,8106	0,8133
0,9	0,8159	0,8186	0,8212	0,8238	0,8264	0,8289	0,8315	0,8340	0,8365	0,8389
1,0	0,8413	0,8438	0,8461	0,8485	0,8508	0,8531	0,8554	0,8577	0,8599	0,8621
1,1	0,8643	0,8665	0,8686	0,8708	0,8729	0,8749	0,8770	0,8790	0,8810	0,8830
1,2	0,8849	0,8869	0,8888	0,8907	0,8925	0,8944	0,8962	0,8980	0,8997	0,9015
1,3	0,9032	0,9049	0,9066	0,9082	0,9099	0,9115	0,9131	0,9147	0,9162	0,9177
1,4	0,9192	0,9207	0,9222	0,9236	0,9251	0,9265	0,9279	0,9292	0,9306	0,9319
1,5	0,9332	0,9345	0,9357	0,9370	0,9382	0,9394	0,9406	0,9418	0,9429	0,9441
1,6	0,9452	0,9463	0,9474	0,9484	0,9495	0,9505	0,9515	0,9525	0,9535	0,9545
1,7	0,9554	0,9564	0,9573	0,9582	0,9591	0,9599	0,9608	0,9616	0,9625	0,9633
1,8	0,9641	0,9649	0,9656	0,9664	0,9671	0,9678	0,9686	0,9693	0,9699	0,9706
1,9	0,9713	0,9719	0,9726	0,9732	0,9738	0,9744	0,9750	0,9756	0,9761	0,9767
2,0	0,9772	0,9778	0,9783	0,9788	0,9793	0,9798	0,9803	0,9808	0,9812	0,9817
2,1	0,9821	0,9826	0,9830	0,9834	0,9838	0,9842	0,9846	0,9850	0,9854	0,9857
2,2	0,9861	0,9864	0,9868	0,9871	0,9875	0,9878	0,9881	0,9884	0,9887	0,9890
2,3	0,9893	0,9896	0,9898	0,9901	0,9904	0,9906	0,9909	0,9911	0,9913	0,9916
2,4	0,9918	0,9920	0,9922	0,9925	0,9927	0,9929	0,9931	0,9932	0,9934	0,9936

Tabelle C.1 Ausgewählte Werte der Verteilungsfunktion $F(z) = P(Z \leq z)$ der Standardnormalverteilung (Fortsetzung)

z	0,00	0,01	0,02	0,03	0,04	0,05	0,06	0,07	0,08	0,09
2,5	0,9938	0,9940	0,9941	0,9943	0,9945	0,9946	0,9948	0,9949	0,9951	0,9952
2,6	0,9953	0,9955	0,9956	0,9957	0,9959	0,9960	0,9961	0,9962	0,9963	0,9964
2,7	0,9965	0,9966	0,9967	0,9968	0,9969	0,9970	0,9971	0,9972	0,9973	0,9974
2,8	0,9974	0,9975	0,9976	0,9977	0,9977	0,9978	0,9979	0,9979	0,9980	0,9981
2,9	0,9981	0,9982	0,9982	0,9983	0,9984	0,9984	0,9985	0,9985	0,9986	0,9986
3,0	0,9987	0,9987	0,9987	0,9988	0,9988	0,9989	0,9989	0,9989	0,9990	0,9990
3,1	0,9990	0,9991	0,9991	0,9991	0,9992	0,9992	0,9992	0,9992	0,9993	0,9993
3,2	0,9993	0,9993	0,9994	0,9994	0,9994	0,9994	0,9994	0,9995	0,9995	0,9995
3,3	0,9995	0,9995	0,9995	0,9996	0,9996	0,9996	0,9996	0,9996	0,9996	0,9997
3,4	0,9997	0,9997	0,9997	0,9997	0,9997	0,9997	0,9997	0,9997	0,9997	0,9998
3,5	0,9998	0,9998	0,9998	0,9998	0,9998	0,9998	0,9998	0,9998	0,9998	0,9998
3,6	0,9998	0,9998	0,9999	0,9999	0,9999	0,9999	0,9999	0,9999	0,9999	0,9999
3,7	0,9999	0,9999	0,9999	0,9999	0,9999	0,9999	0,9999	0,9999	0,9999	0,9999
3,8	0,9999	0,9999	0,9999	0,9999	0,9999	0,9999	0,9999	0,9999	0,9999	0,9999
3,9	1,0000	1,0000	1,0000	1,0000	1,0000	1,0000	1,0000	1,0000	1,0000	1,0000

C.2 Zentrale t-Verteilung

Tabelle C2 Wichtige p-Quantile der zentralen t-Verteilung für df Freiheitsgrade

	p-Quantil						
df	**0,6**	**0,8**	**0,9**	**0,95**	**0,975**	**0,99**	**0,995**
1	0,3249	1,3764	3,0777	6,3138	12,7062	31,8205	63,6567
2	0,2887	1,0607	1,8856	2,9200	4,3027	6,9646	9,9248
3	0,2767	0,9785	1,6377	2,3543	3,1824	4,5407	5,8409
4	0,2707	0,9410	1,5332	2,1318	2,7764	3,7469	4,6041
5	0,2672	0,9195	1,4759	2,0150	2,5706	3,3649	4,0321
6	0,2648	0,9057	1,4398	1,9432	2,4469	3,1427	3,7074
7	0,2632	0,8960	1,4149	1,8946	2,3646	2,9980	3,4995
8	0,2619	0,8889	1,3968	1,8595	2,3060	2,8965	3,3554
9	0,2610	0,8834	1,3830	1,8331	2,2622	2,8214	3,2498
10	0,2602	0,8791	1,3722	1,8125	2,2281	2,7638	3,1693
11	0,2596	0,8755	1,3634	1,7959	2,2010	2,7181	3,1058
12	0,2590	0,8726	1,3562	1,7823	2,1788	2,6810	3,0545
13	0,2586	0,8702	1,3502	1,7709	2,1604	2,6503	3,0123
14	0,2582	0,8681	1,3450	1,7613	2,1448	2,6245	2,9768
15	0,2579	0,8662	1,3406	1,7531	2,1314	2,6025	2,9467
16	0,2576	0,8647	1,3368	1,7459	2,1199	2,5835	2,9208
17	0,2573	0,8633	1,3334	1,7396	2,1098	2,5669	2,8982
18	0,2571	0,8620	1,3304	1,7341	2,1009	2,5524	2,8784
19	0,2569	0,8610	1,3277	1,7291	2,0930	2,5395	2,8609
20	0,2567	0,8600	1,3253	1,7247	2,0860	2,5280	2,8453
21	0,2566	0,8591	1,3232	1,7207	2,0796	2,5176	2,8314
22	0,2564	0,8583	1,3212	1,7171	2,0739	2,5083	2,8188
23	0,2563	0,8575	1,3195	1,7139	2,0687	2,4999	2,8073
24	0,2562	0,8569	1,3178	1,7109	2,0639	2,4922	2,7969
25	0,2561	0,8562	1,3163	1,7081	2,0595	2,4851	2,7874
26	0,2560	0,8557	1,3150	1,7056	2,0555	2,4786	2,7787
27	0,2559	0,8551	1,3137	1,7033	2,0518	2,4727	2,7707
28	0,2558	0,8546	1,3125	1,7011	2,0484	2,4671	2,7633
29	0,2557	0,8542	1,3114	1,6991	2,0452	2,4620	2,7564
30	0,2556	0,8538	1,3104	1,6973	2,0423	2,4573	2,7500

C.3 Wilcoxon-Vorzeichen-Rangtest

Tabelle C.3 Wichtige p-Quantile w_p^+ der Prüfgröße W+ für den Wilcoxon-Vorzeichen-Rangtest

	p-Quantil							
n	**0,01**	**0,025**	**0,05**	**0,10**	**0,90**	**0,95**	**0,975**	**0,99**
4	0	0	0	1	8	9	10	10
5	0	0	1	3	11	13	14	14
6	0	1	3	4	16	17	19	20
7	1	3	4	6	21	23	24	26
8	2	4	6	9	26	29	31	33
9	4	6	9	11	33	35	38	40
10	6	9	11	15	39	43	45	57
11	8	11	14	18	47	51	54	57
12	10	14	18	22	55	59	62	66
13	13	18	22	27	63	68	72	77
14	16	22	26	32	72	78	82	88
15	20	26	31	37	82	88	93	99
16	24	30	36	43	92	99	105	111
17	28	35	42	49	103	110	117	124
18	33	41	48	56	114	122	129	137
19	38	47	54	63	126	135	142	151
20	44	53	61	70	139	148	156	165

C.4 Zentrale Chi²-Verteilung

Tabelle C.4 Wichtige p-Quantile $\chi^2_{p;df}$ der zentralen Chi²-Verteilung für df Freiheitsgrade (nach Eid et al., 2017)

	p-Quantil							
df	**0,01**	**0,025**	**0,05**	**0,1**	**0,9**	**0,95**	**0,975**	**0,99**
1	0,0002	0,0010	0,0039	0,0158	2,7055	3,8415	5,0239	6,6349
2	0,0201	0,0506	0,1026	0,2107	4,6052	5,9915	7,3778	9,2103
3	0,1148	0,2158	0,3518	0,5844	6,2514	7,8147	9,3484	11,345
4	0,2971	0,4844	0,7107	1,0636	7,7794	9,4877	11,143	13,277
5	0,5543	0,8312	1,1455	1,6103	9,2364	11,070	12,833	15,086
6	0,8721	1,2373	1,6354	2,2041	10,645	12,592	14,449	16,812
7	1,2390	1,6899	2,1674	2,8331	12,017	14,067	16,013	18,475
8	1,6465	2,1797	2,7326	3,4895	13,362	15,507	17,535	20,090
9	2,0879	2,7004	3,3251	4,1682	14,684	16,919	19,023	21,666
10	2,5582	3,2470	3,9403	4,8652	15,987	18,307	20,483	23,209
11	3,0535	3,8157	4,5748	5,5778	17,275	19,675	21,920	24,725
12	3,5706	4,4038	5,2260	6,3038	18,549	21,026	23,337	26,217
13	4,1069	5,0088	5,8919	7,0415	19,812	22,362	24,736	27,688
14	4,6604	5,6287	6,5706	7,7895	21,064	23,685	26,119	29,141
15	5,2293	6,2621	7,2609	8,5468	22,307	24,996	27,488	30,578
16	5,8122	6,9077	7,9616	9,3122	23,542	26,296	28,845	32,000
17	6,4078	7,5642	8,6718	10,085	24,769	27,587	30,191	33,409
18	7,0149	8,2307	9,3905	10,865	25,989	28,869	31,526	34,805
19	7,6327	8,9065	10,117	11,651	27,204	30,144	32,852	36,191
20	8,2604	9,5908	10,851	12,443	28,412	31,410	34,170	37,566
21	8,8972	10,283	11,591	13,240	29,615	32,671	35,479	38,932
22	9,5425	10,982	12,338	14,041	30,813	33,924	36,781	40,289
23	10,196	11,689	13,091	14,848	32,007	35,172	38,076	41,638
24	10,856	12,401	13,848	15,659	33,196	36,415	39,364	42,980
25	11,524	13,120	14,611	16,473	34,382	37,652	40,646	44,314
26	12,198	13,844	15,379	17,292	35,563	38,885	41,923	45,642
27	12,879	14,573	16,151	18,114	36,741	40,113	43,195	46,963
28	13,565	15,308	16,928	18,939	37,916	41,337	44,461	48,278
29	14,256	16,047	17,708	19,768	39,087	42,557	45,722	49,588
30	14,953	16,791	18,493	20,599	40,256	43,773	46,979	50,892

C.5 Kritische Werte für den Kolmogorov-Smirnov-Test

Tabelle C.5 Kritische Werte für den Kolmogorov-Smirnov-Test (KS-Anpassungstest) für ausgewählte Stichprobengrößen n und Signifikanzniveaus α (zweiseitig)

n	α = 0,20	α = 0,10	α = 0,05	α = 0,02	α = 0,01
1	0,900	0,950	0,975	0,990	0,995
2	0,684	0,776	0,842	0,900	0,929
3	0,565	0,636	0,708	0,785	0,829
4	0,493	0,565	0,624	0,689	0,734
5	0,447	0,509	0,563	0,627	0,669
6	0,410	0,468	0,519	0,577	0,617
7	0,381	0,436	0,483	0,538	0,576
8	0,358	0,410	0,454	0,507	0,542
9	0,339	0,387	0,430	0,480	0,513
10	0,323	0,369	0,409	0,457	0,489
11	0,308	0,352	0,391	0,437	0,468
12	0,296	0,338	0,375	0,419	0,449
13	0,285	0,325	0,361	0,404	0,432
14	0,275	0,314	0,349	0,390	0,418
15	0,266	0,304	0,338	0,377	0,404
16	0,258	0,295	0,327	0,366	0,392
17	0,250	0,286	0,318	0,355	0,381
18	0,244	0,279	0,309	0,346	0,371
19	0,237	0,271	0,301	0,337	0,361
20	0,232	0,265	0,294	0,329	0,352
21	0,226	0,259	0,287	0,321	0,344
22	0,221	0,253	0,281	0,314	0,337
23	0,216	0,247	0,275	0,307	0,330
24	0,212	0,242	0,269	0,301	0,323
25	0,208	0,238	0,264	0,295	0,317
26	0,204	0,233	0,259	0,290	0,311
27	0,200	0,229	0,254	0,284	0,305
28	0,197	0,225	0,250	0,279	0,300
29	0,193	0,221	0,246	0,275	0,295

Tabelle C.5 Kritische Werte für den Kolmogorov-Smirnov-Test (KS-Anpassungstest) für ausgewählte Stichprobengrößen n und Signifikanzniveaus α (zweiseitig; Fortsetzung)

n	α = 0,20	α = 0,10	α = 0,05	α = 0,02	α = 0,01
30	0,190	0,218	0,242	0,270	0,290
31	0,187	0,214	0,238	0,266	0,285
32	0,184	0,211	0,234	0,262	0,281
33	0,182	0,208	0,231	0,258	0,277
34	0,179	0,205	0,227	0,254	0,273
35	0,177	0,202	0,224	0,251	0,269
36	0,174	0,199	0,221	0,247	0,265
37	0,172	0,196	0,218	0,244	0,262
38	0,170	0,194	0,215	0,241	0,258
39	0,168	0,191	0,213	0,238	0,255
40	0,165	0,189	0,210	0,235	0,252

C.6 Zentrale F-Verteilung

Tabelle C.6 Wichtige p-Quantile $F_{(p;df_1;df_2)}$ der zentralen F-Verteilung für ausgewählte df_1 Zähler- und df_2 Nennerfreiheitsgrade (nach Eid et al., 2017).

		df_2								
df_1	p	1	2	3	4	5	6	7	8	9
1	0,9	39,863	8,5263	5,5383	4,5448	4,0604	3,7759	3,5894	3,4579	3,3603
	0,95	161,45	18,513	10,128	7,7086	6,6079	5,9874	5,5914	5,3177	5,1174
	0,975	647,79	38,506	17,443	12,218	10,007	8,8131	8,0727	7,5709	7,2093
	0,99	4052,2	98,502	34,116	21,198	16,258	13,7450	12,246	11,259	10,561
2	0,9	49,500	9,0000	5,4624	4,3246	3,7797	3,4633	3,2574	3,1131	3,0065
	0,95	199,50	19,000	9,5521	6,9443	5,7861	5,1433	4,7374	4,4590	4,2565
	0,975	799,50	39,000	16,044	10,649	8,4336	7,2599	6,5415	6,0595	5,7147
	0,99	4999,5	99,000	30,817	18,000	13,274	10,925	9,5466	8,6491	8,0215
3	0,9	53,593	9,1618	5,3908	4,1909	3,6195	3,2888	3,0741	2,9238	2,8129
	0,95	215,71	19,164	9,2766	6,5914	5,4095	4,7571	4,3468	4,0662	3,8625
	0,975	864,16	39,165	15,439	9,9792	7,7636	6,5988	5,8898	5,4160	5,0781
	0,99	5403,4	99,166	29,457	16,694	12,060	9,7795	8,4513	7,5910	6,9919
4	0,9	55,833	9,2434	5,3426	4,1072	3,5202	3,1808	2,9605	2,8064	2,6927
	0,95	224,58	19,247	9,1172	6,3882	5,1922	4,5337	4,1203	3,8379	3,6331
	0,975	899,58	39,248	15,101	9,6045	7,3879	6,2272	5,5226	5,0526	4,7181
	0,99	5624,6	99,249	28,710	15,977	11,392	9,1483	7,8466	7,0061	6,4221
5	0,9	57,240	9,2926	5,3092	4,0506	3,4530	3,1075	2,8833	2,7264	2,6106
	0,95	230,16	19,296	9,0135	6,2561	5,0503	4,3874	3,9715	3,6875	3,4817
	0,975	921,85	39,298	14,885	9,3645	7,1464	5,9876	5,2852	4,8173	4,4844
	0,99	5763,6	99,299	28,237	15,522	10,967	8,7459	7,4604	6,6318	6,0569
6	0,9	58,204	9,3255	5,2847	4,0097	3,4045	3,0546	2,8274	2,6683	2,5509
	0,95	233,99	19,330	8,9406	6,1631	4,9503	4,2839	3,8660	3,5806	3,3738
	0,975	937,11	39,331	14,735	9,1973	6,9777	5,8198	5,1186	4,6517	4,3197
	0,99	5859,0	99,333	27,911	15,207	10,672	8,4661	7,1914	6,3707	5,8018
7	0,9	58,906	9,3491	5,2662	3,9790	3,3679	3,0145	2,7849	2,6241	2,5053
	0,95	236,77	19,353	8,8867	6,0942	4,8759	4,2067	3,7870	3,5005	3,2927
	0,975	948,22	39,355	14,624	9,0741	6,8531	5,6955	4,9949	4,5286	4,1970
	0,99	5928,4	99,356	27,672	14,976	10,456	8,2600	6,9928	6,1776	5,6129

Tabelle C.6 Wichtige p-Quantile $F_{(p;df_1;df_2)}$ der zentralen F-Verteilung für ausgewählte df_1 Zähler- und df_2 Nennerfreiheitsgrade (nach Eid et al., 2017) (Fortsetzung)

		df_2								
df_1	p	1	2	3	4	5	6	7	8	9
8	0,9	59,439	9,3668	5,2517	3,9549	3,3393	2,983	2,7516	2,5893	2,4694
	0,95	238,88	19,371	8,8452	6,0410	4,8183	4,1468	3,7257	3,4381	3,2296
	0,975	956,66	39,373	14,540	8,9796	6,7572	5,5996	4,8993	4,4333	4,1020
	0,99	5981,1	99,374	27,489	14,799	10,289	8,1017	6,8400	6,0289	5,4671
9	0,9	59,858	9,3805	5,2400	3,9357	3,3163	2,9577	2,7247	2,5612	2,4403
	0,95	240,54	19,385	8,8123	5,9988	4,7725	4,0990	3,6767	3,3881	3,1789
	0,975	963,28	39,387	14,473	8,9047	6,6811	5,5234	4,8232	4,3572	4,0260
	0,99	6022,5	99,388	27,345	14,659	10,158	7,9761	6,7188	5,9106	5,3511
10	0,9	60,195	9,3916	5,2304	3,9199	3,2974	2,9369	2,7025	2,5380	2,4163
	0,95	241,88	19,369	8,7855	5,9644	4,7351	4,0600	3,6365	3,3472	3,1373
	0,975	968,63	39,398	14,419	8,8439	6,6192	5,4613	4,7611	4,2951	3,9639
	0,99	6055,8	99,399	27,229	14,546	10,051	7,8741	6,6201	5,8143	5,2565
11	0,9	60,473	9,4006	5,2224	3,9067	3,2816	2,9195	2,6839	2,5186	2,3961
	0,95	242,98	19,405	8,7633	5,9358	4,7040	4,0274	3,6030	3,3130	3,1025
	0,975	973,03	39,407	14,374	8,7935	6,5678	5,4098	4,7095	4,2434	3,9121
	0,99	6083,3	99,408	27,133	14,452	9,9626	7,7896	6,5382	5,7343	5,1779
12	0,9	60,705	9,4081	5,2156	3,8955	3,2682	2,9047	2,6681	2,5020	2,3789
	0,95	243,91	19,413	8,7446	5,9117	4,6777	3,9999	3,5747	3,2839	3,0729
	0,975	976,71	39,415	14,337	8,7512	6,5245	5,3662	4,6658	4,1997	3,8682
	0,99	6106,3	99,416	27,052	14,374	9,8883	7,7183	6,4691	5,6667	5,1114
13	0,9	60,903	9,4145	5,2098	3,8859	3,2567	2,8920	2,6545	2,4876	2,3640
	0,95	244,69	19,419	8,7287	5,8911	4,6552	3,9764	3,5503	3,2590	3,0475
	0,975	979,84	39,421	14,304	8,7150	6,4876	5,3290	4,6285	4,1622	3,8306
	0,99	6125,9	99,422	26,983	14,307	9,8248	7,6575	6,4100	5,6089	5,0545
14	0,9	61,073	9,4200	5,2047	3,8776	3,2468	2,8809	2,6426	2,4752	2,3510
	0,95	245,36	19,424	8,7149	5,8733	4,6358	3,9559	3,5292	3,2374	3,0255
	0,975	982,53	39,427	14,277	8,6838	6,4556	5,2968	4,5961	4,1297	3,7980
	0,99	6142,7	99,428	26,924	14,249	9,7700	7,6049	6,3590	5,5589	5,0052
15	0,9	61,220	9,4247	5,2003	3,8704	3,2380	2,8712	2,6322	2,4642	2,3396
	0,95	245,95	19,429	8,7029	5,8578	4,6188	3,9381	3,5107	3,2184	3,0061
	0,975	984,87	39,431	14,253	8,6565	6,4277	5,2687	4,5678	4,1012	3,7694
	0,99	6157,3	99,433	26,872	14,198	9,7222	7,5590	6,3143	5,5151	4,9621

Tabelle C.6 Wichtige p-Quantile $F_{(p;df_1;df_2)}$ der zentralen F-Verteilung für ausgewählte df_1 Zähler- und df_2 Nennerfreiheitsgrade (nach Eid et al., 2017) (Fortsetzung)

		df_2								
df_1	**p**	**1**	**2**	**3**	**4**	**5**	**6**	**7**	**8**	**9**
20	**0,9**	61,740	9,4413	5,1845	3,8443	3,2067	2,8363	2,5947	2,4246	2,2983
	0,95	248,01	19,446	8,6602	5,8025	4,5581	3,8742	3,4445	3,1503	2,9365
	0,975	993,10	39,448	14,167	8,5599	6,3286	5,1684	4,4667	3,9995	3,6669
	0,99	6208,7	99,449	26,690	14,020	9,5526	7,3958	6,1554	5,3591	4,8080
25	**0,9**	62,055	9,4513	5,1747	3,8283	3,1873	2,8147	2,5714	2,3999	2,2725
	0,95	249,26	19,456	8,6341	5,7687	4,5209	3,8348	3,4036	3,1081	2,8932
	0,975	998,08	39,458	14,115	8,5010	6,2679	5,1069	4,4045	3,9367	3,6035
	0,99	6239,8	99,459	26,579	13,911	9,4491	7,2960	6,0580	5,2631	4,7130
30	**0,9**	62,265	9,4579	5,1681	3,8174	3,1741	2,8000	2,5555	2,3830	2,2547
	0,95	250,10	19,462	8,6166	5,7459	4,4957	3,8082	3,3758	3,0794	2,8637
	0,975	1001,4	39,465	14,081	8,4613	6,2269	5,0652	4,3624	3,8940	3,5604
	0,99	6260,6	99,466	26,505	13,838	9,3793	7,2285	5,9920	5,1981	4,6486
40	**0,9**	62,529	9,4662	5,1597	3,8036	3,1573	2,7812	2,5351	2,3614	2,2320
	0,95	251,14	19,471	8,5944	5,7170	4,4638	3,7743	3,3404	3,0428	2,8259
	0,975	1005,6	39,473	14,037	8,4111	6,1750	5,0125	4,3089	3,8398	3,5055
	0,99	6286,8	99,474	26,411	13,745	9,2912	7,1432	5,9084	5,1156	4,5666
50	**0,9**	62,688	9,4712	5,1546	3,7952	3,1471	2,7697	2,5226	2,3481	2,2180
	0,95	251,77	19,476	8,5810	5,6995	4,4444	3,7537	3,3189	3,0204	2,8028
	0,975	1008,1	39,478	14,010	8,3808	6,1436	4,9804	4,2763	3,8067	3,4719
	0,99	6302,5	99,479	26,354	13,690	9,2378	7,0915	5,8577	5,0654	4,5167
60	**0,9**	62,794	9,4746	5,1512	3,7896	3,1402	2,7620	2,5142	2,3391	2,2085
	0,95	252,20	19,479	8,5720	5,6877	4,4314	3,7398	3,3043	3,0053	2,7872
	0,975	1009,8	39,481	13,992	8,3604	6,1225	4,9589	4,2544	3,7844	3,4493
	0,99	6313,0	99,482	26,316	13,652	9,2020	7,0567	5,8236	5,0316	4,4831
80	**0,9**	62,927	9,4787	5,1469	3,7825	3,1316	2,7522	2,5036	2,3277	2,1965
	0,95	252,72	19,483	8,5607	5,6730	4,4150	3,7223	3,2860	2,9862	2,7675
	0,975	1011,9	36,485	13,970	8,3349	6,0960	4,9318	4,2268	3,7563	3,4207
	0,99	6326,2	99,487	26,269	13,605	9,1570	7,0130	5,7806	4,9890	4,4407
100	**0,9**	63,007	9,4812	5,1443	3,7782	3,1263	2,7463	2,4971	2,3208	2,1892
	0,95	253,04	19,486	8,5539	5,6641	4,4051	3,7117	3,2749	2,9747	2,7556
	0,975	1013,2	39,488	13,956	8,3195	6,0800	4,9154	4,2101	3,7393	3,4034
	0,99	6334,1	99,489	26,240	13,577	9,1299	6,9867	5,7547	4,9633	4,4150

Tabelle C.6 Wichtige p-Quantile $F_{(p;df_1;df_2)}$ der zentralen F-Verteilung für ausgewählte df_1 Zähler- und df_2 Nennerfreiheitsgrade (nach Eid et al., 2017) (Fortsetzung)

		df_2								
df_1	p	10	12	14	16	18	20	22	24	26
1	0,9	3,2850	3,1765	3,1022	3,0481	3,0070	2,9747	2,9486	2,9271	2,9091
	0,95	4,9646	4,7472	4,6001	4,4940	4,4139	4,3512	4,3009	4,2597	4,2252
	0,975	6,9367	6,5538	6,2979	6,1151	5,9781	5,8715	5,7863	5,7166	5,6586
	0,99	10,044	9,3302	8,8616	8,5310	8,2854	8,0960	7,9454	7,8229	7,7213
2	0,9	2,9245	2,8068	2,7265	2,6682	2,6239	2,5893	2,5613	2,5383	2,5191
	0,95	4,1028	3,8853	3,7389	3,6337	3,5546	3,4928	3,4434	3,4028	3,3690
	0,975	5,4564	5,0959	4,8567	4,6867	4,5597	4,4613	4,3828	4,3187	4,2655
	0,99	7,5594	6,9266	6,5149	6,2262	6,0129	5,8489	5,7190	5,6136	5,5263
3	0,9	2,7277	2,6055	2,5222	2,4618	2,4160	2,3801	2,3512	2,3274	2,3075
	0,95	3,7083	3,4903	3,3439	3,2389	3,1599	3,0984	3,0491	3,0088	2,9752
	0,975	4,8256	4,4742	4,2417	4,0768	3,9539	3,8587	3,7829	3,7211	3,6697
	0,99	6,5523	5,9525	5,5639	5,2922	5,0919	4,9382	4,8166	4,7181	4,6366
4	0,9	2,6053	2,4801	2,3947	2,3327	2,2858	2,2489	2,2193	2,1949	2,1745
	0,95	3,4780	3,2592	3,1122	3,0069	2,9277	2,8661	2,8167	2,7763	2,7426
	0,975	4,4683	4,1212	3,8919	3,7294	3,6083	3,5147	3,4401	3,3794	3,3289
	0,99	5,9943	5,4120	5,0354	4,7726	4,5790	4,4307	4,3134	4,2184	4,1400
5	0,9	2,5216	2,3940	2,3069	2,2438	2,1958	2,1582	2,1279	2,1030	2,0822
	0,95	3,3258	3,1059	2,9582	2,8524	2,7729	2,7109	2,6613	2,6207	2,5868
	0,975	4,2361	3,8911	3,6634	3,5021	3,3820	3,2891	3,2151	3,1548	3,1048
	0,99	5,6363	5,0643	4,6950	4,4374	4,2479	4,1027	3,9880	3,8951	3,8183
6	0,9	2,4606	2,3310	2,2426	2,1783	2,1296	2,0913	2,0605	2,0351	2,0139
	0,95	3,2172	2,9961	2,8477	2,7413	2,6613	2,5990	2,5491	2,5082	2,4741
	0,975	4,0721	3,7283	3,5014	3,3406	3,2209	3,1283	3,0546	2,9946	2,9447
	0,99	5,3858	4,8206	4,4558	4,2016	4,0146	3,8714	3,7583	3,6667	3,5911
7	0,9	2,4140	2,2828	2,1931	2,1280	2,0785	2,0397	2,0084	1,9826	1,9610
	0,95	3,1355	2,9134	2,7642	2,6572	2,5767	2,5140	2,4638	2,4226	2,3883
	0,975	3,9498	3,6065	3,3799	3,2194	3,0999	3,0074	2,9338	2,8738	2,8240
	0,99	5,2001	4,6395	4,2779	4,0259	3,8406	3,6987	3,5867	3,4959	3,4210
8	0,9	2,3771	2,2446	2,1539	2,0880	2,0379	1,9985	1,9668	1,9407	1,9188
	0,95	3,0717	2,8486	2,6987	2,5911	2,5102	2,4471	2,3965	2,3551	2,3205
	0,975	3,8549	3,5118	3,2853	3,1248	3,0053	2,9128	2,8392	2,7791	2,7293
	0,99	5,0567	4,4994	4,1399	3,8896	3,7054	3,5644	3,4530	3,3629	3,2884

Tabelle C.6 Wichtige p-Quantile $F_{(p;df_1;df_2)}$ der zentralen F-Verteilung für ausgewählte df_1 Zähler- und df_2 Nennerfreiheitsgrade (nach Eid et al., 2017) (Fortsetzung)

		df_2								
df_1	p	10	12	14	16	18	20	22	24	26
9	0,9	2,3473	2,2135	2,122	2,0553	2,0047	1,9649	1,9327	1,9063	1,8841
	0,95	3,0204	2,7964	2,6458	2,5377	2,4563	2,3928	2,3419	2,3002	2,2655
	0,975	3,7790	3,4358	3,2093	3,0488	2,9291	2,8365	2,7628	2,7027	2,6528
	0,99	4,9424	4,3875	4,0297	3,7804	3,5971	3,4567	3,3458	3,2560	3,1818
10	0,9	2,3226	2,1878	2,0954	2,0281	1,9770	1,9367	1,9043	1,8775	1,8550
	0,95	2,9782	2,7534	2,6022	2,4935	2,4117	2,3479	2,2967	2,2547	2,2197
	0,975	3,7168	3,3736	3,1469	2,9862	2,8664	2,7737	2,6998	2,6396	2,5896
	0,99	4,8491	4,2961	3,9394	3,6909	3,5082	3,3682	3,2576	3,1681	3,0941
11	0,9	2,3018	2,1660	2,0729	2,0051	1,9535	1,9129	1,8801	1,8530	1,8303
	0,95	2,9430	2,7173	2,5655	2,4564	2,3742	2,3100	2,2585	2,2163	2,1811
	0,975	3,6649	3,3215	3,0946	2,9337	2,8137	2,7209	2,6469	2,5865	2,5363
	0,99	4,7715	4,2198	3,8640	3,6162	3,4338	3,2941	3,1837	3,0944	3,0205
12	0,9	2,2841	2,1474	2,0537	1,9854	1,9333	1,8924	1,8593	1,8319	1,8090
	0,95	2,9130	2,6866	2,5342	2,4247	2,3421	2,2776	2,2258	2,1834	2,1479
	0,975	3,6209	3,2773	3,0502	2,8890	2,7689	2,6758	2,6017	2,5411	2,4908
	0,99	4,7059	4,1553	3,8001	3,5527	3,3706	3,2311	3,1209	3,0316	2,9578
13	0,9	2,2687	2,1313	2,0370	1,9682	1,9158	1,8745	1,8411	1,8136	1,7904
	0,95	2,8872	2,6602	2,5073	2,3973	2,3143	2,2495	2,1975	2,1548	2,1192
	0,975	3,5832	3,2393	3,0119	2,8506	2,7302	2,6369	2,5626	2,5019	2,4515
	0,99	4,6496	4,0999	3,7452	3,4981	3,3162	3,1769	3,0667	2,9775	2,9038
14	0,9	2,2553	2,1173	2,0224	1,9532	1,9004	1,8588	1,8252	1,7974	1,7741
	0,95	2,8647	2,6371	2,4837	2,3733	2,2900	2,2250	2,1727	2,1298	2,0939
	0,975	3,5504	3,2062	2,9786	2,8170	2,6964	2,6030	2,5285	2,4677	2,4171
	0,99	4,6008	4,0518	3,6975	3,4506	3,2689	3,1296	3,0195	2,9303	2,8566
15	0,9	2,2435	2,1049	2,0095	1,9399	1,8868	1,8449	1,8111	1,7831	1,7596
	0,95	2,8450	2,6169	2,4630	2,3522	2,2686	2,2033	2,1508	2,1077	2,0716
	0,975	3,5217	3,1772	2,9493	2,7875	2,6667	2,5731	2,4984	2,4374	2,3867
	0,99	4,5581	4,0096	3,6557	3,4089	3,2273	3,0880	2,9779	2,8887	2,8150
20	0,9	2,2007	2,0597	1,9625	1,8913	1,8368	1,7938	1,7590	1,7302	1,7059
	0,95	2,7740	2,5436	2,3879	2,2756	2,1906	2,1242	2,0707	2,0267	1,9898
	0,975	3,4185	3,0728	2,8437	2,6808	2,5590	2,4645	2,3890	2,3273	2,2759
	0,99	4,4054	3,8584	3,5052	3,2587	3,0771	2,9377	2,8274	2,7380	2,6640

Tabelle C.6 Wichtige p-Quantile $F_{(p;df_1;df_2)}$ der zentralen F-Verteilung für ausgewählte df_1 Zähler- und df_2 Nennerfreiheitsgrade (nach Eid et al., 2017) (Fortsetzung)

		df_2								
df_1	p	10	12	14	16	18	20	22	24	26
25	0,9	2,1739	2,0312	1,9326	1,8603	1,8049	1,7611	1,7255	1,6960	1,6712
	0,95	2,7298	2,4977	2,3407	2,2272	2,1413	2,0739	2,0196	1,9750	1,9375
	0,975	3,3546	3,0077	2,7777	2,6138	2,4912	2,3959	2,3198	2,2574	2,2054
	0,99	4,3111	3,7647	3,4116	3,1650	2,9831	2,8434	2,7328	2,6430	2,5686
30	0,9	2,1554	2,0115	1,9119	1,8388	1,7827	1,7382	1,7021	1,6721	1,6468
	0,95	2,6996	2,4663	2,3082	2,1938	2,1071	2,0391	1,9842	1,9390	1,9010
	0,975	3,3110	2,9633	2,7324	2,5678	2,4445	2,3486	2,2718	2,2090	2,1565
	0,99	4,2469	3,7008	3,3476	3,1007	2,9185	2,7785	2,6675	2,5773	2,5026
40	0,9	2,1317	1,9861	1,8852	1,8108	1,7537	1,7083	1,6714	1,6407	1,6147
	0,95	2,6609	2,4259	2,2663	2,1507	2,0629	1,9938	1,9380	1,8920	1,8533
	0,975	3,2554	2,9063	2,6742	2,5085	2,3842	2,2873	2,2097	2,1460	2,0928
	0,99	4,1653	3,6192	3,2656	3,0182	2,8354	2,6947	2,5831	2,4923	2,4170
50	0,9	2,1171	1,9704	1,8686	1,7934	1,7356	1,6896	1,6521	1,6209	1,5945
	0,95	2,6371	2,4010	2,2405	2,1240	2,0354	1,9656	1,9092	1,8625	1,8233
	0,975	3,2214	2,8714	2,6384	2,4719	2,3468	2,2493	2,1710	2,1067	2,0530
	0,99	4,1155	3,5692	3,2153	2,9675	2,7841	2,6430	2,5308	2,4395	2,3637
60	0,9	2,1072	1,9597	1,8572	1,7816	1,7232	1,6768	1,6389	1,6073	1,5805
	0,95	2,6211	2,3842	2,2229	2,1058	2,0166	1,9464	1,8894	1,8424	1,8027
	0,975	3,1984	2,8478	2,6142	2,4471	2,3214	2,2234	2,1446	2,0799	2,0257
	0,99	4,0819	3,5355	3,1813	2,9330	2,7493	2,6077	2,4951	2,4035	2,3273
80	0,9	2,0946	1,9461	1,8428	1,7664	1,7073	1,6603	1,6218	1,5897	1,5625
	0,95	2,6008	2,3628	2,2006	2,0826	1,9927	1,9217	1,8641	1,8164	1,7762
	0,975	3,1694	2,8178	2,5833	2,4154	2,2890	2,1902	2,1108	2,0454	1,9907
	0,99	4,0394	3,4928	3,1381	2,8893	2,7050	2,5628	2,4496	2,3573	2,2806
100	0,9	2,0869	1,9379	1,8340	1,7570	1,6976	1,6501	1,6113	1,5788	1,5513
	0,95	2,5884	2,3498	2,1870	2,0685	1,9780	1,9066	1,8486	1,8005	1,7599
	0,975	3,1517	2,7996	2,5646	2,3961	2,2692	2,1699	2,0901	2,0243	1,9691
	0,99	4,0137	3,4668	3,1118	2,8627	2,6779	2,5353	2,4217	2,3291	2,2519

Tabelle C.6 Wichtige p-Quantile $F_{(p;df_1;df_2)}$ der zentralen F-Verteilung für ausgewählte df_1 Zähler- und df_2 Nennerfreiheitsgrade (nach Eid et al., 2017) (Fortsetzung)

		df₂								
df₁	**p**	**30**	**40**	**50**	**60**	**70**	**80**	**90**	**100**	**110**
1	**0,9**	2,8807	2,8354	2,8087	2,7911	2,7786	2,7693	2,7621	2,7564	2,7517
	0,95	4,1709	4,0847	4,0343	4,0012	3,9778	3,9604	3,9469	3,9361	3,9274
	0,975	5,5675	5,4239	5,3403	5,2856	5,2470	5,2184	5,1962	5,1786	5,1642
	0,99	7,5625	7,3141	7,1706	7,0771	7,0114	6,9627	6,9251	6,8953	6,8710
2	**0,9**	2,4887	2,4404	2,4120	2,3933	2,3800	2,3701	2,3625	2,3564	2,3515
	0,95	3,3158	3,2317	3,1826	3,1504	3,1277	3,1108	3,0977	3,0873	3,0788
	0,975	4,1821	4,0510	3,9749	3,9253	3,8903	3,8643	3,8443	3,8284	3,8154
	0,99	5,3903	5,1785	5,0566	4,9774	4,9219	4,8807	4,8491	4,8239	4,8035
3	**0,9**	2,2761	2,2261	2,1967	2,1774	2,1637	2,1535	2,1457	2,1394	2,1343
	0,95	2,9223	2,8387	2,7900	2,7581	2,7355	2,7188	2,7058	2,6955	2,6871
	0,975	3,5894	3,4633	3,3902	3,3425	3,3090	3,2841	3,2649	3,2496	3,2372
	0,99	4,5097	4,3126	4,1993	4,1259	4,0744	4,0363	4,0070	3,9837	3,9648
4	**0,9**	2,1422	2,0909	2,0608	2,0410	2,0269	2,0165	2,0084	2,0019	1,9967
	0,95	2,6896	2,6060	2,5572	2,5252	2,5027	2,4859	2,4729	2,4626	2,4542
	0,975	3,2499	3,1261	3,0544	3,0077	2,9748	2,9504	2,9315	2,9166	2,9044
	0,99	4,0179	3,8283	3,7195	3,6490	3,5996	3,5631	3,5350	3,5127	3,4946
5	**0,9**	2,0492	1,9968	1,9660	1,9457	1,9313	1,9206	1,9123	1,9057	1,9004
	0,95	2,5336	2,4495	2,4004	2,3683	2,3456	2,3287	2,3157	2,3053	2,2969
	0,975	3,0265	2,9037	2,8327	2,7863	2,7537	2,7295	2,7109	2,6961	2,6840
	0,99	3,6990	3,5138	3,4077	3,3389	3,2907	3,2550	3,2276	3,2059	3,1882
6	**0,9**	1,9803	1,9269	1,8954	1,8747	1,8600	1,8491	1,8406	1,8339	1,8284
	0,95	2,4205	2,3359	2,2864	2,2541	2,2312	2,2142	2,2011	2,1906	2,1821
	0,975	2,8667	2,7444	2,6736	2,6274	2,5949	2,5708	2,5522	2,5374	2,5254
	0,99	3,4735	3,2910	3,1864	3,1187	3,0712	3,0361	3,0091	2,9877	2,9703
7	**0,9**	1,9269	1,8725	1,8405	1,8194	1,8044	1,7933	1,7846	1,7778	1,7721
	0,95	2,3343	2,2490	2,1992	2,1665	2,1435	2,1263	2,1131	2,1025	2,0939
	0,975	2,7460	2,6238	2,5530	2,5068	2,4743	2,4502	2,4316	2,4168	2,4048
	0,99	3,3045	3,1238	3,0202	2,9530	2,9060	2,8713	2,8445	2,8233	2,8061
8	**0,9**	1,8841	1,8289	1,7963	1,7748	1,7596	1,7483	1,7395	1,7324	1,7267
	0,95	2,2662	2,1802	2,1299	2,0970	2,0737	2,0564	2,0430	2,0323	2,0236
	0,975	2,6513	2,5289	2,4579	2,4117	2,3791	2,3549	2,3363	2,3215	2,3094
	0,99	3,1726	2,9930	2,8900	2,8233	2,7765	2,7420	2,7154	2,6943	2,6771

Tabelle C.6 Wichtige p-Quantile $F_{(p;df_1;df_2)}$ der zentralen F-Verteilung für ausgewählte df_1 Zähler- und df_2 Nennerfreiheitsgrade (nach Eid et al., 2017) (Fortsetzung)

		df_2								
df_1	**p**	**30**	**40**	**50**	**60**	**70**	**80**	**90**	**100**	**110**
9	**0,9**	1,8490	1,7929	1,7598	1,7380	1,7225	1,7110	1,7021	1,6949	1,6891
	0,95	2,2107	2,1240	2,0734	2,0401	2,0166	1,9991	1,9856	1,9748	1,9661
	0,975	2,5746	2,4519	2,3808	2,3344	2,3017	2,2775	2,2588	2,2439	2,2318
	0,99	3,0665	2,8876	2,7850	2,7185	2,6719	2,6374	2,6109	2,5898	2,5727
10	**0,9**	1,8195	1,7627	1,7291	1,7070	1,6913	1,6796	1,6705	1,6632	1,6573
	0,95	2,1646	2,0772	2,0261	1,9926	1,9689	1,9512	1,9376	1,9267	1,9178
	0,975	2,5112	2,3882	2,3168	2,2702	2,2374	2,213	2,1942	2,1793	2,1671
	0,99	2,9791	2,8005	2,6981	2,6318	2,5852	2,5508	2,5243	2,5033	2,4862
11	**0,9**	1,7944	1,7369	1,7029	1,6805	1,6645	1,6526	1,6434	1,6360	1,6300
	0,95	2,1256	2,0376	1,9861	1,9522	1,9283	1,9105	1,8967	1,8857	1,8767
	0,975	2,4577	2,3343	2,2627	2,2159	2,1829	2,1584	2,1395	2,1245	2,1123
	0,99	2,9057	2,7274	2,6250	2,5587	2,5122	2,4777	2,4513	2,4302	2,4132
12	**0,9**	1,7727	1,7146	1,6802	1,6574	1,6413	1,6292	1,6199	1,6124	1,6063
	0,95	2,0921	2,0035	1,9515	1,9174	1,8932	1,8753	1,8613	1,8503	1,8412
	0,975	2,4120	2,2882	2,2162	2,1692	2,1361	2,1115	2,0925	2,0773	2,0650
	0,99	2,8431	2,6648	2,5625	2,4961	2,4496	2,4151	2,3886	2,3676	2,3505
13	**0,9**	1,7538	1,6950	1,6602	1,6372	1,6209	1,6086	1,5992	1,5916	1,5854
	0,95	2,0630	1,9738	1,9214	1,8870	1,8627	1,8445	1,8305	1,8193	1,8101
	0,975	2,3724	2,2481	2,1758	2,1286	2,0953	2,0706	2,0515	2,0363	2,0239
	0,99	2,7890	2,6107	2,5083	2,4419	2,3953	2,3608	2,3342	2,3132	2,2960
14	**0,9**	1,7371	1,6778	1,6426	1,6193	1,6028	1,5904	1,5808	1,5731	1,5669
	0,95	2,0374	1,9476	1,8949	1,8602	1,8357	1,8174	1,8032	1,7919	1,7827
	0,975	2,3378	2,2130	2,1404	2,0929	2,0595	2,0346	2,0154	2,0001	1,9876
	0,99	2,7418	2,5634	2,4609	2,3943	2,3477	2,3131	2,2865	2,2654	2,2482
15	**0,9**	1,7223	1,6624	1,6269	1,6034	1,5866	1,5741	1,5644	1,5566	1,5503
	0,95	2,0148	1,9245	1,8714	1,8364	1,8117	1,7932	1,7789	1,7675	1,7582
	0,975	2,3072	2,1819	2,1090	2,0613	2,0277	2,0026	1,9833	1,9679	1,9554
	0,99	2,7002	2,5216	2,4190	2,3523	2,3055	2,2709	2,2442	2,2230	2,2058
20	**0,9**	1,6673	1,6052	1,5681	1,5435	1,5259	1,5128	1,5025	1,4943	1,4877
	0,95	1,9317	1,8389	1,7841	1,7480	1,7223	1,7032	1,6883	1,6764	1,6667
	0,975	2,1952	2,0677	1,9933	1,9445	1,9100	1,8843	1,8644	1,8486	1,8356
	0,99	2,5487	2,3689	2,2652	2,1978	2,1504	2,1153	2,0882	2,0666	2,0491

Tabelle C.6 Wichtige p-Quantile $F_{(p;df_1;df_2)}$ der zentralen F-Verteilung für ausgewählte df_1 Zähler- und df_2 Nennerfreiheitsgrade (nach Eid et al., 2017) (Fortsetzung)

		df₂								
df₁	**p**	**30**	**40**	**50**	**60**	**70**	**80**	**90**	**100**	**110**
25	**0,9**	1,6316	1,5677	1,5294	1,5039	1,4857	1,4720	1,4613	1,4528	1,4458
	0,95	1,8782	1,7835	1,7273	1,6902	1,6638	1,6440	1,6286	1,6163	1,6063
	0,975	2,1237	1,9943	1,9186	1,8687	1,8334	1,8071	1,7867	1,7705	1,7572
	0,99	2,4526	2,2714	2,1667	2,0984	2,0503	2,0146	1,9871	1,9652	1,9473
30	**0,9**	1,6065	1,5411	1,5018	1,4755	1,4567	1,4426	1,4315	1,4227	1,4154
	0,95	1,8409	1,7444	1,6872	1,6491	1,6220	1,6017	1,5859	1,5733	1,5630
	0,975	2,0739	1,9429	1,8659	1,8152	1,7792	1,7523	1,7315	1,7148	1,7013
	0,99	2,3860	2,2034	2,0976	2,0285	1,9797	1,9435	1,9155	1,8933	1,8751
40	**0,9**	1,5732	1,5056	1,4648	1,4373	1,4176	1,4027	1,3911	1,3817	1,3740
	0,95	1,7918	1,6928	1,6337	1,5943	1,5661	1,5449	1,5284	1,5151	1,5043
	0,975	2,0089	1,8752	1,7963	1,7440	1,7069	1,6790	1,6574	1,6401	1,6259
	0,99	2,2992	2,1142	2,0066	1,9360	1,8861	1,8489	1,8201	1,7972	1,7784
50	**0,9**	1,5522	1,4830	1,4409	1,4126	1,3922	1,3767	1,3646	1,3548	1,3468
	0,95	1,7609	1,6600	1,5995	1,5590	1,5300	1,5081	1,4910	1,4772	1,4660
	0,975	1,9681	1,8324	1,7520	1,6985	1,6604	1,6318	1,6095	1,5917	1,5771
	0,99	2,2450	2,0581	1,9490	1,8772	1,8263	1,7883	1,7588	1,7353	1,7160
60	**0,9**	1,5376	1,4672	1,4242	1,3952	1,3742	1,3583	1,3457	1,3356	1,3273
	0,95	1,7396	1,6373	1,5757	1,5343	1,5046	1,4821	1,4645	1,4504	1,4388
	0,975	1,9400	1,8028	1,7211	1,6668	1,6279	1,5987	1,5758	1,5575	1,5425
	0,99	2,2079	2,0194	1,9090	1,8363	1,7846	1,7459	1,7158	1,6918	1,6721
80	**0,9**	1,5187	1,4465	1,4023	1,3722	1,3503	1,3337	1,3206	1,3100	1,3012
	0,95	1,7121	1,6077	1,5445	1,5019	1,4711	1,4477	1,4294	1,4146	1,4024
	0,975	1,9039	1,7644	1,6810	1,6252	1,5851	1,5549	1,5312	1,5122	1,4965
	0,99	2,1601	1,9694	1,8571	1,7828	1,7298	1,6901	1,6591	1,6342	1,6139
100	**0,9**	1,5069	1,4336	1,3885	1,3576	1,3352	1,3180	1,3044	1,2934	1,2843
	0,95	1,6950	1,5892	1,5249	1,4814	1,4498	1,4259	1,4070	1,3917	1,3791
	0,975	1,8816	1,7405	1,6558	1,5990	1,5581	1,5271	1,5028	1,4833	1,4671
	0,99	2,1307	1,9383	1,8248	1,7493	1,6954	1,6548	1,6231	1,5977	1,5767

C.7 Überschreitungswahrscheinlichkeiten für spezifische U-Werte

Tabelle C.7 Überschreitungswahrscheinlichkeiten (einseitig) für spezifische U-Werte und Stichprobengrößen

	$n_2 = 3$			$n_2 = 4$			
	n_1			n_1			
U	**1**	**2**	**3**	**1**	**2**	**3**	**4**
0	0,250	0,100	0,050	0,200	0,067	0,028	0,014
1	0,500	0,200	0,100	0,400	0,133	0,057	0,029
2	0,750	0,400	0,200	0,600	0,267	0,114	0,057
3		0,600	0,350		0,400	0,200	0,100
4			0,500		0,600	0,314	0,171
5			0,650			0,429	0,243
6						0,571	0,343
7							0,443
8							0,557

	$n_2 = 5$					$n_2 = 6$					
	n_1					n_1					
U	**1**	**2**	**3**	**4**	**5**	**1**	**2**	**3**	**4**	**5**	**6**
0	0,167	0,047	0,018	0,008	0,004	0,143	0,036	0,012	0,005	0,002	0,001
1	0,333	0,095	0,036	0,016	0,008	0,286	0,071	0,024	0,010	0,004	0,002
2	0,500	0,190	0,071	0,032	0,016	0,428	0,143	0,048	0,019	0,009	0,004
3	0,667	0,286	0,125	0,056	0,028	0,571	0,214	0,083	0,033	0,015	0,008
4		0,429	0,196	0,095	0,048		0,21	0,131	0,057	0,026	0,013
5		0,571	0,286	0,143	0,075		0,429	0,190	0,086	0,041	0,021
6			0,393	0,206	0,111		0,571	0,274	0,129	0,063	0,032
7			0,500	0,278	0,155			0,357	0,176	0,089	0,047
8			0,607	0,365	0,210			0,452	0,238	0,123	0,066
9				0,452	0,274			0,548	0,305	0,165	0,090
10				0,548	0,345				0,381	0,214	0,120
11					0,421				0,457	0,268	0,155
12					0,500				0,545	0,331	0,197
13					0,579					0,396	0,242
14										0,465	0,294

U	$n_2 = 5$ n_1 1	2	3	4	5	$n_2 = 6$ n_1 1	2	3	4	5	6
15										0,535	0,350
16											0,409
17											0,468
18											0,531

U	$n_2 = 7$ n_1 1	2	3	4	5	6	7
0	0,125	0,028	0,008	0,003	0,001	0,001	0,000
1	0,250	0,056	0,017	0,006	0,003	0,001	0,001
2	0,375	0,111	0,033	0,012	0,005	0,002	0,001
3	0,500	0,167	0,058	0,021	0,009	0,004	0,002
4	0,625	0,250	0,092	0,036	0,015	0,007	0,003
5		0,333	0,133	0,055	0,024	0,011	0,006
6		0,444	0,192	0,082	0,037	0,017	0,009
7		0,556	0,258	0,115	0,053	0,026	0,013
8			0,333	0,158	0,074	0,037	0,019
9			0,417	0,206	0,101	0,051	0,027
10			0,500	0,264	0,134	0,069	0,036
11			0,583	0,324	0,172	0,090	0,049
12				0,394	0,216	0,117	0,064
13				0,464	0,265	0,147	0,082
14				0,538	0,319	0,183	0,104
15					0,378	0,223	0,130
16					0,438	0,267	0,159
17					0,500	0,314	0,191
18					0,562	0,365	0,228
19						0,418	0,267
20						0,473	0,310
21						0,527	0,355
22							0,402
23							0,451
24							0,500
25							0,549

U	$n_2 = 8$ n_1 1	2	3	4	5	6	7	8	t	Normal
0	0,111	0,022	0,006	0,002	0,001	0,000	0,000	0,000	3,308	0,001
1	0,222	0,044	0,012	0,004	0,002	0,001	0,000	0,000	3,203	0,001
2	0,333	0,089	0,024	0,008	0,003	0,001	0,001	0,000	3,098	0,001
3	0,444	0,133	0,042	0,014	0,005	0,002	0,001	0,001	2,993	0,001
4	0,556	0,200	0,067	0,024	0,009	0,004	0,002	0,001	2,888	0,002
5		0,267	0,097	0,036	0,015	0,006	0,003	0,001	2,783	0,003
6		0,356	0,139	0,055	0,023	0,010	0,005	0,002	2,678	0,004
7		0,444	0,188	0,077	0,033	0,015	0,007	0,003	2,573	0,005
8		0,556	0,248	0,107	0,047	0,021	0,010	0,005	2,468	0,007
9			0,315	0,141	0,064	0,030	0,014	0,007	2,363	0,009
10			0,387	0,184	0,085	0,041	0,020	0,010	2,258	0,012
11			0,461	0,230	0,111	0,054	0,027	0,014	2,153	0,016
12			0,539	0,285	0,142	0,071	0,036	0,019	2,048	0,020
13				0,341	0,177	0,091	0,047	0,025	1,943	0,026
14				0,404	0,217	0,114	0,060	0,032	1,838	0,033
15				0,467	0,262	0,141	0,076	0,041	1,733	0,041
16				0,533	0,311	0,172	0,095	0,052	1,628	0,052
17					0,362	0,207	0,116	0,065	1,523	0,064
18					0,416	0,245	0,140	0,080	1,418	0,078
19					0,472	0,286	0,168	0,097	1,313	0,094
20					0,528	0,331	0,198	0,117	1,208	0,113
21						0,377	0,232	0,139	1,102	0,135
22						0,426	0,268	0,164	0,998	0,159
23						0,475	0,306	0,191	0,893	0,185
24						0,525	0,347	0,221	0,788	0,215
25							0,389	0,253	0,683	0,247
26							0,433	0,287	0,578	0,282
27							0,478	0,323	0,473	0,318
28							0,522	0,360	0,368	0,356
29								0,399	0,263	0,396
30								0,439	0,158	0,437
31								0,480	0,052	0,481
32								0,520		

D Zuordnung statistischer Verfahren zu den Aufgaben

Statistiken	Aufgabe	Titel
Binomialverteilung	3	Frostfrei, mild und regnerisch?
	12	Multiple-Choice (1)
	20	Multiple-Choice (2)
	24c	Zur falschen Zeit am falschen Ort?
	38	Statistik verstehen
	47	»Manchmal, aber nur manchmal …«
	54	Sich unersetzlich fühlen und austauschbar sein
Box-Whisker-Plot	27	Verträglichkeit
	67	Antiaggressionstraining (AAT)
Chi^2-Test, χ^2-Test	9	»Uni könnte so schön sein«
	39	Was weißt denn du von Liebe?
	40b	»Zwei mal drei macht vier …«
	53	Palzenkekse
	68b	»Schlafen, schlafen, vielleicht auch träumen …«
	76	Milchmischgetränke
Deskriptivstatistik	4a	Anpassung der Toleranzschwelle
	6a	Die multifunktionale Gemüsereibe (1)
	29a	Schönen Tag noch!
	37d	Intrinsische Motivation und Leistung
	56c	EDV-Fortbildungen und Umgang mit dem PC
	67a	Antiaggressionstraining (AAT)
Eigenwerte	80	Faktorenanalyse, allgemein
Einfachregression	8c-d	Steinzeit …
	23c-d	Brown-Nosing
	29d	Schönen Tag noch!
	35	Die Bahnhofskneipe »Zur Pfütze«
	37c	Intrinsische Motivation und Leistung
	44c-d	Erfolgsmission
	63c-d	Neulich auf der Pferderennbahn (2)
	65c-d	Planet Stastik I (2)
	79c-d	Oh je, Mensa!
Fisher-Yates-Test	42	Analphabetismus und Autofahrer
	43	Das finnische Möbelhaus
F-Test	7	Wie soll das nur enden?
	15c	Planet Stastik I (1)
	16b	Neulich auf der Pferderennbahn (1)
	28c	Penthes und Sileas
	37f	Intrinsische Motivation und Leistung
	45	Die Esel der Spartaner
	56f	EDV-Fortbildungen und Umgang mit dem PC
	78	Aufstand im Jugendamt!
	83a	Im Silbersack
Friedman-Rangvarianzanalyse	50	Lebensqualität von Patienten …
	57a	Arbeitszufriedenheit: Honeymoon oder Hangover?

Statistiken	Aufgabe	Titel
Hierarchisch Lineare Modelle	85	Metzger, Dreher und Frisöre
	86	Umzugsbereitschaft und Attraktivität …
Interpretation Varianzanalyse	75	Arbeitssicherheit
Kolmogorov-Smirnov-Test	9	»Uni könnte so schön sein«
	40a	»Zwei mal drei macht vier …«
	68a	»Schlafen, schlafen, vielleicht auch träumen …«
Konfidenzintervall	8j	Steinzeit …
	23j	Brown-Nosing
	35b	Die Bahnhofskneipe »Zur Pfütze«
	37e	Intrinsische Motivation und Leistung
	44j	Erfolgsmission
	63j	Neulich auf der Pferderennbahn (2)
	65j	Planet Stastik I (2)
	79j	Oh je, Mensa!
Kritische Differenz	34	Josy und der BDI
	60b	Kritische Differenz
Kruskal-Wallis-H-Test	74	Pädagogischer Ansatz des Kindergartens … (2)
	84	Interviewereffekte
Matrixalgebra	5	Matrixalgebra
	8	Steinzeit …
	23	Brown-Nosing
	44	Erfolgsmission
	63	Neulich auf der Pferderennbahn (2)
	65	Planet Stastik I (2)
	72	Ein gutes Gewissen ist ein sanftes Ruhekissen
	79	Oh je, Mensa!
	80a	Faktorenanalyse, allgemein
McDonalds Omega	13	Ein neuer Meister?
McNemar-Test	26	Studieren oder surfen in Australien?
	41	Karriereplanung
	59	Die multifunktionale Gemüsereibe (2)
Multiple Regression	8	Steinzeit …
	23	Brown-Nosing
	44	Erfolgsmission
	63	Neulich auf der Pferderennbahn (2)
	65	Planet Stastik I (2)
	72	Ein gutes Gewissen ist ein sanftes Ruhekissen
	79	Oh je, Mensa!
Partialkorrelation	73	Qualitätssicherung: Lehrevaluation
Phi-Korrelation	15b	Planet Stastik I (1)
	18a	Broken Home
	55	Brille tragen und Geschlecht
	82	Viele Köche verderben den Brei
Produkt-Moment-Korrelation	15d	Planet Stastik I (1)
(Pearson-Korrelation)	19a	Der Apfel fällt nicht weit vom Stamm

Statistiken	Aufgabe	Titel
Varianzanalyse, unifaktoriell	21	Zeig mir deine Plattensammlung …
	22	Medium und Behaltensleistung
	70	Zeig mir deinen Kühlschrank …
Varianzanalyse, unifaktoriell mit Messwiederholung	57b	Arbeitszufriedenheit: Honeymoon oder Hangover?
Varianzanalyse, zweifaktoriell	14	Museum alter Theorien
	49	Karaokebar
	64	Taschenrechner
Varianzanalyse, zweifaktoriell mit Messwiederholung auf einem Faktor	30	Glanz, glänzender, am glänzendsten
	51	Burn-out-Prophylaxe
	58	Die Notwendigkeit, in den Urlaub fahren zu müssen
Vierfelder-χ^2-Test	15a	Planet Stastik I (1)
	18b	Broken Home
	28b	Penthes und Sileas
	55	Brille tragen und Geschlecht
	82	Viele Köche verderben den Brei
Vorzeichentest	4b	Anpassung der Toleranzschwelle
	6b	Die multifunktionale Gemüsereibe (1)
Wahrscheinlichkeiten	2	Bälle in einer Trommel
	3	Frostfrei, mild und regnerisch?
	10	Jägermeister
	11	Hochschule Holtzhausen am Errl (HHE)
	12	Multiple-Choice (1)
	15f-h	Planet Stastik I (1)
	24a-b	Zur falschen Zeit am falschen Ort?
	32	Auf Gleis 4 hat Einfahrt …
	48	Mensa und Essen
	54	Sich unersetzlich fühlen und austauschbar sein
Wilcoxon-Test	4b	Anpassung der Toleranzschwelle
	6b	Die multifunktionale Gemüsereibe (1)
Yules Q	15b	Planet Stastik I (1)
	18a	Broken Home
	82	Viele Köche verderben den Brei
z-Werte	9	»Uni könnte so schön sein«
	52	Assessment-Center
	81	Psychische Beanspruchung